普通高等院校机械类及相关学科规划教材

机械制造技术基础

主 编　师建国　冷岳峰　程　瑞

北京理工大学出版社
BEIJING INSTITUTE OF TECHNOLOGY PRESS

内 容 简 介

本书是普通高等院校机械工程学科"卓越工程师教育培养计划"系列规划教材之一，适应工程应用创新型人才培养要求，融合了机械制造工艺、金属切削原理与刀具、金属切削机床及机床夹具设计以及先进制造技术等内容，以机械制造工艺过程和质量控制为主线，阐述了机械制造过程中必需的基础知识、基本理论和基本方法。具体内容包括绪论、金属切削原理、金属切削刀具、金属切削机床、机床夹具设计原理、机械制造质量分析、机械加工工艺规程设计、机器装配工艺设计、先进制造技术。

本书可作普通高等院校机械工程、机械设计制造及自动化、机械电子、车辆工程、工业工程、材料成型及控制工程等专业本科生教材，也可供从事机械行业的工程技术人员和管理人员参考。

图书在版编目（CIP）数据

机械制造技术基础/师建国，冷岳峰，程瑞主编. —北京：北京理工大学出版社，2016.12（2017.1 重印）

ISBN 978 – 7 – 5682 – 0507 – 8

Ⅰ.①机⋯　Ⅱ.①师⋯ ②冷⋯ ③程⋯　Ⅲ.①机械制造工艺　Ⅳ.①TH16

中国版本图书馆 CIP 数据核字（2017）第 041091 号

出版发行 / 北京理工大学出版社有限责任公司

社　　　址 / 北京市海淀区中关村南大街 5 号

邮　　　编 / 100081

电　　　话 / （010）68914775（总编室）

　　　　　　（010）82562903（教材售后服务热线）

　　　　　　（010）68948351（其他图书服务热线）

网　　　址 / http：//www.bitpress.com.cn

经　　　销 / 全国各地新华书店

印　　　刷 / 北京泽宇印刷有限公司

开　　　本 / 787 毫米 × 1092 毫米　1/16

印　　　张 / 25.25　　　　　　　　　　　　　　　　责任编辑 / 封　雪

字　　　数 / 620 千字　　　　　　　　　　　　　　　文案编辑 / 张鑫星

版　　　次 / 2016 年 12 月第 1 版　2017 年 1 月第 2 次印刷　　责任校对 / 周瑞红

定　　　价 / 52.00 元　　　　　　　　　　　　　　　责任印制 / 马振武

前　　言

　　本书是普通高等院校机械工程学科"卓越工程师教育培养计划"系列规划教材之一，是普通高等院校机械工程、机械设计制造及自动化、机械电子、车辆工程、工业工程、材料成型及控制工程等专业师生教材，也可作为从事机械行业的工程技术人员和管理人员参考用书。本书适应工程应用创新型人才培养要求，融合了机械制造工艺、金属切削原理与刀具、金属切削机床及机床夹具设计等内容，以机械制造工艺过程和质量控制为主线，阐述了机械制造过程中必需的基础知识、基本理论和基本方法。

　　本书共分9章，第1章介绍了机械制造技术基础的课程定位、内容及教学要求，分析机械制造生产组织及工艺过程；第2章研究了金属切削原理；第3章介绍了常用的金属切削刀具；第4章介绍了常用的金属切削机床；第5章分析了机床夹具设计原理；第6章介绍了机械制造质量分析方法；第7章介绍了机械加工工艺规程设计过程与方法；第8章介绍了机器装配工艺设计；第9章介绍了先进制造技术和现代制造哲理的基本原理和理念。

　　本书第1章、第2章、第3章由辽宁工程技术大学冷岳峰编写；第4章、第5章、第6章由辽宁工程技术大学师建国编写；第7章由辽宁工程技术大学程瑞编写；第8章由辽宁工程技术大学晁彩霞编写；第9章由辽宁工程技术大学孙远静编写。本书由师建国、冷岳峰统稿。在编写过程中，编者得到了许多专家、同仁的大力支持和帮助，并参考了国内外许多同行专家的经典教材及相关文献，在此表示衷心感谢。由于编者水平有限，书中错误和不妥之处在所难免，恳请读者给予批评和指正，不胜感激。

编　者

目　　录

第 1 章　绪　　论

1.1　本课程的性质及研究内容

机械制造是机械工程学科的重要分支，是一门研究各种机械制造过程和方法的学科，是国家建设和社会发展的基础。

任何机械产品的生产过程都是一个复杂的生产系统的运行过程。首先要根据市场的需求做出产品生产的决策；接着要完成产品的设计；然后需综合运用工艺技术理论和知识来确定制造方法和工艺流程，即解决如何制造出产品的问题；最后才能进入制造过程，实现产品的输出。为了解决制造产品方法的问题和处理制造过程中出现的各种技术问题，需要掌握制造工艺技术理论，工艺装备及设备、材料科学，生产组织管理等的一系列知识，即机械制造工程学。

"机械制造技术基础"这门课程主要研究的是机械制造工程学基础知识，即机械制造过程中的切削过程、工艺技术及工艺装备和设备等问题。其基本内容包括：

（1）金属切削过程的基本规律。

（2）常用刀具的性能分析与设计。

（3）金属切削机床的型号，典型机床的工作原理、传动分析及典型部件设计。

（4）机械制造工艺技术的基本理论和基本方法。

（5）先进制造技术与先进制造系统的基本原理和实现方法。

本课程是机械专业的一门重要专业课。

1.2　本课程的教学任务和要求

本课程的教学任务在于使学生获得机械制造过程中所必须具备的基础理论和基本知识。通过学习本课程，学生应能掌握金属切削的基本理论；了解金属切削机床的工作原理和传动，初步掌握分析机床运动和传动的方法；掌握机械制造工艺的基本理论知识，分析和处理与切削加工有关的工艺技术问题；能编制零件的机械加工工艺规程；掌握机床及机床夹具设计的基本理论和方法；掌握典型的先进制造技术和生产模式；具备综合分析机械制造工艺过程中质量、生产率和经济性问题的能力。

本课程的综合性和实践性都很强，涉及的知识面也很广。因此，学生在学习本课程时，除了注重理解和掌握其中的基本概念、基本原理和基本方法外，还应特别注重加强实习、试验及设计等其他实践教学环节的训练。

1.3 机械制造业在国民经济中的作用

在交通、动力、冶金、石化、电力、建筑、轻纺、航空、航天、电子、医疗、军事、科研等国民经济的各个行业，乃至人们的日常生活中，都广泛使用着各种各样的机械、仪器和工具。它们的品种、数量和性能等都极大地影响着这些行业的生产能力、劳动效率和经济效益等。这些机械、仪器和工具统称为机械装备。能够生产这些机械装备的工业，称为机械制造业。显然，机械制造业的主要任务就是向国民经济的各个行业提供现代化的机械装备。因此，机械制造业是国民经济发展的重要基础和有力支柱，是影响国家综合国力的重要方面。

自 1770 年世界上制造出第一台蒸汽机开始，200 多年来，为了适应社会生产力的不断进步，为了满足社会对产品的品种、数量、性能、质量以及较高的性能价格比的要求，同时由于新兴工程材料的出现和使用，新的切削加工方法、新的工艺方法以及新的加工设备大量涌现，机械制造技术经历了巨大变化。

近年来，现代科学技术的迅猛发展，特别是微电子技术、计算机技术的迅猛发展，将传统的制造技术带入了一个崭新的境界，出现了计算机辅助制造（CAM）的新概念。

在工艺设计、生产管理、设备制造、质量控制、产品装配乃至产品存储、销售等方面，计算机都已大显身手，产生了计算机辅助工艺设计（CAPP）、计算机辅助生产管理（CAPM）、计算机数字控制（CNC）、计算机辅助质量控制（CAQ）、柔性制造系统（FMS）等一系列单项技术，而建立在这些单项技术之上的先进制造系统如计算机集成制造系统（CIMS），则是未来工厂的生产模式。因此，制造技术正由数控化走向柔性化、集成化、智能化，这已经成为现代制造技术的前沿。所有这一切的发展和进步，不仅孕育出机械制造学科的系统理论，而且使之成为最富有活力的、具有重要研究价值的学科领域。总之，当代机械制造工业的加工方法和制造工艺进一步完善与开拓，在传统的切削、磨削技术不断发展，上升到新的高度的同时，各种特种加工方法也在不断出现，开创出新的工艺，达到新的技术水平，并在生产中发挥重要作用；加工技术向高精度发展，出现了所谓"精密工程"与"纳米技术"；制造技术向自动化方向发展，正在沿着数控技术、柔性制造系统及计算机集成制造系统的台阶向上攀登。

目前，我国机械工业产品的生产已具有相当大的规模，形成了产品门类齐全、布局合理的机械制造工业体系，在制造技术和工艺装备方面正在努力追赶世界先进水平。2015 年，我国汽车产销量均超过 2 450 万辆，创全球历史新高，连续七年蝉联全球第一。许多与人们生活密切相关的机电产品已位居世界前列，我国已成为名副其实的制造大国。

1.4 制造过程与生产组织

1.4.1 机械产品的制造过程

1. 生产过程

一种符合市场需求的合格的机械产品的问世，要经过市场调查研究、产品功能定位、结构设计、生产制造、销售服务、信息反馈、功能改进一个复杂过程。这个过程包含一个企业全部的活动。这些活动形成了一个具有输入、输出的闭环系统，即生产系统，如图1-1所示。

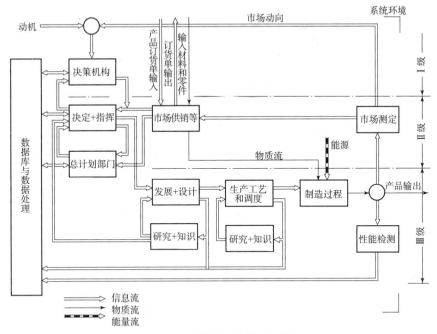

图1-1 生产系统基本框图

在生产系统中，企业与市场的交互过程是系统的决策级（Ⅰ级），企业内部不同功能环节相互之间的交互过程是其经营管理级（Ⅱ级），而最基础的工作则是由设计、开发、生产工艺和制造等部分构成的制造级（Ⅲ级）的过程。生产制造过程是把产品设计的技术信息转化为实际产品的核心环节，它对于市场定位的实现具有至关重要的影响。根据设计信息将原材料和半成品转变为产品的全部过程称为生产过程。

生产过程包括原材料的运输、保管和准备，生产的准备，毛坯制造，零件的制造过程，部件和产品的装配过程，质量检验，喷漆包装等工作。机械生产过程中各环节之间的相互关系如图1-2所示。

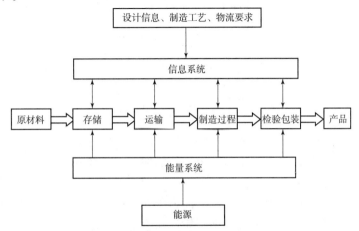

图1-2 机械生产过程中各环节之间的相互关系

在生产过程中，毛坯的制造成形（如铸造、锻压、焊接等），零件的机械加工、热处理、表面处理，部件和产品的装配等，是直接改变毛坯的形状、尺寸、相对位置和性能的过程，称为机械制造工艺过程，简称工艺过程。

工艺过程是生产过程的主要组成部分，其中零件的机械加工是采用合理有序安排的各种加工方法逐步地改变毛坯的形状、尺寸和表面质量使其成为合格零件的过程，这一过程称为机械加工工艺过程。部件和产品的装配是采用按一定顺序布置的各种装配工艺方法，把组成产品的全部零部件按设计要求正确地结合在一起形成产品的过程，这就是机械装配工艺过程。本课程主要研究的就是零件加工的方法、产品的装配方法和由这些方法合理组合形成的机械加工工艺和产品装配工艺。

对于同一个零件或产品，其加工工艺过程或装配工艺过程可以是各种各样的，但对于确定的条件，可以有一个最为合理的工艺过程。在企业生产中，人们把合理的工艺过程以文件的形式规定下来，作为指导生产过程的依据，这一文件称为工艺规程。根据工艺的内容不同，工艺规程可有机械加工工艺规程、机械装配工艺规程等多种形式。

2. 制造过程

机器是由零件、组件、部件等组成的，因而一台机器的制造过程包含了从零部件加工到整机装配的全过程，如图1-3所示。

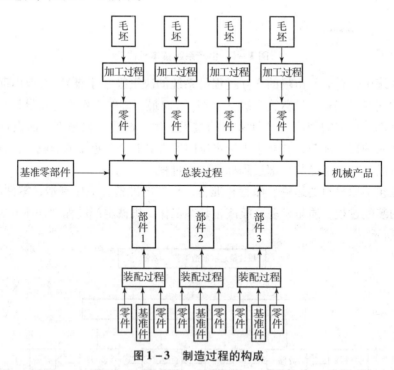

图1-3 制造过程的构成

首先，组成机器的每一个零件要经过相应的工艺过程由毛坯转变为合格零件。在这一过程中，要根据零件的设计信息，制定每一个零件的加工工艺规程，根据工艺规程的安排，在相应的工艺系统中完成不同的加工内容。加工工艺系统由机床、刀具、夹具及其他工艺装备和被加工零件构成。加工的零件不同，工艺内容不同，相应的工艺系统也不相同。工艺系统的特性及工艺过程参数的选择对零件的加工质量起决定性作用。

其次，要根据机器的结构和技术要求，把某些零件装配成部件。部件是由若干组件、套件和零件在一个基准上装配而成的。部件在整台机器中能完成一定的、完整的功能。把零件和组件、套件装配成部件的过程，称为部装过程。部装过程是依据部件装配工艺，应用相应的装配工具和技术完成的。部件装配的质量直接影响整机的性能和质量。

最后，是在一个基准零部件上，把各个部件、零件装配成一台完整的机器。把零件和部件装配成最终产品的过程称为总装过程。总装过程是依据总装工艺文件进行的。在产品总装后，还要经过检验、试车、喷漆、包装等一系列辅助过程才能成为合格的产品。

3. 零件的制造过程

零件的制造是机械制造过程中最基础、最主要的环节，其目的是通过一系列的工艺方法，获取具有一定形状、尺寸、力学性能和物理性能的零件。使零件获得一定的力学性能（强度、硬度等）及物理，化学（耐磨、耐蚀）等特性的工艺方法，主要指热处理工艺（退火、淬火、正火、表面处理等）；使零件获得一定几何形状的工艺方法，按发展过程大概分为传统加工方法、特种加工方法，以及 20 世纪 80 年代兴起的高新技术加工方法（如激光加工、快速成形加工等）。

下面简要介绍零件制造工艺方法。目前，按照由原材料或毛坯制造成零件的过程中质量的变化，可以将获得一定形状零件的制造工艺方法分为材料去除工艺（质量减少、$\Delta m < 0$），材料成形工艺（质量不变、$\Delta m = 0$）和材料累加工艺（质量增加、$\Delta m > 0$）三种。

材料去除工艺（如切削加工）：主要指通过去除多余材料而获得具有一定形状、尺寸的零件。

材料成形工艺：采用铸造，锻造，粉末冶金，模具成形（注塑、冲压等）等进行材料成形加工时，材料的形状、尺寸性能发生变化，而其质量未发生变化。

材料累加工艺：是新近出现的快速成形（Rapid Prototyping，RP）工艺，主要通过材料的逐渐累加而获得零件。

1）材料去除工艺（$\Delta m < 0$）

材料去除工艺是按照一定的方式从工件上去除多余材料，工件逐渐逼近所需形状和尺寸的零件的工艺。材料去除工艺的加工效率在很大程度上取决于材料或毛坯与零件的形状、尺寸相接近的程度。工件形状越接近零件，材料去除越少，能源消耗也就越少；反之，材料、能源消耗越大。目前来说，材料去除工艺的材料利用率及工效都较低，但其有很强的适用性，至今依然是提高零件制造质量的主要手段，是机械制造中应用最广泛的加工方式。材料去除工艺按加工形式主要分为切削加工和特种加工。

① 切削加工是通过工件和刀具之间的相对运动及相互间力的作用实现的。切削过程中，工件和刀具安装在机床上，由机床带动实现一定规律的相对运动；刀具和工件在相对运动过程中，切削多余材料层，形成了工件的加工表面。常见的金属切削加工方法有车削、铣削、刨削、磨削等。切削过程中有力、热、变形、振动、磨损等发生。这些运动和现象的综合决定了零件最终获得的几何形状及表面质量。如何正确地选择或设计加工方法、机床、刀具、夹具和切削参数，改善加工质量，提高加工效益是本书重点介绍的内容。

② 特种加工是指利用电能、光能等对工件进行材料去除的加工方法，有电火花加工、电解加工、激光加工等。电火花加工是利用工具电极与工件电极之间产生的脉冲放电现象蚀除工件材料达到加工的目的。加工时，工件电极与工具电极之间存在一定的放电间隙，而不直接接触；加工过程中没有力的作用，可以加工具有任何力学性能的导电材料。在工艺上其

主要优点是可以对复杂形状的内轮廓表面进行加工,将其加工难度转化为外轮廓(工具电极)的加工,所以在模具制造中有特殊的作用。由于电火花加工的金属去除率低,一般用于不需大量去除材料的产品的形状加工。激光加工及离子束加工多用于细微加工。

随着科学技术的进步,在航天和计算机领域,有些加工精度和表面粗糙度要求特别高的零件需要进行精密加工及超精密加工。精密、超精密加工达到的尺寸精度可以达到亚微米乃至纳米级。这类加工方法有超精密车削、超精密研磨等。

2)材料成形工艺($\Delta m = 0$)

材料成形工艺多利用模型使原材料形成毛坯或零件(此部分工艺内容由材料成形课程讲授)。成形工艺所需模具种类繁多(如注塑模、压铸模、拉伸模、冲裁模等),根据统计,机电产品40%~50%的零件是由模具成形的。因此,服务于成形工艺方法的模具制造精度一般要求较高,其往往是单件生产方式,加工量大,且模具设计要用到CAD、CAE等一系列技术,从另一个侧面反映了成形工艺方法对材料去除和累加工艺方法的要求。

3)材料累加工艺($\Delta m > 0$)

材料累加工艺是将零件以微元叠加的方式逐渐累加生成的。在制造过程中,将零件三维实体模型数据经计算机处理,控制材料的累加过程,形成所要的零件。此类工艺方法的优点是无须刀具、夹具等,就可以形成任意复杂形状的零件。制造出来的原型可供设计评估、投标或样件展示。因此,这一工艺又称快速成形技术。材料累加工艺用于产品样件、模具和少量零件的制造,成为加速产品开发及实现并行工程的有效技术,使企业的产品能快速响应市场,提高企业的竞争能力。

1.4.2 机械产品的生产组织

1. 生产纲领

生产纲领是企业根据市场需求和自身生产能力决定的、在计划生产期内应当生产的产品的产量和进度计划。计划期为一年的生产纲领称为年生产纲领。零件的年生产纲领为

$$N = Qn(1 + \alpha)(1 + \beta)$$

式中　Q——产品的年产量;

　　　n——单台产品中该零件的数量;

　　　α——备品率,以百分数计;

　　　β——废品率,以百分数计。

生产纲领是设计、制定工艺规程的重要依据,根据生产纲领并考虑资金周转速度、零件加工成本、装配销售储备量等因素,可以确定该产品一次投入生产的批量和每年投入生产的批次,即生产批量。但从市场的角度看,产品的生产批量取决于市场对该产品的容量、企业在市场上占有的份额以及该产品在市场上的销售和寿命周期。

2. 生产类型

生产纲领对工厂的生产过程和生产组织起着决定性的作用,包括决定各工作地点的专业化程度、加工方法、加工工艺、设备和工装等。如机床的生产与汽车的生产就有着不同的工艺特点和专业化程度。同一种产品,生产纲领不同,会有完全不同的生产过程和生产专业化程度。从工艺特点上看,单件生产与小批生产相近,大批生产与大量生产相近。因此,在生产中一般按单件、小批、中批、大批、大量生产来划分生产类型。按年生产纲领,划分生产

类型，生产纲领与生产类型的关系见表1-1。

表1-1 生产纲领与生产类型的关系

生产类型	零件年生产纲领/（件·年⁻¹）		
	重型机械	中型机械	轻型机械
单件生产	≤5	≤20	≤100
小批生产	>5～100	>20～200	>100～500
中批生产	>100～300	>200～500	>500～5 000
大批生产	>300～1 000	>500～5 000	>5 000～50 000
大量生产	>1 000	>5 000	>50 000

各种生产类型工艺过程的主要特点见表1-2。

表1-2 各种生产类型工艺过程的主要特点

工艺特征 \ 生产类型	单件、小批生产	中批生产	大批、大量生产
加工对象	经常变换	周期性变换	固定不变
毛坯的制造方法及加工余量	铸件用木模手工造型；锻件用自由锻。毛坯精度低，加工余量大	部分铸件用金属模，部分锻件用模锻。毛坯精度中等，加工余量中等	铸件广泛采用金属模机器造型，锻件广泛采用模锻，以及其他高生产率的毛坯制造方法。毛坯精度高，加工余量小
机床设备	通用机床、数控机床或加工中心，机群式排列	部分数控机床、加工中心或柔性制造单元。设备条件不够时，也采用部分通用机床及专用机床。部分流水排列	专用生产线、自动生产线、柔性制造生产线或数控机床
夹具	多采用通用夹具，靠划线及试切法达到精度要求	部分采用专用夹具和组合夹具，部分靠加工中心一次安装	广泛采用高效专用夹具，靠夹具及调整法达到精度要求
刀具与量具	采用通用刀具和万能量具	可以采用专用刀具和专用量具或三坐标测量机	广泛采用高生产率刀具和量具，或采用统计分析法保证质量
装配方式	一般是配对制造，没有互换性，广泛采用钳工修配	大部分有互换性，少数用钳工修配	全部有互换性，某些精度较高的配合件用分组装配法
对工人的要求	需要技术熟悉的工人	需要一定熟悉程度的工人和编程技术人员	对操作工人的技术要求较低，生产线维护人员要求有较高的素质
工艺文件	有简单的工艺过程卡	有工艺规程，对关键零件有详细的工序卡	有详细的工艺规程、工序卡
生产率	低	一般	高
加工成本	高	一般	低

（1）单件、小批生产是指制造的产品数量不多，生产中各工作地点的工作很少重复或不定期重复的生产，如重型机械等的生产和各种机械产品的试制、维修生产等。在单件、小批生产时，其生产组织要能适应产品品种的灵活多变。

（2）中批生产是指产品以一定的生产批量成批地投入制造，并按一定的时间间隔周期性地重复生产，每一个工作地点的工作内容周期性地重复。一般情况下，机床的生产多属于中批生产。在中批生产时，采用通用设备与专用设备相结合，以保证其生产组织满足一定的灵活性和生产率的要求。

（3）大批、大量生产是指在同一工作地点长期进行一种产品的生产，其特点是每一工作地点长期地重复同一工作内容。大批、大量生产一般是具有广阔市场且类型固定的产品，如汽车、轴承、自行车等。在大批大量生产时，广泛采用自动化专用设备，按工艺顺序流水线方式组织生产，生产组织形式的灵活性（即柔性）差。

前述类型是传统概念下的生产组织类型。这种生产组织类型遵循的是批量法则，即根据不同的生产纲领，组织不同层次的刚性自动化生产方式。随着市场经济体制的建立和科学技术的发展，人民的生活水平不断提高，市场需求的变化越来越快，产品的更新换代周期越来越短。大批大量生产方式已经越来越不适应市场对产品换代的需要。一种新产品在市场上能够为企业创造较高利润的"有效寿命周期"越来越短，迫使企业不断地更新产品。传统的生产组织类型也正在发生深刻的变化。在这一新的概念下，生产组织的类型正向着"以社会市场需求为动力、以技术发展为基础"的柔性自动化生产方式转变。许多企业通过技术改造，使各种生产类型的工艺过程都向柔性化的方向发展。传统的中小批生产向多品种、小批量、灵活快速的方向发展，传统的大批大量生产向多品种、灵活高效的方向发展。CAD/CAPP/CAM 技术、数控机床、柔性制造系统、柔性生产线等在企业中得到迅速应用。这些技术的应用将使产品的生产过程发生根本的变化。

企业组织产品的生产可以有以下多种模式：

（1）生产全部零部件、组装机器。

（2）生产一部分关键的零部件，其余的由其他企业供应。

（3）完全不生产零部件，自己只负责设计和销售。

第一种模式的企业，必须拥有加工完成所有零件、所有工序的设备，形成大而全、小而全的工厂。当市场发生变化时，适用性差，难以做到设备负载的平衡，而且固定资产利用率低，定岗人员也有忙闲不均的情况，不同程度地影响了生产管理以及员工的生产积极性。

许多产品复杂的大工业企业（集团）均采用第二种模式，如汽车制造业。美国的三大汽车公司周围密布着数以千计的中小企业，承担汽车零配件和汽车生产所需的专用模具、专用设备的生产供应，形成了一个繁荣的产业。日本的汽车工业也是如此，汽车生产厂家只控制整车、车身和发动机的设计和生产。日本电装、丰田工机和美国的 TRW、德尔福都是专门生产汽车零件的巨型企业，它们对多家汽车生产厂供货。如日本电装公司原是丰田公司下属的一个汽车电器配套厂，1949 年另立门户，现已成为年产量 120 亿美元的日本最大的零部件生产厂，其汽车空调器、起动机、雨刮器、散热器的市场占有率居世界首位。

第三种模式具有场地占用少、固定设备投入少、转产容易等优点，较适用于生产市场变化快的产品。但对于应该自己掌握核心技术和工艺的产品，或需要大批量生产高附加值零部件的产品，这一模式就有不足之处。许多高新技术开发区"两头在内，中间在外"的企业均采用这种方式。国外敏捷制造中的动态联盟，其实质即是在互联网信息技术的支持下，在全球范围内实现这一生产模式，这种组织方式中更显示出知识在现代制造业的突出作用和地位。实际上它是将制造业由资金密集型向知识密集型过渡的模式。

对于第二种模式及第三种模式来说，零部件供应的质量很重要。可以采取主机厂有一套完善的质量检验手段对供应零件进行全检或按数理统计方法进行抽检的措施保证质量。保证及时供货及质量的另一个措施是向两个供应商订货，以便有选择和补救的余地，同时形成一定的竞争机制。

3. 制造哲理与生产方式

在大批量制造模式下，由于生产准备终结时间所占的比例很少，加工的辅助时间（如装夹、换刀时间）也经过精确的设计，因此基本加工时间所占比例较大。提高工序效率可以显著提高生产率，因此，制造技术的许多研究都致力于切削速度的提高。在机床方面，高速机床的旋转速度已达到每分钟数万转，甚至达到十万余转。在刀具方面，硬质合金车刀的车削速度达到 200 m/min，陶瓷车刀可达到 500 m/min，聚晶金刚石或立方氮化硼刀具的切削速度达到 900 m/min。在磨削加工方面，人们开发了强力磨削技术，一次磨削的最大背吃刀量可达到 6～12 mm，比普通磨削的金属去除率提高了 3～5 倍。为此，要提高机床刚性，防止因高速运转轴承和高速切削产生大量的热引起机床较严重的热变形，从而影响加工质量。

20 世纪初至中叶，以 Ford 生产方式为代表的典型大批量生产模式占主导地位。专用设备、刚性生产线、以互换性和质量统计分析为主的质量保证体系代表了其结构特征。这时单工序优化的制造技术的研究对提高生产率、降低制造成本发挥了重要作用。

在多品种小批量生产类型逐渐占主导地位时，上述措施的效益就不再那么显著。因为辅助时间占了较大的比重，所以必须在如何缩短辅助时间方面下功夫。

在对制造过程的深入研究中，不难发现切削用量的提高并未使生产效率成比例地提高。例如，刀具的改进使切削速度提高了几十倍，但产品制造进程的缩短却非常有限，企业从这一技术改进中所获的效益则更小。管理专家注意到以下两个现象：一是企业的在制品相当多，在制品放在机床上进行切削加工的时间和全部通过的时间（从购进材料到产品销售）的比例小于 5%；二是机床开动加工的时间利用率占 5%～10%，在制品通过时间直接影响企业流动资金的利用率，而设备利用率则关系到固定资产的利用率。如何提高设备利用率及缩短在制品通过时间，成了提高制造业效益的关键。

采用 CNC 机床可以减少大量的辅助时间，扩大设备对市场变化的响应能力。计算机集成制造系统保证了工件（产品）加工过程的统一计划和调度，进一步缩短在制品通过的时间，提高了设备利用率。

在利用信息技术提升制造业的同时，管理学家提出了许多新概念，产生了许多新的制造哲理。如日本丰田生产系统所实施的准时生产 JIT（Just In Time）方法，其概念是在需要的时间生产需要数量的合格产品。信息高速公路的发展大大缩短了人们之间的物理距离，使基于网络的远程设计及制造成为现实，因而人们不需要用常规的方法组织生产，这就产生了虚拟公司（指当有了好产品后，通过计算机网络在全球范围内组织资源和生产，当产品寿命结束时虚拟公司就解体）与动态联盟（根据需要组织制造单元，各参组单元有较大的决策权）。可以说新的科技进步推动了制造哲理的革新，推动了生产方式向更适合新技术应用的方向转变，因而也使制造业更加适应市场需要。

本 章 小 结

现代制造业，特别是机械制造业，是国民经济持续发展的基础。本章主要介绍机械制造业在国民经济中的作用，重点介绍机械产品的制造过程、生产类型与方式。

通过本章的学习，了解机械制造业在国民经济中的作用；熟悉机械产品的制造过程与生产组织。

复习思考题

1-1 你是什么时候开始接触到机械制造活动的？举例说明活动的内容和过程。

1-2 你认为机械制造业对一个国家的重要性表现在哪些方面？你认为我国制造业与发达国家尚有哪些差距？

1-3 什么是生产系统？

1-4 生产类型可分为哪几种？不同生产类型有何特点？

1-5 举例说明机械零件制造工艺方法。

第 2 章　金属切削原理

2.1　概　　述

金属切削过程是工件与刀具相互作用的过程，即利用刀具从工件上切除一部分金属，并且保证在提高生产率和降低成本的前提下，使工件得到符合技术要求的尺寸精度、几何精度及表面质量。为实现这一切削过程，必须具备以下三个条件：

（1）刀具与工件间必须具有相对运动，即切削运动。

（2）刀具必须具备一定的切削性能，即切削力。

（3）刀具必须有合理的几何参数，即切削角度等。

本节主要阐述与切削运动及刀具角度有关的基本概念与定义。

2.1.1　切削加工表面

车削外圆柱面和刨削平面是金属切削加工中最基本的切削加工方法。如图 2 – 1 所示，车削外圆柱面时，工件旋转，车刀纵向直线进给，于是形成工件的外圆柱表面。如图 2 – 2 所示，牛头刨床刨削平面时，刀具做直线往复运动，工件做间歇的直线进给运动。

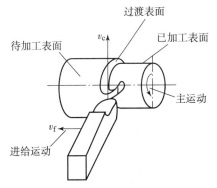

图 2 – 1　车削外圆柱面的切削运动与加工表面

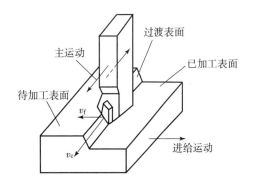

图 2 – 2　刨削平面的切削运动与加工表面

在车削外圆柱面和刨削平面过程中，工件存在三个不断变化的表面：待加工表面、已加工表面、过渡表面（切削表面）。

（1）待加工表面：工件上有待切削的表面。

（2）已加工表面：工件上经刀具切削后形成的表面。

（3）过渡表面（切削表面）：工件上由切削刃正在切削的表面，它是待加工表面和已加工表面之间的过渡部位。

2.1.2 切削运动与切削用量

从车削外圆柱面（图 2-1）和刨削平面（图 2-2）中可以看出，刀具或工件必须完成一定的切削运动。在其他切削加工方法中，刀具或工件同样必须完成一定的切削运动。通常，切削运动按其作用分为主运动和进给运动。

1. 主运动

主运动是由机床运动或手动提供的刀具与工件之间主要的相对运动，它使刀具切削刃及其毗邻的刀具表面切入工件材料，使工件被切削部位转变为切屑，从而形成工件的新表面。这个运动的主要特征是速度高、消耗功率大。例如，车削外圆柱面时工件的旋转运动和刨削平面时刀具的直线往复运动都是主运动。其他切削加工方法中的主运动也同样是由工件或刀具来完成的，其形式可以是旋转运动也可以是直线运动，但每种切削加工方法的主运动通常只有一个。

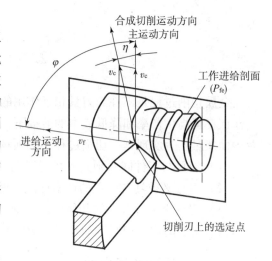

图 2-3　车刀相对于工件的运动

主运动方向：在不考虑进给运动的条件下，切削刃上选定点相对于工件的瞬时运动方向（图 2-3、图 2-4）。

切削速度 v_c：切削刃上选定点相对工件沿主运动方向的瞬时速度（图 2-3、图 2-4）。

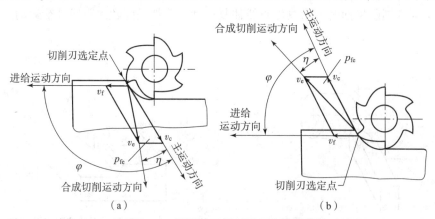

（a）　　　　　　　　　　　　　　（b）

图 2-4　平面铣刀相对于工件的运动

当主运动为旋转运动时，刀具或工件最大直径处的切削速度由下式确定：

$$v_c = \frac{\pi dn}{1\,000}(\text{m/s}) \quad \text{或} \quad v_c = \frac{\pi dn}{1\,000 \times 60}(\text{m/min}) \tag{2-1}$$

式中　d——完成主运动的刀具或工件的最大直径（mm）；

　　　n——主运动的转速（r/s 或 r/min）。

2. 进给运动

进给运动是由机床运动或手动实现的刀具或工件的运动，它配合主运动依次或连续不断地切除多余金属，同时形成满足一定要求的已加工表面。通常，它的速度与消耗的功率比主运动的小。例如，车削外圆柱面时车刀的纵向连续直线运动（图 2-1）和刨削平面时工件的间歇直线运动（图 2-2）。其他切削加工方法也是由工件或刀具来完成进给运动。进给运动可以是间歇的也可以是连续的，且进给运动可以有多个。

进给运动方向：在不考虑主运动的条件下，切削刃选定点相对于工件的瞬时运动方向（图 2-3、图 2-4）。

进给速度 v_f：切削刃选定点相对工件沿进给运动方向的瞬时速度（图 2-3、图 2-4），单位是 mm/s（或 mm/min）。若进给运动为直线运动，则进给速度在刀刃上各点都是相同的。

进给量 f：工件或刀具每回转一周或往返一个行程时，两者沿进给运动方向的相对位移，单位是 mm/r（或 mm/双行程）。它是衡量进给运动的常用度量单位。

对刨削、插削等主运动为往复直线运动的加工，虽然可以不确定进给速度，却需要确定间歇进给的进给量，其单位为 mm/（d·str）（毫米/双行程）。

在用多刃切削工具进行切削时，还应确定每齿进给量 f_z。每齿进给量是后一个刀齿相对前一个刀齿的进给量，单位是 mm/s。

显而易见：

$$v_f = f \cdot n = f_z \cdot z \cdot n (\text{mm/s}) \quad \text{或} \quad v_f = \frac{f \cdot n}{60} = \frac{f_z \cdot z \cdot n}{60} (\text{mm/min}) \tag{2-2}$$

3. 合成切削运动

合成切削运动是由同时存在的主运动和进给运动合成的运动。

合成切削运动方向：切削刃选定点相对于工件瞬时合成切削运动的方向（图2-3、图2-4）。

合成运动的速度 v_e：切削刃选定点相对工件沿合成切削运动方向的瞬时速度（图2-3、图2-4）。

进给运动角 φ：瞬时主运动方向和进给运动方向之间的夹角（图2-3、图2-4）。

对于刨削和拉削之类的加工，这个角度不做规定。

合成切削速度角 η：瞬时主运动方向与合成切削运动方向之间的夹角（图2-3、图2-4）。φ 与 η 均在工作进给剖面内度量（工作进给剖面的定义见后节）。

显而易见在车削中（图2-3）：

$$v_e = \frac{v_c}{\cos \eta} \tag{2-3}$$

通常实际加工中 η 值很小，所以可近似认为 $v_e = v_c$。

4. 背吃刀量（切削深度）a_p

对车削外圆柱面（图2-1）和刨削平面（图2-2）而言，背吃刀量 a_p 等于工件已加工表面与待加工表面的垂直距离。其中车削外圆柱面时的背吃刀量为

$$a_p = \frac{d_w - d_m}{2} (\text{mm}) \tag{2-4}$$

式中　d_w——工件待加工表面的直径（mm）；

d_m——工件已加工表面的直径（mm）。

通常将切削速度 v_c、进给量 f 和背吃刀量 a_p 三者统称为切削用量三要素。

前述加工表面和切削运动的定义也适用于其他类型的切削加工。

2.2 刀具几何参数与材料

2.2.1 刀具几何参数

金属切削刀具种类繁多，形状各异，但切削部分的几何特征都具有共性，外圆车刀的切削部分可以看作各类刀具切削部分的基本形态。其他各类刀具，包括复杂刀具，都是在这个基本形态上根据各自的工作要求所演变或组合而来的。因此，以外圆车刀切削部分为基础给出刀具几何参数的有关定义。

1. 刀具切削部分的组成要素

如图 2-5 所示，外圆车刀由刀杆和刀头（切削部分）组成。刀头直接承担切削工作，其组成要素可简单概括为"三面、两刃、一尖"。

（1）前刀面 A_γ：直接作用于被切削的金属层，是控制切屑沿其流出的表面。

（2）主后刀面 A_α：与工件上过渡表面相互作用和相对的表面。

（3）副后刀面 A_α'：与工件上已加工表面相互作用和相对的表面。

（4）主切削刃 S：前刀面与主后刀面相交而得到的边锋。主切削刃承担金属切除的主要工作，以形成工件的过渡表面。

（5）副切削刃 S'：前刀面与副后刀面相交而得到的边锋。副切削刃协同主切削刃完成金属的切除工作，以最终形成工件的已加工表面。

（6）过渡刃（刀尖）：主切削刃和副切削刃连接处的一段切削刃。过渡刃可以是小的直线段或圆弧。通常把主切削刃和副切削刃连接处称为"刀尖"。

刨刀、钻头、铣刀等其他种类的切削刀具都可以看作车刀的演变或组合。刨刀切削部分的形状与车刀基本相同（图 2-6）；钻头可看作两把一正一反对称安装，同时镗削孔壁两侧的镗刀（图 2-7）；铣刀虽然形状复杂，实际上是由多把车刀组合而成的，一个刀齿可看作一把车刀（图 2-8）。

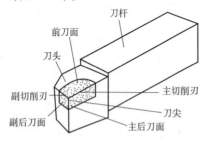

图 2-5　外圆车刀切削部分的组成要素

图 2-6　刨刀

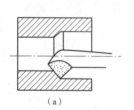

图 2-7　镗刀和钻头

（a）镗刀；（b）钻头

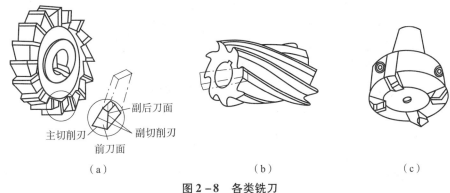

图 2 - 8　各类铣刀

（a）盘铣刀；（b）圆柱铣刀；（c）端铣刀

2. 刀具切削角度的参考平面

刀具要从工件上切下金属，就必须具备一定的切削角度，这些角度决定了刀具切削部分各表面的空间位置。图 2 - 9 所示为宽刃刨刀的前角 γ_o 和后角 α_o，于是就确定了刨刀前刀面 A_γ 和后刀面 A_α 的位置。但是刨刀的 γ_o 与 α_o 需要在选定的参考平面作为坐标系的基础之后才能表明其大小。图 2 - 9 中的基面 p_r 和切削平面 p_s 就是选定坐标系的参考平面。

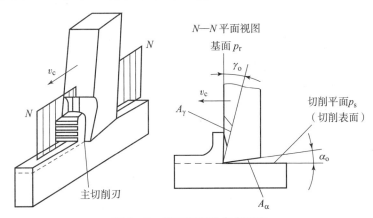

图 2 - 9　宽刃刨刀的参考平面

由于大多数加工表面都不是平面，而是空间曲面，不便于直接用作参考平面，因此，构造刀具角度坐标系的参考平面定义如下：

（1）工作基面 p_{re}：通过主切削刃上选定点，垂直于该点合成切削运动向量的平面。

（2）工作切削平面 p_{se}：通过主切削刃上选定点，与切削刃 S 相切并垂直于基面 p_{re} 的平面，也就是切削刃 S 的切线与合成切削运动向量构成的平面。显然，切削刃上同一点的基面与切削平面是互相垂直的。

应该指出，前述切削平面和基面的定义是在刀具与工件的相对运动状态中给出的，是广义定义。根据上述定义分析刀具角度时，对于同一切削刃上的不同点，可能有不同的切削平面和基面，因而同一切削刃上各点切削角度的数值也就不一定相等。

3. 刀具标注角度的参考系

刀具的标注角度是设计、制造和刃磨刀具所需的角度。标注角度应在选定的参考平面所构成的坐标系中确定，它与刀具工作时的切削角度不同，标注角度的切削平面与基面的定义不考虑进给运动，因而，这时的切削平面 p_s 只包含切削刃在其选定点的切线和切削速度向量，基面 p_r 则是通过该点而垂直于切削速度向量的平面。除此之外，为了便于刃磨和检验刀具的标注角度，还应尽可能使刀具标注角度的参考平面和刀具的刃磨检验基准面一致，所以要根据不同刀具的情况，对刃磨检验时刀具的安装定位面做某些规定。

实际上，除了由上述切削平面和基面组成的参考平面系以外，还需要选一个用来标注和测量刀具前、后角度的平面，即"测量平面"。图 2-9 中刨刀角度 γ_o 和 α_o 的 $N—N$ 平面就是测量平面，它是垂直于刨刀直线切削刃的法剖面。通常，根据刃磨和测量的方便等需要，可以选用不同的平面作为测量平面。在切削刃上同一选定点测量其角度时，如果测量平面选得不同，刀具角度的大小就不同。

测量平面、切削平面和基面组成了刀具标注角度参考系。目前各国由于选用的测量平面不同，故所采用的刀具标注角度参考系也不完全统一。现以外圆车刀为例，说明几种不同的刀具标注角度参考系。

如图 2-10 所示，不考虑进给运动的影响，并假定主切削刃选定点 A 位于工件中心高度上，刀杆中心线垂直于进给方向。过主切削刃上 A 点的切削平面 p_s 与工件的切削表面相切，A 点的基面 p_r 垂直于切削速度 v_c 或切削平面 p_s。无论选用哪一个平面作测量平面，各个标注角度参考系的切削平面 p_s 和基面 p_r 都是共同的。一般用来标注前、后刀面角度的测量平面有如下三种：

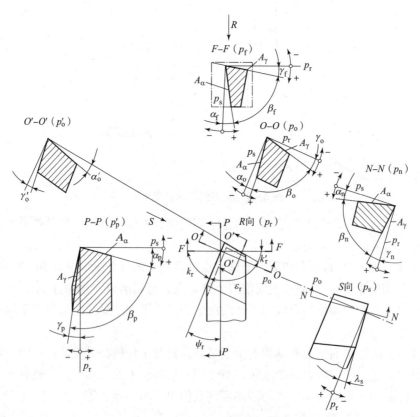

图 2-10　车刀标注角度参考系

（1）正交平面 p_o。它是过主切削刃上选定点并垂直于切削平面 p_s 与基面 p_r 的平面，如图 2 - 10 中的 O—O 剖面，因此正交平面 p_o 垂直于主切削刃在基面上的投影。p_o、p_s 与 p_r 三个平面构成一个空间正交平面参考系，如图 2 - 11 所示。

（2）法平面 p_n。它是过主切削刃上选定点并垂直于主切削刃或其切线的平面，如图 2 - 10 所示的 N—N 剖面。p_n、p_s 与 p_r 构成一个法平面参考系，如图 2 - 12 所示。

（3）背平面 p_p 和假定工作平面 p_f。背平面（也称切深剖面）p_p 是通过主切削刃上选定点，平行于刀杆轴线并垂直于基面 p_r 的平面。它与进给方向垂直，如图 2 - 10 中的 P—P 剖面；假定工作平面（也称进给剖面）p_f 是通过主切削刃上选定点，同时垂直于刀杆轴线及基面 p_r 的平面，它与进给方向平行，如图 2 - 10 中的 F—F 剖面。p_f、p_p 与 p_r 构成空间互相正交的假定工作平面、背平面参考系，如图 2 - 13 所示。

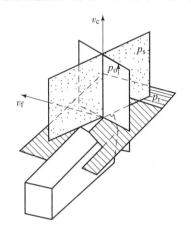

图 2 - 11　正交平面参考系

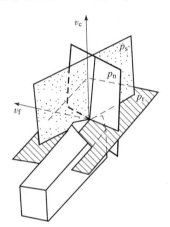

图 2 - 12　法平面参考系

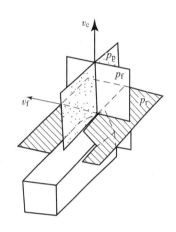

图 2 - 13　假定工作平面、
背平面参考系

综上所述，刀具标注角度的参考系对切削刃上同一选定点来说可以有三种，见表 2 - 1。

表 2 - 1　刀具标注角度参考系及其参考平面

参考系	参考平面	符号
正交平面参考系	基面 切削平面 正交平面	p_r p_s p_o
法平面参考系	基面 切削平面 法平面	p_r p_s p_n
假定工作平面、背平面参考系	基面 背平面 假定工作平面	p_r p_p p_f

4. 刀具的标注角度

刀具的标注角度用于刀具的设计、制造、刃磨和测量。它们将保证刀具在使用时得到必要的切削角度，其参考系的选用与生产中实际采用的刀具角度刃磨方式和检测方法有关。

1) 刀具在正交平面参考系中的标注角度

刀具标注角度的内容包括两个方面：一是确定刀具上切削刃位置的角度；二是确定前刀面与后刀面位置的角度。以外圆车刀为例（图 2 – 14），确定车刀主切削刃位置的角度有如下两个。

（1）主偏角 κ_r：是主切削刃 S 在基面 p_r 上的投影与进给方向的夹角，该角度在基面内度量。

（2）刃倾角 λ_s：是主切削刃与基面 p_r 的夹角，该角度在切削平面 p_s 内度量。ISO 及国家标准均规定：当刀尖为主切削刃上最低点时，λ_s 为负值；当刀尖为主切削刃上最高点时，λ_s 为正值。

$\lambda_s = 0°$ 的切削称为直角切削，此时主切削刃与切削速度方向垂直。$\lambda_s \neq 0°$ 的切削称为斜角切削，此时主切削刃与切削速度方向不垂直。图 2 – 15 所示为刨削时的直角切削和斜角切削。

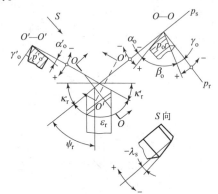

图 2 – 14　外圆车刀正交平面参考系的标注角度

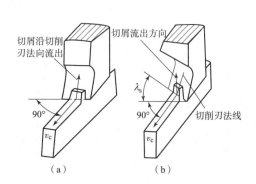

图 2 – 15　直角切削与斜角切削

（a）直角切削；（b）斜角切削

当车刀主切削刃的位置确定后，前刀面 A_γ 与主后刀面 A_α 在正交平面参考系中的位置由以下两个角度确定。

（1）前角 γ_o：在通过主切削刃上选定点的正交平面 p_o 内度量的前刀面与基面之间的夹角。

（2）后角 α_o：在通过主切削刃上选定点的正交平面 p_o 内度量的后刀面与切削平面之间的夹角。

对于副切削刃，也可以用同样的分析方法得到相应的四个角度。通常车刀主、副切削刃在同一个平面的前刀面上，因此当主切削刃及其前刀面已由上述四个基本角度 κ_r、λ_s、γ_o、α_o 确定之后，副切削刃上的副刃倾角 λ_s' 和副前角 γ_o' 即随之确定，故在刀具工作图上只需标注副切削刃上的下列角度即可。

（1）副偏角 κ_r'：是副切削刃在基面 p_r 上的投影与进给方向之间的夹角。

（2）副后角 α_o'：在通过副切削刃上选定点的副正交平面 p_o' 内的副后刀面与副切削平面之间的夹角。副切削平面是过该选定点并包含切削速度向量的平面。

以上是外圆车刀主、副切削刃上所必须标注的六个基本角度。根据实际需要，还可再标注出以下角度：

（1）楔角 β_o。在通过主切削刃选定点的正交平面 p_o 内的前刀面与后刀面之间的夹角，$\beta_o = 90° - (\alpha_o + \gamma_o)$。

（2）刀尖角 ε_r。主切削刃与副切削刃在基面 p_r 上投影之间的夹角，$\varepsilon_r = 180° - (\kappa_r + \kappa_r')$。

（3）余偏角 ψ_r。主切削刃在基面 p_r 上投影与进给方向垂线之间的夹角，$\psi_r = 90° - \kappa_r$。

2）刀具在法平面参考系中的标注角度

刀具在法平面参考系中标注的角度与正交平面参考系的类似。在基面 p_r 和切削平面 p_s 内表示的角度 κ_r、κ_r'、ε_r、ψ_r 和 λ_s 是相同的，只需将正交平面 p_o 内的 γ_o、α_o 和 β_o 改为在法平面 p_n 内的法前角 γ_n、法后角 α_n 与法楔角 β_n 即可，如图 2-16 所示。

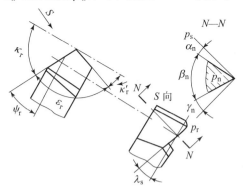

图 2-16　法平面参考系的标注角度

3）刀具在假定工作平面和背平面参考系中的标注角度

除基面上表示的角度与上面相同外，前角、后角和楔角都分别在背平面 p_p 和假定工作平面 p_f 内标出，故有背前角 γ_p、背后角 α_p、背楔角 β_p、侧前角 γ_f、侧后角 α_f 和侧楔角 β_f 等角度，如图 2-17 所示。

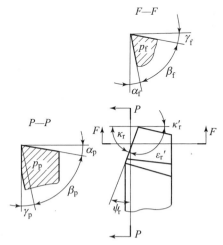

图 2-17　假定工作平面、背平面参考系的标注角度

5. 刀具的工作角度

前述刀具的标注角度是在忽略进给运动的影响且在特定安装条件下给出的，而刀具在工作状态下的切削角度（工作角度）应该考虑包括进给运动在内的合成切削运动和刀具的实际安装情况，因而它的参考系也就不同于标注角度参考系，各参考平面的空间位置也相应地有所改变。

进给运动和刀具安装对工作角度的影响如下：

1) 进给运动对刀具工作角度的影响

(1) 横向进给运动的影响。

当刀具对工件切断或车槽时，进给运动是沿横向进行的，如图 2-18 所示。若不考虑进给运动，车刀切削刃上某一点 O 在工件表面的运动轨迹是一个圆，因此切削平面 p_s 是过 O 点切于此圆的平面，基面 p_r 是过 O 点垂直于切削平面 p_s 的平面，它与刀杆底面平行。γ_o 和 α_o 为正交平面 p_o 内的标注前角和后角。

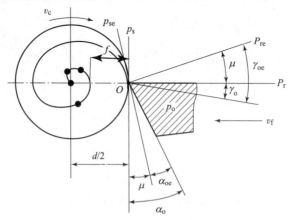

图 2-18　横向进给运动对工作角度的影响

若考虑进给运动，则切削刃上任一点 O 在工件上的运动轨迹为阿基米德螺线，切削平面改变为过 O 点切于该螺线的平面 p_{se}，基面则为过同一点并垂直于切削平面的平面 p_{re}，p_{se} 与 p_{re} 均相对于原来的 p_s 与 p_r 倾斜了一个角度 μ，因此工作角度参考系 $p_{se}-p_{re}-p_{oe}$ 内的刀具工作前角 γ_{oe} 和工作后角 α_{oe} 应为

$$\gamma_{oe} = \gamma_o + \mu, \quad \alpha_{oe} = \alpha_o - \mu, \quad \tan\mu = \frac{f}{\pi d} \qquad (2-5)$$

式中　f——刀具的横向进给量（mm/r）。

　　　d——切削刃上选定点 O 在横向进给切削过程中相对于工件中心所处的直径（mm）。

由式（2-5）可知，当横向进给量 f 一定时，切削刃越接近工件中心，d 值越小，μ 值急剧增大，工作后角 α_{oe} 将变为负值。f 的大小对 μ 值也有很大影响，f 增大则 μ 值增大，也有可能使工作后角 α_{oe} 变为负值。因此，对于横向切削不宜选用过大的进给量 f，并应适当加大刀具的标注后角 α_o。

(2) 纵向进给运动的影响。

一般外圆车削时，纵向进给量 f 较小，因此对车刀工作角度的影响可忽略不计。但车螺纹尤其是车多头螺纹时，纵向进给的影响就不可忽视。如图 2-19 所示，若不考虑纵向进给，则过切削刃上某一点的切削平面为 p_s，基面为 p_r，侧

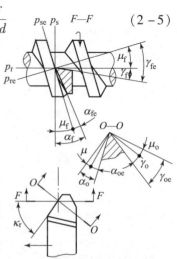

**图 2-19　纵向进给运动对
工作角度的影响**

前角（也称进给前角）与侧后角（也称进给后角）为 γ_f 和 α_f，前角与后角为 γ_o 和 α_o。当考虑进给运动时，切削平面 p_{se} 为切于圆柱螺旋面的平面，基面 p_{re} 垂直于合成切削速度向量，它们分别相对于 p_s 或 p_r 倾斜了同样的角度，这个角度在假定工作进给平面 p_f 中为 μ_f，在正交平面 p_o 中为 μ。因此在假定工作进给平面（进给剖面）内的工作角度为

$$\gamma_{fe} = \gamma_f + \mu_f, \quad \alpha_{fe} = \alpha_f - \mu_f, \quad \tan \mu_f = \frac{f}{\pi d_w} \tag{2-6}$$

式中　f——进给量（mm/r），或被切螺纹的导程（mm）；

　　　d_W——工件直径（mm）。

在正交平面内，刀具的工作角度为

$$\gamma_{oe} = \gamma_o + \mu, \quad \alpha_{oe} = \alpha_o - \mu, \quad \tan \mu = \tan \mu_f \sin \kappa_r = \frac{f \sin \kappa_r}{\pi d_w} \tag{2-7}$$

由以上各式可知，μ_f 和 μ 值与进给量 f 及工件直径 d_w 有关。f 增大或 d_w 减小时，μ_f 和 μ 均增大。上述分析只适合于车右螺纹时车刀的左侧切削刃，此时右侧切削刃的 μ_f 和 μ 的正、负号与其相反，因此对车刀右侧切削刃工作角度的影响也正好相反。这说明车削右螺纹时，车刀左侧切削刃应注意适当加大后角，而右侧切削刃应设法增大前角。

2）刀具安装位置对工作角度的影响

（1）刀具安装高低的影响。

如图 2-20 所示，假定车刀 $\lambda_s = 0°$。当刀尖装得高于工件中心时，主切削刃上选定点的切削平面将变为 p_{se}，p_{se} 切于工件过渡表面，工作基面 p_{re} 保持与 p_{se} 垂直，因而在背平面 p_p 内，刀具工作前角 γ_{pe} 增大，工作后角 α_{pe} 减小，即

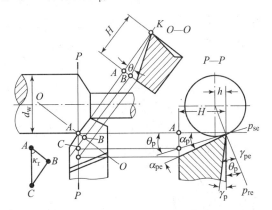

图 2-20　刀具安装高低对工作角度的影响

$$\gamma_{pe} = \gamma_p + \theta_p, \quad \alpha_{pe} = \alpha_p - \theta_p, \quad \tan \theta_p = \frac{h}{\sqrt{\left(\dfrac{d_w}{2}\right)^2 - h^2}} \tag{2-8}$$

式中　h——刀尖高于工件中心线的数值（mm）；

　　　d_W——工件直径（mm）；

　　　θ_p——背平面内工作前角和工作后角的变化值。

在正交平面 p_{oe} 内，刀具工作前角 γ_{oe} 和工作后角 α_{oe} 的变化情况也与上面类似，即

$$\gamma_{oe} = \gamma_o + \theta, \quad \alpha_{oe} = \alpha_o - \theta, \quad \tan \theta = \tan \theta_p \cos \kappa_r \tag{2-9}$$

式中　　θ——正交平面内工作前角和工作后角的变化值。

如果刀尖低于工件中心，则上述工作角度的变化情况恰好相反。

（2）刀杆中心线与进给方向不垂直时的影响。

如图 2-21 所示，车刀刀杆中心线安装得与进给方向垂直时，工作主偏角和工作副偏角就等于车刀标注的主偏角 κ_r 和副偏角 κ_r'。

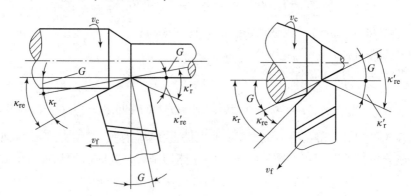

图 2-21　刀杆中心线不垂直于进给方向时对 κ_r，κ_r' 的影响

当车刀刀杆中心线与进给运动方向不垂直时，工作主偏角 κ_{re} 将增大（或减小），而工作副偏角 κ_{re}' 将减小（或增大），其角度变化值为 G。

2.2.2　切削层参数

在切削过程中，刀具切削刃的一个单一动作（或指刀具切过工件的一个单程，或指只产生一圈过渡表面）所切除的工件材料层，称为切削层。切削层参数就是指这个切削层的截面尺寸参数，它决定了刀具切削部分所承受的载荷和切屑的尺寸大小，如图 2-22 所示，车外圆时，车刀主切削刃上任意一点相对于工件的运动轨迹是一条螺旋线，整个主切削刃切出一个螺旋面。工件每转一周，车刀沿工件轴线移动一个进给量 f 的距离，主切削刃及对应的工件切削表面也在连续移动中，由位置 I 移到相邻的位置 II。因而 I、II 之间的一层金属被切下；这一切削层的参数，通常都在过切削刃上选定点并与该点主运动方向垂直的平面内，即不考虑进给运动影响的基面内观察和度量。

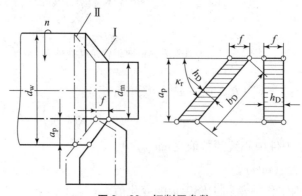

图 2-22　切削层参数

1）切削厚度 h_D

它是指在主切削刃选定点的基面内，垂直于切削表面度量的切削层尺寸。车外圆时，若车刀主切削刃为直线（图 2-19），则切削层截面的切削厚度 h_D（mm）为

$$h_D = f \cdot \sin \kappa_r \tag{2-10}$$

由此可见，f 或 κ_r 增大，则 h_D 变厚。若车刀切削刃为圆弧或任意曲线，则对应于切削刃上各点的切削厚度是不相等的。

2）切削宽度 b_D

它是指在主切削刃选定点的基面内，沿切削表面度量的切削层尺寸。当车刀主切削刃为直线时，外圆车削的切削宽度 b_D（mm）为

$$b_D = \frac{a_p}{\sin \kappa_r} \tag{2-11}$$

由式（2-11）可知，当 a_p 减小或 κ_r 增大时，b_D 减小。

3）切削面积 A_D

它是指在主切削刃选定点的基面内，切削层的截面面积 A_D（mm^2）。

车削时

$$A_D = h_D \cdot b_D = f \cdot a_p \tag{2-12}$$

2.2.3 刀具材料

刀具材料通常是指刀具切削部分的材料。在切削过程中，刀具切削部分直接承担切削工作，其切削性能的好坏，取决于构成刀具切削部分的材料、几何参数及刀具结构的选择和设计是否合理等因素。切削加工生产率和刀具耐用度的高低，刀具消耗和加工成本的多少，加工精度和表面质量的优劣等，在很大程度上都取决于刀具材料的合理选择。

1. 刀具材料必须具备的性能

刀具在工作时要承受很大的压力，同时，切削时产生的金属塑性变形以及在刀具、切屑、工件相互接触表面间产生的强烈摩擦，使刀具切削区温度急剧升高，产生很大的应力。而在加工余量不均匀的工件或断续加工时，刀具还受到强烈的冲击和振动。基于上述情况，刀具材料必须具备如下基本性能：

（1）高硬度和高耐磨性。硬度是刀具材料应具备的基本特性。刀具要从工件上切下切屑，其硬度必须高于工件材料。金属切削刀具材料的常温硬度一般都在 62 HRC 以上。

耐磨性是表示刀具抵抗磨损的能力，它是刀具材料机械性能（力学性能）、组织结构和化学性能的综合反映。一般刀具材料的硬度越高，耐磨性就越好。材料中硬质点（碳化物、氯化物等）的硬度越高、数量越多、颗粒越小、分布越均匀，则耐磨性越高。

（2）足够的强度和韧性。刀具在切削时承受很大的压力，在断续切削时还承受很大的冲击力，所以刀具材料就必须具有足够的强度和韧性。

（3）高耐热性。耐热性是指刀具材料在高温下保持较高的硬度、耐磨性、强度和冲击韧性的性能。刀具材料的高温硬度越高，则刀具的切削性能越好。除高温硬度外，刀具材料还应具有在高温下抗氧化的能力以及良好的抗黏结和扩散的能力，即刀具材料应具有良好的化学稳定性。

（4）良好的工艺性。为便于刀具制造，要求刀具材料具有良好的工艺性能，如锻造性能、热处理性能、高温塑性变形性能、磨削加工性能等。

除此以外，经济性也是刀具材料的重要指标之一。随着切削加工自动化和柔性制造系统的发展，还要求刀具磨损及刀具使用寿命等切削性能指标具有良好的可预测性。

2. 常用刀具材料的种类与特性

常用刀具材料有碳素工具钢、合金工具钢、高速钢、硬质合金、陶瓷、金刚石、立方氮化硼等。碳素工具钢和合金工具钢因耐热性较差，仅用于手工工具及切削速度较低的刀具。陶瓷、金刚石和立方氮化硼等用于特殊场合。目前，刀具材料用得最多的是高速钢和硬质合金。刀具材料的物理力学性能见表2-2。

表2-2　刀具材料的物理力学性能

材料种类	高速钢	硬质合金		TiC（N）基硬质合金	陶瓷			聚晶立方氮化硼	聚晶金刚石
		K系（WC-Co）	P系（WC-TiC-TaC-Co）		Al_2O_3	Al_2O_3-TiC	Si_3N_4		
密度/（g·cm^{-2}）	8.7~8.8	14~15	10~13	5.4~7	3.90~3.98	4.2~4.3	3.2~3.6	3.48	3.52
硬度/HRA	84~85	91~93	90~92	91~93	92.5~93.5	93.5~94.5	1 350~1 600 HV	4 500 HV	>9 000 HV
抗弯强度/MPa	2 000~4 000	1 500~2 000	1 300~1 800	1 400~1 800	1 400~1 750	700~900	600~900	500~800	600~1 100
抗压强度/MPa	2 800~3 800	3 500~6 000		3 000~4 000	3 500~5 500		3 000~4 000	2 500~5 000	7 000~8 000
断裂韧性/（MPa·m^{-2}）	18~30	10~15	9~14	7.4~7.7	3.0~3.5	3.5~4.5	5~7	6.5~8.5	6.89
弹性模量/GPa	210	610~640	480~560	390~440	400~420	360~390	280~320	710	1 020
导热系数/（W·m^{-1}·K^{-1}）	20~30	80~110	25~42	21~71	29	17	20~35	130	210
热膨胀系数/（10~6·K^{-1}）	5~10	4.5~5.5	5.5~6.5	7.5~8.5	7	8	3.0~3.3	4.7	3.1
耐热性/℃	600~700	800~900	900~1 000	1 000~1 100	1 200	1 200	1 300	1 000~1 300	700~800

1）高速钢

高速钢是含有 W、Mo、Cr、V 等合金元素较多的工具钢，其性能见表2-3。高速钢和硬质合金相比，塑性、韧性、导热性和工艺性好，特别可以制造复杂形状的刀具，但硬度、耐磨性和耐热性较差，故常用于低速刀具、成形刀具等。

高速钢按用途分为通用型和高性能高速钢；按制造工艺分为熔炼型和粉末冶金高速钢。

通用型高速钢含碳量为 0.7%~0.9%，合金元素主要成分有 W、Mo、Cr、V 等。按含钨量不同可分为钨钢和钨钼钢。

高性能高速钢是在普通高速钢基础上增大含碳量，添加其他合金元素，使其机械性能和切削性能显普提高。高性能高速钢的常温硬度可达 67 ~ 70 HRC，高温硬度也相应提高，可用于高强度钢、高温合金、钛合金等难加工材料的切削加工，并可提高刀具使用寿命。

表 2 - 3　高速钢的力学性能

钢号	常温硬度/HRC	抗弯强度/GPa	冲击韧度 / ($MJ \cdot m^{-2}$)	高温硬度/HRC	
				500 ℃	600 ℃
W18Cr4V	63 ~ 66	3 ~ 3.4	0.18 ~ 0.32	56	48.5
W6Mo5Cr4V2	63 ~ 66	3.5 ~ 4	0.3 ~ 0.4	55 ~ 56	47 ~ 48
9W18Cr4V	66 ~ 68	3 ~ 3.4	0.17 ~ 0.22	57	51
W6Mo5Cr4V3	65 ~ 67	3.2	0.25	—	51.7
W6Mo5Cr4V2Co8	66 ~ 68	3.0	0.3	—	54
W2Mo9Cr4VCo8	67 ~ 69	2.7 ~ 3.8	0.23 ~ 0.3	60	55
W6Mo5Cr4V2Al	67 ~ 69	2.9 ~ 3.9	0.23 ~ 0.3	60	55
W10Mo4Cr4V3Al	67 ~ 69	3.1 ~ 3.5	0.2 ~ 0.28	59.5	54

　　粉末冶金高速钢是将熔融状高速钢用高压氩气或纯氮气雾化成细小颗粒，再将这些细小颗粒粉末在高温高压下制成钢坯，经锻轧成一定形状，然后制成各种刀具。

　　2）硬质合金

　　硬质合金是用高硬度、高熔点的金属碳化物（如 WC、TiC、TaC、NbC 等）微米数量级的粉末和金属黏结剂（如 Co、Ni 等）在高压下成形后，经高温烧结而成的粉末冶金材料。硬质合金成分中含有大量的金属碳化物，这些碳化物的熔点高、硬度高、化学稳定性与热稳定性好，因此，硬质合金的硬度、耐磨性、耐热性都很高，许用的切削速度远远超过高速钢，加工效率高且能切削淬火钢等硬材料。硬质合金的最大不足是抗弯强度低，脆性大，抗振动和抗冲击性能差。

　　硬质合金因其切削性能优良而被广泛用作刀具材料。绝大多数车刀和端铣刀都采用硬质合金制造，深孔钻、铰刀等刀具也广泛采用了硬质合金，就连一些复杂刀具如拉刀、齿轮滚刀等也都采用了硬质合金。

　　ISO 标准将切削用硬质合金分为 P、K、M 三类。P 类主要用于加工长切屑的黑色金属，相当于我国的 YT 类；K 类主要用于加工短切屑的黑色金属、有色金属和非金属材料，相当于我国的 YG 类；M 类可用于加工长或短切屑的黑色金属和有色金属，相当于我国的 YW 类。

　　现代被加工材料中，90% ~ 95% 可用 P 和 K 类硬质合金加工，其余 5% ~ 10% 可用 M 类硬质合金加工。

　　硬质合金的化学成分及物理力学性能见表 2 - 4。

　　（1）WC + Co（YG）类硬质合金。

　　这类合金是由 WC 和 Co 组成的。我国生产的常用牌号有 YG3X、YG6X、YG8 等，其中：Y 代表硬质合金，G 代表钴，数字表示含钴量的百分数，X 代表细晶粒，C 代表粗晶粒。这类合金的硬度为 89 ~ 91.5 HRA，耐热度为 800 ℃ ~ 900 ℃，抗弯强度为 1.1 ~ 1.5 MPa。钨合金抗弯强度、冲击韧性和热导率都比较高，只是硬度稍低些。因此，它主要用来加工脆性金属和有色金属，如铸铁、青铜等。

　　硬质合金因粒度粗细不同，又有细晶合金（如 YG8X）和粗晶合金（如 YG8C）之分。前者适用于加工一些特硬铸铁、奥氏体不锈钢、耐热合金、硬青铜和耐磨的绝缘材料；后者因强度高，硬度和耐磨性稍有降低，能承受较大的冲击力，可作刨刀、插刀等刀具。

表 2 - 4　硬质合金的化学成分及物理力学性能

类型	牌号	化学成分/%					物理力学性能				对应 GB/T 2075-2007		使用性能					
		w_{WC}	w_{TiC}	$w_{TaC(NbC)}$	w_{Co}	其他	密度 /(g· cm^{-3})	热导率 /(W· m^{-1}·K^{-1})	硬度 /HRA	抗弯强度 /GPa	代号	牌号	颜色	耐磨性	韧性	切削速度	进给量	加工材料类别
钨钴类	YG3	97	—	—	3	—	14.9~15.3	87	91	1.2	K类	K01	红	↑	↓	↑	↓	短切屑的黑色金属；非铁金属；非金属材料
	YG6X	93.5	—	0.5	6	—	14.6~15	75.55	91	1.4		K10						
	YG6	94	—	—	6	—	14.6~15.0	75.55	89.5	1.42		K20						
	YG8	92	—	—	8	—	14.5~14.9	75.36	89	1.5		K30						
	YG8C	92	—	—	8	—	14.5~14.9	75.36	88	1.75								
钨钛钴类	YT30	66	30	—	4	—	9.3~9.7	20.93	92.5	0.9	P类	P01	蓝	↑	↓	↑	↓	长切屑的黑色金属
	YT15	79	15	—	6	—	11~11.7	33.49	91	1.15		P10						
	YT14	78	14	—	6	—	11.2~12	33.49	90.5	1.2		P20						
	YT5	85	5	—	10	—	12.5~13.2	62.8	89	1.4		P30						
添加钽铌类	YG6A	91	—	3	6	—	14.6~15.0		91.5	1.4	K类	K10	红	—				长、短切屑的黑色金属
	YG8N	91	—	1	8	—	14.5~14.9		89.5	1.5		K20						
	YW1	84	6	4	6	—	12.8~13.3		91.5	1.2	M类	M10	黄					
	YW2	82	6	4	6	—	12.6~13.0		90.5	1.35		M20						
碳化钛类	YN05	—	79	—		Ni7 Mo14	5.56		93.3	0.9	P类	P01	蓝	—				长切屑的黑色金属
	YN10	15	62	1	—	Ni12 Mo10	6.3		92	1.1		P01						

（2）WC + TiC + Co（YT）类硬质合金。

合金中除了含碳化钨和钴外，还加入 5% ~ 30% 的碳化钛。这种合金的耐热度可达900 ℃ ~ 1 000 ℃。硬度和耐磨性都高，但强度和冲击韧度较差。常用牌号有 YT5、YT14、YT15、YT30（数字代表 TiC 含量）。YT5 强度高于 YT30，适用于粗加工，YT30 则适用于精加工。钨钛钴合金适合于加工塑性大的材料（如钢材等），不适合加工含钛金属材料，因为钛元素之间亲和力强，会产生严重的黏结现象，使刀具磨损加剧。加工淬火钢、高强度钢时，容易造成崩刃现象。

（3）WC + TiC + TaC（NbC）+ Co（YW）类硬质合金。

这种合金是由钨钛钴硬质合金中添加适当的 TaC（Nbc）而派生出来的，抗弯强度、疲劳强度和冲击韧性都较高，而且耐热性、高温硬度及抗氧化能力亦有很大改善。它是一种既可以加工铸铁、有色金属，又可以加工钢的通用型硬质合金。这种合金如适当增加含钴量，强度可很高，承受机械振动和热冲击能力较强，可用于断续切削。

以上三种硬质合金的主要成分都有 WC，故统称为 WC 基硬质合金。

（4）TiC 基硬质合金。

TiC 基硬质合金是以 TiC 为主要成分的 TiC - Ni - Mo 合金。由于 TiC 在所有碳化物中硬度最高，故 TiC 基硬质合金的硬度也很高，达到了陶瓷的水平。这种合金有很高的耐磨性，较高的耐热性和抗氧化能力，摩擦系数较小，抗黏结能力较强，因此刀具耐用度可比 WC 基硬质合金提高几倍，但目前这类合金的抗弯强度和冲击韧性比 WC 基合金差，因此不适于重切削和断续切削，而主要用于精加工和半精加工，尤其是加工那些较大较长零件，要求表面粗糙度值较小和尺寸精度较高的零件。

近年来，硬质合金领域中一项重大发展是涂层硬质合金。它是在硬质合金表面涂覆一层（5 ~ 12 μm）硬度和耐磨性很高的物质，使刀具既有高硬度和耐磨性的表面，又有强韧的基体。涂层减小了工具和刀具表面之间的摩擦系数，减小了切削力和切削温度，从而能提高切削速度而不降低刀具耐用度。

一般涂层都以硬质合金刀片作为基体，如切削钢件时，用的刀片基体为 YT5；切削铸铁件时，用的刀片基体为 YG8。涂层刀片按涂覆材料的不同分成 TiC 涂层刀片、TiN 涂层刀片、TiC – TiN 复合涂层刀片、陶瓷涂层和双涂层刀片等。这些刀片的发展，为机械夹固式可转位刀具的应用提供了良好的条件。

3）其他刀具材料

（1）陶瓷。

目前使用的陶瓷刀具材料有两种，即 Al_2O_3 基陶瓷和 Si_3N_4 基陶瓷。

Al_2O_3 基陶瓷硬度比硬质合金高，耐热性好、摩擦系数小，化学稳定性好。陶瓷刀具可以加工钢和铸铁及高硬度合金，但由于抗弯强度低和冲击韧性较差，通常用于精加工和半精加工。

Si_3N_4 基陶瓷强度高、韧性好，特别是抗热冲击性大大优于 Al_2O_3 基陶瓷。因此，可以加工铸铁及镍基合金。

（2）金刚石。

金刚石是人们目前发现的最硬的一种物质。它摩擦系数小、导热性好、耐磨性高，所以切削时不易产生积屑瘤和鳞刺，加工表面质量好，刀具耐用度高。

金刚石分为天然金刚石和人造全刚石两种，由于天然金刚石价格昂贵，工业上多使用人造金刚石。目前，人造金刚石刀具有单晶、聚晶整体和金刚石复合刀片三种。它能够加工硬质合金、陶瓷、高硅铝合金及耐磨塑料等，但一般不易加工铁族金属，因为金刚石的碳元素与铁原子有极强的化学亲和作用，使之转化为石墨，失去切削性能。金刚石热稳定性差，在超过 700℃ ~ 800℃时硬度下降很大，无法切削。目前，金刚石刀具多用于有色金属及非金属（如耐磨塑料、石材）的加工，也用于制造磨具和磨料。

（3）立方氮化硼。

立方氮化硼是硬度仅次于金刚石的物质。与金刚石相比，它的化学惰性很大，热稳定性高，耐磨性高。立方氮化硼刀具能以硬质合金刀具加工普通钢和铸铁的切削速度切削淬硬钢、冷硬铸铁、高温合金等，加工精度可达 IT5，表面粗糙度可达 $Ra\,0.05\ \mu m$。但立方氮化硼与水发生反应，故一般不用切削液或使用不含水的切削液。

2.3　刀具的几何角度测量试验

2.3.1　试验目的

（1）了解各种机械加工刀具的种类和特点。

（2）了解各种机械加工刀具的材料。

（3）了解各种机械加工刀具的几何角度的构成。

（4）熟悉车刀测量仪，掌握刀具几何角度的测量方法。

（5）熟悉车刀的几何形状，根据刀具几何角度的定义测出车刀的几何角度。

2.3.2 试验的内容和要求

（1）利用车刀测角仪测量外圆车刀、端面车刀（必做）和切断刀（选做）的 γ_0、α_0、λ_s、κ_r、κ_r'、σ_o'。

（2）将所测的角度填入试验报告中。

（3）根据所测的角度画出外圆车刀、端面车刀和切断刀的工作角度图。

2.3.3 试验设备、仪器

试验设备、仪器见表 2 - 5。

表 2 - 5　试验设备、仪器

序号	设备（工具）、仪器名称	数　量
1	车刀测角仪	6 台
2	常用的几种车刀（外圆车刀）	6 把
3	端面车刀	6 把
4	切断刀	6 把
5	内孔车刀	6 把
6	铰刀	若干把
7	滚刀	若干把
8	常用内拉刀	若干把
9	常用铣刀	若干把
10	其他种类的刀具	若干把

2.3.4 试验原理与方法

测量刀具几何角度的量具很多，如万能量角器、摆针式重力量角器、车刀测角仪等。车刀测角仪是测量车刀角度的专用测角仪，它有多种类型，本试验采用的是既能测量车刀主剖面参考系的基本角度，又能测量车刀法剖面参考系的基本角度的一种车刀测角仪，如图 2 - 23 所示。

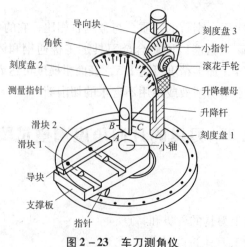

图 2 - 23　车刀测角仪

测角仪圆形底盘的周边上刻有从 0° 起顺、逆时针两个方向各 100° 的刻度盘 1，其上面的支撑板可绕小轴转动，转动的角度由连在支撑板上的指针指示出来。支撑板上的导块和滑块 1、滑块 2 固定在一起，可在支撑板的滑槽内平行滑动。

升降杆安装在圆形底盘上，它是一根矩形螺纹丝杠，其上面的升降螺母可以使导向块沿升降杆上的键槽上、下滑动。导向块上面用螺钉固定在一个刻度盘 3，在刻度盘 3 的外面用滚花手轮将角铁的一端锁紧在导向块上。当松开滚花手轮时，角铁以滚花手轮为轴，可以向顺、逆时针两个方向转动，其转动的角度用固定在角铁上的小指针在刻度盘 3 上指示出来。

在角铁的另一端安装有扇形刻度盘 2，其上安装着能顺时针转动的测量指针，并在刻度盘 2 上指示出转动的角度。

当指针、小指针和测量指针都处于 0° 时，测量指针的前面和侧面 B、C 垂直于支撑板的平面，而测量指针的底面 A 平行于支撑板的平面。测量车刀角度时，就是根据被测角度的需要，转动支撑板，同时调整支撑板上的车刀位置，再旋转升降螺母，使导向块带动测量指针上升或下降而处于适当的位置。然后用测量指针的前面（或侧面 B、C 或底面 A），与构成被测角度的面或线紧密贴合，从刻度盘 2 上读出测量指针指示的被测量角度数值。

2.3.5　试验步骤

1. 校准车刀测角仪的原始位置

用车刀测角仪测量车刀的几何角度之前，必须先将测角仪的测量指针、小指针和指针全部调整到零位，然后将车刀平放在支撑板上，使其侧面紧贴导块侧面，称这种状态下的车刀测角仪位置为测量车刀标注角度的原始位置。

2. 主偏角 κ_r 的测量

从测量车刀标注角度的原始位置起，顺时针转动支撑板使车刀主刀刃和测量指针前面紧密贴合，此时指针在底盘上所指示的刻度数值，即为主偏角 κ_r 的数值。

3. 刃倾角 λ_s 的测量

测完主偏角 κ_r 之后，测量指针位于切削平面内，转动测量指针，使其下边 A 与车刀主刀刃紧密贴合，则测量指针在刻度盘 2 上所指示的刻度数值，就是刃倾角 λ_s 的数值。测量指针在 0° 左边时 λ_s 取正值，测量指针在 0° 右边时 λ_s 取负值。

4. 副偏角 κ_r' 的测量

参照测量主偏角 κ_r' 的测量方法，逆时针方向转动支撑板，使车刀副刀刃与测量指针的前面紧密贴合，此时指针在底盘上所指示的刻度数值即为副偏角 κ_r' 的数值。

5. 前角 γ_o 的测量

前角 γ_o 的测量是在主刀刃的正交剖面内进行的，首先将车刀测角仪放在测量主偏角 κ_r 的位置上，使支撑板逆时针转动 90° 或使指针从底盘上的 0° 刻度起逆时针转动 90° $-\kappa_r$ 刻度的数值。此时，主刀刃在基面上的投影恰好垂直于测量指针前面，然后用测量指针底边 A 与通过主刀刃上选定点的前刀面紧密贴合，则测量指针在刻度盘 2 上所指示的刻度数值，就是前角 γ_o 的数值。测量指针在 0° 右边时 γ_o 取正值，测量指针在 0° 左边时 γ_o 取负值。

6. 后角 α_o 的测量

后角 α_o 的测量与前角 γ_o 的测量都是在主刀刃的正交剖面内进行的，因此在测量完前角之后，支撑板不需要调整，只需平移导向块和车刀，使测量指针的侧面 C 与通过主刀刃上选定点的后刀面紧密贴合，此时测量指针在刻度盘 2 上所指示的刻度值，就是后角 α_o 的数值。测量指针在 0° 左边时 α_o 取正值，测量指针在 0° 右边时 α_o 取负值。

7. 法向前角 γ_n 和法向后角 α_n 的测量

测量法向前角 γ_n 必须在测量 κ_r 和 λ_s 之后进行。测量法向前角 γ_n 是在主刀刃的法向剖面内进行的，所以必须使测量指针位于法向剖面内，首先逆时针转动支撑板，使其转过 90° − κ_r 的刻度数值，使测量指针位于主刀刃的正交剖面内，然后松开滚花手轮，转动角铁，使刻度盘 3 的小指针在刻度盘上指示刃倾角的角度值（刃倾角为 + λ_s 时，小指针指向 0° 左边，刃倾角为 − λ_s 时，小指针指向 0° 右边）。此时测量指针位于主刀刃的法剖面内，再按如前所述测量前角 γ_o 和后角 α_o 的办法，便可测量出车刀法向前角 γ_n 和法向后角 α_n 的数值。

8. 副后角 α_o' 的测量

副后角 α_o' 的测量是在副刀刃的正交剖面内进行的，所以，首先使测量指针位于副刀刃的正交剖面内，其做法是将车刀测角仪处于测量副偏角 κ_r' 的位置，然后顺时针转动 90°，使测量指针位于副刀刃的正交剖面位置，再用测量指针的剖面 B 和通过副刀刃上选定点的副后刀面紧密贴合，这时测量指针所指示的刻度值就是副后角 α_o' 的数值。

将测量结果 κ_r、κ_r'、λ_s、γ_o、α_o、γ_n、α_n、α_o' 等填入试验报告中。

9. 绘制外圆车刀和切断刀的工作图

绘制车刀的工作图时，应使标注的角度数量最少，并能完整地表达出车刀切削部分的形状及尺寸，同时要求所标注的角度能反映刀具的切削特征，刀具工作图除表明刀具的几何参数以外，还需注明刀杆材料、切削部分材料、表面粗糙度要求及各主要参数的公差等。

绘制车刀工作图的主要步骤如下：

（1）画出车刀的主视图和俯视图。

（2）过车刀主刀刃上某点画出正交剖面图。

（3）过车刀副刀刃上某点画出副刀刃的正交剖面图。

（4）画出切削平面的 S 向视图。

（5）标注车刀主刀刃上的四个基本角度 γ_o、α_o、κ_r、λ_s 和副刀刃的基本角度 κ_r'、α_o'，标注刀杆尺寸及车刀的主要技术要求等。

此外，必要时应画出局部放大图，车刀工作图按 1:1 绘制。

2.4　金属切削过程

金属切削过程是刀具从工件表面切除多余金属，从切屑形成开始到已加工表面形成为止的完整过程。要提高切削加工生产率，保证零件加工质量，降低生产成本，必须研究金属切削过程的物理本质及其变形规律。

2.4.1　切削层的变形

下面以塑性材料的切屑形成为例，来说明金属切削层的变形。

根据金属切削试验，可绘制如图 2−24 所示的金属切削过程中的滑移线和流线。金属切削可大致划分为三个变形区。

1. 第一变形区

从 OA 线开始发生塑性变形，到 OM 线晶粒的剪切滑移基本完成，Ⅰ区域称为第一变形区。

在第一变形区内金属的变形如图 2-25 所示。当切削层中某点 P 向切削刃逼近，到达点 1 的位置时，其切应力达到材料的屈服强度 τ_s，点 1 在向前移动的同时，也沿 OA 滑移，其合成运动将使点 1 流动到点 2，2-2′ 就是它的滑移量。随着滑移的产生，切应力将逐渐增加，也就是当 P 点向 1，2′，3′…各点流动时，它的切应力不断增加，直到点 N' 位置，此时其流动方向与前刀面平行，不再沿 OM 线滑移。所以 OM 线称为终滑移线，而 OA 称为始滑移线。在 OA 到 OM 之间整个第一变形区内，其变形的主要特征就是沿滑移线的剪切变形，以及随之产生的加工硬化。当切削速度较高时，这一变形区较窄。

在一般的切削速度范围内，第一变形区的宽度为 0.02~0.2 mm，切削速度越高，其宽度越小。因此可以把第一变形区看作一个剪切平面，用 P_{sh} 表示。剪切面与切削速度方向之间的夹角称为剪切角。

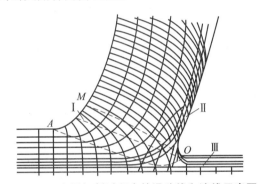

图 2-24　金属切削过程中的滑移线和流线示意图

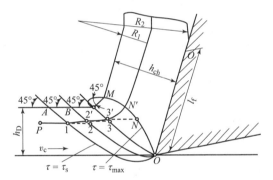

图 2-25　第一变形区金属的滑移

2. 第二变形区

切屑沿前刀面排出时进一步受到前刀面的挤压和摩擦，使靠近前刀面的金属纤维化，基本上和前刀面平行，Ⅱ区域称为第二变形区。

3. 第三变形区

已加工表面受到切削刃钝圆部分和后刀面的挤压和摩擦，产生变形与回弹，造成纤维化和加工硬化，Ⅲ区域的晶格变形也是较密集的，称为第三变形区。

这三个变形区汇集在切削刃附近，此处的应力比较集中而复杂，金属的被切削层就在此处与工件本体材料分离，大部分变成切屑，很小一部分留在已加工表面上。

2.4.2　切削变形的衡量方法

1. 变形系数

在金属切削加工中，常有这样的现象，刀具切下的切屑厚度 h_{ch} 大于工件上切削层的厚度 h_D，而切屑长度 l_{ch} 小于切削层长度 i_c。（图 2-26）。根据这一事实来衡量切削变形程度，就得出了切削变形系数 Λ_h 的概念。切屑厚度 h_{ch} 与切削层厚度 h_D 之比，称为厚度变形系数 Λ_{ha}；而切削层长度 l_c 与切屑长度 l_{ch} 之比，称为长度变形系数 Λ_{hl}。

$$\varLambda_{\mathrm{ha}} = \frac{h_{\mathrm{ch}}}{h_{\mathrm{D}}} \qquad\qquad (2-13)$$

$$\varLambda_{\mathrm{hl}} = \frac{l_{\mathrm{c}}}{l_{\mathrm{ch}}} \qquad\qquad (2-14)$$

由于工件上切削层变成切屑后宽度变化很小，根据体积不变原理，显然

$$\varLambda_{\mathrm{ha}} = \varLambda_{\mathrm{hl}} = \varLambda_{\mathrm{h}} \qquad\qquad (2-15)$$

将 $\varLambda_{\mathrm{h}}$ 称为变形系数。变形系数 $\varLambda_{\mathrm{h}}$ 是大于 1 的数。在苏联的教科书中，与变形系数的概念相同，但它叫作"收缩系数"；在英、美、日则以 $h_{\mathrm{D}}/h_{\mathrm{ch}} = l_{\mathrm{ch}}/l_{\mathrm{c}} = \gamma_{\mathrm{c}}$ 表示，称为"切削比"，可知切削比即变形系数的倒数。

$\varLambda_{\mathrm{h}}$ 值越大，切屑厚度越厚越短，标志着切削变形越大，直观地反映了切削变形程度，并且比较容易测量，因此，该方法在生产实际中应用比较广泛。另一方面，由于切屑形成过程是剪切滑移过程，因此该方法没有反映切削变形的本质，比较粗略，有必要研究衡量变形程度的其他方法。

2. 剪应变

切削过程中金属变形的主要形式既然是剪切滑移，采用剪应变 ε 这一指标来衡量变形程度，应该说是比较合理的。如图 2-26 所示，当平行四边形 $OHNM$ 发生剪切滑移后，变为 $OGPM$，用滑移距离 ΔS 与滑移层厚度 Δy 之比来表示切屑变形程度，即

$$\varepsilon = \frac{\Delta S}{\Delta y}$$

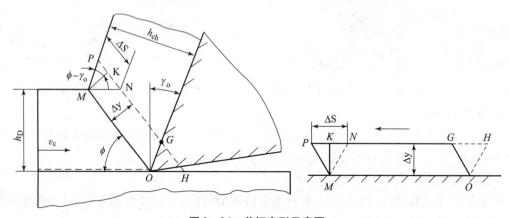

图 2-26 剪切变形示意图

根据图 2-26 中的几何关系有：

$$\varepsilon = \frac{\Delta S}{\Delta y} = \frac{NP}{MK} = \frac{NK + KP}{MK}$$

则得

$$\varepsilon = \cot\phi + \tan(\phi - \gamma_{\mathrm{o}}) \qquad\qquad (2-16)$$

或

$$\varepsilon = \frac{\cos\gamma_{\mathrm{o}}}{\sin\varphi\cos(\phi - \gamma_{\mathrm{o}})} \qquad\qquad (2-17)$$

从图 2-26 可以推出

$$\varLambda_{\mathrm{h}} = \frac{h_{\mathrm{ch}}}{h_{\mathrm{D}}} = \frac{OM\sin(90° - \phi + \gamma_{\mathrm{o}})}{OM\sin\phi} = \frac{\cos(\phi - \gamma_{\mathrm{o}})}{\sin\phi} \qquad\qquad (2-18)$$

将式（2-18）变换后可写成

$$\tan \phi = \frac{\cos \gamma_{\mathrm{o}}}{\Lambda_{\mathrm{h}} - \sin \gamma_{\mathrm{o}}} \tag{2-19}$$

将式（2-19）代入式（2-16），可得

$$\varepsilon = \frac{\Lambda_{\mathrm{h}}^{2} - 2\Lambda_{\mathrm{h}}\sin \gamma_{\mathrm{o}} + 1}{\Lambda_{\mathrm{h}}\cos \gamma_{\mathrm{o}}} \tag{2-20}$$

图 2-27 所示为式（2-20）中 ε、Λ_{h} 的函数关系。图 2-27 中各曲线表示等于某一定值时 ε 和 Λ_{h} 的关系。

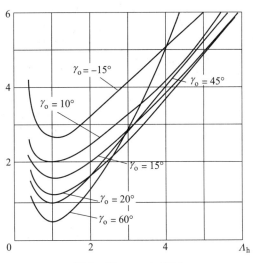

图 2-27　$\varepsilon - \Lambda_{\mathrm{h}}$ 关系

由图 2-27 可知：

（1）变形系数并不等于剪应变 ε。

（2）当 $\Lambda_{\mathrm{h}} \geqslant 1.5$ 时，对于某一固定的前角，剪应变 ε 与变形系数 Λ_{h} 成正比，因此在一般情况下，变形系数 Λ_{h} 可以在一定程度上反映剪应变的大小。

（3）当 $\Lambda_{\mathrm{h}} = 1$ 时，即 $h_{\mathrm{D}} = h_{\mathrm{ch}}$，剪应变并不等于零，因此，切屑还是有变形的。

（4）当 $\gamma_{\mathrm{o}} = -15° \sim 20°$ 时，变形系数 Λ_{h} 即使具有同一数值，倘若前角不相同，ε 仍然不相等，前角越小，ε 就越大。

（5）当 $\Lambda_{\mathrm{h}} < 1.2$ 时，不能用 Λ_{h} 表示变形程度。原因是：当 $\Lambda_{\mathrm{h}} = 1 \sim 1.2$，$\Lambda_{\mathrm{h}}$ 虽减小，而 ε 却变化不大；当 $\Lambda_{\mathrm{h}} < 1$ 时，Λ_{h} 稍有减小，ε 反而大大增加。

3. 剪切角

从图 2-26 及式（2-18）得知，剪切角 ϕ 和切削变形有十分密切的关系。ϕ 若减小，切屑即变厚、变短，变形系数 Λ_{h} 便增大，因此研究剪切角 ϕ 也是很必要的。

为了研究剪切角，先要分析作用在切屑上的力。

在直角自由切削的情况下，作用在切屑上的力有：前刀面上的法向力 F_{n} 和摩擦力 F_{f}；在剪切面上也有一个法向力 F_{ns} 和剪切力 F_{s}，如图 2-28 所示。这两对力的合力应该互相平衡。如果把所有的力都画在切削刃前方，可得如图 2-29 的各力关系。

图 2-28 中 F_{r} 是 F_{f} 和 F_{n} 的合力，又称为切屑形成力；ϕ 是剪切角；β 是 F_{r} 和 F_{n} 的夹角，又叫摩擦角（Friction angle）（$\tan \beta = \mu$）；γ_{o} 是刀具前角；F_{c} 是切削运动方向的切削分力；

F_p 是和切削运动方向垂直的切削分力；h_D 是切削厚度；b_D 是切削宽度。A_s 表示剪切面的截面积 $\left(A_s = \dfrac{A_D}{\sin\phi}\right)$，$\tau$ 为剪切应力，则

$$F_s = \tau A_s = \frac{\tau A_D}{\sin\phi}, F_s = F_r\cos(\phi + \beta - \gamma_0)$$

$$F_r = \frac{F_s}{\cos(\phi + \beta - \gamma_0)} = \frac{\tau A_D}{\sin\phi\cos(\phi + \beta - \gamma_0)} \qquad (2-21)$$

$$F_c = F_r\cos(\beta - \gamma_0) = \frac{\tau A_D\cos(\beta - \gamma_0)}{\sin\phi\cos(\phi + \beta - \gamma_0)} \qquad (2-22)$$

$$F_p = F_r\sin(\beta - \gamma_o)\frac{\tau A_D\sin(\beta - \gamma_o)}{\sin\phi\cos(\phi + \beta - \gamma_0)} \qquad (2-23)$$

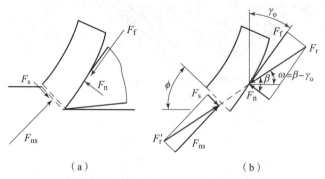

（a） （b）

图 2－28　作用在切屑上的力

式（2－22）、式（2－23）说明了摩擦角 β 对切削分力 F_c 和 F_p 的影响。反过来，如果用测力仪测得 F_c 和 F_p 的值，即可从式（2－24）求出 β，而 $\tan\beta$ 之值便等于前刀面的平均摩擦系数 μ。这就是通过试验测定摩擦系数 μ 的方法。

$$\frac{F_p}{F_c} = \tan(\beta - \gamma_o) \qquad (2-24)$$

剪切角的计算有如下两种方法：

（1）根据合力最小原理确定的剪切角。从图 2－29 看出，剪切角 ϕ 的大小不同，则切削合力 F_r 之值亦随之而异。剪切角 ϕ 应取使切削力 F_r 为最小值。

对式（2－21）求微商，并令 $\dfrac{\mathrm{d}F_r}{\mathrm{d}\phi} = 0$，求 F_r 为最小值时 ϕ 之值，得

$$\phi = \frac{\pi}{4} - \frac{\beta}{2} + \frac{\gamma_o}{2} \qquad (2-25)$$

式（2－25）即麦钱特（M. E. Merchant）公式。

（2）根据主应力方向与最大剪应力方向之间的夹角为 45°的原理确定剪切角。图 2－29 中 F_r 的方向便是主应力的方向，而 F_s 的方向就是最大剪应力的方向，两者之间的夹角为（$\phi + \beta - \gamma_o$）。根据主应力方向与最大剪应力方向之间的夹角为 45°的原理得

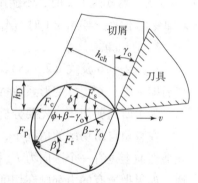

图 2－29　直角自由切削时力与角度的关系

$$\phi + \beta - \gamma_0 = \frac{\pi}{4} \quad 即 \quad \phi = \frac{\pi}{4} - \beta + \gamma_0 \tag{2-26}$$

式（2-26）即李和谢弗（Lee and Shaffer）公式。

从式（2-25）和式（2-26）都能看出：

（1）当前角 γ_0 增大时，ϕ 角随之增大，变形减小。可见在保证切削刃强度的前提下，增大刀具前角对改善切削过程是有利的。

（2）当摩擦角 β 增大时，ϕ 角随之减小，变形增大。因此在低速切削时，采用切削液以减小前刀面上的摩擦系数是很重要的。

注意，上述两个公式的计算结果和试验结果在定性上是一致的；但在定量上有出入。麦钱特公式给出的计算值偏大，而李和谢弗公式给出的计算值偏小。其原因为：前刀面的摩擦情况很复杂，用一个简单的平均摩擦系数 μ 来表示，不尽符合实际；在以上分析中把第一变形区作为一个假想平面；把刀具的切削刃看成是绝对锋利的；加工材料看成是各向同性的；未考虑加工硬化及切屑底面和刀具的黏结等许多条件的假设都和实际情况有出入。

2.4.3 切屑的种类

由于工件材料、刀具角度和切削用量的不同，切削过程中的变形情况也就不同，因而产生的切屑种类也就多种多样。从变形观点出发，可将切屑归纳为四种形态，如图 2-30 所示，（a）、（b）、（c）分别为切削塑性材料的带状、挤裂、单元切屑，图 2-30（d）为切削脆性材料的崩碎切屑。

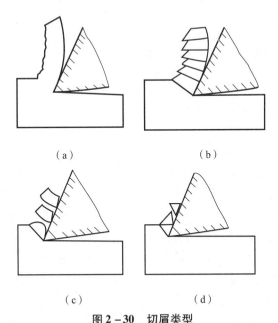

（a）　　　　　　　　　　　（b）

（c）　　　　　　　　　　　（d）

图 2-30　切屑类型
（a）带状切屑；（b）挤裂切屑；（c）单元切屑；（d）崩碎切屑

1. 带状切屑

带状切屑是最常见的一种切屑，它的内表面光滑，外表面毛茸。这种切屑是由于被切金属沿剪切面滑移而形成的。加工塑性金属材料，当切削厚度较小、切削速度较高、刀具前角较大时，一般常常得到这类切屑。它的切削过程较平稳，切削力波动较小，已加工表面粗糙度较小，但一般需采取断屑措施。

2. 挤裂切屑（节状切屑）

挤裂切屑的外形与带状切屑的不同之处在于外表面呈锯齿形，内表面有时有裂纹。这类切屑之所以呈锯齿形，是由于它的第一变形区较宽，在剪切滑移过程中滑移量较大。由滑移变形所产生的加工硬化使剪切力增加，在局部区域达到材料的断裂强度。这种切屑大都在切削速度较低、切削厚度较大、刀具前角较小时产生。

3. 单元切屑（粒状切屑）

如果在挤裂切屑的剪切面上，裂纹扩展到整个面上，则整个单元被切离，于是形成了大致为梯形的单元切屑，又称粒状切屑。

4. 崩碎切屑

崩碎切屑是加工脆性材料时形成的切屑，它的形态与前三者不同，这种切屑的形态不规则，加工表面凹凸不平。从切削过程来看，切屑在破裂前变形很小。它的脆断主要是因材料所受的应力超过了它的抗拉强度。由于崩碎切屑的切削过程很不平稳，既容易损坏刀具，又不利于机床的运行，而且已加工表面扭蹭，因此在生产中应该力求避免。其办法是减小切削厚度，适当增大刀具的前角，使切屑成针状和片状，同时适当提高切削速度。

前三种切屑中，带状切屑的切削过程最平稳，单元切屑的切削力波动最大。在生产中最常见的是带状切屑，有时得到挤裂切屑，单元切屑则少见。改变切削条件，如加大前角、降低切削速度或减小切削厚度等，就可以由产生单元切屑变为产生带状切屑。这说明切屑的形态是可以随切削条件而转化的。掌握了它的变化规律，便可以控制切屑的变形、形态和尺寸，以达到断屑和卷屑的目的。

2.4.4　刀－屑接触区的变形与摩擦

切削层金属经过终滑移线 OM，形成切屑沿前刀面流出时，切屑底层仍受到刀具的挤压和接触面间强烈的摩擦，继续以剪切滑移为主的方式在变形，使切屑底层的晶粒弯曲拉长，并趋向于与前刀面平行而形成纤维层，从而使接近前刀面部分的切屑流动速度降低。这种平行并于前刀面的纤维层称为滞流层，其变形程度比切屑上层剧烈几倍到几十倍。

在金属切削过程中，由于在刀－屑接触界面间存在着很大的压力（可达 2~3 GPa），切削液不易流入接触界面，再加上几百度的高温，切屑底层又总是以新生表面与前刀面接触，从而使刀－屑接触面间产生黏结，使该处的摩擦情况与一般的滑动摩擦不同。

采用光弹试验方法测出切削塑性金属时前刀面上的应力分布情况，如图 2－31 所示。在刀－屑接触面上正应力 σ_γ 的分布是不均匀的，切削刃处的 σ_γ 最大，随着切屑沿前刀面的流出 σ_γ 逐渐减小，在刀－屑分离处 σ_γ 为零。切应力 τ_γ 在 l_{f1} 内保持为定值，等于工件材料的剪切屈服强度 τ_s，在 l_{f2} 内逐渐减小，至刀－屑分离时为零。在正应力较大的一段长度 l_{f1} 上，切屑底部与前刀面发生黏结现象，在黏结情况下，切屑与前刀面之间已不是一般的外摩擦，而是切屑和刀具黏结层与其上层金属之间的内摩擦。这种内摩擦实际就是金属内部的剪切滑移，它与材料的剪切屈服强度和接触面的大小有关。当切屑沿前刀面继续流出时，离切削刃越远，正应力越小，切削温度也随之降低，使切削层金属的塑性变形减小，刀－屑间实际接触面积越小，进入滑移区 l_{f2} 后，该区内的摩擦性质为滑动摩擦。

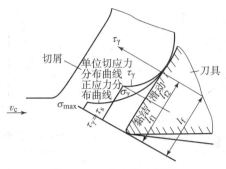

图 2-31 应力分布情况

2.4.5 积屑瘤

1. 积屑瘤的形成及影响因素

在切削速度不高而又能形成连续切屑的情况下，加工一般钢料或其他塑性材料时，常在前刀面切削处粘着一块剖面呈三角形的硬块。它的硬度很高，通常是工件材料的 2~3 倍，在处于比较稳定的状态时，能够代替切削刃进行切削。这块冷焊在前刀面上的金属称为积屑瘤，积屑瘤剖面的金相磨片如图 2-32 所示。

图 2-32 积屑瘤剖面的金相磨片

积屑瘤的成因是这样的：在刀-屑接触长度 l_f 的 l_{f1} 接触区间上，由于黏结作用，切屑底层的晶粒纤维化程度很高，几乎和前刀面平行，滞流层金属因经受强烈的剪切滑移作用而产生加工硬化，其抗剪切强度也随之提高。这样剪切滑移发生在滞流层内部某一表面，而使滞流层与前刀面接触处的全局停留在前刀面上，越积越大，便形成了积屑瘤。

积屑瘤的产生及其成长与工件材料的性质、切削区的温度分布和压力分布有关。塑性材料的加工硬化倾向越强，越易产生积屑瘤；切削区的温度和压力很低时，不会产生积屑瘤；温度太高时，由于材料变软，也不易产生积屑瘤。对碳钢来说，切削区温度处于 300 ℃~350 ℃ 时积屑瘤的高度最大，切削区温度超过 500 ℃ 积屑瘤便自行消失。在背吃刀量 a_p 和进给量 f 保持一定时，积屑瘤高度 H_b 与切削速度 v_c 有密切关系，因为切削过程中产生的热是随切削速度的提高而增加的。图 2-33 中，Ⅰ区为低速区，不产生积屑瘤；Ⅱ区积屑瘤高度随 v_c 的增大而增高；Ⅲ区积屑瘤高度随 v_c 的增大而减小；Ⅳ区不产生积屑瘤。

2. 积屑瘤对切削过程的影响

如图 2-34 所示，积屑瘤对切削过程的影响如下：

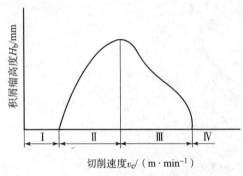

图 2－33　积屑瘤高度与切削速度的关系

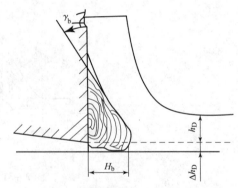

图 2－34　积屑瘤前角 γ_b 和伸出量 Δh_D

（1）增大实际前角。积屑瘤黏结在前刀面上，加大了刀具的实际前角，可使切削力减小。积屑瘤越高，实际前角越大。

（2）增大切削厚度。积屑瘤使刀具切削厚度增大。由于积屑瘤的产生、成长、脱落是一个周期性的动态过程，切削厚度增大的值的变化容易引起振动。

（3）使加工表面粗糙度增大。积屑瘤不稳定，易破裂，使加工表面变得粗糙。

（4）影响刀具耐用度。积屑瘤相对稳定时，可代替刀刃切削，提高刀具耐用度；积屑瘤不稳定时，破裂部分有可能引起硬质合金刀具的剥落，反而降低刀具耐用度。

显然，积屑瘤有利有弊。粗加工时，对精度和表面粗糙度要求不高，如果积屑瘤能稳定生长，则可以代替刀具进行切削，保护刀具，同时可减小切削变形。精加工时，则绝对不希望积屑瘤出现。

精加工时避免或减小积屑瘤的主要措施如下：

（1）降低切削速度，使切削温度降低到不易产生黏结现象；

（2）采用高速切削，使切削温度高于积屑瘤消失的极限温度；

（3）增大刀具前角，减小刀具前刀面与切屑的接触压力；

（4）使用润滑性好的切削液，精研刀具表面，降低刀－屑接触面的摩擦系数；

（5）适当提高工件材料的硬度，减小材料硬化指数。

2.5　金属切屑过程中的物理现象

2.5.1　切削力

切削时，刀具切入工件，使工件被切出材料发生变形成为切屑所需的力，称为切削力。切削力即被加工材料的弹性、塑性变形抗力和切屑、工件表面对刀具表面的摩擦力。研究切削力对刀具、机床、夹具的设计和使用具有重要意义。

1. 切削力分析

刀具上的切削合力 F 可分解为互相垂直的 F_c、F_f 和 F_p 三个分力，如图 2－35 所示。

$$F = \sqrt{F_c^2 + F_f^2 + F_p^2} \qquad (2-27)$$

切向力 F_c 是切于过渡表面并与基面垂直的力，其方向与切削速度方向一致，又称主切削力。F_c 是用于计算切削功率和机床设计的主要参数。

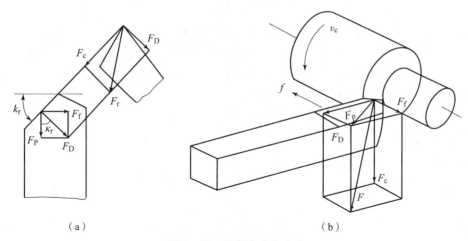

（a）　　　　　　　　　　　　　　　　　（b）

图 2 - 35　切削合力和分力

进给力 F_f 处于基面内与进给方向相反，F_f 可用于设计机床进给机构和确定进给功率参数。

背向力 F_p 处于基面内并垂直于进给方向，F_p 会使工件、刀具、机床产生变形、振动，对加工精度、表面质量影响较大。

2. 切削力和切削功率的计算

为了计算切削力，人们进行了大量的试验和研究，但所得到的一些理论公式还不能精确地进行切削力的计算。因此，目前生产实际中采用的计算公式都是经验公式。该经验公式一般可分为指数形式和切削层单位面积切削力形式两类。

（1）指数形式的切削力经验公式。指数形式的切削力经验公式应用比较广泛，其形式如下：

$$F_c = C_{F_c} a_p^{X_{F_c}} f^{Y_{F_c}} v_c^{Z_{F_c}} K_{F_c} \tag{2-28}$$

$$F_f = C_{F_f} a_p^{X_{F_f}} f^{Y_{F_f}} v_c^{Z_{F_f}} K_{F_f} \tag{2-29}$$

$$F_p = C_{F_p} a_p^{X_{F_p}} f^{Y_{F_p}} v_c^{Z_{F_p}} K_{F_p} \tag{2-30}$$

式中　F_c，F_f，F_p——切向力、进给力和背向力；

　　　C_{F_c}，C_{F_f}，C_{F_p}——取决于工件材料和切削条件的系数；

　　　X_{F_c}，Y_{F_c}，Z_{F_c}，X_{F_f}，Y_{F_f}，Z_{F_f}，X_{F_p}，Y_{F_p}，Z_{F_p}——三个分力公式中背吃刀量 a_p、进给
　　　　　　　　　　　　　　　　　　　　　量 f 和切削速度 v_c 的指数；

　　　K_{F_c}，K_{F_f}，K_{F_p}——当实际加工条件与求得经验公式的试验条件不符时，各种因素对各
　　　　　　　　　　　　　切削分力的修正系数。

式中各种系数和指数都可以在切削用量手册中查到。

（2）切削层单位面积切削力经验公式。切削层单位面积切削力 k_c（$N \cdot mm^{-2}$）可按下式计算：

$$k_c = \frac{F_c}{A_D} = \frac{F_c}{a_p f} = \frac{F_c}{h_D b_D} \tag{2-31}$$

各种工件材料的切削层单位面积切削力 k_c 可在有关手册中查到。根据式（2-31）可得到切削力的计算公式：

$$F_c = k_c A_D K_{Fc} \qquad (2-32)$$

式中 K_{Fc}——切削条件修正系数，可在有关手册中查到。

（3）工作功率。消耗在切削加工过程中的功率 P_e 称为工作功率。P_e 可以分为两部分，一部分是主运动消耗的功率 P_c，称为切削功率；另一部分是进给运动消耗的功率 P_f，称为进给功率。因此，工作功率可以按下式计算：

$$P_e = P_c + P_f = F_c v_c + F_f n_w f \times 10^{-3} \qquad (2-33)$$

式中 F_c，F_f——切削力和进给力（N）；

V_c——切削速度（m/s）；

n_w——工件转速（r/s）；

f——进给量（mm/r）。

由于进给功率 P_f 相对于切削功率 P_c 一般都很小（1%～2%），可以忽略不计，因此，工作功率 P_e 用切削功率 P_c 近似代替。

在计算机床电动机功率 P_m 时，还应考虑机床的传动效率 η_m，应按下式计算：

$$P_m \geqslant \frac{P_c}{\eta_m} \qquad (2-34)$$

3. 影响切削力的因素

1）工件材料

工件材料的物理力学性能、加工硬化程度、化学成分、热处理状态以及切削前的加工状态等，都对切削力有影响。

工件材料的强度、硬度、冲击韧性和塑性越大，则切削力越大；加工硬化程度大，切削力也会增大。工件材料的化学成分、热处理状态等都直接影响其物理力学性能，因而也影响切削力。

2）切削用量

背吃刀量 a_p 或进给量 f 加大，均使切削力增大，但两者的影响程度不同。a_p 加大时，变形系数 Λ_h 不变，切削力成正比例增大；加大 f 时，Λ_h 有所下降，故切削力不成正比增大。在切削力经验公式中，加工各种材料，a_p 的指数 $X_{fc} \approx 1$，而 f 的指数 $Y_{fc} = 0.75 \sim 0.9$。因此，在切削加工中，如果从切削力和切削功率来考虑，加大进给量比加大切削深度有利。

切削速度 v_c 对切削力的影响，分为有积屑瘤阶段和无积屑瘤阶段两种。在积屑瘤增长阶段，随着 v_c 增大，积屑瘤的高度增加，切削变形程度减小，切削层单位面积切削力减小。反之，在积屑瘤减小阶段，切削力逐渐增大。在无积屑瘤阶段，随着切削速度 V_c 的提高，切削温度增高，前刀面摩擦系数减小，剪切角 ϕ 增大。变形程度减小，使切削力减小，如图 2-36 所示。

3）刀具几何参数

在刀具几何参数中，前角 γ_o 对切削力的影响最大。加工塑性材料（如钢）时，前角 γ_o 增大，剪切角 ϕ 增大，变形程度减小，因此切削力降低；加工脆性材料（如铸铁、青铜）时，由于切屑变形很小，因此前角对切削力的影响不显著。

主偏角 κ_r 对切削力 F_c 的影响较小，影响程度不超过10%。主偏角 κ_r 在60°～70°时切削力 F_c 最小。然而主偏角 κ_r 对背向力 F_p 和进给力 F_f 的影响较大。由图 2-35 可知：

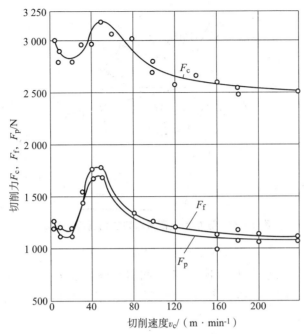

图 2 – 36　当用 YT15 硬质合金车刀加工 45 钢时，
切削速度 v_c 对 F_c、F_f、F_p 的影响（$a_p = 4$ mm，$f = 0.3$ mm/r）

$$F_p = F_D \cos \kappa_r; \quad F_f = F_D \sin \kappa_r \qquad (2 - 35)$$

式中　F_D——切削合力 F_r 在基面内的分力。

可见，F_p 随 κ_r 的增大而减小，F_f 则随 κ_r 的增大而增大。

刀尖圆弧半径 r_ε 增大，使切削刃曲线部分的长度和切削宽度随之增大，如图 2 – 37 所示，但切削厚度减小，各点的 κ_r 减小。因此 r_ε 增大，相当于 κ_r 减小时对切削力的影响。

实践证明，刃倾角 λ_s 在 $-40° \sim +40°$ 变化时，对切削力 F_c 没有什么影响，但对 F_p 和 F_f 影响较大。随着 λ_s 的增大，F_p 减小，F_f 增大。

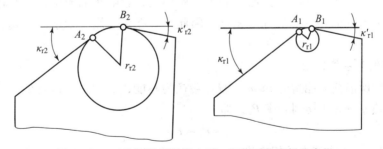

图 2 – 37　刀尖圆弧半径增大时，切削刃曲线部分变化

在前刀面上磨出的负倒棱 $b_{\gamma 1}$ 如图 2 – 38 所示，对切削力有一定的影响。负倒棱宽度 $b_{\gamma 1}$ 与进给量 f 之比（$b_{\gamma 1}/f$）增大，切削力随之增大，但当切削钢时 $b_{\gamma 1}/f \geqslant 5$，切削灰铸铁时 $b_{\gamma 1}/f \geqslant 3$，都使切削力趋于稳定，接近于负前角 γ_{o1} 刀具的切削状态。

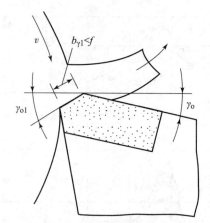

图 2 - 38 正前角负倒棱车刀的切屑流出情况

4）刀具材料

刀具材料与工件材料之间的亲和性影响其间的摩擦系数 μ，也直接影响切削力的大小。以刀具材料为立方氮化硼（CBN）刀具、陶瓷刀具、涂层刀具、硬质合金刀具、高速钢刀具顺序，切削力依次增大。

5）切削液

切削液具有润滑作用，使切削力降低。切削液的润滑作用越好，切削力的降低越显著。在较低的切削速度下，切削液的润滑作用更为突出。

6）刀具后刀面磨损。

刀具后刀面的磨损带中间部分的平均宽度以 VB 表示。磨损面上后角为 $0°$，VB 越大，摩擦越强烈，因此切削力也越大。VB 对背向力 F_p 的影响最为显著。

2.5.2 切削热和切削温度

切削热是切削过程的重要物理现象之一。切削温度影响工件材料的性能、前刀面上的摩擦系数和切削力的大小，影响刀具磨损和刀具耐用度，影响积屑瘤的产生和已加工表面质量，也影响工艺系统的热变形和加工精度。因此，研究切削热和切削温度具有重要的实际意义。

1. 切削热的产生和传出

切削过程中所消耗的能量有 98% ~ 99% 转换为热能，因此，可以近似认为单位时间内所产生的切削热 q 就等于切削功率 P_c，即

$$q \approx P_c \approx F_c v_c \qquad (2-36)$$

式中 q——单位时间内产生的切削热，J/s。

将切削力 F_c 的表达式（F_c 的条件是用硬质合金车刀，车削 $\sigma_b = 0.637\ \text{GPa}$ 的结构钢）代入后，得

$$q = C_{F_c} a_p f^{0.75} v_c^{-0.15} K_{F_c} v_c = C_{F_c} a_p f^{0.75} v_c^{0.85} K_{F_c} \qquad (2-37)$$

由式（2-37）可知：背吃刀量 a_p 增加一倍；q 也增加一倍；切削速度 v_c 对 q 的影响次之；进给量 f 的影响最小；其他因素对 q 的影响与对 F_c 的影响相似。

切削热分别产生于三个切削变形区——剪切区、切屑与前刀面的接触区、后刀面与切削表面的接触区，即来源有两部分：一是在刀具的切削作用下，切削层金属发生的弹性变形、塑性变形转化为热能；二是切屑与前刀面、工件与后刀面间消耗的摩擦功转化为热能。

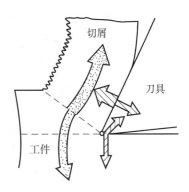

图2-39 切削热的产生和传出

影响热传导的主要因素是工件和刀具材料的导热能力及周围介质的状况。所产生的切削热由切屑、工件、刀具及周围的介质传导出去，如图2-39所示。车削加工时，50%~86%的热量由切屑带走，10%~40%传入车刀，3%~9%传入工件，1%左右通过辐射传入空气；钻削加工时，28%热量由切屑带走，14.5%传入刀具，52.5%传入工件，5%左右传入周围介质；磨削加工时，一般情况下切削热大部分由切屑带走和传入工件。

切削温度 θ 是指前刀面与切屑接触区内的平均温度，它是由切削热的产生与传出的平衡条件所决定的。产生的切削热越多，传出得越慢，切削温度越高；反之，切削温度就越低。

凡是增大切削力和切削功率的因素都会使切削温度 θ 上升，而有利于切削热传出的因素都会降低切削温度。例如，提高工件材料和刀具材料的热传导率或充分浇注切削液，都会使切削温度下降。

2. 切削温度的测量

测量切削温度的方法很多，有热电偶法、辐射热计法、热敏电阻法等。用热电偶法测量切削温度有自然热电偶和人工热电偶两种方法，目前比较常用的是自然热电偶法。

自然热电偶法是利用工件和刀具构成热电偶的两极，并分别连接测量仪表，组成测量电路，如图2-40所示。刀具切削工件的切削区域产生高温形成热端，刀具与工件为热电偶冷端，冷、热端之间热电势由测量仪（毫伏表）测定。切削温度越高，测得的热电势越大，它们之间的对应关系可利用专用装置经标定得到。

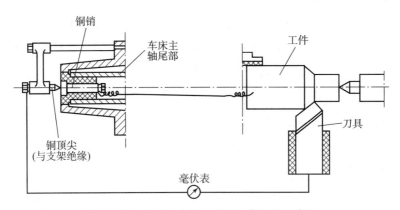

图2-40 自然热电偶法测量切削温度示意图

3. 切削温度的分布规律

在切削变形区内，工件、切屑和刀具上的切削温度分布，即切削温度场，对研究刀具的磨损规律、工件材料的性能变化和已加工表面质量都很有意义。

图 2 – 41 所示为用红外胶片法测得的切削钢料时，正交平面内的温度场。

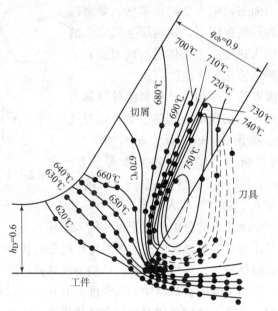

图 2 – 41　二维切削中的温度分布

工件材料：低碳易切钢。刀具：$\gamma_o = 30°$，$a_0 = 7°$。

切削用量：$h_D = 0.6$ mm，$v_c = 22.86$ m/min；干切削，预热 611℃。

由此可分析归纳出一些切削温度分布的规律。

（1）剪切区内，沿剪切面方向上各点温度几乎相同，而在垂直于剪切面方向上的温度梯度很大。

由此可以推想在剪切面上各点的应力相应变的变化不大，而且剪切区内的剪切滑移变形很强烈，产生的热量十分集中。

（2）前刀面和后刀面上的最高温度点都不在切削刃上，而是在离切削刃有一定距离的地方，这是摩擦热沿前刀面不断增加的缘故。

（3）在靠近前刀面的切屑底层上，温度梯度很大，离前刀面 0.1 ~ 0.2 mm，温度就可能下降一半。这说明前刀面的摩擦热集中在切屑底层，对切屑底层金属的剪切强度会有很大的影响。因此，切屑温度上升会使前刀面上的摩擦系数下降。

（4）后刀面的接触长度较小，因此，工件加工表面温度的升降是在极短的时间内完成的，刀具通过时，加工表面受到一次热冲击。

4. 影响切削温度的主要因素

1）切削用量

试验得出的切削温度经验公式为

$$\theta = C_\theta v_c^{z_\theta} f^{y_\theta} a_p^{x_\theta} \tag{2 – 38}$$

式中　θ——用自然热电偶法测出的前刀面接触区的平均温度（℃）；

C_θ——与工件、刀具材料和其他切削参数有关的切削温度系数；

z_θ，y_θ，x_θ——v_c，f，a_p 的指数。

试验得出，用高速钢和硬质合金刀具切削中碳钢时，切削温度系数 C_θ 及指数 z_θ，y_θ，x_θ 见表 2-6。

表 2-6　切削温度的系数及指数

刀具材料	加工方法	C_θ	z_θ	y_θ	x_θ
高速钢	车削	140～170	0.35～0.45	0.2～0.3	0.08～0.10
	铣削	80			
	钻削	150			
硬质合金	车削	320	0.41 ($f=0.1$ mm/r)	0.15	0.05
			0.31 ($f=0.2$ mm/r)		
			0.26 ($f=0.3$ mm/r)		

从表 2-6 中的数据可以看出：在切削用量三要素中，切削速度 v_c 对切削温度 θ 的影响最大，其指数在 0.3～0.5。随着进给量 f 的增大，切削速度 v_c 对切削温度的影响程度减小。进给量 f 对切削温度 θ 的影响比切削速度 v_c 小，其指数在 0.15～0.3。而背吃刀量 a_p 变化时，产生的切削热和散热面积按相同的比率变化，故背吃刀量 a_p 对切削温度 θ 的影响很小。

2）刀具几何参数

前角 γ_o 增大，使切屑变形程度减小，产生的切削热减少，因而切削温度下降。$\gamma_o = 18° \sim 20°$ 时，对切削温度下降程度减弱。

主偏角 κ_r 减小，使切削宽度 b_D 增大，散热面积增加，故切削温度下降。

负倒棱及刀尖圆弧半径增大，能使切屑变形程度增大，产生的切削热增加，也使散热条件改善，两者趋于平衡，因而负倒棱和刀尖圆弧半径对切削温度影响很小。

3）工件材料

工件材料的强度、硬度等各项力学性能提高时，产生的切削热增多，切削温度升高；工件材料的热导率越大，通过切屑和工件传出的热量越多，切削温度下降越快。

4）刀具磨损

刀具后刀面磨损量增大，切削温度升高；磨损量达到一定值后，对切削温度的影响加剧；切削速度越高，刀具磨损量对切削温度的影响就越显著。

5）切削液

切削液对降低切削温度、减少刀具磨损和提高已加工表面质量有明显的效果。切削液的热导率、比热容和流量越大，切削温度越低；切削液本身温度越低，其冷却效果越显著。

2.6　刀具磨损和刀具使用寿命

切削金属时，刀具将切屑切离工件，同时本身也要发生磨损或破损。磨损是连续的、逐渐的发展过程，而破损一般是随机的、突发的破坏（包括脆性破损和塑性破损）。这里只讨论刀具的磨损。

刀具磨损不同于一般的机械零件的磨损；与刀具表面接触的切屑底面是活性很强的新鲜表面；刀面上的接触压力很大（可达 2～3 GPa），接触温度也很高（如硬质合金加工钢，可达 800 ℃ ~1 000 ℃ 或更高）；因此磨损时存在着机械、热和化学的作用以及摩擦、黏结、扩散等现象。

2.6.1 刀具的磨损形式

刀具的磨损发生在与切屑和工件接触的前刀面和后刀面上，常常是两者同时发生，又相互影响，如图 2 – 42 所示。

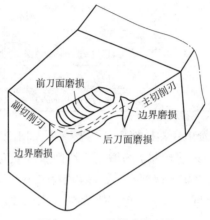

图 2 – 42　刀具的磨损形状

1. 前刀面磨损

切削塑性材料时，如果切削速度和切削厚度较大，则在前刀面上形成月牙洼磨损，如图 2 – 43（a）所示。它以切削温度最高的位置为中心开始发生，然后逐渐向前后、左右与深度不断扩展。当月牙洼发展到其前缘与切削刃之间的棱边变得很窄时，切削刃强度降低，容易导致切削刃破损。前刀面月牙洼磨损值以其最大深度 KT 表示，如图 2 – 43（b）所示。

2. 后刀面磨损

后刀面与工件表面的接触压力很大，实际接触面积小，又存在着弹、塑性变形，因此，磨损就发生在这个接触面上。切铸铁和以较小切削厚度切削塑性材料时，主要发生这种磨损。后刀面磨损带往往不均匀，如图 2 – 43（c）所示。刀尖部分（C 区）强度较低，散热条件又差，磨损比较严重，其最大值为 VC。主切削刃靠近工件待加工表面处的后刀面（N 区）上，磨成较深的沟，以 VN 表示。在中间部位（B 区），磨损比较均匀，其平均深度以 VB 表示，而其最大深度以 VB_{max} 表示。

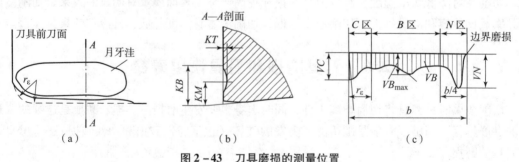

图 2 – 43　刀具磨损的测量位置

（a）、（b）前刀面磨损；（c）后刀面磨损

3. 边界磨损

如图 2-42 所示，切削钢料时，常常在主切削刃和副切削刃与工件待加工或已加工表面接触处磨出较深的沟纹，其磨损深度大于 B 区，这种磨损称为边界磨损。边界磨损主要是由于工件在边界处的加工硬化层、硬质点和刀具在边界处的较大应力梯度和温度梯度所造成的。

2.6.2　刀具磨损的原因

刀具正常磨损的原因主要是机械磨损和热、化学磨损。前者是由工件材料中硬质点的刻划作用引起的磨损，后者则是由黏结、扩散、腐蚀等引起的磨损。

1. 磨料磨损

磨料磨损是由于工件材料中的杂质，材料基体组织中的碳化物、氮化物、氧化物等硬质点对刀具表面的刻划作用而引起的机械磨损。在各种切削速度下，刀具都存在磨料磨损。在低速切削时，其他各种形式的磨损还不显著，磨料磨损便成为刀具磨损的主要原因。一般认为，磨料磨损量与切削路程成正比。

2. 黏结磨损

黏结是指刀具与工件材料接触达到原子间距离时所产生的黏结现象，又称为冷焊。在切削过程中，由于刀具与工件材料的摩擦面上具有高温、高压和新鲜表面的条件，极易发生黏结。

在继续相对运动时，黏结点受到较大的剪切或拉伸应力而破裂，一般发生于硬度较低的工件材料一侧。但刀具材料往往存在组织不均匀，内应力、微裂纹以及空隙、局部软点等缺陷，所以表面常发生破裂而被工件材料带走，形成黏结磨损。各种刀具材料都会发生黏结磨损，例如，用硬质合金刀具切削钢件时，在形成不稳定积屑瘤的条件下，切削刃可能很快就因黏结磨损而损坏。

在中、高切削速度下，切削温度为 600 ℃ ~ 700 ℃，又形成不稳定积屑瘤时，黏结磨损最为严重；刀具与工件材料的硬度比越小，相互间的亲和力越大，黏结磨损就越严重；刀具的表面刃磨质量差，亦会加剧黏结磨损。

3. 扩散磨损

由于切削温度很高，刀具与工件被切出的新鲜表面相接触，化学活性很大，刀具与工件材料的化学元素有可能互相扩散，使两者的化学成分发生变化，削弱刀具材料的性能，加速磨损过程。例如，用硬质合金刀具切削钢件时，切削温度常达到 800 ℃ ~ 1 000 ℃，扩散磨损成为硬质合金刀具主要磨损原因之一。自 800 ℃ 开始，硬质合金中的 Co、C、W 等元素会扩散到切屑中而被带走；同时切屑中的 Fe 也会扩散到硬质合金中，使 WC 等硬质相发生分解，形成低硬度、高脆性的复合碳化物；由于 Co 的扩散，会使刀具表面上 WC、TiC 等硬质相的黏结强度降低，因此加速刀具磨损。

扩散速度随切削温度升高而按 $e^{-E/K\theta}$ 指数规律增加（θ 为刀具表面的热力学温度，E 为活性能量，K 为常数），即切削温度升高，扩散磨损会急剧增加。不同元素的扩散速度不同，例如 Ti 的扩散速度比 C、Co、W 等元素低得多，故 YT 类硬质合金抗扩散能力比 YG 类强。此外，扩散速度与接触表面相对滑动速度有关，相对滑动速度越高，扩散越快。因此，切削速度越高，刀具的扩散磨损越快。

4. 化学磨损

化学磨损是在一定温度下，刀具材料与某些周围介质（如空气中的氧，切削液中的极压添加剂硫、氯等）起化学作用，在刀具表面形成一层硬度较低的化合物，而被切屑带走，加速刀具磨损。化学磨损主要发生在较高的切削速度条件下。

5. 热电磨损

热电磨损是指刀具与工件材料在高温下形成热电势，当形成闭合回路时将有热电流产生，在热电流的作用下，加快了元素的扩散速度，使刀具磨损加快。

总之，在不同的刀具材料、工件材料及切削条件下，磨损原因和磨损强度是不同的。图2-44所示为硬质合金刀具加工钢料时，在不同的切削速度（切削温度）下各类磨损所占比重。由图2-44可见，在低速（低温）区以磨料磨损和黏结磨损为主；在高速（高温）区以扩散磨损和化学磨损为主。刀具的磨损是一个复杂的过程，磨损原因之间相互作用，如热电磨损促使扩散磨损加剧，扩散磨损又促使黏结、磨料磨损加剧。归根结底，刀具磨损与温度有至关重要的联系。

2.6.3 刀具磨损过程

根据切削试验，可得图2-45所示的刀具磨损过程的典型曲线，可以看出，刀具的磨损过程可分为如下三个阶段。

1. 初期磨损阶段

新刃磨的刀具，后刀面粗糙、不平，又有显微裂纹、氧化或脱碳缺陷，其切削刃较锋利。后刀面与加工表面接触面积较小，压应力较大，所以这一阶段的磨损较快。

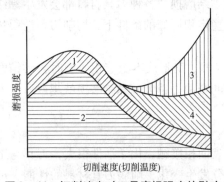

图2-44 切削速度对刀具磨损强度的影响

1—磨料磨损；2—黏结磨损；3—扩散磨损；4—化学磨损

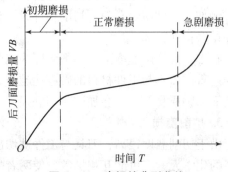

图2-45 磨损的典型曲线

2. 正常磨损阶段

经过初期磨损后，刀具粗糙表面已经磨平，缺陷减少，刀具进入比较缓慢的正常磨损阶段。正常切削时，后刀面的磨损量与切削时间近似成比例，这个阶段时间较长，但磨损不快。

3. 急剧磨损阶段

当刀具的磨损带增加到一定限度后，切削力与切削温度均迅速增高，磨损速度急剧增加。生产中为了合理使用刀具，保证加工质量，应该在发生急剧磨损之前就及时换刀。

2.6.4　磨钝标准

刀具磨损到不能继续使用的限度称为磨钝标准。

在生产实际中，常常根据切削中发生的一些现象来判断刀具是否已经磨钝。在评定刀具材料的切削性能和试验研究时，都以刀具表面的磨损量作为衡量刀具的磨钝标准。ISO 标准统一规定，以 1/2 背吃刀量处的后刀面上测定的磨损带深度 VB 作为刀具的磨钝标准（图 2 – 46）；自动化生产中的精加工刀具，常以沿工件径向的刀具磨损尺寸作为刀具的磨钝标准，称为径向磨损量 NB（图 2 – 46）。磨钝标准的具体数值可参考有关手册。

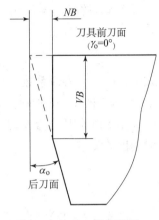

图 2 – 46　车刀的磨损量

2.6.5　刀具耐用度

1. 刀具耐用度的概念

刀具耐用度是指由刃磨后开始切削，一直到磨损量达到刀具的磨钝标准，所经过的净切削时间。以径向磨损量 NB 作为磨钝标准所确定的耐用度称为尺寸寿命。

2. 切削用量与刀具耐用度关系的经验公式

1）切削速度与刀具耐用度的关系

当工件、刀具材料和刀具几何形状确定后，切削速度对刀具耐用度的影响最大。目前，用理论分析的方法导出切削速度与刀具耐用度之间的数学关系，与实际情况不尽相符，一般用试验来建立它们之间的关系，该关系式为

$$v_c T^m = C_0 \tag{2 – 39}$$

式中　T——刀具耐用度（min）；

　　　m——指数，表示 v_c 对 T 的影响程度；

　　　C_0——系数，与刀具、工件材料和切削条件有关。

刀具材料耐热性越差，其 m 值越小，则切削速度 v_c 对刀具耐用度 T 的影响就越大。高速钢刀具 $m = 0.1 \sim 0.125$；硬质合金刀具 $m = 0.2 \sim 0.4$；陶瓷刀具 $m \approx 0.4$。

应当指出，在常用的切削速度范围内，式（2 – 39）完全适用，但在较宽的切削速度范围内进行试验，特别是在低速区内，式（2 – 39）就不完全适用了。

2）进给量和背吃刀量与刀具耐用度的关系

切削时，增加进给量 f 和背吃刀量 a_p，刀具耐用度将会降低。经过试验，可以得到与式（2 – 39）类似的关系式，即

$$f \cdot T^{m_1} = C_1$$
$$a_p \cdot T^{m_2} = C_2 \tag{2 – 40}$$

综合式（2 – 39）和式（2 – 40），可得到切削用量与刀具耐用度的一般关系式，即

$$T = \frac{C_T}{v_c^{\frac{1}{m}} f^{\frac{1}{m_1}} a^{\frac{1}{m_2}}}$$

令 $x=1/m$，$y=1/m_1$，$z=1/m_2$，则

$$T = \frac{C_{\mathrm{T}}}{v_{\mathrm{c}}^x f^y a_{\mathrm{p}}^z} \qquad (2-41)$$

式中　C_{T}——寿命系数，与刀具、工件材料和切削条件有关；

　　　x，y，z——指数，分别表示各切削用量对刀具耐用度的影响程度。

用 YT5 硬质合金车刀，切削 $\sigma_{\mathrm{b}}=0.637$ GPa 的碳钢且 $f>0.7$ mm/r 时，切削用量与刀具耐用度的关系为

$$T = \frac{C_{\mathrm{T}}}{v_{\mathrm{c}}^5 f^{2.25} a_{\mathrm{p}}^{0.75}} \qquad (2-42)$$

由式（2-42）可以看出，切削速度 v_{c} 对刀具耐用度影响最大，进给量 f 次之，背吃刀量 a_{p} 最小。这与三者对切削温度的影响顺序完全一致，反映出切削温度对刀具耐用度有着重要的影响。在优选切削用量以提高生产率时，其选择先后顺序应为：首先，尽量选用大的背吃刀量 a_{p}；然后，根据加工条件和加工要求，确定允许的最大进给量 f；最后，在刀具耐用度或机床功率所允许的情况下选取最大的切削速度 v_{c}。

2.7　材料的切削加工性

2.7.1　材料切削加工性的概念

工件材料的切削加工性是指材料被切削加工成合格零件的难易程度。某种材料加工的难易，不仅取决于材料本身，还取决于具体的加工要求及切削条件，即涉及刀具耐用度、金属切除率、已加工表面质量、切削力以及切屑碎断和控制等一系列问题。某种材料在某一加工条件下可能是易加工材料，但在另一种加工条件下又可能是难加工材料，因此，某种材料加工的难易程度只是一个相对的概念。一般在讨论钢料的切削加工性时，以 45 钢作为比较基准，而在讨论铸铁的切削加工性时，则以灰铸铁作为比较基准。

2.7.2　评定材料切削加工性的指标

根据加工要求和生产条件的不同，衡量材料切削加工性的指标也不相同。对于同一工件材料，当评定其切削加工性的指标不同时，也可能得出不同的结论。通常可用以下几个指标来衡量：

（1）用刀具耐用度来衡量。用在相同切削条件下，刀具达到磨钝标准时，切削此材料的切削时间或切除的材料体积表示；也可用相同寿命条件下切削此材料所允许的切削速度表示。

（2）用已加工表面质量来衡量。用在一定的切削条件下能达到的已加工表面质量的状况来表示。一般精加工的零件，可用表面粗糙度 Ra 来衡量切削加工性，容易获得较小粗糙度 Ra 的材料其切削加工性就好。对某些特殊要求的精密零件，应从已加工表面完整性的概念，全面衡量已加工表面层的变质层深度、残余应力和加工硬化等指标。

（3）用切削层单位面积切削力来衡量。即通过测量作用于刀具上的力或消耗的切削功

率来衡量。在重型机床、刚性不足或机床功率不足时，常以此来表示其切削加工性。对于某些导热性差的难加工材料，还常以切削温度的高低来衡量。

（4）用断屑性能来衡量。即在一定切削条件下，以所形成的切屑是否便于清除作为一项指标。对于自动机床、数控机床或自动线等，断屑性能是衡量其切削加工性的主要指标。

经分析可知，一种工件材料很难在各方面都获得较好的切削加工性指标，只能根据需要，选择一项或几项作为衡量其切削加工性的指标。在一般生产中，常以保证刀具一定寿命所允许的切削速度 v_T 作为衡量材料切削加工性的指标。

2.7.3　材料的相对切削加工性

材料切削加工性指标 v_T 的含义是：当刀具耐用度为 T（min）时，切削某种材料所允许的切削速度 v_T 越高，说明材料的切削加工性越好。通常取 $T = 60$ min，v_T 写作 v_{60}；对于一些特别难加工的材料，也可取 $T = 15$ min 或 30 min，相应的 v_T 为 v_{15} 或 v_{30}。如果以 $\sigma_b = 0.637$ GPa 的 45 钢的 v_{60} 作为基准，写作 $(v_{60})_j$，将某种被切削材料 v_{60} 与其相比，则此比值 K_T 称为此种材料的相对加工性，即

$$K_T = \frac{v_{60}}{(v_{60})_j} \qquad (2-43)$$

目前常用工件材料的相对加工性可分为 8 级，见表 2-7。K_T 值实际上只反映了不同材料对刀具磨损和寿命的影响程度，并没有反映表面粗糙度和断屑问题，因此，只对选择切削速度有指导意义。若以某材料的 K_T 乘以 45 钢的切削速度，就可得出切削该材料的许用切削速度。

表 2-7　常用工件材料的切削加工性等级

加工性等级	名称及种类		相对加工性 K_T	代表性材料
1	很容易切削的材料	一般有色金属	>3.0	5-5-5 钢铅合金、9-4 铝铜合金、铝镁合金
2	容易切削的材料	易切削钢	2.5~3.0	退火 15Cr，$\sigma_b = 0.38 \sim 0.45$ GPa
				自动机钢 $\sigma_b = 0.4 \sim 0.5$ GPa
3		较易切削钢	1.6~2.5	正火 30 钢 $\sigma_b = 0.45 \sim 0.56$ GPa
4	普通材料	一般钢及铸铁	1.0~1.6	正火 45 钢，灰铸铁
5		稍难切削的材料	0.65~1.0	2Cr13 调质 $\sigma_b = 0.85$ GPa
				85 钢 $\sigma_b = 0.85$ GPa
6	难切削材料	较难切削的材料	0.5~0.65	45Cr 调质 $\sigma_b = 1.05$ GPa
				65Mn 调质 $\sigma_b = 0.95 \sim 1.0$ GPa
7		难切削的材料	0.15~0.5	50CrV 调质，1Cr18Ni9TY，某些钛合金
8		很难切削的材料	<0.15	某些钛合金，铸造镍基高温合金

2.7.4　改善切削加工性的途径

切削加工性不仅与材料本身的切削加工性有关，而且与切削加工条件（机床、刀具、加工方法等）有很大关系，因此改善切削加工性的途径必须从以下两方面进行考虑。

1. 改善材料的切削加工性

（1）调整材料的化学成分。在钢中加入某些易切元素，使其成为易切钢。在铸铁中增加石墨成分，在黄铜中加入铝等，都可提高材料的切削性能。

（2）进行适当的热处理。同样成分，不同金相组织的材料，其切削加工性也不同。通过适当的热处理，可得到合乎要求的金相组织和力学性能，也可改善切削加工性。

2. 改善切削加工条件

（1）选用合适的刀具材料及切削用量。根据加工材料的性能、加工方法和加工要求选择合适的刀具材料，这对于许多难切削材料的加工尤为关键。工件材料切削加工性越差，越要重视刀具材料的选择。

刀具几何参数及切削用量的合理选择，对于能否顺利进行切削加工、提高刀具耐用度和已加工表面质量至关重要，特别是难切削材料的加工，要求刀具具有足够的强度和刚性，并应装夹牢固。

在自动化程度高的加工场合，应非常注意切屑的控制。采用有效的断屑、卷屑和排屑措施，将大大提高刀具耐用度和加工质量。

（2）选用合适的机床和加工方法。对于难切削材料的加工，要求机床具有足够的功率和刚性，并处于良好的技术状态。在切削加工过程中，应为均匀的机动进给，切忌手动进给，不允许中途停顿。此外还要选择合适的切削液，供给充足，不得中断。切削的难易还因加工方法的不同而不同，如高硬度材料采用磨削加工比一般切削加工容易。

（3）选择切削加工性好的材料状态。低碳钢，塑性太大，而加工性不好。但冷拔钢则塑性较低，而使切削加工性变得好些；锻造的毛坯，余量不均匀，又有硬皮，而加工性不好，但如改用热轧钢，则其切削加工性可获得改善。不过要注意的是这种选择必须满足零件设计的性能要求。

2.8　切削条件的合理选择

金属切削加工过程的效率、质量和经济性等，除了与机床设备的能力、操作者技术水平、工件的形状、生产批量以及工件材料的切削加工性有关外，还要受到切削条件的影响和制约。这些切削条件包括刀具的几何参数、切削用量以及冷却润滑条件等诸多因素。本节着重讨论这些切削条件的合理选择。

2.8.1　刀具几何参数的合理选择

合理选择刀具几何参数，使刀具潜在的切削能力得到充分发挥，从而提高刀具耐用度，或在保持耐用度不变的情况下提高切削用量，从而提高生产率。另外，刀具几何参数对切削力的大小和各分力的比值分配、切削热的高低和分布状态、切屑的卷曲形状和流屑方向、加工系统的振动和加工质量等都有很大的影响。刀具几何参数（一些派生参数如刀尖角、楔角等除外），都有其独立的意义和作用，而一把完整刀具的形状和结构，是由一套系统的刀具几何参数所决定的。各参数之间存在着相互依赖、相互制约的作用，因此应综合考虑各种参数以便进行合理的选择。

1. 前角的选择

前角的作用分两方面：一方面，增大前角，刀具锋利可减小切屑变形，并减轻刀-屑间的摩擦，从而降低切削力、切削温度和功率消耗，减轻了刀具磨损，提高了刀具耐用度；还可以抑制积屑瘤与鳞刺的产生，减轻切削振动，改善加工质量。另一方面，减小前角，会使切削刃与刀头强度降低，易造成崩刃而使刀具早期失效；还会使刀头的散热面积和容热体积减小，导致热应力集中，切削区局部温度升高，因而也容易造成刀具的破损和磨损；由于减小了切屑变形，也不利于断屑。

由此可见，增大或减小前角各有利弊，在一定条件下应存在一个合理值。由图 2-47 可知，对于不同的刀具材料和工件材料，刀具耐用度随刀具前角变化的趋势为驼峰形。对应最大耐用度的前角称为合理前角 γ_{opt}，高速钢的合理前角比硬质合金的大。由图 2-48 可知，工件材料不同时，同种刀具材料的合理前角也不相同，加工塑性材料的 γ_{opt} 大于加工脆性材料的 γ_{opt}。

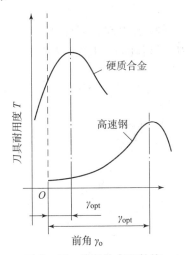

图 2-47　前角的合理数值

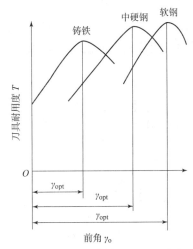

图 2-48　加工材料不同时刀具的合理前角

前角的选择一般可以遵循下列几条原则：

（1）在刀具材料的抗弯强度和韧性较低，或工件材料的强度、硬度较高，或切削用量较大的粗加工，或在断续切削中刀具承受冲击载荷等的条件下，为确保刀具强度，宜选用较小的前角，甚至不惜采用负前角。

（2）当工件材料易产生变形时，或工艺系统刚性差而易引起切削振动时，或机床功率不足时，宜选用较大的前角，以减小切削力。

（3）对于成形刀具和前角影响刃形的其他刀具，以及某些自动化加工中不宜频繁更换的刀具，为保证其工作的稳定性和刀具耐用度，应适当减小前角。

（4）一般加工条件下，可通过试验对比或查表法选取合理的前角。硬质合金车刀合理前角的参考值见表 2-8。高速钢车刀的前角一般比表 2-8 中数值增大 5°~10°。

表 2－8　硬质合金车刀合理前角的参考值

工件材料种类	合理前角参考范围/（°）		工件材料种类	合理前角参考范围/（°）	
	粗车	精车		粗车	精车
低碳钢	20～25	25～30	不锈钢（奥氏体）	15～20	20～25
中碳钢	10～15	15～20	灰铸铁	10～15	5～10
合金钢	10～15	15～20	铜及铜合金（脆）	10～15	5～10
淬火钢	−15～−5		铝及铝合金	30～35	35～40
			钛合金 $\sigma_b \leqslant 1.77$ GPa	5～10	

2. 后角的选择

后角的作用表现为以下几方面：增大后角，可增加切削刃的锋利性，减轻后刀面与已加工表面的摩擦，从而降低切削力和切削温度，改善已加工表面质量。但也会使切削刃和刀头的强度降低，减小散热面积和容热体积，加速刀具磨损。如图 2－49 所示，在同样的磨钝标准 VB 条件下，增大后角（$\alpha_2 > \alpha_1$），刀具材料的磨损体积也增大，这有利于提高刀具耐用度。但径向磨损量 NB 也随之增大（$NB_2 > NB_1$），这对零件的尺寸精度很不利。

如图 2－50 所示，对于重磨刀具，由于大部分都是重磨后刀面，因此在同样的条件下，增大后角就会使重磨时的磨削量增大，于是大大增加刀具材料的费用和刃磨费用。

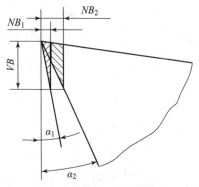

图 2－49　后角对刀具磨损的影响

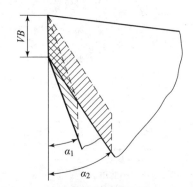

图 2－50　后角对刀具重磨磨削量的影响

因此，后角的选择一般应遵循下列几条原则：

（1）当需要提高刀具强度时，应适当减小后角。如刀具前角已采用了较大负前角，则不宜减小后角，以保证切削刃具有良好的切入条件。

（2）当以尺寸要求为主，如精加工，宜减小后角，以提高径向磨损耐用度；如以加工表面质量（如表面残余应力、表面粗糙度等）要求为主，则宜加大后角，以减轻刀具与工件间的摩擦。

（3）在一般条件下，宜加大后角以提高刀具耐用度，但为了降低重磨费用，对于重磨刀具，则宜减小后角。

表 2－9 列出了硬质合金车刀常用后角的合理数值，可供参考。

表 2 - 9　硬质合金车刀常用后角的合理数值

工件材料种类	合理后角参考范围/（°）		工件材料种类	合理后角参考范围/（°）	
	粗车	精车		粗车	精车
低碳钢	8 ~ 10	10 ~ 12	不锈钢（奥氏体）	6 ~ 8	8 ~ 10
中碳钢	5 ~ 7	6 ~ 8	灰铸铁	4 ~ 6	6 ~ 8
合金钢	5 ~ 7	6 ~ 8	铜及铜合金（脆）	6 ~ 8	6 ~ 8
淬火钢	8 ~ 10		铝及铝合金	8 ~ 10	10 ~ 12
			钛合金 $\sigma_b \leqslant 1.77$ GPa	10 ~ 15	

3. 主偏角的选择

一般来说，减小主偏角可使刀具耐用度提高，当背吃刀量和进给量不变时，减小主偏角会使切削厚度减小、切削宽度增加，从而使单位长度切削刃所承受的载荷减轻，同时刀尖圆弧半径增大，提高了刀尖强度，而切削宽度和刀尖圆半径的增大又有利于散热。

减小主偏角会导致切削力的径向分力（切深抗力）增大，加大工件的变形挠度，因而降低了加工精度。同时刀尖与工件的摩擦也加剧，容易引起系统振动，使加工表面的粗糙度值加大，也会引起刀具耐用度下降。

综合上述两方面，合理选择主偏角的原则，主要看工艺系统的刚性如何。系统刚性好，不易产生变形和振动，则主偏角可取小值；若系统刚性差（如车削细长轴），则宜取大值。

主偏角的选择有时还要考虑到工件形状、切削冲击和切屑控制等方面的要求。如车削阶梯轴时，取 $\kappa_r = 90°$，镗盲孔取 $\kappa_r > 90°$ 等。采用较小的主偏角，可使刀具与工件的初始接触处于远离刀尖的地方，改善了刀具的切入条件，不易造成切削冲击。主偏角小，易形成长而连续的螺旋屑，不利于断屑，故对于切屑控制严格的自动化加工来说，宜取较大的主偏角。

图 2 - 51 所示为三种常用的车刀主偏角的形式。45°弯头刀既可车外圆，又可车端面和倒角，使用较广泛；90°偏刀主要用于车削阶梯轴和细长轴；尖头刀一般用于需从中间切入的车削过程及仿形车削。

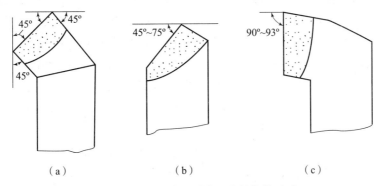

（a）　　　　　　　（b）　　　　　　　（c）

图 2 - 51　三种常用的车刀主偏角的形式

（a）45°弯刀；（b）尖头刀；（c）90°偏刀

4. 副偏角的选择

副偏角的主要作用是最终形成已加工表面。副偏角越小，切削刀痕的理论残留面积的高度也越小，因此可以有效地减小加工表面的粗糙度。同时，还加强了刀尖强度，改善了散热条件。但副偏角过小会增加副切削刃的工作长度，增大后刀面与已加工表面的摩擦，易引起系统振动，反而增大表面粗糙度值。若使刀具耐用度值不变，也存在着最佳副偏角问题。

主偏角、副偏角的选择可参考表 2 – 10。

表 2 – 10　主偏角、副偏角的选择

加工情况		偏角数值/（°）	
		主偏角	副偏角
粗车，无中间切入	工艺系统刚性好	45，60，75	5 ~ 10
	工艺系统刚性差	65，75，90	10 ~ 15
车削细长轴、薄壁件		90，93	6 ~ 10
精车，无中间切入	工艺系统刚性好	45	0 ~ 5
	工艺系统刚性差	60，75	0 ~ 5
车削冷硬铸铁、淬火钢		10 ~ 30	4 ~ 10
从工件中间切入		45 ~ 60	30 ~ 45
切断刀、切槽刀		60 ~ 90	1 ~ 2

5. 刃倾角的选择

刃倾角的作用可归纳为如下四个方面：

（1）影响切削刃的锋利性。当刃倾角 $\lambda_s \leqslant 45°$ 时，刀具的工作前角和工作后角将随 λ_s 的增大而增大，而切削刃钝圆半径却随之减小，于是自然增大了切削刃的锋利性。因此，增大刃倾角可增加刀具的切削能力，降低切削力。

（2）影响刀头强度和散热条件。负的刃倾角可以增强刀尖强度，其原因是切入时是从切削刃开始的，而不是从刀尖开始的，如图 2 – 52 所示，进而改善了散热条件，有利于提高刀具耐用度。

（3）影响切削力的大小和方向。一般来说，刃倾角为正时，切削力降低；刃倾角为负时，切削力增大。特别是当负刃倾角绝对值增大时，径向力会显著增大，易导致工件变形和工艺系统振动。因此，在工艺系统刚性不足时，应尽量避免采用负刃倾角。

（4）影响切屑流出方向。图 2 – 53 所示为刃倾角对排屑方向的影响。可以看出，精加工时 λ_s 应取正值，使得切屑流向待加工表面，防止缠绕和刺伤已加工表面。

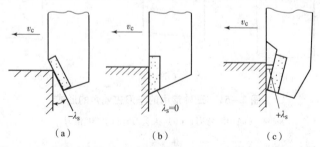

图 2 – 52　刃倾角对刀尖强度的影响（以 $\kappa_r = 90°$ 刨刀刨削工件）

（a） $-\lambda_s$；（b） $\lambda_s = 0$；（c） $+\lambda_s$

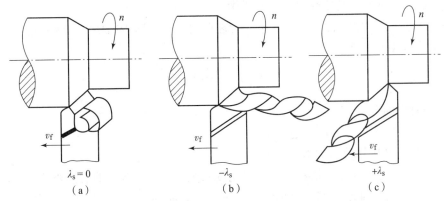

图2－53　刃倾角对排屑方向的影响
（a）$\lambda_s=0$；（b）$-\lambda_s$；（c）$+\lambda_s$

刀倾角的选择可参照表2－11。在微量精加工中，为了提高刀具的锋利性和切薄能力，可采用较大正刃倾角（$\lambda_s=30°\sim60°$），例如大刃倾角外圆精车刀、大刃倾角精刨刀、大螺旋角圆柱铣刀、大螺旋角立铣刀、大螺旋角铰刀和丝锥等，近年来都获得了广泛的应用。

表2－11　刃倾角的选择

$\lambda_s/$（°）	$0\sim+5$	$+5\sim+10$	$0\sim-5$	$-5\sim-10$	$-10\sim-15$	$-10\sim-45$	$-45\sim-75$
应用范围	粗车钢车细长轴	精车有色金属	粗车钢和灰铸铁	粗车余量不均匀钢	断续车削钢和灰铸铁	带冲击切削淬硬钢	大刃倾角刀具薄切削

除了应合理地选择前刀具角度参数外，还应合理地选用刀具的刃形尺寸参数。刀具的刃形尺寸参数包括刀尖过渡刃和切削刃过渡区，具体选择可参阅有关资料。

2.8.2　刀具耐用度的选择

在切削加工过程中，如何达到最理想的加工效率、质量和经济性，已成为具有重要的理论和实践意义的问题，这就是切削过程优化问题。很明显，选择各种切削过程操作参数（如切削参数v_c、a_p、f和刀具几何参数γ_o、κ_r、λ_s等）作为控制因素是最灵活、最方便的方法。但从前面的分析可以看出，这些切削参数都与刀具耐用度有联系。因此，为了便于分析，通常用刀具耐用度作为中间控制因素，把优化指标与切削参数联系起来。

常用的切削过程优化指标有以下三种：单件平均生产时间t_w（min/件）、单件平均加工成本C（元/件）、平均利润率P_r（元/min）。按这三种优化指标所计算出来的刀具耐用度分别称为最大生产率耐用度、最低成本耐用度和最大利润耐用度。

1. 最大生产率耐用度T_p

$$T_p=\frac{1-m}{m}t_{ct} \tag{2－44}$$

式中　m——泰勒指数；

t_{ct}——换刀时间，包括刀具装卸、对刀、磨刀和刀片转位时间。

2. 最低成本耐用度（经济耐用度）T_c

$$T_c=\frac{1-m}{m}\left(t_{ct}+\frac{C_t}{M}\right) \tag{2－45}$$

式中 C_t——刀具费用，包括购刀、磨刀费用；

      M——工时费用率，含人工工资率、管理费用率、机床折旧率和机床管理费用率等。

3. 最大利润耐用度 T_{pr}

$$T_{pr} = \frac{1-m}{m}\left(t_{ct} + \frac{t_a C_t}{S}\right) + \frac{C_t K}{mS}T_{pr}^m \qquad (2-46)$$

式中 t_a——辅助时间；

     S——该工序单件分摊的创造产值；

     K——与切削用量等有关的常数。

图 2－54 所示为三种优化指标与刀具耐用度的关系，其中各条曲线的极值点，分别对应着 T_p、T_c 和 T_{pr}。可以证明，当销售价大于等于生产成本时，各刀具耐用度有如下关系：

$$T_c \geqslant T_{pr} > T_p \qquad (2-47)$$

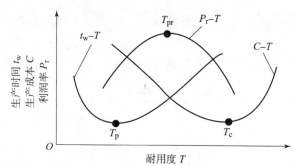

图 2－54 t_w—T、P_r—T、C—T 与刀具耐用度的关系

因此，选择刀具耐用度时应根据对切削过程优化的指标来考虑，通常由具体产品销路情况而定。一般来说，在产品销路不畅的情况下或产品初创阶段，宜采用最低成本耐用度 T_c，因为成本的降低有利于市场竞争；在产品销路畅通甚至供不应求的情况下，为了使企业获得最大利润，宜采用最大利润率耐用度 T_{pr}；在产品急需的情况下（如战时急需物资或救灾物资等），应采用最大生产率耐用度 T_p。

具体制订刀具耐用度时，可从以下几方面来考虑：

（1）对于制造和刃磨都比较简单、成本不高的刀具，耐用度可定得低一些；反之应定得高一些。如在通用机床上，硬质合金车刀的耐用度为 60～90 min，钻头的耐用度为 80～120 min，硬质合金端铣刀的耐用度为 90～180 min，而齿轮刀具的耐用度则为 200～300 min。

（2）对于装卡、调整比较复杂的刀具，刀具耐用度应定得高一些，如仿形车床和组合钻床上，刀具耐用度为通用机床上同类刀具的 200%～400%；多头钻床为 500%～900%。

（3）切削大型工件时，为避免在切削过程中中途换刀，刀具耐用度应定得高一些，一般为中小件加工工时的 200%～300%。

2.8.3 切削液的合理选用

切削液主要用来降低切削温度和减少切削过程的摩擦。合理选用切削液，对减轻刀具磨损、提高加工表面质量及加工精度起着重要的作用。选择切削液时应综合考虑工件材料、刀具材料、加工方法、加工要求等。

（1）从工件材料方面考虑，切削钢等塑性材料，需用切削液。切削铸铁、青铜等脆性材料时，不应用切削液，原因是其作用不明显且会污染工作场地。切削高强度钢、高温合金等难加工材料时，属高温高压边界摩擦状态，宜选用极压切削油或极压乳化液，有时还需配制特殊的切削液。对于铜、铝及其合金，为了得到较高的加工表面质量和加工精度，可采用 10% ~ 20% 乳化液或煤油等。

（2）从刀具方面考虑，高速钢刀具耐热性差，应采用切削液散热。硬质合金刀具耐热性好，一般不用切削液，必须使用时，可采用低浓度乳化液或多效切削液（多效脂润滑冷却、防锈综合作用好，如高速攻螺纹油），但浇注时要充分连续，否则刀片会因冷热不均而导致破裂。

（3）从加工方法方面考虑，钻孔、铰孔、攻螺纹和拉削等工序的刀具与已加工表面摩擦严重，宜采用乳化液、极压乳化液或极压切削油。成形刀具、齿轮刀具等价格昂贵，要求刀具耐用度高，可采用极压切削油（如硫化油等）。磨削加工温度很高，还会产生大量的碎屑及脱落的砂粒。因此，要求切削液具有良好的冷却和清洗作用，常采用乳化液，如选用极压型或多效型合成切削液效果更好。

（4）从加工要求方面考虑，粗加工时，金属切除量大，产生的热量也大，因此，应着重考虑降低温度，选用以冷却为主的切削液，如 3% ~ 5% 低浓度乳化液或合成切削液。精加工时，主要要求提高加工精度和加工表面质量，应选用以润滑性能为主的切削液，如极压切削油或高浓度极压乳化液，它们可减小刀具与切屑间的摩擦与黏结，抑制积屑瘤。

切削加工中，除采用切削液进行冷却、润滑外，有时也采用固体的二硫化钼作为润滑剂、各种气体作为冷却剂，以减小飞溅造成的不良影响和化学侵蚀作用。

表 2 - 12 列出了针对不同工件材料、刀具材料及加工方法等可供选择的切削液。

表 2 - 12　切削液选用推荐表

工作材料		碳钢、合金钢		不锈钢		高温合金		铸铁		铜及其合金		铝及其合金	
刀具材料		高速钢	硬质合金	高速钢	硬质合金	高速钢	硬质合金	高速钢	硬质合金	高速钢	硬质合金	高速钢	硬质合金
加工方法 车铣	粗加工	3,1,7	0,3,1	4,2,7	0,4,2	2,4,7	0,2,4	0,3,1	0,3,1	3	0,3	0,3	0,3
	精加工	3,7	0,3,2	4,2,8,7	0,4,2	2,8,4	0,2,4,8	0,6	0,6	3	0,3	0,3	0,3
	粗加工	3,1,7	0,3	4,2,7	0,4,2	2,4,7	0,2,4	0,3,1	0,3,1	3	0,3	0,3	0,3
	粗加工	4,2,7	0,4	4,2,8,7	0,4,2	2,8,4	0,2,4,8	0,6	0,6	3	0,3	0,3	0,3
钻孔		3,1	3,1	8,7	8,7	2,8,4	2,8,4	0,3,1	0,3,1	3	0,3	0,3	0,3
铰孔		7,8,4	7,8,4	8,7,4	8,7	8,7	0.6	0,6	5,7	0,5,7	0,5,7	0,5,7	0,5,7
攻螺纹		7,8,4	—	8,7,4	—	8,7	—	0.6	—	5,7	—	0,3,5	—
拉削		7,8,4	—	8,7,4	—	8,7	—	0.3	—	3,5	—	0,5,7	—
滚齿、插齿		7,8,4	—	8,7	—	8,7	—	0,3,	—	5,7	—	—	—

工件材料			碳钢、合金钢	不锈钢	高温合金	铸铁	铜及其合金	铝及其合金
刀具材料			普通砂轮	普通砂轮	普通砂轮	普通砂轮	普通砂轮	普通砂轮
加工方法	外圆磨	粗磨	1,3	4,2	4,2	1,3	1	1
	平面磨	精磨	1,3	4,2	4,2	1,3	1	1

注：表中数字意义如下：0—干切削；1—润滑性不强的水溶液；2—润滑性较好的水溶液；3—普通乳化液；4—极压乳化液；5—普通矿物油；6—煤油；7—含硫、含氯的极压切削油，或动物油与矿物油的复合油；8—含硫氯、氯磷或硫氯磷的极压切削油。

2.9 磨削与砂轮

2.9.1 磨料形状特征

磨削过程是靠磨具表面随机排列的大量磨粒完成的。磨料的形状是很不规则的，但大多呈菱形八面体（图 2–55），顶锥角在 $80° \sim 145°$，但大多数为 $90° \sim 120°$。因此，磨削时磨粒基本上都以很大的负前角进行切削。一般磨粒切刃都有一定大小的圆弧，其刃口圆弧半径 r_n 在几微米到几十微米。磨粒磨损后，其负前角和圆弧半径 r_n 都将增大。

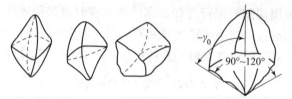

图 2–55 常见的磨粒形状

2.9.2 磨屑形成过程

磨屑形成过程分为滑擦、刻划和切削阶段，如图 2–56 所示。

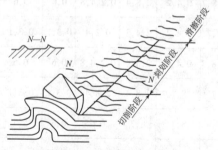

图 2–56 磨屑形成过程

1. 滑擦阶段

磨粒切刃开始与工件接触，由于磨粒有很大的负前角和较大的刃口圆弧半径，切削厚度非常小，只是在工件表面上滑擦而过，工件仅产生弹性变形。磨粒继续前进时，随着挤入深度增大而与工件间的压力逐步增大，表面金属由弹性变形逐步过渡到塑性变形。

2. 刻划阶段

工件材料开始产生塑性变形，就表示磨削过程进入刻划阶段。此时磨粒切入金属表面，由于金属的塑性变形，磨粒的前方及两侧出现表面隆起现象，在工件表面刻划成沟纹，这一阶段磨粒与工件间挤压摩擦加剧，磨削热显著增加。

3. 切削阶段

随着切削厚度的增加，在达到临界值时，被磨粒推挤的金属明显地滑移而形成切屑。

2.9.3　磨削力

单个磨粒切除的材料虽然很少，但一个砂轮表层有大量磨粒同时工作，而且磨粒的工作角度很不合理，因此总磨削力相当大。总磨削力可分解为三个分力：F_c——主磨削力（切向磨削力）；F_p——切深力（径向磨削力）；F_f——进给力（轴向磨削力）。几种不同类型磨削加工的三向分力如图 2 – 57 所示。

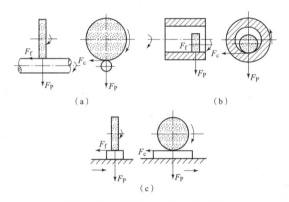

图 2 – 57　磨削加工的三向分力

（a）外圆磨削；（b）内孔磨削；（c）平面磨削

磨削力与切削力相比有如下主要特征：

（1）单位磨削力很大。由于磨粒几何形状的随机性和参数不合理，磨削时的单位磨削力 p 值很大，可达 70 000 N/mm² 以上。

（2）三向分力中切深力 F_p 最大，在正常磨削条件下，F_p/F_c 为 2.0 ~ 2.3。由于 F_p 对砂轮轴、工件的变形与振动有关，直接影响加工精度与表面质量，故该力是十分重要的。

2.9.4　磨削温度

磨削时由于速度很高，而且切除单位体积金属所消耗的能也高（为车削时的 10 ~ 20 倍），因此磨削温度很高。为了明确"磨削温度"的含义，把磨削温度区分为磨削区温度和磨削点温度。磨削区温度就是通常所说的磨削温度，是指砂轮与工件接触面上的平均温度，在 400 ℃ ~ 1 000 ℃，它与磨削表面烧伤和裂纹的出现密切相关。磨削点温度是指磨削时磨粒切削刃与工件、磨屑接触点的温度，可达 1 000 ℃ ~ 1 400 ℃，它不但影响加工表面质量，而且与磨粒的磨损等关系密切。

2.9.5 砂轮参数及其选择

砂轮是磨削加工中使用最广泛的磨具，其表面结构如图2-58所示。砂轮是由结合剂将磨料颗粒黏合在一起后经焙烧而成的，因此其切削性能主要取决于磨料、粒度、结合剂、硬度和组织等基本要素。

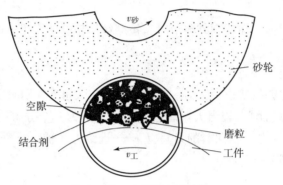

图2-58 砂轮的表面结构

1. 磨料

磨料是构成砂轮的主要成分，它直接担负着磨削工作，因此磨料应具有锋利的形状、很高的硬度和热硬性、适当的坚韧性，以便磨下工件材料并承受磨削力和磨削热的作用。

常用的磨料有氧化物系、碳化物系、高硬磨料系三类。

氧化物系磨料的主要成分是Al_2O_3，由于它的纯度不同和加入金属元素不同，而分为不同的品种。碳化物系磨料主要以碳化硅、碳化硼等为基体，按材料的纯度不同分为不同品种。高硬磨料系主要有人造金刚石和立方氮化硼。常用磨料的特性及适用范围见表2-13。

表2-13 常用磨料的特性及适用范围

系列	磨料名称	代号	特性	适用范围
氧化物系（刚玉类）	棕刚玉	A	棕褐色，硬度较低，韧性较好	磨削碳素钢、合金钢、可锻铸铁与青铜
	白刚玉	WA	白色，硬度比棕刚玉高，韧性较棕刚玉低，磨粒锋利	磨削淬硬的高碳钢、合金钢、高速钢，磨削薄壁零件、成形零件
	铬刚玉	PA	玫瑰红色，韧性比白刚玉好	磨削高速钢、不锈钢，成形磨削，刃磨刀具，高表面质量磨削
碳化物系	黑碳化硅	C	黑色，有光泽。硬度比白刚玉高，韧性差，导热性和导电性好	磨削铸铁、黄铜、铝、耐火材料及非金属材料
	绿碳化硅	GC	绿色，有光泽。硬度比黑碳化硅高，韧性较差，具有良好的导热性和导电性	磨削硬质合金、宝石、陶瓷、玉石、光学玻璃等材料
高硬磨料系	人造金刚石	MBD、RVD、SCD和M-SD等	白色、淡绿、黑色。硬度最高，耐热性较差	磨削硬质合金、光学玻璃、花岗石、大理石、宝石、陶瓷等高硬度材料
	立方氮化硼	CBN、M-CBN等	棕黑色。硬度仅次于人造金刚石，韧性较人造金刚石好	磨削高性能高速钢、不锈钢、耐热钢及其他难加工材料

立方氮化硼是近年发展起来的新型磨料，虽然它的硬度比金刚石略低，但耐热性（1 400 ℃）比金刚石（800 ℃）高出许多，而且对铁元素的化学惰性高，所以特别适合于磨削既硬又韧的钢材。在加工高速钢、模具钢、耐热钢时，立方氮化硼的工作能力超过金刚石 5 ~ 10 倍。同时，立方氮化硼的磨粒切削刃锋利，在磨削时可减小加工表面材料的塑性变形。因此，磨出的材料的表面粗糙度比用一般砂轮小。

在相同切削条件下，立方氮化硼砂轮加工所得的表面层为残余压应力，而氧化铝砂轮加工的表面层为残余拉应力，所以用立方氮化硼砂轮加工出的零件，使用寿命较高。

2. 粒度

砂轮的粒度是指磨料颗粒的大小。以磨粒刚能通过的那一号筛网的网号来表示磨料的粒度。例如，粒度 F46 是指磨粒刚可通过每英寸长度上有 46 个孔眼的筛网。当磨粒的直径小于 40 μm 时，这种磨粒称为微粉。微粉用沉降法区别，主要用光电沉降仪区分。常用磨粒的粒度号及应用范围见表 2 – 14。

表 2 – 14　常用磨粒的粒度号及应用范围

类别		粒度号	适用范围
磨粒	粗粒	F4，F5，F6，F8，F10，F12，F14，F16，F20，F22，F24	荒磨
	中粒	F30，F36，F40，F46	一般磨削。加工表面粗糙度可达 Ra 0.8 μm
	细粒	F54，F60，F70，F80，F90，F100	半精磨、精磨和成形磨削。加工表面粗糙度可达 Ra 0.8 ~ 0.1 μm
	微粒	F120，F150，F180，F220	精磨、精密磨、超精磨、成形磨、刃磨刀具、珩磨
微粉		F230，F240，F280，F320，F360，F400，F500，F600，F800，F1000，F1200	精磨、精密磨、超精磨、珩磨、螺纹磨、超精密磨、镜面磨、精研，加工表面粗糙度可达 Ra 0.05 ~ 0.01 μm

磨粒粒度对磨削生产率和加工表面粗糙度有很大关系。一般来说，粗磨用颗粒较粗的磨粒，精磨用颗粒较细的磨粒。当工件材料软、塑性大和磨削面积大时，为避免堵塞砂轮，应该采用较粗的磨粒。

3. 结合剂

结合剂是将细小的磨粒黏固成砂轮的结合物质。砂轮的强度、耐腐蚀性、耐热性、抗冲击性和高速旋转而不破裂的性能，主要取决于结合剂的性能。常用的砂轮结合剂有陶瓷结合剂、树脂结合剂、橡胶结合剂。常用结合剂的性能及其应用范围见表 2 – 15。

表 2 – 15　常用结合剂的性能及其应用范围

名称	代号	性能	适用范围
陶瓷	V	耐热、耐油、耐酸、耐碱，强度较高，但较脆	除薄片砂轮外，能制成各种砂轮
树脂	B	强度较陶瓷结合剂高，富有弹性，具有一定抛光作用，耐热性差，不耐酸碱	荒磨砂轮、磨窄槽、切断用砂轮、高速砂轮、镜面磨砂轮
橡胶	R	强度更高，弹性更好，抛光作用好，耐热性差，不耐油和酸，易堵塞	磨削轴承沟道砂轮、无心磨削的导轮、切割薄片砂轮、抛光砂轮

4. 组织

砂轮的组织反映了砂轮中磨料、结合剂和气孔三者之间体积的比例关系，砂轮组织的表示方法有如下两种。

（1）气孔率：以砂轮中气孔数量的大小来表示，如表 2 - 16 所示。

（2）磨粒率：磨料在砂轮中所占的百分比即为磨粒率，如表 2 - 16 所示，它间接地反映了砂轮的疏密程度。

表 2 - 16　砂轮的组织号

组织号	0	1	2	3	4	5	6	7	8	9	10	11	12	13	14
气孔率/%	0 ~ 20				20 ~ 40				40 ~ 60						
磨粒率/%	62	60	58	56	54	52	50	48	46	44	42	40	38	36	34
用　途	成形磨削、精密磨削				磨削淬火钢、刃磨刀具				磨削硬度不高的韧性材料					磨削热敏性高的材料	

5. 硬度

砂轮硬度是指砂轮工作时在磨削作用下磨粒脱落的难易程度。磨粒易脱落，则砂轮硬度低；不易脱落，则砂轮硬度高。砂轮的硬度主要取决于结合剂的黏结能力，并与其在砂轮中所占比例大小有关，而与磨料本身硬度无关，即同一种磨料可以制出不同硬度的砂轮。砂轮硬度等级及代号见表 2 - 17。

表 2 - 17　砂轮硬度等级及代号

等级	超软			软			中软		中		中硬			硬		超硬
代号	D	E	F	G	H	J	K	L	M	N	P	Q	R	S	T	Y
选择	磨未淬硬钢选用 L ~ N，磨淬火合金钢选用 H ~ K，高表面质量磨削时选用 K ~ L，刃磨硬质合金刀具选用 H ~ J															

砂轮硬度的选择是一项很重要的工作，因为砂轮硬度对磨削质量和生产率都有很大影响，如硬度过高，磨粒磨钝后仍不脱落，就会增加摩擦热，不但降低切削效率，而且也会降低工件表面质量，严重时会产生烧伤和裂纹。但如果砂轮太软，磨粒尚未磨钝就会从砂轮上脱落，这样会增加砂轮的消耗，而且砂轮形状不易保持，会降低加工精度。如果硬度选择合适，磨钝的磨粒在磨削力的作用下适时自行脱落，使新的锋利磨粒露出继续进行切削，这就是所谓的砂轮"自锐作用"。这样，不但磨削效率高，砂轮消耗小，而且工件表面质量好。

2.9.6　砂轮的种类标志和用途

为了适应在不同类型磨床上的各种使用需要，砂轮有许多形状。常用砂轮的形状、代号及其用途见表 2 - 18（摘自 GB/T 2484—2006）。

表 2 - 18　常用砂轮的形状、代号及用途

砂轮种类	断面形状	形状代号	形状尺寸标记	主要用途
平形砂轮		1	$1 - D \times T \times H$	磨外圆、内孔，无心磨，周磨平面及刃磨刀具

续表

砂轮种类	断面形状	形状代号	形状尺寸标记	主要用途
筒形砂轮		2	$2-D \times T-W$	端磨平面
双斜边砂轮		4	$4-D \times T/U \times H$	磨齿轮及螺纹
杯形砂轮		6	$6-D \times T \times H-W,\ E$	端磨平面,刃磨刀具后刀面
碗形砂轮		11	$11-D/J \times T \times H-W,\ E,\ K$	端磨平面,刃磨刀具后刀面
碟形砂轮		12a	$12a-D/J \times T/U \times H-W,\ E,\ K$	刃磨刀具前刀面
薄片砂轮		41	$41-D \times T \times H$	切断及磨槽

注：➤ 所指表示基本工作面。

砂轮的标志印在砂轮端面上,其顺序是形状代号、尺寸、磨料、粒度、硬度、组织、结合剂和允许的最高线速度。例如：

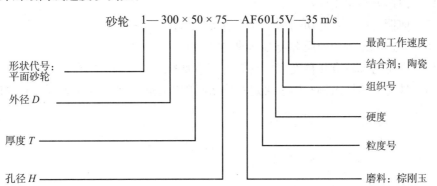

本 章 小 结

本章是机械制造技术基础课程学习的基础，也是学习的难点，主要介绍了如下内容：金属切削的基本概念，包括切削运动、切削加工表面、切削用量三要素以及切削层参数；刀具几何参数与材料，包括刀具切削部分的组成要素，刀具标注角度的参考系及标注角度，工作角度，刀具材料（其中主要是高速钢和硬质合金）；金属切削过程，主要介绍切屑变形过程（重点是三个变形区）以及切屑的种类与控制；金属切削过程中的物理现象，包括切削力、切削热和切削温度；刀具磨损和刀具使用寿命；材料的切削加工性；切削条件的合理选择磨削与砂轮。

通过本章学习，掌握切削和磨削机理、熟悉刀具几何角度的作用，为保证切削加工质量和效率，能对切削、磨削过程适当控制。

复习思考题

2-1　切削用量三要素是什么？

2-2　刀具切削部分的组成要素有哪些？

2-3　确定刀具切削角度的参考平面有哪些？它们是如何定义的？

2-4　画图表示用外圆车刀车削外圆柱表面，用端面车刀车削端面时，刀具的 γ_o、α_o、λ_s、α_n、κ_r、κ_r'、γ_o'、α_o' 以及 a_p、f，h_D，b_D。

2-5　刀具材料必须具备哪些性能？常用的刀具材料有哪些？

2-6　常用刀具材料的种类有哪些？它们有什么特性？

2-7　金属切削层的变形可划分为几个区？各有什么特点？

2-8　衡量切削变形的方法有哪些？其原理及表达式是什么？

2-9　切屑的种类有哪些，其变形如何？

2-10　切削力是怎样产生的？为什么要研究切削力？

2-11　切削力被分解的各切削分力分别对加工过程有何影响？

2-12　切削热是怎样传出的？影响切削热传出的因素有哪些？

2-13　刀具的磨损机理主要有哪些？刀具磨损过程分为哪几个阶段？

2-14　何谓刀具耐用度？

2-15　何谓工件材料的切削加工性？衡量指标有哪几种？

2-16　简述高速钢和硬质合金刀具的主要用途。

2-17　常用的砂轮有几种类型？它们由哪些要素组成？各应用在什么场合？

2-18　砂轮的特性由哪些因素决定？什么叫砂轮硬度？如何正确选择砂轮硬度？

第 3 章　金属切削刀具

3.1　概　　述

在机械制造过程中，刀具直接参与切削过程，从工件上切除多余金属，它是保证加工质量、提高劳动生产率的一个重要因素，在工艺系统中占有重要的地位。在现代技术迅猛发展的今天，刀具的性能对机床性能的发挥更具有决定性的作用。由于机械零件的材质、形状、技术要求和加工工艺的多样化，客观上要求进行加工的刀具具有不同的结构和切削性能，因此，生产中所使用的刀具的种类繁多。刀具按加工方式和具体用途分为以下几种类型。

1. 车刀类

车刀类包括车刀、刨刀、插刀、成形车刀、自动机床和半自动机床用的切刀，以及一些专用切刀。

2. 铣刀类

铣刀类用于在铣床上加工各种平面、侧面、台阶面、成形表面，以及用于切断、切槽等。根据齿形不同，铣刀可分为尖齿铣刀和铲齿铣刀两类。

3. 孔加工刀具类

孔加工刀具类包括从实体材料上加工孔，以及对已有孔进行再加工所用的刀具，如各种钻头、扩孔钻、锪钻、镗刀、铰刀、复合孔加工刀具等。

4. 拉刀类

拉刀类用于加工各种形状的通孔、贯通平面及成形表面等，是高生产率的多齿刀具，一般用于大批量生产。

5. 螺纹刀具类

螺纹刀具类用于加工各种内外螺纹，如螺纹车刀、螺纹梳刀、丝锥、板牙、螺纹铣刀、螺纹切头、滚丝轮、搓丝板等。

6. 齿轮刀具类

齿轮刀具类用于加工各种渐开线齿轮和其他非渐开线齿形的工件，如齿轮滚刀、插齿刀、剃齿刀、蜗轮滚刀、花键滚刀等。

3.2　车　　刀

3.2.1　常用车刀的名称和用途

在金属切削加工中，车刀不仅是最常用的刀具之一，而且是研究铣刀、钻头、刨刀等其他切削刀具的基础。车刀一般只有一条连续的切削刃，因此是一种单刃刀具，可适应外圆、内孔、端面、螺纹以及其他成形回转表面等不同的车削要求。几种常用车刀如图 3-1 所示，其名称和用途分述如下：

（1）直头外圆车刀 [图 3-1（a）]，主要用于车削工件外圆及倒外圆。

（2）弯头车刀 [图 3-1（b）]，用于车削工件外圆、端面及倒角。

（3）偏刀 [图 3-1（c）]，有左偏刀和右偏刀之分，用于车削工件外圆、轴肩和端面。

（4）车槽或切断刀 [图 3-1（d）]，用于切断工件和车槽。

（5）镗孔刀 [图 3-1（e）]，用于镗削工件内孔，包括通孔和盲孔。

（6）螺纹车刀 [图 3-1（f）]，有内螺纹车刀和外螺纹车刀之分，用于车削工件的内、外螺纹。

（7）成形车刀 [图 3-1（g）]，用于加工工件的成形回转表面，这是一种专用刀具。

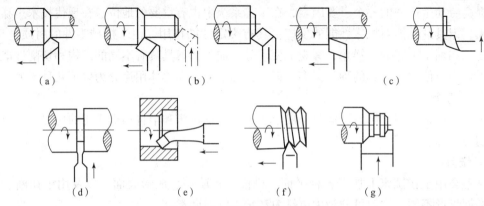

图 3-1　车刀种类及用途

（a）直头外圆车刀；（b）弯头车头；（c）偏刀；（d）车槽或切断刀；（e）镗孔刀；（f）螺纹车刀；（g）成形车刀

3.2.2　车刀的结构

车刀的结构形式，随着生产的发展和新刀具材料的应用也在不断发展，大致可分为整体车刀、焊接车刀、焊接装配式车刀和机械夹固刀片的车刀。机械夹固刀片的车刀又分为机夹车刀和可转位车刀。

1. 整体车刀

整体车刀是用整块高速钢做成长条形状，俗称"白钢刀"。白钢刀均已淬硬至 62～66 HRC，其截面为正方形或矩形，使用时可视其用途进行修磨。

2. 焊接车刀

焊接车刀是把硬质合金刀片镶焊（钎焊）在优质碳素结构钢（45钢）或合金结构钢（40Cr）的刀杆上，经刃磨而成（图 3-2）。

硬质合金焊接车刀的优点是结构简单紧凑，刚性好，几何参数可根据加工条件和要求较灵活地选择。其缺点在于：切削性能主要取决于工人刃磨的技术水平，与现代化生产不相适应；刀杆不能重复使用，当刀片用完后，刀杆也随之报废；在制造工艺上，由于硬质合金和刀杆材料的线膨胀系数不同，当焊接工艺不够合理时易产生热应力，严重时会导致硬质合金出现裂纹。

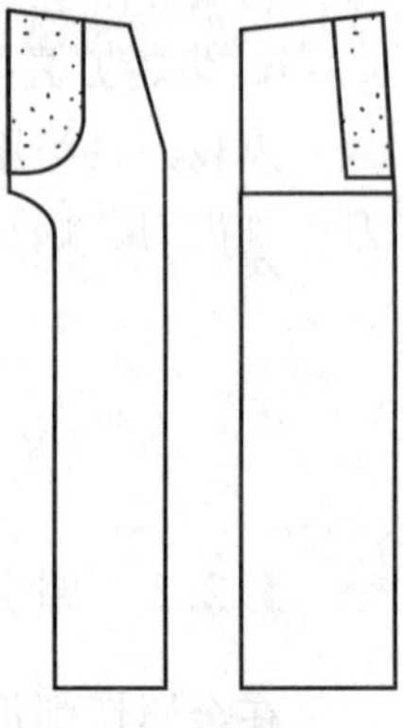

图 3-2　焊接车刀

3. 焊接装配式车刀

焊接装配式车刀是将硬质合金刀片焊在小刀块上，再将小刀块装配在刀杆上（图 3 - 3），主要用于重型车刀，刃磨时只需刃磨小刀块，刀杆则能重复使用。

4. 机夹车刀

机夹车刀是将硬质合金刀片用机械夹固的方法装夹在刀杆上（图 3 - 4）。刀刃位置可以调整，用钝后可重复刃磨。这种结构可以避免刀片因焊接而产生的裂纹，刀杆可多次重复使用，也便于刀片的集中刃磨，但刀杆结构较复杂，刃磨裂纹问题仍不能完全消除。

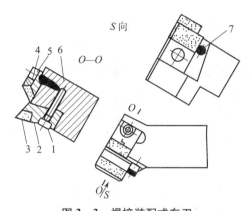

图 3 - 3　焊接装配式车刀

1，5—螺钉；2—小刀块；3—刀片；

4—断屑器；6—刀杆；7—支撑销

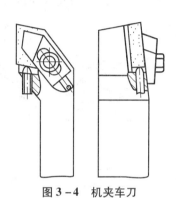

图 3 - 4　机夹车刀

5. 可转位车刀

可转位车刀是在生产实践中发展起来的高效能车刀，它采用特制的可转位刀片，并用机械夹固的方法将刀片直接紧固在刀杆上。可转位刀片在国家标准 GB 2078—2007 中规定有正三角形、正四边形、正五边形、菱形和圆形等。当刀片的一个切削刃用钝后，可将刀片转位，换一个切削刃继续使用，而这种转位不影响切削刃原始位置的精确性。因此，采用可转位车刀可以缩短停机时间，提高生产率，这对于自动车床尤为重要。

图 3 - 5 所示为可转位车刀，主要由刀垫、刀片、刀杆和夹紧机构组成。

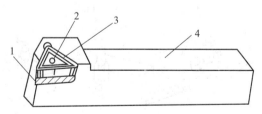

图 3 - 5　可转位车刀

1—刀垫；2—夹紧机构；3—刀片；4—刀杆

3.3　铣削与铣刀

用铣刀在铣床上或加工中心等机床上进行切削的过程称为铣削。铣削是一种应用非常广泛的切削加工方法。它可以对许多不同几何形状的表面进行粗加工和半精加工，其加工精度一般为 IT9～IT8，表面粗糙度 $Ra=6.3～1.6\ \mu m$。由于铣刀为多齿刀具，所以具有较高的生产率。

3.3.1 铣刀的种类和用途

铣削可用于加工平面、沟槽、台阶面、斜面、特形面等各种几何形状的表面，如图 3－6 所示。铣削这些表面时，除需要机床提供必要的运动外，还需要多种多样的铣刀。为此，对图 3－6 所示常用的铣刀及其应用介绍如下。

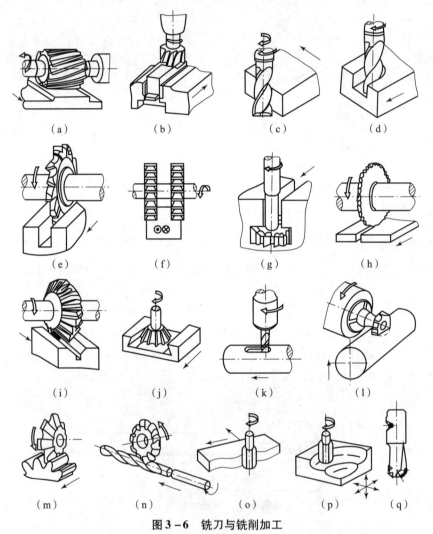

图 3－6　铣刀与铣削加工

(a) 圆柱铣刀；(b) 面铣刀/端铣刀；(c)、(d) 立铣刀；(e)、(f) 槽铣刀；(g) T 形槽铣刀；

(h) 锯片铣刀；(i)、(j) 角度铣刀；(k)、(l) 键槽铣刀；(m) 盘形齿轮铣刀；

(n) 成形铣刀；(p) 鼓形铣刀；(q) 球头铣刀

(1) 圆柱铣刀，用于在卧式铣床上加工面积不太大的平面，如图 3－6 (a) 所示，一般用高速钢制造。切削刃分布在圆周上，无副切削刃，铣刀直径 $d'_0=50～100\ mm$，加工效率不太高。

（2）面铣刀/端铣刀，用于在立式铣床上加工平面，尤其适合加工大平面，如图 3 - 6（b）所示，主切削刃分布在圆柱或圆锥面上，刀齿由硬质合金刀片制成，常被夹固在刀体上。目前一般均采用可转位形式。

（3）立铣刀，如图 3 - 6（c）、（d）所示，主要用于在立式铣床上铣沟槽 [图 3 - 6（j）]，也可用于加工平面 [3 - 6 图（c）]、台阶面和二维曲面，例如平面凸轮的轮廓，如图 3 - 6（o）所示，主切削刃分布在圆柱面上；副切削刃分布在端面上。

（4）槽铣刀，主要用于加工直槽，也可加工台阶面。如图 3 - 6（e）、（f）所示，前者在圆周上的刀齿呈左右旋交错分布，既具有刀齿逐渐切入工件、切削较为平稳的优点，又可以使来自左右方向的二轴向力获得平衡。这种三面刃错齿槽铣刀与直齿槽铣刀 [图 3 - 6（f）] 相比，在同样的切削条件下，具有较高的效率。

（5）T 形槽铣刀，如不考虑柄部和尺寸的大小，类似于三面刃铣刀，主切削刃分布在圆周上；副切削刃分布在两端面上，它主要用于加工 T 形槽，如图 3 - 6（g）所示。

（6）锯片铣刀 [图 3 - 6（h）]，其形状和结构与直齿槽铣刀相同，主要用于铣窄槽（槽宽≤6 mm）和切断。

（7）角度铣刀，用于铣削角度槽和斜面，如图 3 - 6（i）、（j）所示。

（8）键槽铣刀 [图 3 - 6（k）]，只有两个刀刃，兼有钻头和立铣刀的功能。铣削时先沿铣刀轴线对工件钻孔，然后沿工件轴线铣出键槽的全长。图 3 - 6（l）所示为用半圆键槽铣刀铣削轴上的半圆键槽。

（9）盘形齿轮铣刀 [图 3 - 6（m）]，用于铣削直齿和斜齿圆柱齿轮的齿廓面。

（10）成形铣刀 [图 3 - 6（n）]，用于加工外成形表面的专用铣刀。

（11）鼓形铣刀 [图 3 - 6（p）]，用于数控铣床和加工中心上加工立体曲面。

（12）球头铣刀 [图 3 - 6（q）]，主要用于三维模具型腔的加工。

3.3.2　铣削的特点

1. 断续切削

铣刀刀齿切入或切出工件时产生冲击，端铣尤为明显。当冲击频率与铣床固有频率或成倍数时，引起共振。此外，铣削时刀齿还经受周期性的温度骤变，即热冲击，硬质合金刀片在这种力、热的联合冲击下，容易产生裂纹和破损。

2. 多刃切削

铣削是多刃切削的典型。铣刀的刀齿多，切削刃的总长度大，这有利于提高加工生产率和刀具的使用寿命，但多刃回转刀具的最大特点是难以消除刀齿的径向跳动。刀齿径向跳动会造成刀齿负荷不一致、磨损不均匀，从而直接影响加工表面粗糙度。

3. 属于半封闭或封闭式容屑方式

由于铣刀是多齿刀具，刀齿和刀齿之间的空间有限，每个刀齿切下的切屑必须有足够容屑空间并能够按要求方向顺利排出，否则会造成铣刀的损坏。

4. 有切入过程

在圆柱逆铣中，刀齿切入工件时的切削厚度为零，由于刃口圆钝半径的存在，开始时刀齿并不能切入工件，只有当切削厚度 h 逐渐增大到一定大小后，刀齿才能切入金属。切入金属以前称为"切入过程"，在切入过程中，刀齿磨快，已加工表面粗糙。

3.3.3 铣削方式

采用合适的铣削方式可减少振动，使铣削过程平稳，并可提高工件表面质量、铣刀耐用度以及铣削生产率。

1. 端铣和周铣

用分布于铣刀端平面上的刀齿进行的铣削称为端铣，用分布于铣刀圆柱面上的刀齿进行的铣削称为周铣。

端铣与周铣相比，前者更容易使加工表面获得较小的表面粗糙度值和较高的劳动生产率，因为端铣的副切削刃、倒角刀尖具有修光作用，而周铣时只有主切削刃作用。此外，端铣时主轴刚性好，并且面铣刀易于采用硬质合金可转位刀片，因而切削用量较大，生产效率高，在平面铣削中端铣基本上代替了周铣，但周铣可以加工成形表面和组合表面。

2. 逆铣和顺铣

圆周铣削有逆铣和顺铣两种方式，如图 3-7 所示。

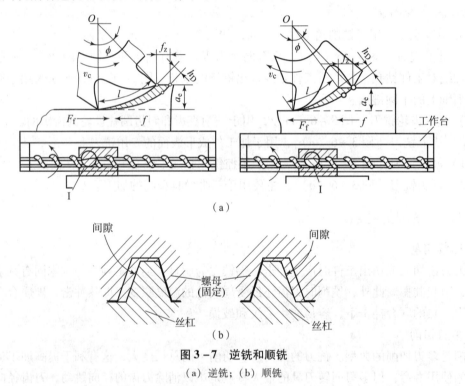

图 3-7 逆铣和顺铣

（a）逆铣；（b）顺铣

铣削时，铣刀切入工件时的切削速度方向和工件的进给方向相反，这种铣削方式称为逆铣，如图 3-7（a）所示。逆铣时，刀齿的切削厚度从零逐渐增大至最大值。刀齿在开始切入时，由于切削刃钝圆半径的影响，刀齿在工件表面上打滑，产生挤压和摩擦，至滑行到一定程度后，刀齿方能切下一层金属层，这样易使刀齿磨损，工件表面产生严重的冷硬层。而下一个刀齿又在前一个刀齿所产生的冷硬层上重复一次滑行、挤压和摩擦的过程，加剧刀齿磨损，增大了工件表面粗糙度值。此外，刀齿开始切入工件时，垂直铣削分力 F_v 向下，当瞬时接触角大于一定数值后，F_v 向上易引起振动。

铣床工作台的纵向进给运动一般是依靠丝杠和螺母来实现的。螺母固定不动，丝杠转动时，带动工作台一起移动。逆转时，纵向铣削分力 F_1 与纵向进给方向相反，使丝杠与螺母间传动面始终贴紧，故工作台不会发生窜动现象，铣削过程较平稳。

铣削时，铣刀切出工件时的切削速度方向与工件的进给方向相同，这种铣削方式称为顺铣，如图 3 - 7（b）所示。顺铣时，刀齿的切削厚度从最大逐渐递减至零，没有逆铣时的刀齿滑行现象，加工硬化程度大为减轻，已加工表面质量较高，刀具耐用度也比逆铣时高。

从图 3 - 7（b）中可看出，顺铣时，刀齿在不同位置时作用在其上的切削力也是不等的。但是，在任一瞬时，垂直分力 F_v 始终将工件压向工作台，避免上下振动，在垂直方向铣削比较平稳。另一方向，纵向分力 F_1 在不同瞬时尽管大小不等，但是方向始终与进给方向相同，如果在丝杠与螺母传动副中存在间隙，当纵向分力 F_1 逐渐增大并超过工作台摩擦力时，会使工作台带动丝杠向左窜动，丝杠与螺母传动副右侧面出现间隙，造成工作台振动，在纵向左右窜动和进给不均匀，严重时会使铣刀崩刃。因此，如果采用顺铣，必须要求铣床工作台进给丝杠螺母副有消除侧向间隙的装置或采取其他有效措施。

3. 对称铣削和不对称铣削

端铣根据铣刀与工件相对位置的不同分为对称铣削、不对称逆铣和不对称顺铣三种方式，如图 3 - 8 所示。

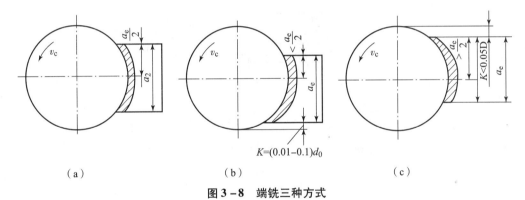

$$K=(0.01-0.1)d_0$$

（a）　　　　　　　　　（b）　　　　　　　　　（c）

图 3 - 8　端铣三种方式

（a）对称铣削；（b）不对称逆铣；（c）不对称顺铣

（1）对称铣削。铣削过程中，面铣刀轴线始终位于铣削弧长的对称中心位置，上面的顺铣部分等于下面的逆铣部分，此种铣削方式称为对称铣削，如图 3 - 8（a）所示。采用该方式时，由于铣刀直径大于铣削宽度，故刀齿切入和切离工件时切削厚度均大于零，这样可以避免下一个刀齿在前一刀齿切过的冷硬层上工作。一般端铣多用此种铣削方式，尤其适用于铣削淬硬钢。

（2）不对称逆铣。面铣刀轴线偏置于铣削弧长对称中心的一侧且逆铣部分大于顺铣部分的铣削方式称为不对称逆铣，如图 3 - 8（b）所示。该铣削方式的特点是刀齿以较小的切削厚度切入，又以较大的切削厚度切出，这样，切入冲击较小，适用于端铣普通碳钢和高强度低合金钢，这时刀具耐用度较前者可提高一倍以上。此外，由于刀齿接触角较大，同时参加切削的齿数较多，切削力变化小，切削过程较平衡，加工表面粗糙度值较小。

（3）不对称顺铣。面铣刀轴线偏置于铣削弧长对称中心的一侧，且顺铣部分大于逆铣部分的铣削方式称为不对称顺铣，如图 3 - 8（c）所示。该铣削方式的特点是刀齿以较大的切削厚度切入，而以较小的切削厚度切出。它适合于加工不锈钢等一类中等强度和高塑性的材料，这样可减小逆铣时刀齿的滑行、挤压现象和加工表面的冷硬程度，有利于提高刀具的耐用度。在其他条件一定时，只要偏置距离选取合适，刀具耐用度可比原来提高两倍。

3.4　孔加工刀具

3.4.1　孔加工刀具的种类和用途

孔加工刀具用途广泛，种类很多，一般可分为两大类：一类是用于在实体材料上加工孔的刀具，如扁钻、麻花钻、中心钻及深孔钻等；另一类是对工件上已有孔进行再加工用的刀具，如扩孔钻、锪钻、铰刀及镗刀等。

1. 扁钻

扁钻的优点是结构简单、轴向尺寸小、刚性好以及刃磨方便。加工直径 $d_0 > 38$ mm 孔时，采用扁钻比采用麻花钻经济，其缺点是钻头在孔中导向不好、排屑不流畅及重磨次数少。对于大直径扁钻，为便于排屑，可在切削刃上磨出分屑槽，大直径扁钻可采用装配式结构，如图 3-9（a）所示；直径在 12 mm 以下的扁钻，一般采用整体式结构，如图3-9（b)所示。

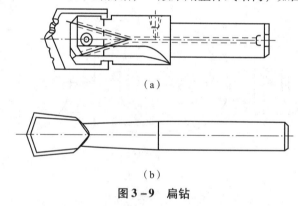

（a）

（b）

图 3-9　扁钻

（a）装配式结构；（b）整体式结构

2. 麻花钻

麻花钻是孔加工刀具中应用最广泛的刀具，尤其是加工 $\phi 30$ mm 以下的孔时，至今仍以麻花钻为主。麻花钻也可当扩孔钻使用，具体详见第 3.4.2 节。

3. 中心钻

中心钻用来加工各种轴类零件两端的中心孔，主要有无护锥中心钻和带护锥中心钻，如图 3-10 所示两种。

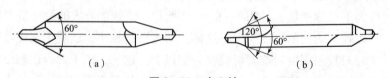

（a）　　　　　　　　　　　　　　　　　　（b）

图 3-10　中心钻

（a）无护锥中心钻；（b）带护锥中心钻

4. 深孔钻

深孔钻一般是用来加工深度与直径之比大于 10 mm 的孔。由于切削条件很差，对深孔钻有特殊要求，详见有关参考文献。

5. 扩孔钻

扩孔钻通常用作铰或磨前的加工或毛坯孔的扩大，与麻花钻相比，其特点是没有横刃且齿数较多，切削过程平稳，因此，生产率及加工质量均比麻花钻扩孔时高。

扩孔钻的结构形式有高速钢整体式、镶齿套式及硬质合金可转位式等，如图 3-11 所示。

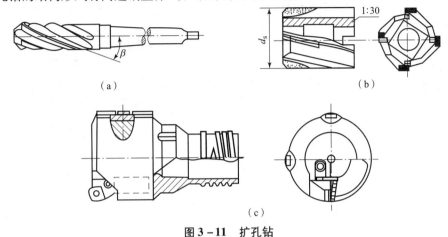

（a）　　　　　　　　　　　　　　（b）

（c）

图 3-11　扩孔钻

（a）高速钢整体式；（b）镶齿套式；（c）硬质合金可转位式

6. 锪钻

锪钻用于在孔的端面上加工圆柱形沉头孔、锥形沉头孔或凸台表面，如图 3-12 所示。锪钻可采用高速钢整体结构或硬质合金镶齿结构。

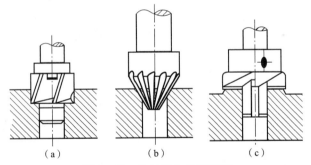

（a）　　　　　　　（b）　　　　　　　（c）

图 3-12　锪钻及加工示意图

（a）圆柱形沉头孔；（b）锥形沉头孔；（c）凸台表面

7. 铰刀

铰刀用于孔的精加工或半精加工，由于加工余量小、齿数多以及有较长的修光刃等原因，加工精度及表面质量都较高，精度可达 IT6~IT11，表面粗糙度为 $Ra=1.6~0.2~\mu m$。

根据使用方法的不同，铰刀可分为手用铰刀和机用铰刀。手用铰刀可做成整体式，也可做成可调式，如图 3-13（a）、（b）所示。在单件小批和修配工作中常使用尺寸可调的铰刀。机用铰刀直径小的做成带直柄或锥柄的，如图 3-13（c）、（d）所示，直径较大者常做成套式结构。

根据加工孔的形状不同，铰刀可分为柱形铰刀和锥度铰刀。锥度铰刀因切削量较大，做成粗铰刀和精铰刀，一般做成 2 把或 3 把一套，如图 3-13（e）所示。

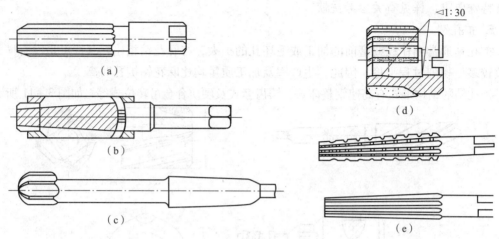

图 3-13　不同种类的铰刀

(a)、(b) 手用铰刀；(c)、(d) 机用铰刀；(e) 铰刀套装

8. 镗刀

镗刀多用于加工箱体孔。当孔径大于 80 mm 时多采用镗刀。在组合机床上镗孔，加工精度可达 IT6 ~ IT7，表面粗糙度 $Ra = 6.3 ~ 0.8~\mu m$，精镗可达 $Ra = 0.4~\mu m$。

镗刀一般分为单刃镗刀与多刃镗刀两大类。单刃镗刀如图 3-14 所示，其结构简单，制造容易，通用性强，一般均有调整装置，如图 3-15 所示，镗杆 2 上装有刀块 6，刀片 1 则装在刀块上，刀块的外螺纹上装有锥形精调螺母 5。紧固螺钉 4 可将带有精调螺母的刀块拉紧在镗杆的锥窝中，螺纹尾部的两个导向键 3 用来防止刀块转动。转动精调螺母可将刀片调整到所需尺寸。

为了消除镗孔时径向力对镗杆的影响，可采用双刃镗刀，工件孔尺寸与精度由镗刀径向尺寸保证，图 3-16 所示为常用的装配式浮动镗刀，其特点是刀块 2 以动配合状态浮动地安装在镗杆的径向孔中，刀片 1 用紧固螺钉 5 固定在刀块上。工作时，刀块在切削力的作用下保持平衡位置，可以减少镗刀块安装误差及镗杆径向跳动所引起的加工误差。镗刀片由高速钢制成，也可用硬质合金制成。采用浮动镗刀加工孔，其精度可达 IT6 ~ IT7，表面粗糙度 Ra 不超过 $0.8~\mu m$。

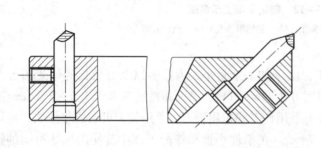

图 3-14　单刃镗刀

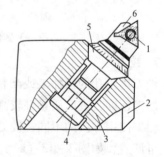

图 3-15　微调镗刀

1—刀片；2—镗杆；3—导向键；

4—紧固螺钉；5—精调螺母；6—刀块

3.4.2　麻花钻

1. 标准高速钢麻花钻的结构

标准高速钢麻花钻由工作部分、柄部与颈部三部分组成，如图 3 - 17（a）所示。

（1）工作部分。工作部分分为切削部分和导向部分。切削部分担负着切削工作；导向部分的作用是当切削部分切入工件孔后起引导作用，也是切削部分的后备部分。为了保证钻头必要的刚性和强度，工作部分的钻芯直径 d_0 向柄部方向递增，如图 3 - 17（e）所示。

（2）柄部。即钻头的夹持部分，用来传递扭矩。柄部有直柄与锥柄两种，前者用于小直径钻头，后者用于大直径钻头。

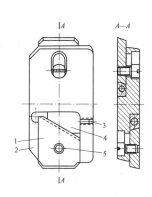

图 3 - 16　装配式浮动镗刀

1—刀片；2—刀块；
3—调节螺钉；4—斜面垫板；
5—紧固螺钉

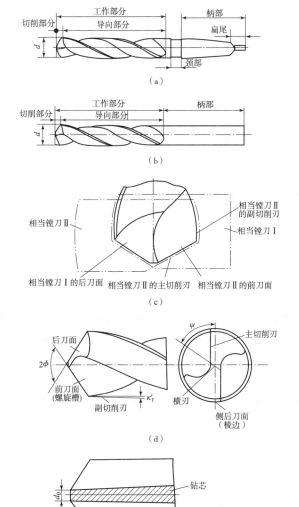

图 3 - 17　标准高速钢麻花钻

（3）颈部。颈部位于工作部分和柄部之间，磨柄部时，可充当砂轮越程槽，也是打印标记的地方。为制造方便，直柄麻花钻无颈部，如图3-17（b）所示。

麻花钻的切削部分可看成由两把镗刀所组成，它有两个前刀面、两个后刀面、两个副后刀面、两个主切削刃、两个副切削刃和一个横刃，如图3-17（c）、（d）所示。

①前刀面。螺旋槽上临近主切削刃的部分，即切屑流出时最初接触的钻头表面。

②后刀面。钻孔时与工件过渡表面相对的表面。

③副后刀面。钻头外缘上临近主切削刃的两小段棱边。

④主切削刃。前刀面与后刀面相交而形成的边锋。

⑤副切削刃。前刀面与副后刀面相交而形成的边锋。

⑥横刃。两个后刀面相交而形成的边锋。

2. 标准高速钢麻花钻的几何参数

1）切削平面与基面

（1）切削平面。主切削刃上选定点的切削平面，是包含该点切削速度方向，而又切于加工表面的平面。显然，由于主切削刃上各点的切削速度方向不同，切削平面位置也不同，如图3-18（a）所示。

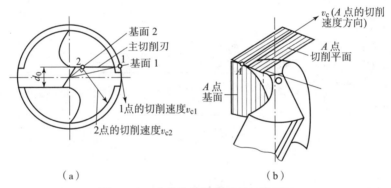

（a）　　　　　　　　　　　　　　　（b）

图3-18　麻花钻的切削平面与基平面

（2）基面。主切削刃上选定点基面，即通过该点并垂直于切削速度方向的平面。由于主切削刃上各点的切削速度方向不同，基面的位置也不同。显然，基面总是包含钻头轴线的平面，永远与切削平面垂直。图3-18（b）所示为钻头主切削刃上最外缘A点的切削平面与基面。

2）螺旋角

钻头外圆柱面与螺旋槽交线的切线与钻头轴线夹角为螺旋角β，如图3-19所示。在螺旋槽交线的展开图3-19（a）中，则有

$$\tan\beta = \frac{2\pi R}{L} \tag{3-1}$$

式中　R——钻头半径（mm）；

　　　L——螺旋槽的导程（mm）。

由于螺旋槽上各点的导程相等，在主切削刃上沿半径方向各点的螺旋角就不同。钻头主切削刃上任意点y的螺旋角可以用下式计算：

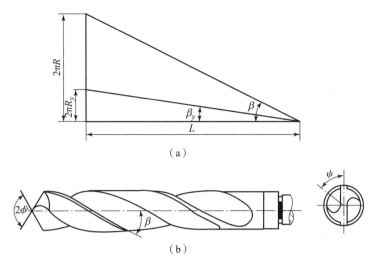

（a）

（b）

图 3 - 19　麻花钻的螺旋角

$$\tan \beta_y = \frac{2\pi R}{L} = \frac{R_y}{R} \tan \beta \qquad (3 - 2)$$

式中　R_y——主切削刃上任意点的半径（mm）。

　　由式（3 - 2）可知：钻头外径处的螺旋角最大，越接近钻头轴线处，其螺旋角越小。螺旋角实际上就是钻头的进给前角 γ_f。因此，螺旋角越大，钻头的进给前角越大，钻头越锋利。但是，如果螺旋角过大，钻头的强度会大大削弱，散热条件变坏。标准高速钢麻花钻的螺旋角一般在 $\beta = 18° \sim 30°$，大直径钻头取大值，反之取小值。

　　3）刃倾角与端面刃倾角

　　由于麻花钻的主切削刃不通过钻头轴线，从而形成刃倾角 λ_s。刃倾角是主切削刃与基面之间的夹角在切削平面内测量出来的，而主切削刃上各点的基面与切削平面位置不同，因此，主切削刃上各点的刃倾角也是变化的，图 3 - 20（a）所示的 p_s 向视图中的刃倾角 λ_s 是主切削刃上最外圆处的刃倾角。

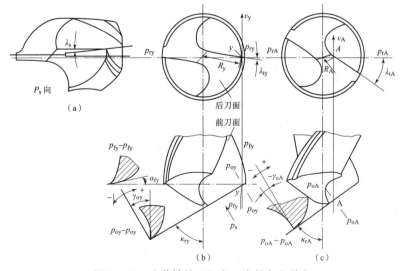

图 3 - 20　麻花钻的刃倾角、主偏角和前角

麻花钻主切削刃上任意点的端面刃倾角 λ_t 是该点的基面与主切削刃在端面投影中的夹角，如图 3 – 20（b）所示。由于主切削刃上各点的基面不同，各点的端面刃倾角也不相等，外圆处最小，越接近钻芯越大。主切削刃上任意点端面刃倾角可按下式计算：

$$\sin \lambda_{ty} = \frac{d_0}{2R_y} \qquad (3-3)$$

式中　d_0——钻芯直径（mm）；

　　　R_y——主切削刃上任意点的半径（mm）。

麻花钻主切削刃上任意点 y 的刃倾角与端面刃倾角的关系为

$$\sin \lambda_{sy} = \sin \lambda_{ty} \times \sin \phi = \frac{d_0}{2R_y} \times \sin \phi \qquad (3-4)$$

式中　ϕ——麻花钻顶角的 1/2。

4）顶角与主偏角

钻头的顶角 2ϕ 是两个主切削刃，在与其平行的平面内投影的夹角，如图 3 – 17（d）所示。标准高速钢麻花钻的顶角 $2\phi = 118°$，顶角与基面无关。

钻头的主偏角 κ_r 是主切削刃在基面上的投影与进给方向的夹角，如图 3 – 20（b）、（c）所示。主切削刃上各点基面位置不同，因此主偏角也是变化的。

主切削刃任意点 y 的主偏角可按下式计算：

$$\tan \kappa_{ry} = \tan \phi \times \cos \lambda_{ty} \qquad (3-5)$$

由式（3 – 5）可知：越接近钻芯，主偏角越小。

5）副偏角

为了减小导向部分与工件孔壁之间的摩擦，国家标准除了规定在直径大于 0.75 mm 的麻花钻的导向部分上制有两条狭窄的棱边，还规定了大于 1 mm 的麻花钻磨有向柄部方向递减的倒锥量，从而形成副偏角，如图 3 – 17（d）所示。

6）前角

麻花钻主切削刃上任意点 y 的前角 γ_{oy} 规定在主剖面［图 3 – 20（b）］中的 P_{oy}—P_{oy} 剖面内测量的前刀面与基面之间的夹角。如图 3 – 20（b）所示，前角 γ_{oy} 可按下式计算：

$$\tan \gamma_{oy} = \frac{\tan \beta}{\sin \kappa_{ry}} + \tan \lambda_{ty} \times \cos \kappa_{ry} \qquad (3-6)$$

式中　β_y——主切削刃上任意点 y 的螺旋角；

　　　κ_{ry}——主切削刃上任意点 y 的主偏角；

　　　λ_{ty}——主切削刃上任意点 y 的端面刃倾角。

从式（3 – 6）可以看出，麻花钻主切削刃上各点的前角是变化的，从外缘到钻芯，前角逐渐减小，标准麻花钻外缘前角为 $+30°$，到钻芯减至 $-30°$。

7）后角

麻花钻主切削刃上任意点的后角，是在以钻头轴线为轴心的圆柱面的切削平面内测量。切削平面与后刀面之间的夹角，如图 3 – 21 所示。后角的测量平面是由于钻头主切削刃在进行切削时做圆周运动，进给后角更能确切地反映钻头后刀面与工件加工表

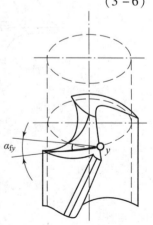

图 3 – 21　麻花钻的后角

面之间的摩擦状况，同时也为了测量方便。

刃磨钻头后刀面时，应沿主切削刃将后角从外缘到钻芯逐渐增大，这是由于：

（1）钻头工作时，除了主运动（回转运动）外，还有进给运动，主切削刃上任意点的运动轨迹是螺旋线，从而使该点的工作后角变小，越靠近钻芯，工作后角越小，这样就要求刃磨后刀面时，越靠近钻芯处后角磨得越大；

（2）适应前角的变化，使主切削刃上各点的楔角不致相差太大；

（3）加大钻芯处的后角，可改善横刃处的切削条件。

钻头的副后刀面是一条狭窄的圆柱面，因此副后角 $\alpha'_f = 0°$。

8）横刃角度

在钻头端面投影上，横刃与主切削刃之间的夹角为横刃斜角 ψ，标准高速钢麻花钻的横刃斜角 $\psi = 50° \sim 55°$，b_ψ 为横刃长度。当后角磨得偏大时，横刃斜角减小，横刃长度增大，如图 3 - 22 所示。因此在刃磨麻花钻时，可以观察横刃斜角的大小来判断后角是否磨得合适。

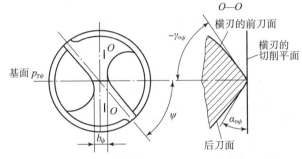

图 3 - 22　麻花钻横刃处的几何参数

横刃是通过钻头轴线的，而且它在钻头端面上的投影为一条直线，因此横刃上各点的基面是相同的。从横刃上任一点的主剖面 $O—O$ 可以看出，横刃前角 $\gamma_{o\psi}$ 为负值，标准高速钢麻花钻的 $\gamma_{o\psi} = -(54° \sim 60°)$；横刃后角 $\alpha_{o\psi} \approx 90° - |\gamma_{o\psi}|$，标准高速钢麻花钻的 $\alpha_{o\psi} = 30° \sim 36°$。

由于横刃具有很大的负前角，工作时会产生很大的轴向力，通常占总轴线力的 1/2 以上。因此，横刃的存在对钻削过程有很不利的影响。

3.5　拉　　刀

3.5.1　拉刀的结构及应用范围

拉刀是由许多逐渐增大尺寸的刀齿所组成的刀具，拉削时利用拉刀的直线运动，使各个刀齿依次切下很薄的金属层，如图 3 - 23 所示。因此，从切削性质上看，拉削可以看成刨削的推演。

拉削的切削速度虽然不高，通常只有 1 ~ 13 m/min，但是同时参加切削的刀齿多，切削刃长，而且粗加工和精加工可一次完成，所以生产率很高。一般拉削中型圆孔，每小时可完成 80 ~ 120 个；拉削花键孔，每小时可

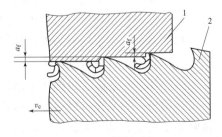

图 3 - 23　拉削过程
1—工件；2—拉刀

达 50 ~ 100 个。

拉刀除有切削齿以外，还有校推齿，每一刀齿切下的金属很少，所以加工表面质量和精度较高。一般拉削后可得到表面达 IT7 级精度、表面粗糙度 $Ra\ 0.8\ \mu m$ 的工件；精细拉削后可使表面粗糙度为 $Ra\ 0.4\ \mu m$。

拉刀的耐用度较高，因为它的切削速度低，齿数多，而每一个齿的负担少。但是拉刀的制造与刃磨比较困难，成本较高；一把拉刀只能拉制一定形状和尺寸的直通孔，故一般适用于成批与大量生产。平面拉刀加工的尺寸范围可稍微放宽一些。

内孔拉刀可以拉削各种通孔，如圆孔、多边形孔、花键孔等；外拉刀可以拉削平面、成形表面等，如图 3 – 24 所示。

拉刀的类型不同，其结构及组成部分也稍有不同，下面以圆孔拉刀为例介绍其组成部分。圆孔拉刀由以下几部分组成，如图 3 – 25 所示。

头部——用于将拉刀装夹在拉床的夹头中以传送运动和拉力。

颈部——用于连接头部与刀体，一般在颈部上刻印拉刀的标记。一般颈部和头部的尺寸较小，如果拉刀强度不够，希望在头部或颈部折断，这样修复较容易。

过渡锥部——使前导部能顺利进入初孔（工件上预先加工的孔）。

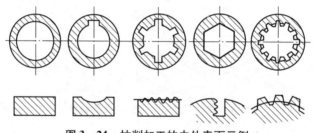

图 3 – 24　拉削加工的内外表面示例

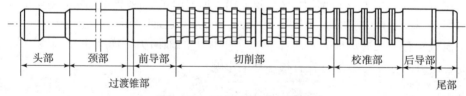

图 3 – 25　圆孔拉刀的组成部分

前导部——保证拉刀与工件有正确的相对位置，引导拉刀工作，它对第一个刀齿能正常工作起更重要的作用。前导部与切削部的第一个刀齿之间也是拉刀强度方面的薄弱环节。

切削部——它担负主要的切削工作，其刀齿尺寸逐渐增大，又分为粗切齿与精切齿两部分。有的拉刀在粗切齿与精切齿之间还有过渡齿。

校准部——用于校准与修光被切削表面，其刀齿尺寸不变。当切削部分的刀齿经过刃磨尺寸变小后，前几个校准齿依次变成切削齿，所以校准齿还具有切削齿的后备作用。

后导部——它能在拉削终了前保持拉刀的后几个刀齿与工件间具有正确的相对位置，防止工件偏斜。如果没有后导部，后几个刀齿快切完时将很难保持拉刀正常的位置，这不但会影响加工质量，甚至引起刀齿崩刃。

长而重的拉刀，在后导部后面有时还制有尾部（后支撑部分），防止拉刀因自重而下垂。尾部的直径视拉床托架尺寸而定，其长度一般应不小于 20 mm。

3.5.2　拉削图形及拉削过程的特点

拉刀刀齿从工件上把拉削余量切除的顺序，一般都用图形来表示，这种图形即称为拉削图形（或称拉削方式）。拉削图形对拉刀刀齿载荷分配、拉刀长度、拉削力的大小、拉刀耐用度及加工质量等都有很大影响。

拉削图形分为分层式、分块式及综合式三类。

1. 分层式拉削

分层式拉削又分为成形式和渐成式两种。

如图 3-26（a）所示，成形式拉削图形的特点是，刀齿的刃形与被加工表面形状相同，仅尺寸不同，即刀齿直径（或高度）向后递增，加工余量被一层一层地切去。这种拉削方式切削厚度小而切削宽度大，因此可获得较好的工件表面质量。这种方式的拉刀刀齿结构如图 3-26（b）所示。为避免出现环状切屑，拉刀刀齿圆周上交错地制造出分屑槽，便于分屑与容屑。但有分屑槽后，切屑形成一条加强筋，如图 3-26（c）所示，它使切屑半径增大，卷曲困难。另外，这种方式由于切屑薄而宽，拉削力及功率较大，分屑槽转角处容易磨损而影响拉刀耐用度。这种方式的拉刀设计简单，所以应用比较普遍。

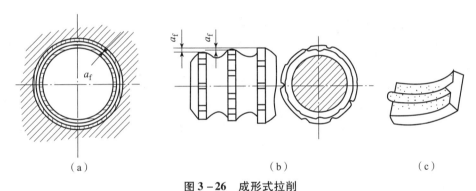

图 3-26　成形式拉削

图 3-27 所示为渐成式拉削图形。图 3-27 中工件最后要求是方孔，拉刀刀齿与被加工表面形状不同，工件表面是由许多刀齿的副刃所切成。这种方式的切屑较薄，并且被加工表面较粗糙。它的优点是，可拉削复杂形状的工件，拉刀制造不太复杂。

2. 分块式拉削

分块式拉削，工件上的每一层金属不是由一个刀齿切去，而是将加工余量分段由几个刀齿先后切去。例如，轮切式拉刀就是按分块式拉削方式设计的拉刀。图 3-28 所示的是三个刀齿为一组的圆孔拉刀及拉削图形。每组中，第一齿与第二齿的直径相同，但突出的切削刃互相错开，各自切除工件上同一圆周上不同位置

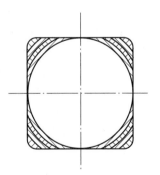

图 3-27　渐成式拉削图形

的几段材料，余下的材料由同一组的第三个刀齿切除。每组的第三个刀齿不必制造分屑槽（即刀齿为圆形），其直径应较同组其他刀齿的直径小 0.02~0.05 mm，否则可能由于工件金属的弹性恢复等原因而切下整圈金属层。

分块式拉削的优点是，切屑窄而厚，单位切削力小，拉刀刀齿数目可少一些，拉刀短，

生产率高；缺点是拉刀设计较难，加工表面质量较差。

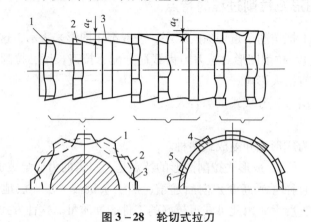

图 3-28 轮切式拉刀

1—第一齿；2—第二齿；3—第三齿；

4—被第一齿切的金属层；5—被第二齿切的金属层；6—被第三齿切的金属层

3. 综合式拉削

综合式拉削图形由两部分组成，第一部分是分块式拉削，由拉刀的粗切齿完成；第二部分是分层式拉削，由拉刀的精切齿完成。这种拉刀的粗切齿（在拉刀前部）采用轮切式结构，精切齿（在粗切齿后面）采用成形式结构，它称为综合式拉刀（或综合轮切式拉刀）。我国生产的圆孔拉刀较多地采用这种结构。该拉刀的粗切齿不必分组，即第一个刀齿切去一层金属的一半左右（图 3-29），第二个刀齿比第一个刀齿高出一点（一个齿升量），它除了切去第二层金属的一半左右外，还切去第一个刀齿留下的那部分金屑层，后面的刀齿都以同样顺序交错切削，直到把粗切余量切完为止。剩下的精切余量由精切齿按成形式拉削图形完成。

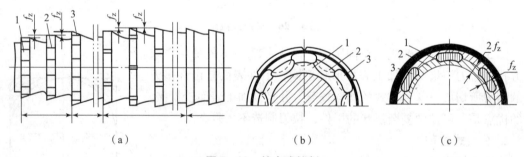

（a）　　　　　　　（b）　　　　　　　（c）

图 3-29 综合式拉削

（a）综合式拉刀；（b）拉刀截形；（c）拉削图形

这种拉削方式既缩短了拉刀长度，保持较高的生产率，又能获得较好的工件表面质量。

拉削除了具有一般切削过程的共同规律外，还有以下一些特点：

（1）切削厚度较小，因而拉削时加工表面产生较大的塑性变形。

（2）切削宽度较大，同时工作齿数较多，因此拉削力很大。

（3）拉削属于封闭式切削，所以排屑及冷却较困难（外拉力稍好）。拉削过程中，当切屑挤塞容屑槽的空间时，不仅会损伤加工表面，而且会使拉削力剧增，甚至引起拉刀折断。为了避免上述情况发生，常在拉刀切削刃后刀面上磨出分屑槽，并且在设计与检验拉刀的容屑槽形状及尺寸时，应保证切屑能自由形成且具有足够的容屑空间。

（4）拉削速度低。为了提高拉削表面质量，减少拉刀的磨损，保证拉刀有较高的耐用度，拉削速度不能过高，同时拉削速度的提高也受到机床结构及功率的限制（因拉削力较大，功率与力及速度有关）。高速拉削时，机床的刚性及功率要足够。

（5）因为切削厚度小、切削速度低，所以拉刀的磨损主要发生在后刀面上。过大的磨损会降低刀具耐用度且影响加工表面质量，一般拉刀允许的磨损数值最大不超过 0.4 mm。

（6）拉削的生产率高，表面质量好。

为了提高拉刀的耐用度，改善加工表面质量和减小拉削力，在拉削过程中应选择润滑性能良好的切削液。一般常用的润滑冷却液有乳化液、硫化油及其他混合油。

3.5.3　拉刀的类型

拉削方法应用广泛，因此拉刀种类很多。拉刀按其所加工的表面分为内拉刀和外拉刀两大类。内拉刀用于加工工件的内表面，常用的有花键拉刀、键槽拉刀等。

1. 花键拉刀

花键拉刀用于加工花键孔，如图 3-30 所示。

花键孔用花键拉刀加工，可以保证较高的精度和生产率，而且产品的一致性好，是成批及大量生产的主要方法。单件生产时，可以用插刀在插床上加工花键孔，但其加工精度和生产率都很低。

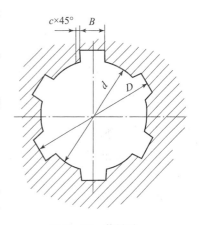

图 3-30　花键孔

拉削花键孔时，可以只拉削花键槽，也可以圆孔和花键一次拉削。因此，花键拉刀的刀齿可以有以下几种组合形式：

（1）只拉削花键槽，它的拉削图形如图 3-31（a）所示。

（2）拉刀可一次拉出圆孔和花键槽，即拉刀上同时具有拉圆孔的刀齿和拉键槽的刀齿。这种拉刀，可以是圆孔齿在前，花键齿在后；也可以相反，即花键齿在前，圆孔齿在后。圆孔齿在前的拉削图形如图 3-31（b）所示。这种拉刀能保证花键孔内外径的同轴度。

（3）拉刀可一次拉出花键并倒角，其拉削图形如图 3-31（c）所示。

（4）拉刀可一次拉出圆孔、倒角及花键，其拉削图形如图 3-31（d）所示。

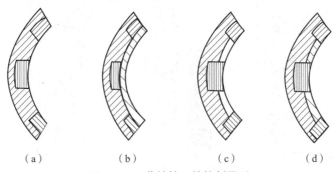

（a）　　　　　　（b）　　　　　　（c）　　　　　　（d）

图 3-31　花键拉刀的拉削图形

（a）只拉削花键槽；（b）可一次拉出圆孔和花键槽；（c）一次拉出花键并倒角；（d）一次拉出圆孔、倒角及花键

花键拉刀最好采用第2或第4种组合形式。

图3-31所示的拉削图形是指不同刀齿（如圆孔齿和花键齿）所分担的加工余量情况。花键孔的大部分加工余量位于键槽上。目前键槽上的这些加工余量多采用渐成式拉削方式切除；为了提高生产率，也有采用轮切式的。

2. 键槽拉刀

圆孔中只有一个键槽需要加工时，可用键槽拉刀。通常，键槽拉刀多采用平体结构（拉刀刀体为长方形截面），如图3-32（a）所示。为了使平体键槽拉刀能在圆孔中保持正确的位置，拉削时必须应用导向芯轴。导向芯轴如图3-32（b）所示，拉刀顺着芯轴的矩形槽3移动，工件则套在圆柱芯轴1上。

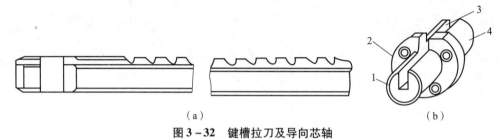

（a）　　　　　　　　　　　　　　　　　　　　（b）

图3-32　键槽拉刀及导向芯轴

（a）采用平体结构；（b）采用导向芯轴

1—导向芯轴；2—凸缘；3—矩形槽；4—后部

当键槽在深度方向上的尺寸较大，一次拉削尚不能切去全部余量时，可以在矩形槽3的底面垫一个一定尺寸的垫片，以达到用一把拉刀进行二次以上拉削的目的和弥补拉刀刃磨后高度变小的问题。

3. 外拉刀

加工外表面的拉刀称为外拉刀，如图3-33所示，可分为平面拉刀、成形表面拉刀、齿轮拉刀。

4. 推刀

拉刀一般受拉力，如果是在受压力状态下工作，则称为推刀。图3-34（a）所示为拉刀的工作状况，图3-34（b）所示为推刀的工作状况。推刀在工作时易发生弯曲，因此应做得比较短，其长度与直径之比不超过12～15。因此，推刀只适用于加工余量较小的内表面，或者修整热处理后的变形量，应用范围不如拉刀广泛。

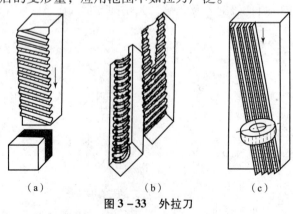

（a）　　　　　　（b）　　　　　　（c）

图3-33　外拉刀

（a）平面拉刀；（b）成形表面拉刀；（c）齿轮拉刀

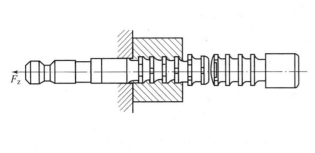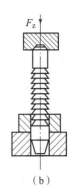

（a）

（b）

图 3-34　拉刀与推刀

（a）拉刀；（b）推刀

5. 组合拉刀

拉刀根据构造的不同分为整体式与组合式两类。整体式拉刀主要用于中、小型尺寸的拉刀；组合式拉刀主要用于大尺寸和硬质合金拉刀。采用组合式拉刀可以节省刀具材料，并且当拉刀刀齿磨损或损坏后，能进行调节和更换。图 3-35 所示为一种组合式花键拉刀。

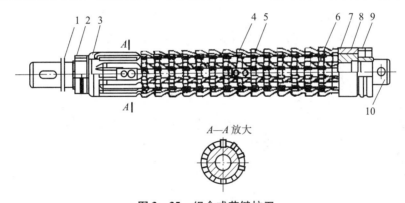

A—A 放大

图 3-35　组合式花键拉刀

1—刀体；2—圆螺母；3—压环；4—压块；5—螺钉；

6—刀片；7—螺钉；8—挡环；9—圆螺母；10—尾部

6. 链式连续拉削

普通拉削时，工件不运动，拉刀做主运动。为了提高生产率和实现自动化生产，出现了链式连续拉削。图 3-36 中，拉刀固定不动，被加工工件装在连续运动的链式传送带的随行夹具上做主运动从而实现连续拉削。这种拉削方式已在汽车制造业中得到应用。

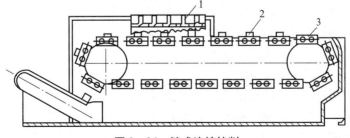

图 3-36　链式连续拉削

1—拉刀；2—工件；3—链式传送带

为了提高拉削的生产率，近年来高速拉削已逐渐采用。高速拉削所用机床应有足够的刚度和运动精度，应有较大的速度范围（$v = 1 \sim 50$ m/min）。试验表明，高速拉削不仅提高了拉削生产率，同时也改善了工件的表面质量，提高了刀具耐用度。采用硬质合金机夹拉刀进行高速拉削，已在汽车工业加工缸体中得到应用，拉削速度为 $25 \sim 35$ m/min。

3.6 螺纹刀具

在各种机器和仪器中，螺纹被广泛地用作紧固或传动，因此螺纹加工在机器制造中占有重要地位。

根据用途和螺纹本身的性质，螺纹可以分为三大类：

（1）紧固螺纹——用于零件的固定连接，又可分为普通螺纹（粗牙、细牙两种），米制螺纹，圆柱管螺纹，圆锥管螺纹。紧固螺纹的牙形多为三角形。

（2）传动螺纹——用于传递运动，将旋转运动变为直线往复运动，如各种丝杠。这种螺纹常用梯形和矩形两种。

（3）特种螺纹——如用于承受轴向载荷的锯齿形螺纹等。

对紧固螺纹的要求是可旋入性、连接可靠性和紧密性。

对传动螺纹的要求是传递运动、位移的准确性及传递动力的可靠性。

螺纹的加工方法很多，各具不同的特点，必须根据零件的技术要求、产量、轮廓尺寸等因素来选择，以充分发挥各种方法的特点。

螺纹的加工方法分成两大类：

（1）切削加工——应用切削刀具，使被切金属层变为切屑。切削螺纹的刀具有螺纹车刀、螺纹梳刀、丝锥、板牙、螺纹铣刀、螺纹切头（自开板牙）和砂轮等。

（2）滚压加工——利用滚压的方法，使金属发生塑性变形而形成螺纹，不产生切屑，因而也可称为无屑加工。液压工具有搓丝板和滚丝轮等。

3.6.1 螺纹切削工具

1. 螺纹车刀

螺纹车刀是刃形简单的成形车刀。用螺纹车刀在车床上车削螺纹是应用最广也是最简单的一种螺纹加工方法。这种加工方法具有以下特点：

（1）适应性广。它可以加工各种尺寸及各种形式的螺纹。例如，三角形螺纹、矩形（方牙）螺纹、梯形螺纹、内螺纹、外螺纹、圆锥螺纹等，都可以用螺纹车刀来加工。其中，矩形（方牙）螺纹用螺纹车刀加工几乎是唯一的方法。

（2）可以获得各种精度等级的螺纹，一般比丝锥、板牙的加工精度高。

（3）刀具制造简单，成本低。

（4）生产率低，磨刀质量要求严。

从上述特点可以看出，车削螺纹适用于单件小批生产。

螺纹车刀按形状分为杆状螺纹车刀（普通螺纹车刀）、弹性螺纹车刀、棱体螺纹车刀及圆体螺纹车刀，如图 3-37 所示。

杆状螺纹车刀（普通螺纹车刀）结构简单，制造容易，应用极为广泛。

目前机夹刀具应用很广泛，也出现了机夹螺纹车刀，它也可以使用可转位刀片，如图 3－38 所示。

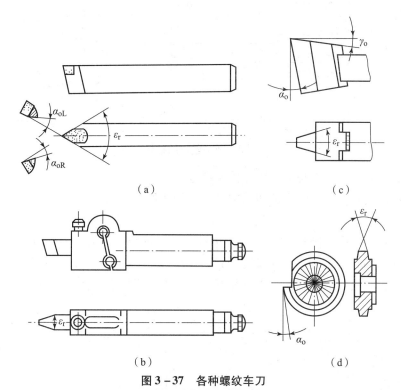

（a）　　　　　　　　　　　　　　　　（c）

（b）　　　　　　　　　　　　　　　　（d）

图 3－37　各种螺纹车刀

（a）杆状螺纹车刀；（b）弹性螺纹车刀；（c）棱体螺纹车刀；（d）圆体螺纹车刀

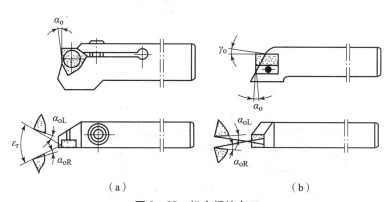

（a）　　　　　　　　　　　　　　　（b）

图 3－38　机夹螺纹车刀

（a）机夹可转位三角螺纹车刀；（b）机夹高速梯形螺纹车刀

2. 丝锥

丝锥是加工内螺纹的标准刀具之一，其结构简单，使用方便，故应用极为广泛。对于小尺寸的内螺纹，用丝锥攻丝几乎是唯一有效的加工方法。

如图 3－39 所示，丝锥由工作部分和柄部组成。

丝锥的工作部分又分为切削部分和校准部分。切削部分有一锥角，它齿形是不完整的，担负主要的切削工作，是丝锥的最基本部分。校准部分有完整的齿形，用于校准螺纹，并能引导丝锥沿轴向运动。

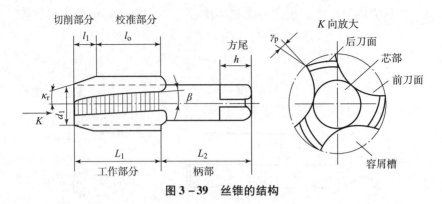

图 3 – 39 丝锥的结构

柄部一般有方尾，用以装夹丝锥并传递扭矩。

丝锥的种类很多，按不同用途和结构可分以下几种：

1）手用丝锥

手用丝锥用手操作切削螺纹，常用于单件、小批或修配工作，柄部为方头圆柄，如图 3 – 40 所示。当丝锥直径小于 6 mm 时，柄部直径在标准中规定应大于工作部分的直径，否则容易折断。为使制造螺纹方便，小直径丝锥两端制成反顶尖，如图 3 – 40（a）所示。

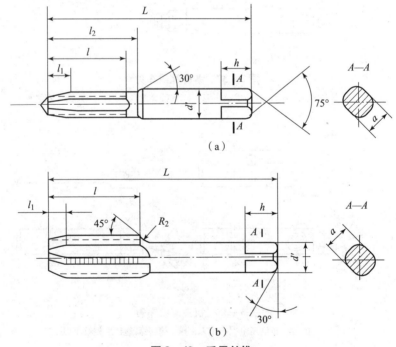

（a）

（b）

图 3 – 40 手用丝锥

（a）小直径丝锥；（b）大直径丝锥

手用丝锥常由 2 支或 3 支组成一套，依次分担切削工作。当螺距小于 2.5 mm 时，多制成 2 支一套；螺距大于 2.5 mm 时，制成 3 支一套。但近年来对小尺寸的通孔，用单锥加工已逐渐推广。

2）机用丝锥

机用丝锥用于在机床上加工内螺纹，其结构如图 3 – 41 所示。它的柄部与手用丝锥稍有不同，其中有一环形槽，以防止丝锥从夹头中脱落。

机用丝锥常用单锥加工螺纹，有时根据工件材料和丝锥尺寸而采用两支一套。机用丝锥的切削部分较短，一般在加工不通孔时，$l_1 = (2 \sim 3)P$；在加工通孔时，$l_1 = (4 \sim 6)P$。

机用丝锥因切削速度较高，常用高速钢制造，并应磨齿。柄部可用 45 钢制造，与工作部分对焊连接。

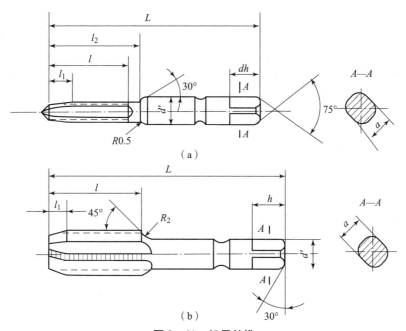

图 3-41　机用丝锥

（a）小直径机用丝锥；（b）大直径机用丝锥

3）螺母丝锥

螺母丝锥用于加工螺母的内螺纹，它可分为短柄、长柄和弯柄三种。图 3-42 所示为长柄螺母丝锥及弯柄螺母丝锥。

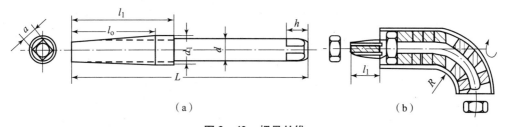

图 3-42　螺母丝锥

（a）长柄；（b）弯柄

长柄丝锥主要用于大批生产和在多轴机床上工作。当螺母切削完后，即穿在丝锥的长柄上，穿满以后，停车将螺母取下，以减少辅助时间，提高生产率。因而，柄部越长，一次加工的螺母越多。这种丝锥的柄部直径应比螺母内径小 0.05 ～ 0.1 mm，且应经过磨削以减少摩擦。

弯柄螺母丝锥专门用于螺母自动机床上。工作前，丝锥的弯柄上应套上一定数量的螺母，以便使丝锥安装定位。工作时，加工好的螺母就穿在弯柄上随着转动，并将弯柄上最外面一个工件推出来。加工工作可实现自动化，大大提高了生产率。

由于螺母的厚度较小，为减少切削载荷，丝锥的切削部分较长，一般 $l_1 = (10 \sim 16)P$。

3. 螺纹梳刀

螺纹梳刀就是多纹的螺纹车刀，它只要一次走刀就能切出全部螺纹，生产率较高。

螺纹梳刀按其外形分为平体螺纹梳刀、棱体螺纹梳刀及圆体螺纹梳刀，如图 3－43 所示。

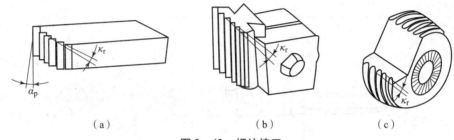

（a）　　　　　　　　　　（b）　　　　　　　　　　（c）

图 3－43　螺纹梳刀

（a）平体螺纹梳刀；（b）棱体螺纹梳刀；（c）圆体螺纹梳刀

螺纹梳刀的工作部分由切削部分和校准部分组成。切削部分的齿型不完整，它占有 1.5~2.5 个齿，这样，每次走刀的切削工作就由 2 个或 3 个刀齿分担，使每齿载荷减轻。校准部分牙型完整，占有 4~8 个齿，用来修光和校准螺纹。

在石油工业中，常用硬质合金螺纹梳刀加工石油管的内、外螺纹。

由于螺纹梳刀的工作部分较宽，因此，被加工零件应有足够的退刀位置，不然不能使用。此外，由于同时切削齿数多，切削力较大，故要求零件有足够的刚性。对不同的牙型角、螺距和头数的螺纹，均需专用的螺纹梳刀，因此它适用于成批生产中。

圆体螺纹梳刀上的刀齿有环形分布和螺旋分布两种。环形分布的只适用于加工螺纹升角较小的螺纹。螺旋分布的用得较广，因为刀齿两边切削刃的切削条件较好，并且制造比较方便，可以在螺纹磨床上进行精加工。

在设计螺旋形梳刀时，应使梳刀的螺纹与工件螺纹相吻合，这就要满足两个条件：

第一，加工外螺纹时，螺旋方向应当相反，即工件为右旋时，刀具应为左旋；加工内螺纹时，方向应相同。

第二，刀具的螺纹升角应与工件相等，以保证两个侧刃的后角相同，这个条件在切内螺纹时不容易满足。因为梳刀外径只能小于孔径，但两者的螺距又应相等，因而梳刀上的螺纹升角必定大于工件升角。这时，升角误差不应大于 $30'$，所以内螺纹用梳刀加工是不方便的。

4. 板牙

板牙是加工外螺纹的刀具，它的外形像一个螺母，在螺纹周围钻几个出屑孔，形成了切削刃。在切削外螺纹的刀具中，板牙的结构比较简单，使用方便，在机械制造中应用很广泛。

板牙分为以下几类；

（1）圆板牙：外形像圆螺母，用以加工普通螺纹，为最常用的板牙。

（2）方板牙和六角板牙：外形是方形和六角形，便于用扳手带动，用于修理工作。

（3）管形板牙：外形为管状，常用于六角车床和自动车床。

（4）钳工板牙：由两块拼成，用于钳工修配工作。

（5）锥螺纹板牙：用于切削锥螺纹，其结构和外形与圆板牙相似。

在机械制造中，圆板牙用得最多。圆板牙宜用热处理变形小的合金工具钢制造。板牙在热处理后的变形很难修正，因此加工出的螺纹精度较低。

圆板牙又分普通圆板牙与可调式圆板牙。可调式圆板牙的螺纹直径可用调整螺钉在 $0.1 \sim 0.25$ mm进行调节，这种板牙一般用来加工精度要求较低的螺纹或用于粗加工。如图 3 - 44 所示，圆板牙在磨损较大以后，可用薄砂轮在其60°的缺口处（图 3 - 44 左上角）切开，而成为调节式板牙，可继续使用。圆板牙上面的两个锥坑是调节孔，下面两个锥坑是紧固板牙的孔。

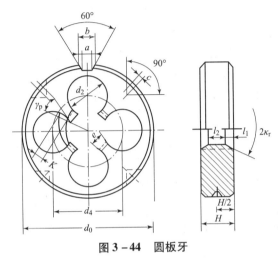

图 3 - 44　圆板牙

板牙的工作部分由切削部分 l_1 和校准部分 l_2 组成，切削部分制成内圆锥形，使切削量内几个刀齿来负担。校准部分有完整的螺纹牙型，起校准螺纹和导向作用。切削部分的锥角一般取 $2\kappa_r = 40° \sim 50°$，$l_1 = (1.5 \sim 2.5)P$，$l_2 = (4 \sim 5)P$。切削部分的前角取 $15° \sim 20°$，其后角是通过铲磨得到，一般取 $5° \sim 9°$，牙型两侧及校准部分都无后角。

5. 螺纹切头

螺纹切头分为自动开合板牙和自动开合丝锥两大类，常用于六角车床及自动、半自动车床上，是一种高生产率、高精度的螺纹刀具。

图 3 - 45 所示为自动开合板牙切头。工作时，装在切头上的4 把圆体螺纹梳刀处于合拢状态，4 把梳刀同时切削。切削完毕时，梳刀自动张开，切头便退出，准备下一个工作循环。

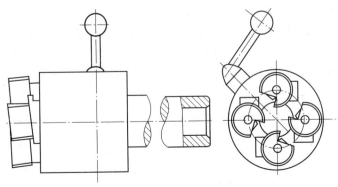

图 3 - 45　自动开合板牙切头

螺纹切头的优点是很明显的，但其结构复杂，成本高，只适用于大批生产中加工精度较高的螺纹。

6. 螺纹铣刀

螺纹铣刀可加工各种圆柱形内、外螺纹，也可加工锥形内、外螺纹。因一般都是在半自动机床上进行加工，故能多机床管理，生产率较高。但由于铣刀本身的结构及工作条件的限制，加工精度较低，只适用于加工一般精度的螺纹或做精密螺纹的预加工。

螺纹铣刀可分为盘形螺纹铣刀和梳形螺纹铣刀两大类。

盘形螺纹铣刀主要用于加工大螺距的梯形螺纹或蜗杆，其工作情况如图 3-46 所示。加工时，铣刀轴线与工件相错一个工件螺纹升角，铣刀旋转是主运动，同时沿工件轴线移动，工件则做慢速转动，从而形成螺旋运动。

如图 3-47 所示，盘形螺纹铣刀多制成交错尖齿结构，每一刀齿只有顶刃和一个侧刃参加切削工作。尖齿结构可保证在相同直径条件下有更多的刀齿数目，从而保证铣削的平稳性，提高生产率。

梳形螺纹铣刀可看成很多盘形铣刀的组合，用在专用的螺纹铣床上加工短而螺距不大的三角形内、外螺纹，其外形呈多环状。图 3-48 所示为梳形螺纹铣刀加工外螺纹的情况。加工时，铣刀与工件轴线平行，工件只需转一转，同时铣刀（或工件）沿工件轴线移动一个螺距，就可切出全部螺纹。实际上，铣刀有切入、退出行程，故工件要转动 1.2~1.4 转。由此可见，这种刀具的生产率比车削高。

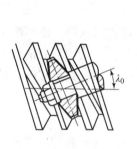

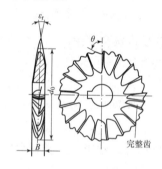

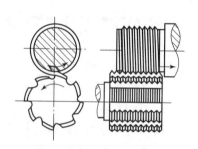

图 3-46　盘形螺纹铣刀　　　图 3-47　盘形螺纹铣刀　　　　图 3-48　梳形螺纹铣刀
　　　　　工作情况　　　　　　　　　　　　　　　　　　　　　　　加工外螺纹

7. 高速铣削螺纹

用硬质合金刀具对螺纹进行高速铣削是一种高效率的螺纹加工方法，它又称为旋风铣削法。旋风铣削螺纹如图 3-49 所示，硬质合金刀齿装在刀盘上，刀盘与工件轴线倾斜一螺旋升角，并高速旋转形成主运动；同时，工件转一周，刀盘移动一个螺距。

旋风铣削法有很多优点，主要是：

（1）切削速度高，加工不同材料时，可达 150~450 m/min，可采用多刀切削，加工时的走刀次数少。

（2）切削时的轴向进给运动慢，退刀方便，操作过程不像车削螺纹那样紧张。

（3）刀具是断续切削，切屑不长，易于处理和运输。

（4）加工的表面粗糙度小，可达 $Ra0.8~\mu m$。

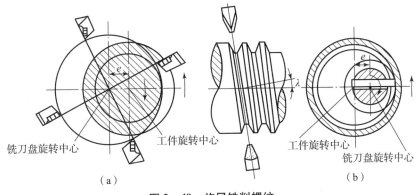

图 3 – 49　旋风铣削螺纹

(a) 铣削外螺纹；(b) 铣削内螺纹

3.6.2　滚压螺纹工具

滚压螺纹是使金属产生塑性变形而形成螺纹的，它不产生切屑。这种方法是一种先进的高生产率的加工工艺，在成批和大量生产中已得到广泛应用。

与切削法加工螺纹相比，滚压螺纹有以下优点：

(1) 生产率高。一般可比车削螺纹提高 20～30 倍，对不同尺寸的工件，每小时可滚压 700～7 000 个螺纹。

(2) 加工质量高。用搓丝板可加工出 IT6 级精度的螺纹；用滚丝轮可加工出 IT4～IT5 级精度螺纹，表面粗糙度可达 $Ra0.4～0.2\ \mu m$。

(3) 加工出的螺纹机械强度高。由于加工时不切断金属纤维，因而可使螺纹的机械强度提高 20%～30%，抗剪切强度增加 5%。

(4) 节省材料。由于不产生切屑，对不同尺寸的工件，可省 15%～30% 的材料。

(5) 工具的耐用度高。一副搓丝板可滚压低碳钢工件 5 万～10 万个。

滚压螺纹的缺点是在螺纹中径上容易产生椭圆度误差。滚压螺纹对工件毛坯直径尺寸的一致性要求较严，如果尺寸相差太大，则造成调整机床的困难，同时不易保证螺纹的精度。滚压加工时，螺纹与端面的垂直度不易保证。

1. 搓丝板

用搓丝板滚压螺纹时，一块搓丝板固定不动（称为静板），另一块则随着机床滑块做往复运动（称为动板），如图 3 – 50 所示。当工件进入两块搓丝板之间，搓丝板夹住工件使之滚动，搓丝板上的凸出螺纹便逐渐压入工件，形成螺纹。

搓丝板滚压时，径向力较大，故不宜用于加工空心工件和直径小于 3 mm 的螺纹。

在上下两块搓丝板上均制有与工件螺纹相适应的倾斜齿纹，安装在机床上时，应互相错开半个螺距。

2. 滚丝轮

图 3 – 51 所示为用一对滚丝轮在专用的滚丝机上滚压螺纹的情形。工作时，两轮轴线平行并同向等速旋转，并有一滚轮（动轮）向另一轮（静轮）径向进给。工件放在两滚轮之间的支撑板上，受径向力的作用逐渐被压成螺纹。

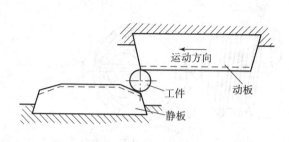

图 3-50　搓丝板滚压螺纹

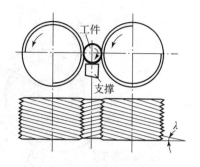

图 3-51　滚丝轮滚压螺纹

用滚丝轮滚压螺纹有下述优点：

（1）滚丝时，压入时间取决于滚轮的旋转速度和径向进给的大小，这二者均可调整，因而可使径向力较小。如果滚压用量选择适当，可加工抗弯强度较高的工件。

（2）由于径向力可调整，因此可在空心工件上滚压螺纹。

（3）滚丝轮比搓丝板容易制造，它可在螺纹磨床上进行精磨，这样可获得较高精度和表面质量。因此，滚丝轮加工出的工件精度较高。

由上述优点可见，虽然滚丝轮的生产率比搓丝板低，但其应用仍比搓丝板广泛。

滚丝轮的中径是螺纹要素的重要组成部分，也是计算所有其他要素的基础。设计滚丝轮的基本原则是使滚丝轮和工件在螺纹中径处的螺纹升角和螺距相等，即在中径处二者做无滑动的滚动。受强度、机床结构及使用寿命的影响，滚丝轮的中径应比工件大许多才行。因此，只有采用多头螺纹的滚丝轮才能满足上述要求。

3.7　齿　轮　刀　具

3.7.1　齿轮刀具的主要类型

齿轮刀具是用于加工齿轮齿形的刀具。由于齿轮的种类很多，加工要求又各不相同，因此，齿轮刀具的品种极其繁多。

（1）按加工齿轮的类型，可分为如下类型。

① 加工渐开线圆柱齿轮的刀具：齿轮铣刀、插齿刀、齿轮滚刀和剃齿刀等。

② 加工蜗轮的刀具：蜗轮滚刀、飞刀和蜗轮剃齿刀等。

③ 加工锥齿轮的刀具：加工直齿锥齿轮的成形刨刀和成形铣刀，加工弧齿和摆线齿锥齿轮的铣刀盘等。

④ 加工非渐开线齿形齿轮及其他工件的刀具：花键滚刀、圆弧齿轮滚刀、棘轮滚刀、花键插齿刀、展成车刀等。

（2）按加工原理，齿轮刀具有如下类型。

① 成形齿轮刀具。这类刀具的齿形或其齿形的投影（铣刀为圆弧投影）与所切齿轮齿槽的端截面形状相同。这类刀具有：盘形模数齿轮铣刀，但因其加工精度和生产率低，仅在修配工作中使用；指形模数齿轮铣刀，用于加工大模数齿轮；齿轮拉刀和插齿刀盘，加工齿

轮有很高的生产率和较高的精度，用于大量生产中。

盘形和指形铣刀加工斜齿轮时，刀具齿形和齿轮槽形不相同，工件齿形是由刀具齿形运动轨迹包络而成的，又称无瞬心包络法；因刀具结构和成形铣刀相同，常将这类刀具归到成形齿轮刀具中。

② 展成齿轮刀具。刀具齿形和工件齿形不相同，切齿时刀具和工件有啮合运动（展成运动），工件齿形是由刀具齿形运动轨迹包络而成的。这类刀具加工齿轮的精度和生产率均较高，刀具通用性好，是生产中常用的齿轮刀具。这类刀具有插齿刀、齿轮滚刀、剃齿刀、花键滚刀、锥齿轮刨刀和曲线锥齿轮铣刀盘等。

3.7.2　滚刀

1. 滚刀基本蜗杆

由滚切原理可知，滚刀是一个开出容屑槽和切削刃的单头（或多头）螺旋齿轮，也就是蜗杆。通常把滚刀切削刃所在的蜗杆叫作滚刀铲形蜗杆，或叫基本蜗杆，如图 3 – 52 所示。根据螺旋齿轮的啮合性质，一对齿轮能够啮合，其端面齿形都应是渐开线，两齿轮的法向模数和压力角应分别相等。因而齿轮滚刀基本蜗杆的端面齿形应是渐开线，这种蜗杆叫作渐开线蜗杆（图 3 – 53），此蜗杆的法向模数和压力角应分别等于被切齿轮的模数和压力角。

从理论上讲，只有以渐开线蜗杆为基本蜗杆的滚刀，造型误差才为零。但由于渐开线蜗杆轴截面和法截面都是曲线，制造较为困难，故生产中采用阿基米德蜗杆代替渐开线蜗杆。这样，虽然会产生一定的造型误差，但制造比较容易。此外，也有用法向齿廓蜗杆代替渐开线蜗杆的，但该蜗杆造型误差较大，不推荐使用。下面介绍前两种基本蜗杆。

1) 渐开线基本蜗杆

渐开线基本蜗杆的齿面是渐开螺旋面，根据生成原理，渐开螺旋面的发生母线是与基圆柱相切平面上的一条斜直线。渐开螺旋面与同心圆柱面的交线是螺旋线。基圆柱的切平面与渐开螺旋面的交线为直线，此直线与端面的夹角是基圆螺旋升角 λ_b，如图 3 – 53 所示，可以根据这一原理车削渐开线基本蜗杆。

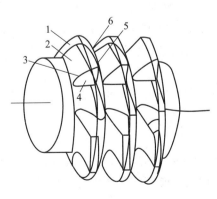

图 3 – 52　齿轮滚刀基本蜗杆

1—蜗杆表面；2—侧刃后刀面；3—侧刃；
4—滚刀前刀面；5—齿顶刃；6—顶刃后刀面

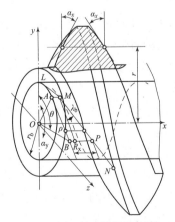

图 3 – 53　渐开线蜗杆齿面

2）阿基米德基本蜗杆

阿基米德基本蜗杆的齿面是阿基米德螺旋面，它是由过轴线的直线做螺旋运动形成的，如图3-54所示。它的轴向截形是直线，该直线与蜗杆端面的夹角 α_x 即为轴向齿形角。为了尽量减小它与渐开线蜗杆的齿形误差，其轴向截面齿形（直线）应与渐开线蜗杆齿形在分度圆处相切，这就是说，α_x 应是渐开线蜗杆分度圆处的齿形角。

2. 齿轮滚刀的结构和类型

由图3-52可见齿轮滚刀和基本蜗杆的关系，滚刀有容屑槽和后角，但它的切削刃必须保证在基本蜗杆的齿面上，这就确定了滚刀的基本结构，即整体和镶齿齿轮滚刀。

1）整体齿轮滚刀

图3-55所示为整体齿轮滚刀的结构。滚刀的容屑槽形成了前刀面，经铲磨形成后刀面和后角。目前，生产中使用的滚刀多为零前角。这种滚刀前刀面与端剖面的交线通过其轴线，为了改善切削性能，也可采用正前角。近年来发展起来的滚切硬齿面的硬质合金滚刀就采用较大的负前角。无论正前角还是负前角，都会使齿形精度降低。

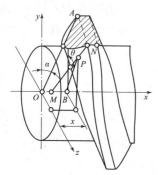

图3-54 阿基米德基本蜗杆的齿面

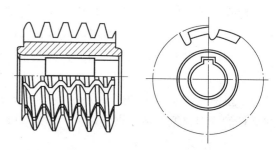

图3-55 整体齿轮滚刀的结构

齿轮滚刀的顶刃和侧刃均经铲磨以后得到后角。顶刃和侧刃应有相同的铲磨量，以保证滚刀刃磨后齿形基本不变。滚刀的顶刃后角一般取10°~12°，这时侧刃后角大约为3°。为便于铲磨砂轮时退刀，滚刀齿背应为双重铲齿。

齿轮滚刀都做成带内孔的套装结构，内孔直径应做得足够大，以保证刀杆有足够的刚度。滚刀两端的轴肩是经过磨制的，与内孔同心。滚刀装在机床的刀杆上后，用它来测径向跳动。

齿轮滚刀大多为单头，这样螺旋升角较小，加工齿轮时精度较高。粗加工用滚刀，有时做成双头，以提高生产率。

为了减小切入端的切削负载，加工大螺旋角斜齿轮和大模数直齿轮的滚刀，应在切入端做出切削锥。

2）镶齿齿轮滚刀

当齿轮滚刀模数较大时，一般做成镶齿结构。这样既可节约高速钢，又能使高速钢刀片容易锻造，得到较细的金相组织。因此，这种滚刀的切削性能较好，使用寿命较高，有时中等模数滚刀也采用镶齿结构。

3）硬质合金齿轮滚刀

滚刀是断续切削的，刀齿需承受较大的冲击，所以采用硬质合金比较困难。目前生产中使用的滚刀主要是由高速钢制造的，经过多年的研究和开发，硬质合金滚刀已在一些加工中得到应用, 如模数小于 1 mm 的齿轮滚刀已成功地采用了硬质合金材料, 这种滚刀为整体结构, 使用超细晶粒的 YG (WC – Co) 类硬质合金, 其耐磨性比高速钢滚刀高很多。中等模数硬质合金滚刀在滚切有色金属和夹布胶木齿轮中也取得了较好的效果, 它使滚刀的使用寿命提高 10 多倍, 可滚切中等模数的钢和铸铁齿轮。目前, 硬质合金滚刀还在试验阶段。近几年, 加工硬齿面的精加工镶齿式硬质合金滚刀 (图 3 – 56) 在试验和生产中都取得了较好的成果, 现已能加工淬火后硬度达 58 ~ 62 HRC 的齿面, 这种滚刀常采用很大的负前角, 可达 – 30° ~ – 45°。加工时, 粗切滚刀把齿切到全深; 淬火后, 硬质合金滚刀仅用侧刃切去齿面上很薄的一层余量, 该方法主要用于加工大齿轮, 解决没有大型磨齿机, 无法对大齿轮进行精加工的困难。

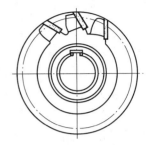

图 3 – 56　镶齿式硬质合金齿轮滚刀

3. 齿轮滚刀的合理使用

1) 齿轮滚刀结构参数的分析

(1) 容屑槽的形式。

容屑槽有螺旋槽和直槽两种。图 3 – 57 所示为螺旋槽和直槽两种滚刀的侧刃切削情况。图 3 – 57 (b) 所示为零前角直槽滚刀分圆柱剖面刀齿展开图。切直齿轮时, 前刀面与齿轮端面倾斜 λ_0 (λ_0 为滚刀分圆螺旋升角)。由图 3 – 57 可以看出, 右侧刃前角 $\gamma_{fR} > 0°$, 左侧刃前角 $\gamma_{fL} < 0°$。当 λ_0 较小时, γ_{fL} 角也较小, 对滚刀切削性能和使用寿命以及加工精度都影响不大。但当 $\lambda_0 > 4°$ 时, γ_{fL} 对滚切过程影响就比较大了, 此时, 滚刀不宜采用直槽, 应采用螺旋槽或采用正前角滚刀。

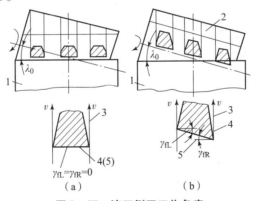

图 3 – 57　滚刀侧刃工作角度
(a) 螺旋槽; (b) 直槽

滚刀制成螺旋槽时, 为使左右两侧刃切削条件相同, 一般使此螺旋槽垂直于短刀的螺旋线, 即 $\beta_k = -\lambda_0$, β_k 是容屑槽在滚刀分圆柱上的螺旋角。当滚刀为右旋时, 容屑槽为左旋, 这时, $\gamma_{fR} = \gamma_{fL} = 0°$, 如图 3 – 57 (a) 所示。

(2) 滚刀直径和螺旋升角。较大的滚刀直径可以减小其螺旋升角 λ_0, 从而减小滚刀的造型误差。因此精加工齿轮滚刀都适当增大滚刀直径, 以减小 λ_0, 超精密齿轮滚刀的螺旋升角 λ_0 应小于 2°。但是滚刀直径过大, 在相同切削速度下会使转速降低, 从而降低生产率。直径太大, 还会增加毛坯锻造的难度, 增加滚刀成本。现在的标准滚刀同一模数有两种直径系列: Ⅰ型直径较大, 用于 AA 级精密滚刀; Ⅱ型用于 A、B、C 级精度的滚刀。

（3）齿轮滚刀的头数。齿轮滚刀的头数主要影响滚切生产率和齿形精度，滚刀每转一转，齿轮所转过的齿数与滚刀头数相同。根据生产经验，双头滚刀的生产率较单头提高30% ~ 40%，而三头滚刀较单头提高50%。但滚刀头数增多时，会使 λ_0 增大，从而导致造型误差增大，齿轮齿面的表面粗糙度增大，齿轮齿距精度降低。

2）滚刀的合理使用

（1）齿轮滚刀的磨损和窜刀。

滚刀切齿轮时，由于各刀齿切下的切屑面积和体积都不相同，故各刀齿的磨损是不均匀的。一般来说，在齿轮中线部分的切入刀齿磨损较严重，而边缘刀齿的磨损较少，根据这种磨损情况，在滚刀使用过程中，断续轴向移动滚刀，将使各刀齿的磨损比较均匀，从而提高刀具的使用寿命。因此，确定滚刀长度时，应考虑轴向窜刀所需的长度。一般标准齿轮滚刀的长度为滚刀导程的4 ~ 5倍。

（2）齿轮滚刀螺旋方向的选择。

滚刀的螺旋方向应根据被切成齿轮的旋向确定。当被切齿轮螺旋角 $\beta \le 10°$ 时，滚刀一般做成右旋；当 $\beta > 10°$ 时，滚刀螺旋方向应与被切齿轮旋向相同，这样可减小滚刀的安装角，也减小了切入端刀齿负荷。

（3）滚刀的刃磨和检验。

滚刀用钝后应及时重磨前刀面，直槽滚刀用普通工具磨床即可刃磨，刃磨时要求容屑槽和刀轴线严格平行；如滚刀是螺旋槽，则应在进给机构能做螺旋运动的滚刀刃磨机床上进行。

滚刀刃磨后，必须保证前角不变。刃磨零前角滚刀，砂轮工作面（锥面）的母线应过滚刀轴线。对直槽滚刀，砂轮母线应是直线。

3.7.3　插齿刀

1. 插齿刀的分类及用途

1）标准直齿插齿刀

标准直齿插齿刀有三种形式，其结构如图3 - 58所示。

（1）盘形插齿刀［图3 - 58（a）］，主要用于加工外啮合齿轮和大直径内啮合齿轮。直齿盘形插齿刀的标准分圆尺寸有五种：$\phi = 75$ mm，$m = 1 \sim 4$ mm；$\phi = 100$ mm，$m = 1 \sim 6$ mm；$\phi = 125$ mm，$m = 4 \sim 8$ mm；$\phi = 160$ mm，$m = 6 \sim 10$ mm；$\phi = 200$ mm，$m = 8 \sim 12$ mm。

（2）碗形插齿刀［图3 - 58（b）］，主要用于加工多联齿轮和某些内齿轮。碗形直齿插齿刀的标准分圆尺寸有四种：$\phi = 50$ mm，$m = 1 \sim 3.5$ mm；$\phi = 75$ mm，$m = 1 \sim 4$ mm；$\phi = 100$ mm，$m = 1 \sim 6$ mm；$\phi = 125$ mm，$m = 4 \sim 8$ mm。

（3）锥柄直齿插齿刀［图3 - 58（c）］，主要用于加工内齿轮。锥柄直齿插齿刀的标准分圆尺寸有两种：$\phi = 25$ mm，$m = 1 \sim 1.25$ mm；$\phi = 38$ mm，$m = 1 \sim 3.75$ mm。

小模数插齿刀常用的有盘形直齿插齿刀（$\phi = 63$ mm，$m = 0.3 \sim 1$ mm）和锥柄直齿插齿刀（$\phi = 25$ mm，$m = 0.3 \sim 1$ mm）两种。

2）斜齿插齿刀

常用的斜齿盘形插齿刀标准分圆直径为100 mm，$m = 1 \sim 7$ mm，螺旋角 β 有15°和23°两种；加工斜齿内齿轮的锥柄插齿刀的标准分圆直径为38 mm，$m = 1 \sim 4$ mm，螺旋角 β 同样有15°和23°两种。

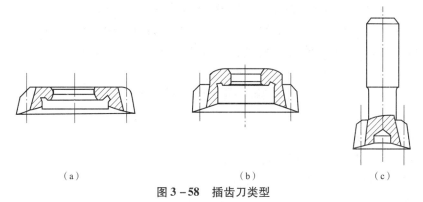

（a）　　　　　　　　　　（b）　　　　　　　　　　（c）

图 3 – 58　插齿刀类型

（a）盘形插齿刀；（b）碗形插齿刀；（c）锥柄直齿插齿刀

人字齿轮插齿刀，用于加工无空刀槽的人字齿轮，常用的标准分圆尺寸有三种：$\phi =$ 100 mm，$m = 1 \sim 6$ mm；$\phi = 150$ mm，$m = 2 \sim 12$ mm；$\phi = 180$ mm，$m = 2 \sim 15$ mm，这种插齿刀的螺旋角常制成 30°。

插齿刀的精度等级有三种，即 AA 级、A 级和 B 级。在合适的工艺条件下，AA 级用于加工 6 级齿轮，A 级用于加工 7 级齿轮，B 级用于加工 8 级齿轮。

插齿刀一般用高速钢制造，为整体结构，大直径插齿刀也有做成镶齿结构的。

2. 插齿刀的齿面形状

由于插齿是按包络法加工齿轮的，所以插齿刀往复运动时，其切削刃的运动轨迹形成一个齿轮，该齿轮称为铲形齿轮。插齿过程就是铲形齿轮和被切齿轮啮合的过程。对于直齿插齿刀，其切削刃在端面的投影就是铲形齿轮的齿形，因此，它的齿形必须是渐开线。如不考虑前角的影响，插齿刀端剖面齿形就是铲形齿轮齿形。

由于有后角，插齿刀刃磨后顶圆直径和分圆齿厚都要变小，但仍要求其加工出的齿轮有正确的渐开线齿形。这就是说，重磨后，插齿刀的铲形齿轮仍是原来的模数和齿形角。因此，插齿刀的不同端剖面应是变位量不同的变位齿轮，如图 3 – 59 所示。新插齿刀变位最大，重磨后逐步减小。变位量为零的剖面 $O—O$ 为原始剖面，此剖面中齿形为标准渐开线，原始剖面前部变位系数为正，后部变位系数为负。

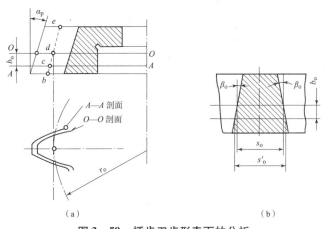

（a）　　　　　　　　　　（b）

图 3 – 59　插齿刀齿形表面的分析

（a）不同剖面中的齿形；（b）刀齿分圆柱面展开图

根据变位齿轮原理，不同变位量的齿轮齿形仍是同一基圆的渐开线，故插齿刀重磨后仍能保持齿形不变。为实现这个目的，就要求插齿刀刀齿的两个侧面是两个旋向相反的渐开螺旋面。这可以用磨制螺旋齿轮的方法得到，既容易制造，又容易检测，精度也较高。

本 章 小 结

本章主要学习内容：

1. 车刀的种类、结构形式及用途；

2. 铣削方式及铣刀的种类、结构形式及用途；

3. 孔加工刀具：中心钻、麻花钻、扩孔钻、锪钻、铰刀和镗刀；

4. 拉刀的结构及拉削图形；

5. 螺纹加工刀具的种类及用途；

6. 齿轮加工刀具：滚刀、插齿刀。

通过本章的学习，学会根据不同的机械加工工艺选择常用切削刀具。

复习思考题

3-1 试分析车刀由焊接结构发展为可转位结构的必然性。

3-2 试述孔加工刀具的种类和它们的应用范围。

3-3 简述标准高速钢麻花钻的结构组成。

3-4 试分析麻花钻前角、后角、主偏角及端面刃倾角的变化规律。

3-5 麻花钻为什么会有横刃？横刃对钻削的影响如何？

3-6 画简图说明什么叫圆周铣削的顺铣和逆铣，并分析两种铣削方法的优缺点。

3-7 试述拉削加工的特点与应用。

3-8 拉削速度并不高，但拉削却是一种高生产率的加工方法，原因何在？

3-9 拉削方式（拉削图形）有哪几种？各有什么优缺点？

3-10 用于加工螺纹的刀具有哪些种类？

3-11 齿轮刀具主要类型有哪些？

3-12 常用齿轮滚刀有哪几种？

3-13 试分析齿轮滚刀加工齿轮的工作原理。

3-14 简述插齿刀的类型。

第 4 章　金属切削机床

金属切削机床简称机床，是用去除材料的方法将金属毛坯（或半成品）加工成机器零件，是制造机器的机器，所以又称"工作母机"或"工具机"。金属切削机床是加工机器零件的主要设备，所担负的工作量，通常情况下占机器制造总工作量的 40%～60%，因此，机床的技术性能直接影响机械制造业产品的质量、成本和生产率。

一个现代化的国家必须有一个现代化的机械制造业，而现代化的机械制造业必须有一个现代化的机床工业作后盾。因此，机床工业的技术水平、自动化程度、加工精度在很大程度上标志着这个国家的工业生产能力和现代化水平。

4.1　概　　述

金属切削机床的品种、规格繁多，为了便于区别、使用和管理，国家制定了相应的标准对机床进行分类并编制型号。

4.1.1　金属切削机床的分类

机床主要按加工性质和所用刀具进行分类，根据国家制定的机床型号编制办法，机床共分 11 大类，即车床、钻床、镗床、磨床、齿轮加工机床、螺纹加工机床、铣床、刨插床、拉床、锯床和其他加工机床。在每一类机床中，又按工艺特点、布局形式、结构特性等分成若干组，每一组中又分为若干系（系列）。

除了上述基本分法外，还有其他分类方法：

（1）按照万能程度分。

①通用机床（或称万能机床）：工艺范围较宽，通用性较强，可以加工多种工件，完成多种工序，但结构比较复杂，例如卧式车床、万能升降台铣床、万能外圆磨床等。通用机床自动化程度低，生产率低，主要适合于单件、小批量生产。

②专门化机床：工艺范围较窄，专门用于加工某一类或几类零件的某一道（或几道）特定工序，如曲轴车床、凸轮轴车床等。

③专用机床：工艺范围较窄，只能用于加工某一种零件的某一道特定工序，适用于大批量生产。加工车床导轨的导轨磨床，大批大量生产中使用的各种组合机床也属于专用机床。

（2）同类型机床按工作精度分为普通精度机床、精密机床和高精度机床。

（3）按自动化程度分为手动、机动、半自动和自动机床。

（4）按重量与尺寸分为仪表机床、中型机床（一般机床）、大型机床（质量达 10 t）、重型机床（质量大于 30 t）和超重型机床（质量大于 100 t）。

（5）按主要工作部件的数目分为单轴、多轴或单刀、多刀机床等。

通常，机床根据加工性质进行分类，再根据其某些特点进一步描述，如多刀半自动车床、高精度外圆磨床等。

随着机床的发展，其分类方法也将不断发展，现代机床正向数控化方向发展，数控机床的功能日趋多样化，工序更加集中。现在一台数控机床集中了越来越多的传统机床的功能。例如，数控车床在卧式车床功能的基础上，又集中了转塔车床、仿形车床、自动车床等多种车床的功能，车削中心出现以后，在数控车床功能的基础上，又加入了钻、铣、镗等类机床的功能。又如，具有自动换刀功能的镗铣加工中心机床（习惯上所称的"加工中心"，Machining Center）集中了钻、镗、铣等多种类型机床的功能，有的加工中心的主轴既能立式又能卧式，又集中了立式加工中心和卧式加工中心的功能。可见，机床数控化引起机床传统分类方法的变化，这种变化主要表现：机床品种不是越分越细，而应是趋向综合的。

4.1.2 金属切削机床型号的编制方法

机床的型号是赋予每种机床的一个代号，用以简明地表示机床的类型、通用性和结构特性、主要技术参数等。现在我国的机床型号，是按 1994 年颁布的标准 GB/T 15375—1994《金属切削机床　型号编制方法》（现行为 GB/T 15375—2008）编制的。此标准规定，机床型号由汉语拼音字母和阿拉伯数字按一定的规律组合而成，它适用于新设计的各类通用机床、专用机床和回转体加工自动线（不包括组合机床、特种加工机床）。本节仅介绍各类通用机床型号的编制方法。

1）通用机床型号

通用机床型号由基本部分和辅助部分组成，中间用"＼"隔开，读作"之"。基本部分需统一管理，辅助部分纳入型号与否由厂家自定。型号的构成如下：

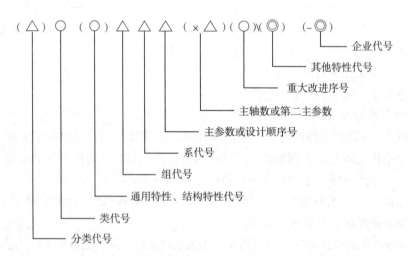

其中：（1）有"（　）"的代号或数字，无内容时不表示，若有内容，则不带括号；

（2）有"○□"符号者，为大写的汉语拼音字母；

（3）有"△"符号者，为阿拉伯数字；

（4）有"◎"符号者，为大写的汉语拼音字母或阿拉伯数字，也可两者兼有。

2）机床类、组、系的划分及其代号

机床的类代号用大写的汉语拼音字母表示，必要时，每类可有若干分类，分类代号用阿拉伯数字代表，作为型号的首位，例如磨床分为 M、2M、3M 三个分类。普通机床类别代号见表4-1。

表4-1　普通机床类别代号

类别	车床	钻床	镗床	磨床			齿轮加工机床	螺纹加工机床	铣床	刨插床	拉床	锯床	其他机床
代号	C	Z	T	M	2M	3M	Y	S	X	B	L	G	Q
读音	车	钻	镗	磨	二磨	三磨	牙	丝	铣	刨	拉	割	其他

每类机床划分为十个组，每组又划分为十个系（系列）。在同类机床中，主要布局或使用范围基本相同的机床，即为同一组；在同一组机床中，其主要参数相同，主要结构及布局形式相同的机床，即为同一系。

机床的组用一位阿拉伯数字表示，位于类代号或通用特性代号、结构特性代号之后；机床的系，用一位阿拉伯数字表示，位于组代号之后。

各类机床组的代号及划分见表4-2。

表4-2　各类机床组的代号及划分

类别组别		0	1	2	3	4	5	6	7	8	9
车床 C		仪表车床	单轴自动车床	多轴自动、半自动车床	回轮、转塔车床	曲轴及凸轮轴车床	立式车床	落地及卧式车床	仿形及多刀车床	轮、轴辊、锭及铲齿车床	其他车床
钻床 Z			坐标镗钻床	深孔钻床	摇臂钻床	台式钻床	立式钻床	卧式钻床	铣钻床	中心孔钻床	其他钻床
镗床 T				深孔镗床		坐标镗床	立式镗床	卧式铣镗床	精镗床	汽车、拖拉机修理用镗床	其他镗床
磨床	M	仪表磨床	外圆磨床	内圆磨床	砂轮机	坐标磨床	导轨磨床	刀具刃磨床	平面及端面磨床	曲轴、凸轮轴、花键轴及轧辊磨床	工具磨床
	2M		超精机	内圆珩磨床	外圆及其他珩磨机	抛光机	砂带抛光及磨削机床	刀具刃磨及研磨机床	可转位刀片磨削机床	研磨机	其他磨床
	3M		球轴承套圈沟磨床	滚子轴承套圈滚道磨床	轴承套圈超精机		叶片磨削机床	滚子加工磨床	钢球加工机床	气门、活塞及活塞环磨削机床	汽车、拖拉机修磨机床
齿轮加工机床 Y		仪表齿轮加工机		锥齿轮加工机	滚齿机及铣齿机	剃齿及珩齿机	插齿机	花键轴铣床	齿轮磨齿机	其他齿轮加工机	齿轮倒角及检查机
螺纹加工机床 S				套丝机	攻丝机			螺纹铣床	螺纹磨床	螺纹车床	
铣床 X		仪表铣床	悬臂及滑枕铣床	龙门铣床	平面铣床	仿形铣床	立式升降台铣床	卧式升降台铣床	床身铣床	工具铣床	其他铣床
刨插床 B			悬臂刨床	龙门刨床			插床	牛头刨床		边缘及模具刨床	其他刨床
拉床 L				侧拉床	卧式外拉床	连续拉床	立式内拉床	卧式内拉床	立式外拉床	键槽、轴瓦及螺纹拉床	其他拉床
锯床 G				砂轮片锯床		卧式带锯床	立式带锯床	圆锯床	弓锯床	锉锯床	
其他机床 Q		其他仪表机床	管子加工机床	木螺钉加工机		刻线机	切断机	多功能机床			

3）通用特性代号、结构特性代号

通用特性代号有统一的固定含义，它在各类机床型号中所表示的意义相同。若某类机床除有普通式外，还有某种通用特性，则在类代号之后加通用特性代号予以区分。通用特性代号见表4－3。若某类机床仅有某种通用特性而无普通形式，则通用特性不予表示。

对于主参数相同而结构、性能不同的机床，在型号中加结构特性代号予以区分，它在型号中没有统一的含义。结构特性代号用汉语拼音字母表示，排在类代号之后。当型号中有通用特性代号时，应排在通用特性代号之后。

表4－3　通用特性代号

通用特性	精度		自动	数控	加工中心 （自动换刀）	仿形	轻型	重型	简式或 经济形	柔性加工 单元	数显	高速
代号	G	M	Z	B	K	H	F	Q	C	J	R	X	S
读音	高	密	自	半	控	换	仿	轻	重	简	柔	显	速

4）主参数、主轴数和第二主参数的表示方法

机床主参数代表机床规格大小，用折算值表示，位于系代号之后。某些通用机床，当无法用一个主参数表示时，在型号中用设计序号表示。

机床的主轴数应以实际数值列入型号，置于主参数之后，用"×"分开，主轴数是必须表示的。

第二主参数（多轴机床的主轴除外）一般不予表示，它是指最大模数、最大跨距、最大工件长度等。在型号中表示第二主参数，一般折算成两位数为宜。

5）机床的重大改进顺序号

当机床的结构、性能有更高的要求，需按新产品重新设计、试制和鉴定时，按改进的先后顺序选用A、B、C等汉语拼音加在基本部分的尾部，以区别原机床型号。

6）其他特性代号

其他特性代号置于辅助部分之首，其中同一型号机床的变型代号一般应放在其他特性代号之首位。其他特性代号主要用以反映各类机床的特性，如对数控机床，可用它来反映不同控制系统；对于一般机床，可以反映同一型号机床的变型等。其他特性代号可用汉语拼音字母表示，也可用阿拉伯数字表示，还可用两者组合表示。

7）企业代号及其表示方法

企业代号包括机床生产厂及研究所单位代号，置于辅助部分的尾部，用"—"分开，若辅助部分仅有企业代号，则可不加"—"。

例4－1　MG1432A型高精度万能外圆磨床。

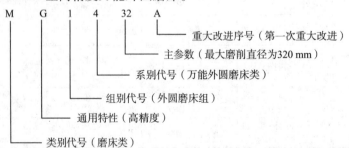

例 4 - 2 北京机床研究所生产的精密卧式加工中心，其型号为 THM6350/JCS。

例 4 - 3 沈阳第二机床厂生产的最大钻孔直径为 40 mm，最大跨距为 1 600 mm 的摇臂钻床，其型号为 Z3040 × 16/S2。

新标准颁布实施以前的机床型号，仍沿用 GB/T 15375—1994。

4.1.3 机床的传动系统及传动系统图与运动计算

1. 机床的传动系统

实现机床加工过程中全部成形运动和辅助运动的各传动链，组成一台机床的传动系统。根据执行件所完成的运动的作用不同，传动系统中各传动链相应地称为主运动传动链、进给运动传动链、范成运动传动链、分度运动传动链等。

2. 传动系统图

为便于了解和分析机床运动的传递、联系情况，常采用传动系统图。它是表示实现机床全部运动的传动示意图，图中将每条传动链中的具体传动机构用简单的规定符号表示，规定符号详见国家标准《机械制图 机构运动简图用图形符号》（GB 4460—2013）中的机构运动简图符号，并标明齿轮和蜗轮的齿数、蜗杆头数、丝杠导程、带轮直径、电动机功率和转速等。传动链中的传动机构，按照运动传递或联系顺序依次排列，以展开图形式画在能反映主要部件相互位置的机床外形轮廓中。传动系统图只表示传动关系，不代表各传动件的实际尺寸和空间位置。图 4 - 1 所示为 XA6132 万能升降台铣床的传动系统。

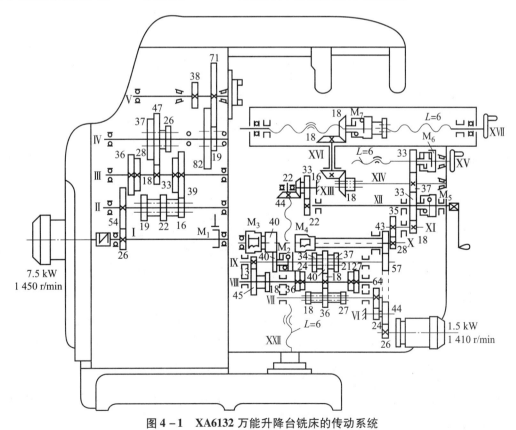

图 4 - 1 XA6132 万能升降台铣床的传动系统

　　分析一台机床的传动系统时，首先应根据被加工表面的形状、采用的加工方法及刀具结构形式，获得表面的成形方法和所需成形运动，同时根据机床布局及其工作方法，了解机床需要哪些辅助运动，实现各个运动的执行件和动力源是什么；进而分析实现各运动的传动原理，即确定机床需有哪些传动链及其传动联系情况。然后根据传动系统图逐一分析各传动链，其一般方法是：首先找到传动链所联系的两个端件（动力源和某一执行件，或者一个执行件和另一执行件），然后按照运动传递或联系顺序，从一个端件向另一端件，依次分析各传动轴之间的传动结构和运动传递关系。在分析传动结构时，应特别注意齿轮、离合器等传动件与传动轴之间的连接关系（如固定、空套或滑移），从而找出运动的传递关系，查明该传动链的传动路线以及变速、换向、接通和断开的工作原理。

　　下面以图 4 - 1 所示 XA6132 万能升降台铣床的传动系统为例进行分析。由于万能升降台铣床是通用机床，需完成多种不同的加工工序，要求工件能在相互垂直的三个方向上做直线运动，因此传动系统实际包含四条传动链：一条是联系动力源和主轴，使主轴获得旋转主运动的主运动传动链，三条是联系动力源和工作台，使工作台获得三个方向直线进给运动的进给运动传动链。三条进给传动链共用一个动力源和一套变速机构，大部分传动路线是重合的，只是在后面部分才分开，成为三个传动分支，把进给运动分别传给工作台（实现纵向进给运动）、支撑工作台的床鞍（实现横向进给运动）和支撑床鞍的升降台（实现垂直进给运动）。此外，还有一条快速空行程传动链，用于传动工作台快速移动，以便快速调整工件与刀具的相对位置，减少辅助时间。下面根据传动系统图逐一分析各传动链。

　　1）主运动传动链

　　主运动传动链的两端件是主电动机（7.5 kW，1 450 r/min）和主轴，其传动路线为：运动由电动机经弹性联轴器传给轴 Ⅰ，然后经轴 Ⅰ—Ⅱ 的定比齿轮副 $\frac{26}{54}$ 以及轴 Ⅱ—Ⅲ、Ⅲ—Ⅳ 和 Ⅳ—Ⅴ 的三个滑移齿轮变速机构，传动主轴 Ⅴ 旋转，并使其可变换 $3 \times 3 \times 2 = 18$ 级不同的转速。主轴旋转运动的开停以及转向的改变由电动机开停和正反转实现。轴 Ⅰ 右端有多片式电磁制动器 M_1，用于主轴停车时进行制动，使主轴迅速而平稳地停止转动。为了便于表示机床的传动路线，通常采用传动路线表达式，主运动传动链的传动路线表达式如下：

$$
\begin{bmatrix} \text{电动机} \\ 7.5\ \text{kW} \\ 1\ 450\ \text{r/min} \end{bmatrix} - \text{I} - \frac{26}{54} - \text{II} - \begin{bmatrix} \frac{16}{39} \\ \frac{19}{36} \\ \frac{22}{33} \end{bmatrix} - \text{III} - \begin{bmatrix} \frac{18}{47} \\ \frac{28}{37} \\ \frac{39}{26} \end{bmatrix} - \text{IV} - \begin{bmatrix} \frac{19}{71} \\ \frac{82}{38} \end{bmatrix} - \text{V}\ （主轴）
$$

　　2）进给传动链

　　纵向进给传动链、横向进给传动链和垂直进给传动链的一个端件都是进给运动电动机（1.5 kW，1 410 r/min），而另一个端件分别为工作台、床鞍和升降台。进给电动机的运动由定比齿轮副 $\frac{26}{44}$ 和 $\frac{24}{64}$ 传至轴 Ⅶ，然后经轴 Ⅶ—Ⅷ、Ⅷ—Ⅸ 的滑移齿轮变速机构传至轴 Ⅸ。运动由轴 Ⅸ 经两条不同路线传至轴 Ⅹ：当轴 Ⅸ 上可滑移的空套齿轮 z_{40} 处于右端位置（图 4 - 1 示位置），与离合器 M_2 接合时，运动由轴 Ⅸ 经齿轮副 $\frac{40}{40}$ 和电磁离合器 M_3 传至轴 Ⅹ，当 z_{40} 移到左端位置，与空套在轴Ⅷ上的齿轮 Z_{18} 啮合时，轴Ⅸ的运动则经齿轮副 $\frac{13}{45} - \frac{18}{40} - \frac{40}{40}$ 和 M_3 传至轴Ⅹ。轴Ⅹ的运动由定比齿轮副 $\frac{28}{35}$ 和齿轮 z_{18} 传至轴Ⅻ上的空套齿轮 z_{33}，然后由这个齿轮将运动分别传向纵向、横向和垂直进给丝杠，使工作台实现纵、横、垂直三个方向上的直线进给运动。三个方向进给运动的接通与断开分别由三个离合器 M_7、M_6 和 M_5 控制。进给传动链的传动路线表达式如下：

$$
\begin{array}{l}
\text{电动机}\begin{bmatrix}1.5\ \mathrm{kW}\\ 1\ 410\ \mathrm{r/min}\end{bmatrix} - \frac{26}{44} - \text{Ⅵ} - \frac{24}{64} - \text{Ⅶ} - \begin{bmatrix}\dfrac{18}{36}\\[4pt] \dfrac{27}{27}\\[4pt] \dfrac{36}{18}\end{bmatrix} - \text{Ⅷ} - \begin{bmatrix}\dfrac{18}{40}\\[4pt] \dfrac{21}{37}\\[4pt] \dfrac{24}{34}\end{bmatrix} - \text{Ⅸ} - \begin{bmatrix}M_2 \to \dfrac{40}{40}\\[4pt] \dfrac{13}{45} \to \text{Ⅷ} \to \dfrac{18}{40} \to \dfrac{40}{40}\\[4pt] （\text{背轮机构}）\end{bmatrix}
\end{array}
$$

$$
- M_3 - \text{Ⅹ} - \frac{28}{35} - \text{Ⅺ} - \frac{18}{33} - \text{Ⅻ} - \begin{bmatrix}\dfrac{33}{37} - \text{ⅩⅣ}\begin{bmatrix}\dfrac{18}{16} - \text{ⅩⅥ} - \dfrac{18}{18} - M_7 - \text{ⅩⅦ}（\text{纵向}）\\[4pt] \dfrac{37}{33} - M_6 - \text{ⅩⅤ}（\text{横向}）\end{bmatrix}\\[12pt] M_5 - \text{ⅩⅡ} - \dfrac{22}{33} - \text{ⅩⅢ} - \dfrac{22}{44} - \text{ⅩⅧ}（\text{垂直}）\end{bmatrix}
$$

利用轴Ⅶ—Ⅷ、Ⅷ—Ⅸ的两个滑移齿轮变速机构和轴Ⅸ—Ⅷ—Ⅹ的背轮机构，可使工作台变换 $3 \times 3 \times 2 = 18$ 级不同的进给速度。工作台进给运动的换向，由改变电动机旋转方向实现。

3）快速空行程传动链

属辅助运动传动链，其两端件与进给传动链相同。由图 4 - 1 可以看到，接合电磁离合器 M_4 而脱开 M_3，进给电动机的运动便由定比齿轮副 $\frac{26}{44} - \frac{44}{57} - \frac{57}{43}$ 和 M_4 传给轴Ⅹ，以后，再沿着与进给运动相同的传动路线传至工作台、床鞍和升降台。由于这一传动路线的传动比大于进给传动路线的传动比，因而获得快速运动。利用离合器 M_7、M_8 和 M_5 可接通纵、横和垂直三个方向中任一方向的快速运动，快速运动方向的变换（左右、前后、上下）同样由电动机改变旋转方向实现。

3. 机床运动的调整计算

机床运动的计算通常有两种情况：一种是根据传动系统图提供的有关数据，确定某些执行件的运动速度或位移量；另一种是根据执行件所需的运动速度、位移量，或有关执行件之间所需保持的运动关系，确定相应传动链中换置机构（通常为挂轮变速机构）的传动比，以便进行必要的调整。

机床运动计算按每一传动链分别进行，其步骤如下：

（1）确定传动链的两端件，如电动机—主轴、主轴—刀架等。

（2）根据传动链两端件的运动关系，确定它们的计算位移，即在指定的同一时间间隔内两端件的位移量。例如，主运动传动链的计算位移为：电动机 $n_{电}$（单位为 r/min）、主轴 $n_{主}$（单位为 r/min）。车床螺纹进给传动链的计算位移为：主轴转 1 转，刀架移动工件螺纹一个导程 L（单位为 mm）。

（3）根据计算位移以及相应传动链中各个顺序排列的传动副的传动比，列出运动平衡式。

（4）根据运动平衡式，计算出执行件的运动速度（转速、进给量等）或位移量，或者整理出换置机构的换置公式，然后按加工条件确定挂轮变速机构所需采用的配换齿轮齿数，或确定对其他变速机构的调整要求。

4.1.4　机床的传动联系及传动原理图

1. 机床的传动联系

为了实现加工过程中所需的各种运动，机床必须具备以下三个基本部分：

（1）执行件——执行机床运动的部件，如主轴、刀架、工作台等，其任务是带动工件或刀具完成一定形式的运动（旋转或直线运动）并保持准确的运动轨迹。

（2）动力源——提供运动和动力的装置，是执行件的运动来源。普通机床通常都采用三相异步电动机作动力源。现代数控机床的动力源采用直流或交流调速电动机和伺服电动机。

（3）传动装置——传递运动和动力的装置，通过它把动力源的运动和动力传给执行件。通常，传动装置需同时完成变速、换向、改变运动形式等任务，使执行件获得所需要的运动速度、运动方向和运动形式。传动装置把执行件和动力源或者把有关的执行件连接起来，构成传动联系。

2. 机床的传动链

如上所述，机床上为了得到所需要的运动，需要通过一系列的传动件把执行件和动力源（例如主轴和电动机），或者把执行件和执行件（例如主轴和刀架）连接起来，以构成传动联系。构成一个传动联系的一系列传动件，称为传动链。根据传动联系的性质，传动链可以区分为两类：

1）外联系传动链

它是联系动力源（如电动机）和机床执行件（如主轴、刀架、工作台等）之间的传动链，使执行件得到运动，而且能改变运动的速度和方向，但不要求动力源和执行件之间有严格的传动比关系。例如，车削螺纹时，从电动机传到车床主轴的传动链就是外联系传动链，它只决定车螺纹速度的快慢，而不影响螺纹表面的成形。再如，在卧式车床上车削外圆柱表面时，由于工件旋转与刀具移动之间不要求严格的传动比关系，两个执行件的运动可以互相独立调整，所以，传动工件和传动刀具的两条传动链都是外联系传动链。

2）内联系传动链

内联系传动链联系复合运动之内的各个分解部分，因而传动链所联系的执行件相互之间的相对速度（及相对位移量）有严格的要求，用来保证运动的轨迹。例如，在卧式车床上用螺纹车刀车螺纹时，为了保证所需螺纹的导程大小，主轴（工件）转 $1\,r$ 时，车刀必须移动一个导程。联系主轴—刀架之间的螺纹传动链就是一条传动比有严格要求的内联系传动链。再如，用齿轮滚刀加工直齿圆柱齿轮时，为了得到正确的渐开线齿形，滚刀转 $1/K$ 转（K 是滚刀头数）时，工件就必须转 $1/z_工$ 转（$z_工$ 为齿轮齿数）。联系滚刀旋转 B_{11} 和工件旋

转 B_{12} 的传动链，必须保证两者的严格运动关系，这条传动链的传动比若不符合要求，就不可能形成正确的渐开线齿形，所以这条传动链也是用来保证运动轨迹的内联系传动链。由此可见，在内联系传动链中，各传动副的传动比必须准确不变，不应有摩擦传动或是瞬时传动比变化的传动件（如链传动）。

3. 机床的传动原理图

通常传动链包括各种传动机构，如传动带、定比齿轮副、齿轮齿条、丝杠螺母、蜗轮蜗杆、滑移齿轮变速机构、离合器变速机构、交换齿轮或挂轮架以及各种电气的、液压的、机械的无级变速机构等。在考虑传动路线时，可以先撇开具体机构，把上述各种机构分成两大类：固定传动比的传动机构，简称"定比机构"；变换传动比的传动机构，简称"换置机构"。定比传动机构有定比齿轮副、丝杠螺母副、蜗轮蜗杆副等，换置机构有变速箱、挂轮架、数控机床中的数控系统等。

为了便于研究机床的传动联系，常用一些简明的符号把传动原理和传动路线表示出来，这就是传动原理图。图 4 – 2 所示为传动原理图常使用的一部分符号，其中，表示执行件的符号，还没有统一的规定，一般采用较直观的图形表示。为了把运动分析的理论推广到数控机床，图 4 – 2 中引入了画数控机床传动原理图时所要用到的一些符号，如脉冲发生器等的符号。下面举例说明传动原理图的画法和所表示的内容。

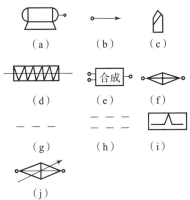

图 4 – 2　传动原理图常用的一些示意符号

（a）电动机；（b）主轴；（c）车刀；
（d）滚刀；（e）合成机构；
（f）传动比可变换的换置机构；
（g）传动比不变的机构联系；
（h）电的联系；（i）脉冲发生器；
（j）快调换机构——数控系统

如图 4 – 3 所示，卧式车床在形成螺旋表面时需要一个运动——刀具与工件间相对的螺旋运动。这个运动是复合运动，可分解为两部分——主轴的旋转 B 和车刀的纵向移动 A。联系这两个运动的传动链 $4 - 5 - u_s - 6 - 7$ 是复合运动内部的传动链，所以是内联系传动链。这个传动链为了保证主轴旋转 B 与刀具移动 A 之间严格的比例，主轴每转 1 r，刀具应移动一个导程。此外，这个复合运动还应有一个外联系传动链，与动力源相联系，即传动链 $1 - 2 - u_v - 3 - 4$。

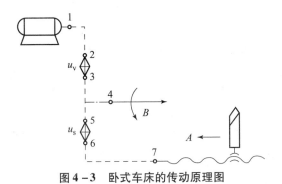

图 4 – 3　卧式车床的传动原理图

车床在车削圆柱面或端面时，主轴的旋转 B 和刀具的移动 A（车端面时为横向移动）是两个互相独立的简单运动，无须保持严格的比例关系，运动比例的变化不影响表面的性质，只影响生产率或表面粗糙度。两个简单运动各有自己的外联系传动链与动力源相联系：一条是电动机—1—2—u_v—3—4—主轴；另一条是电动机—1—2—u_v—3—5—u_s—6—7—丝杠，其中1—2—u_v—3是公共段。这样的传动原理图的优点既可用于车螺纹，又可用于车削圆柱面等。

如果车床仅用于车削圆柱面和端面，不用来车削螺纹，则传动原理图如图4-4（a）所示。进给也可用液压传动，如图4-4（b）所示，如某些多刀半自动车床。

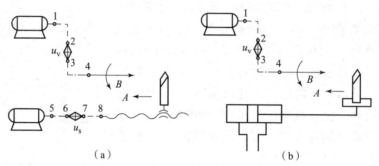

图4-4　车削圆柱面时传动原理图

（a）机械传动；（b）液压传动

4.1.5　机床的基本要求

1. 工艺范围

工艺范围是指机床适应不同生产要求的能力，包括在机床上能完成的工序种类、可加工零件的类型、材料和毛坯种类以及尺寸范围等。

在单件小批生产中使用的通用机床，由于要完成不同形状和结构的工件上多种几何表面的加工，因此要求它具有广泛的工艺范围。例如卧式万能升降台铣床，不仅要求它能铣平面、台阶面、沟槽、特形面、直齿和斜齿圆柱齿轮的齿廓面，而且要求它能铣螺旋槽、平面凸轮的廓面。如此广泛工艺范围的获得，除了机床本身的因素外，还需借助于多种机床附件，如分度头、回转工作台、立铣头等。

专门化机床和专用机床是为某一类零件和特定零件的特定工序设计的，因此工艺范围不要求宽。

数控机床尤其是加工中心，加工精度和自动化程度都很高，在一次安装后可以对多个表面进行多工位加工，因此具有较大的加工工艺范围。目前加工中心一般都具有多种加工能力，如铣镗加工中心上可以进行铣平面、铣沟槽、钻孔、镗孔、扩孔、攻螺纹等多种加工。

2. 加工精度和表面粗糙度

由于机床是"制造机器的机器"，因此机床的精度和机床零件的表面粗糙度值，一般应该比其他机械产品高和小。此外，对机床的热变形、振动、磨损等，也应该提出控制指标或技术要求，以防止机床在使用时，这些因素的作用使被加工工件的加工误差超差和表面粗糙度值超差。

3. 生产率和自动化程度

生产率是反映机械加工经济效益的一个重要指标，在保证机床的加工精度的前提下，应尽可能提高生产率，机床的自动化有助于提高生产率，同时，还可以改善劳动条件以及减少操作者技术水平对加工质量的影响，使加工质量保持稳定，特别是大批大量生产的机床和精度要求高的机床，提高其自动化程度更为重要。

对机床的生产率和自动化的要求，是一个相对的概念，而并非对任何机床这二者都越高越好。因为机床的高生产率和高度自动化不仅如前所述要求机床具有大的功率和高的刚性和抗振性，而且必然导致机床的结构和调整工作的复杂化以及机床成本的增加。因此，对不同类型的机床，其生产率和自动化的要求，应该按不同情况区别对待。

4. 噪声和效率

机床的噪声是危害人们身心健康，妨碍正常工作的一种环境污染，要尽力降低噪声。机床的效率是指消耗于切削的有效功率和电动机输出功率之比，反映了空转功率的消耗和机构运转的摩擦损失。摩擦损失转变为热量后将引起工艺系统的热变形，从而影响机床的加工精度。高速运转的零件越多，空转功率越大，为了节省能源，保证机床工作精度和降低噪声，必须采取措施提高机床传动的效率。

5. 人机关系（又称宜人性）

机床的操作应当方便省力和安全可靠，操纵机床的动作应符合人的生理习惯，不易发生误操作和故障，减少工人的疲劳，保证工人和机床的安全。

4.2　车　　床

4.2.1　车床的用途、分类及运动

1. 车床的用途

车床是机械制造中使用最广泛的一类机床，主要用于加工各种回转表面（内外圆柱面、圆锥面、回转体成形面等）和回转体的端面，有些车床还能加工螺纹。

2. 车床的分类

车床的种类很多，按其用途和结构不同，主要分为：

（1）卧式车床及落地车床；

（2）回轮车床及转塔车床；

（3）立式车床；

（4）仿形车床及多刀车床；

（5）单轴自动车床；

（6）多轴自动、半自动车床等。

此外，还有各种专门化车床，如曲轴与凸轮轴车床，轮、轴、辊、锭及铲齿车床等，在大批大量生产中还使用各种专用车床。

在所有车床类机床中，以卧式车床应用最为广泛。

3. 车床的运动

（1）工件的旋转运动，即主运动，其转速高，消耗功率大。

（2）刀具的移动，即进给运动。以工件的旋转轴线为基准，刀具可做纵向或横向进给，也可做斜向或曲线运动。进给量常以主轴每转刀具的移动量计，即 mm/r。

4.2.2 CA6140 型卧式车床的工艺范围及其组成

CA6140 型车床是沈阳第一机床厂设计制造的典型卧式车床，在我国机械制造类工厂使用极为广泛。

1. 工艺范围

CA6140 型卧式车床的工艺范围很广，能车削内外圆柱面、圆锥面、回转体成形面和环形槽、端面及各种螺纹，还可以进行钻孔、扩孔、铰孔、攻丝、套丝和滚花等（图4-5）。

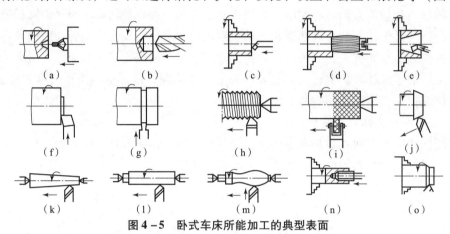

图 4-5　卧式车床所能加工的典型表面

CA6140 型卧式车床的通用性较大，生产率低，适用于单件、小批生产及修理车间。

2. 组成部件

CA6140 型卧式车床的外形如图 4-6 所示。

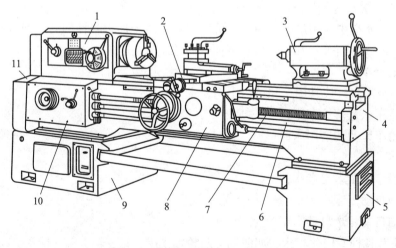

图 4-6　CA6140 型卧式车床的外形

1—主轴箱；2—刀架；3—尾座；4—床身；5，9—床腿；6—光杠；7—丝杠；

8—溜板箱；10—进给箱；11—挂轮变速机构

3. 主要技术参数

床身上最大工件回转直径 D（图 4-7）为 400 mm；刀架上最大工件回转直径 D_1（图 4-7）为 210 mm。

第二主参数最大工件长度：　750 mm、1 000 mm、1 500 mm、2 000 mm。

主轴转速：正转24级　　　10～1 400 r/min；

　　　　　反转12级　　　14～1 580 r/min。

进给量：　纵向64种　　　0.028～6.33 r/min；

　　　　　横向64种　　　0.014～3.16 r/min。

车削螺纹范围：公制44种　$s = 1～192$ mm；

　　　　　　　英制20种　$a = 2～24$ 扣/in[①]；

主电动机功率：　　　　　7.5 kW。

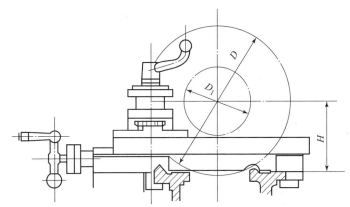

图 4 – 7　CA6140 型卧式车床的中心高和最大加工直径

除主参数和第二主参数外，卧式车床的技术参数还有：主轴中心至床身矩形导轨的距离 H（中心高），通过主轴孔的最大棒料直径、主轴前端锥孔的尺寸、尾座套筒的锥孔尺寸及最大移动量、机床外形尺寸和重量等。

4.2.3　CA6140 型卧式车床的传动系统

车床的传动系统需具备以下传动链：实现主运动的主运动传动链，实现螺纹进给运动的螺纹进给传动链，实现纵向进给运动的纵向进给传动链，实现横向进给运动的横向进给传动链，其传动原理如图 4 – 8 所示。此外，为了节省辅助时间和减轻工人劳动强度，有些卧式车床特别是尺寸较大的卧式车床，还有一条快速空行程传动链，在加工过程中可传动刀架快速接近或退离工件。

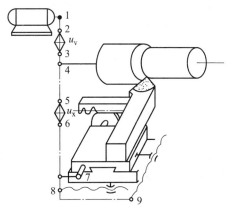

图 4 – 8　卧式车床的传动原理图

主运动传动链的两端件是主电动机和主轴，运动传动路线是：主电动机—1—2—u_v—3—4—主轴。该传动链的功用是把电动机的运动和动力传给主轴，并通过换置机构（变速机构）u_v 使主轴获得各种不同的转速，以满足不同加工条件的需要，它属于外联系传动链。主运动传动链中还设有换向机构，用于变换主轴转向。中型卧式车床的主传动，大多采用齿轮分级变速集中传动方式，即全部齿轮变速机

---

① 英寸，1 in = 2.54 cm。

构和主轴都装在同一个箱体中。中小尺寸的卧式车床，特别是高速、精密和高精度卧式车床，常采用分离传动方式，即主要的变速机构和主轴分开，分别装在两个箱体中，两箱体间用带传动联系，如 CM6132、CG6125 等。

螺纹进给传动链的两端件是主轴和刀架，运动传动路线为：主轴—4—5—u_x—6—8—丝杠—刀架。该传动链的功用是把主轴和刀架纵向溜板联系起来，保证工件和刀具之间的严格运动关系，并通过调整换置机构（变速机构）u_x，加工出不同种类、不同导程的螺纹。显然，这一传动链属于内联系传动链。为了保证被加工螺纹导程的精度，该传动链末端采用丝杠螺母机构实现直线运动，因为丝杠可制造得比较精密。螺纹进给传动链中设有换向机构，通常放在主轴与挂轮变速机构之间，其功用是在主轴转向不变时，改变刀架的运动方向（向左或向右），以便车削右旋螺纹或左旋螺纹。

纵向和横向进给传动链的任务是实现一般车削时的纵向和横向机动进给运动及其变速与换向，这两个运动的动力源从本质上说也是主电动机，因为运动是经下列路线传到刀架的：

主电动机→1→2→u_v→3→4→主轴→5→u_x→6→7→齿轮齿条→刀架（纵向进给）8→9→横向进给丝杠→刀架（横向进给）。

由于刀架进给量是以主轴每转 1 r 时，刀架的移动量来表示的，因此分析这两条传动链时，仍然把主轴和刀架作为两端末件。但需注意，由于一般车削时的纵、横向进给运动，从表面成形原理来说是独立的简单成形运动，不要求与主轴的旋转运动保持严格的运动关系，因此纵、横向进给传动链都是外联系传动链，而主轴可以看作该两个传动链的间接动力源。

从以上分析可以看出，从主轴到进给箱的一段传动是三条进给传动链的公用部分，在进给箱之后分为两个分支：丝杠传动实现螺纹进给运动，光杠传动实现纵、横向进给运动。这样既可大大减轻丝杠的磨损，有利于长期保持丝杠的传动精度，又可获得一般车削所需的纵、横进给量（因一般车削进给量的数值小于螺纹的导程数值）。

图 4-9 所示为 CA6140 型卧式车床的传动系统图，下面逐一分析其各条传动链。

1. 主运动传动链

主运动传动链的两末端件是主电动机和主轴，它的功用是把动力源（电动机）的运动及动力传给主轴，使主轴带动工件旋转实现主运动，并满足主轴变速和换向的要求。

1）传动路线

CA6140 型卧式车床的主传动链可使主轴获得 24 级正转转速（10~1 400 r/min）及 12 级反转转速（14~1 580 r/min）。运动由主电动机（7.5 kW，1 450 r/min）经三角皮带传至主轴箱中的轴I，轴I上装有一个双向多片式摩擦离合器 M_1，它的作用是控制主轴的启动、停止和换向。离合器 M_1 向左接合时，主轴正转，向右接合时，主轴反转；左、右都不接合时，主轴停转。轴I 的运动经离合器 M_1 和轴I—III间变速齿轮传至轴III，然后分两路传给主轴。当主轴VI上的滑移齿轮 z_{50} 处于左边（图 4-9 所示位置）时，运动经齿轮副 $\frac{63}{50}$ 直接传给主轴，使主轴得到 450~1 400 r/min 的 6 种高转速；当滑移齿轮 z_{50} 处于右边位置，使齿式离合器 M_2 接合时，则运动经轴III—IV—V间的齿轮副 $\frac{26}{58}$ 传给主轴，使主轴获得 10~500 r/min 的中、低转速。主运动传动链的传动路线表达式如下：

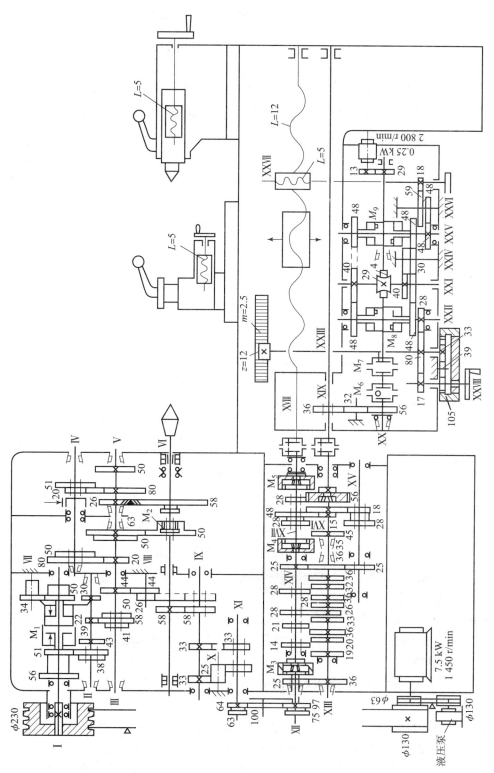

图4-9　CA6140型卧式车床的传动系统图

$$-\frac{\phi130}{\phi230}-\mathrm{I}-\left[\begin{array}{c}\mathrm{M_1（左）}-\left[\begin{array}{c}\dfrac{51}{43}\\[4pt]\dfrac{56}{38}\end{array}\right]-\\[30pt]\mathrm{M_1（右）}-\dfrac{50}{34}-\mathrm{VII}-\dfrac{34}{30}\end{array}\right]-\mathrm{II}-\left[\begin{array}{c}\dfrac{22}{58}\\[4pt]\dfrac{30}{50}\\[4pt]\dfrac{39}{41}\end{array}\right]-\mathrm{III}-\left[\begin{array}{c}\left[\begin{array}{c}\dfrac{20}{80}\\[4pt]\dfrac{50}{50}\end{array}\right]-\mathrm{IV}-\left[\begin{array}{c}\dfrac{20}{80}\\[4pt]\dfrac{51}{50}\end{array}\right]-\mathrm{V}-\dfrac{26}{58}-\mathrm{M_2}\\[30pt]\dfrac{63}{50}\end{array}\right]$$

由传动路线表达式可以清楚看出从电动机至主轴的各种转速的传动关系。

2）主轴的转速级数与转速值计算

根据传动系统图和传动路线表达式，主轴正转时，利用各滑移齿轮轴向位置的各种不同组合，共可以得 $2\times3\times(1+2\times2)=30$ 级转速，但经计算可知，由于轴 III—V 间的四种传动比为

$$u_1=\frac{50}{50}\times\frac{51}{50}\approx1 \qquad u_3=\frac{20}{80}\times\frac{51}{50}\approx\frac{1}{4}$$

$$u_2=\frac{50}{50}\times\frac{20}{80}=\frac{1}{4} \qquad u_4=\frac{20}{80}\times\frac{20}{80}=\frac{1}{16}$$

其中 u_2 和 u_3 近似相等，因此运动经由中、低速这条路线传动时，主轴实际上只能得到 $2\times3\times(2\times2-1)=18$ 级不同的转速，加上高速路线由齿轮副 $\frac{63}{50}$ 直接传动时获得的 6 级高转速，主轴实际上只能获得 $2\times3\times(1+3)=24$ 级不同转速。

同理，主轴反转时也只能获得 $3+3(2\times2-1)=12$ 级不同转速。

主轴的转速可按下列运动平衡式计算：

$$n_主=1450\times\frac{130}{230}\times(1-\varepsilon)U_1U_{II-III}U_{III-IV}$$

式中 $n_主$——主轴转速，单位为（r/min）；

ε——三角带传动的滑动系数，$\varepsilon=0.02$；

U_1、U_{II-III}、U_{III-IV}——轴 I—II、轴 II—III、轴 III—IV 间的可变传动比。

主轴反转时，轴 I—II 间的传动比大于正转时的传动比，所以反转转速高于正转。主轴反转主要用于车削螺纹时，在不断开主轴和刀架间传动联系的情况下，采用较高转速使刀架快速退至起始位置，可节省辅助时间。

2. 螺纹进给传动链

CA6140 型卧式车床的螺纹进给传动链保证机床可车削米制、英制、模数制和径节制四种标准的常用螺纹，此外，还可以车削大导程、非标准和较精密的螺纹。这些螺纹可以是右旋的，也可以是左旋的。

不同标准的螺纹用不同的参数表示其螺距，表 4-4 列出了螺距参数及其与螺距、导程的换算关系。

无论车削哪一种螺纹，都必须在加工中形成母线（螺纹面形）和导线（螺旋线）。用螺纹车刀形成母线（成形法）不需要成形运动，形成螺旋线采用轨迹法。螺纹的形成需要一个复合的成形运动。为了形成一定导程的螺旋线，必须保证主轴每转一转，刀具准确地移动被加工螺纹一个导程的距离，根据这个相对运动关系，可列出车螺纹时的运动平衡式如下：

表 4-4　螺距参数及其与螺距、导程的换算关系

螺纹种类	螺距参数	螺距/mm	导程/mm
米制	螺距 P/mm	P	$L = kP$
模数制	模数 m/mm	$P_m = \pi m$	$L_m = kP_m = k\pi m$
英制	每英寸牙数 a/（牙·in^{-1}）	$P_a = \dfrac{25A}{a}$	$L_a = kP_a = \dfrac{25Ak}{a}$
径节制	径节 DP/（牙·in^{-1}）	$P_{DP} = \dfrac{25A}{DP}\pi$	$L_{DP} = kP_{DP} = \dfrac{25Ak}{DP}\pi$

注：表中 k 为螺纹头数，π 为特殊因子。

$$1_{主轴} \times u_o \times u_x \times L_{丝} = L_{工}$$

式中　u_o——主轴至丝杠之间全部定比传动机构的固定传动比，是一个常数；

　　　u_x——主轴至丝杠之间换置机构的可变传动比；

　　　$L_{丝}$——机床丝杠的导程，CA6140 型车床的 $L_{丝} = 12$ mm；

　　　$L_{工}$——被加工螺纹的导程，单位为（mm）。

由上式可知，被加工螺纹的导程正比于传动链中换置机构的可变传动比 u_x。为此，车削不同标准和不同导程的各种螺纹时，必须对螺纹进给传动链进行适当调整，使传动比 u_x 根据各种螺纹的标准数列做相应改变。

1）车削米制螺纹

米制螺纹（也称公制螺纹）是我国常用的螺纹，其标准螺距值在国家标准中已规定。表 4-5 所示为 CA6140 型车床米制螺纹表。由表 4-5 可以看出，表中的螺距值是按分段等差数列的规律排列的，行与行之间成倍数关系。

表 4-5　CA6140 型车床米制螺纹表（L/mm）

u 倍 ＼ u 基	$\dfrac{26}{28}$	$\dfrac{28}{28}$	$\dfrac{32}{28}$	$\dfrac{36}{28}$	$\dfrac{19}{14}$	$\dfrac{20}{14}$	$\dfrac{23}{21}$	$\dfrac{36}{21}$
$\dfrac{18}{45} \times \dfrac{15}{48} = \dfrac{1}{8}$	—	—	1	—	—	1.25	—	1.5
$\dfrac{28}{35} \times \dfrac{15}{48} = \dfrac{1}{4}$	—	1.75	2	2.25	—	2.5	—	3
$\dfrac{18}{45} \times \dfrac{35}{28} = \dfrac{1}{2}$	—	3.5	4	4.5	—	5	5.5	6
$\dfrac{28}{35} \times \dfrac{35}{28} = 1$	—	7	8	9	—	10	11	12

车削米制螺纹时，进给箱中的齿式离合器 M_3 和 M_4 脱开，M_5 接合，这时的传动路线为：运动由主轴Ⅵ经齿轮副 $\dfrac{58}{58}$、轴Ⅸ至轴Ⅺ间的左右螺纹换向机构（车削右螺纹为 $\dfrac{33}{33}$；车

削左螺纹时经 $\dfrac{33}{25} \times \dfrac{25}{33}$)、挂轮 $\dfrac{63}{100} \times \dfrac{100}{75}$ 、传至进给箱的轴 XII，然后再由移换机构的齿轮副 $\dfrac{25}{36}$ 传至轴 XIII，由轴 XIII 经两轴滑移变速机构（基本螺距机构）的齿轮副传至轴 XIV，然后再由移换机构的齿轮副 $\dfrac{25}{36} \times \dfrac{36}{25}$ 传至轴 XV，再经过轴 XV 与轴 XVII 间的两组滑移齿轮变速机构（增倍机构）传至 XVII，最后由齿式离合器 M_5 传至丝杠 XVIII，当溜板箱中的开合螺母与丝杠啮合时，就可以带动刀架车削米制螺纹。

车削米制螺纹时传动链的传动路线表达式如下：

$$-\dfrac{33}{33}-$$

（右旋螺纹）

$$\text{主轴 VI} -\dfrac{58}{58}- \text{IX} - \dfrac{\dfrac{33}{25} \times \dfrac{25}{33}}{\text{（左旋螺纹）}} - \text{XI} - \dfrac{63}{100} \times \dfrac{100}{75} - \text{XII} - \dfrac{25}{36} - \text{XIII} - u_{\text{基}}$$

$$- \text{XIV} - \dfrac{25}{36} \times \dfrac{36}{25} - \text{XV} - u_{\text{倍}} - \text{XVII} - M_5 - \text{XVIII}（丝杠）- 刀架$$

$u_{\text{基}}$ 为轴 XIII — XIV 间变速机构的可变传动比，共 8 种：

$$u_{\text{基}1} = \dfrac{26}{28} = \dfrac{6.5}{7} \quad u_{\text{基}2} = \dfrac{28}{28} = \dfrac{7}{7} \quad u_{\text{基}3} = \dfrac{32}{28} = \dfrac{8}{7} \quad u_{\text{基}4} = \dfrac{36}{28} = \dfrac{9}{7}$$

$$u_{\text{基}5} = \dfrac{19}{14} = \dfrac{9.5}{7} \quad u_{\text{基}6} = \dfrac{20}{14} = \dfrac{10}{7} \quad u_{\text{基}7} = \dfrac{33}{21} = \dfrac{11}{7} \quad u_{\text{基}8} = \dfrac{36}{21} = \dfrac{12}{7}$$

这些传动比近似按等差数列的规律排列，改变轴 XIII 到轴 XIV 的传动副，就能车削出各种按等差数列排列的导程值。上述变速机构是获得各种螺纹导程的基本机构，故通常称其为基本螺距机构，简称基本组。

$u_{\text{倍}}$ 为轴 XV — XVII 间变速机构的可变传动比，共四种：

$$u_{\text{倍}1} = \dfrac{28}{35} \times \dfrac{35}{28} = 1 \qquad u_{\text{倍}2} = \dfrac{18}{45} \times \dfrac{35}{28} = \dfrac{1}{2}$$

$$u_{\text{倍}3} = \dfrac{28}{35} \times \dfrac{15}{48} = \dfrac{1}{4} \qquad u_{\text{倍}4} = \dfrac{18}{45} \times \dfrac{15}{48} = \dfrac{1}{8}$$

上述四种传动比基本上按倍数关系排列，因此，改变 $u_{\text{倍}}$ 就可使车削出来的螺纹导程值成倍数关系地变化，扩大了机床车削螺纹的导程种数。这种变速机构称为增倍机构，简称增倍组。

根据传动系统图或传动链的传动路线表达式，可列出车削米制螺纹时的运动平衡式，即

$$L = kP = 1_{\text{主轴}} \times \dfrac{58}{58} \times \dfrac{33}{33} \times \dfrac{63}{100} \times \dfrac{100}{75} \times \dfrac{25}{36} \times u_{\text{基}} \times \dfrac{25}{36} \times u_{\text{基}} \times \dfrac{25}{36} \times \dfrac{36}{25} \times u_{\text{倍}} \times 12$$

式中　L ——螺纹导程（对于单头螺纹为螺距 P），单位为 mm；

$u_{\text{基}}$ ——轴 XIII — XIV 间基本螺距机构的传动比；

$u_{\text{倍}}$ ——轴 XV — XVII 间增倍机构的传动比。

将上式化简后得

$$L = 7 u_{\text{基}} u_{\text{倍}}$$

把 $u_基$ 和 $u_倍$ 的数值代入上式，可得 $8 \times 4 = 32$ 种导程值，其中符合标准的只有 20 种（表 4 - 5）。

2）车削模数螺纹

模数螺纹主要用在米制蜗杆中，如 Y3150E 型滚齿机的垂直进给丝杠就是模数螺纹。

模数螺纹的螺距参数为模数 m（表 4 - 4），国家标准规定的标准 m 值也是分段等差数列，因此，标准模数螺纹的导程（或螺距）排列规律和米制螺纹相同，但导程（或螺距）的数值不一样，且数值中还含有特殊因子 π。所以车削模数螺纹时的传动路线与米制螺纹基本相同，为了得到模数螺纹的导程（或螺距）数值，必须将挂轮换成 $\dfrac{64}{100} \times \dfrac{100}{97}$，移换机构的滑移齿轮传动比为 $\dfrac{25}{36}$，使螺纹进给传动链的传动比做相应变化，以消除特殊因子 π（因为 $\dfrac{64}{97} \times \dfrac{25}{36} \approx \dfrac{7\pi}{48}$）。化简后的运动平衡式为

$$L = \frac{7\pi}{4} u_基 u_倍$$

因为 $L = k\pi m$，从而得

$$m = \frac{7}{4k} u_基 u_倍$$

变换 $u_基$ 和 $u_倍$，便可车削各种不同模数的螺纹。

3）车削英制螺纹

英制螺纹又称英寸制螺纹，在采用英寸制的国家中应用较广泛，我国的部分管螺纹目前也采用英制螺纹。

英制螺纹的螺距参数为每英寸长度上螺纹牙（扣）数，以 a 表示。

标准的 a 值也是按分段等差数列的规律排列的，所以英制螺纹的螺距和导程值是分段调和数列（分母是分段等差数列），将以英寸为单位的螺距和导程值换算成以毫米为单位的螺距和导程值时，含有特殊因子 25.4。由此可知，为了车削出各种螺距的英制螺纹，螺纹进给传动链必须做如下变动：

（1）将车削米制螺纹时基本组的主、被动传动关系颠倒过来，即轴 XIV 为主动，轴 XIII 为被动，这样基本组的传动比数列变成了调和数列，与英制螺纹螺距数列的排列规律一致。

（2）改变传动链中部分传动副的传动比，使螺纹进给传动链总传动比满足英制螺纹螺距数值上的要求，其中包含特殊因子 25.4。

车削英制螺纹时传动链的具体调整情况为：挂轮用 $\dfrac{63}{100} \times \dfrac{100}{75}$，进给箱中离合器接合，$M_4$ 脱开，同时轴 XV 左端的滑移齿轮 z_{25} 左移，与固定在轴 XIII 上的齿轮 z_{36} 啮合。运动由 M_3 和 M_5 轴 XII 经离合器 M_3 传至轴 XIV，然后由轴 XIV 传至轴 XIII，再经齿轮副 $\dfrac{36}{25}$ 传到轴 XV，从而使基本组的运动传动方向恰好与车削米制螺纹时相反，同时轴 XII 与轴 XV 之间定比传动机构也由 $\dfrac{25}{36} \times \dfrac{25}{36} \times \dfrac{36}{25}$ 改变为 $\dfrac{36}{25}$，其余部分传动路线与车削米制螺纹时相同，此时传动路线表达式如下：

$$主轴-\frac{58}{58}-IX-\begin{bmatrix}\dfrac{33}{33}\\[2mm]\dfrac{33}{25}\times\dfrac{25}{33}\end{bmatrix}-\frac{63}{100}\times\frac{100}{75}-XII-M_2-XIV-u'_{基}-XIII-\frac{36}{25}-$$

$$\overline{XV-u_{倍}-XVII-M_5-XVIII（丝杠）-刀架}$$

运动平衡式为

$$L_a=\frac{25.4k}{a}=1_{y(主轴)}\times\frac{58}{58}\times\frac{33}{33}\times\frac{63}{100}\times\frac{100}{75}\times u'_{基}\times\frac{36}{25}\times u'_{倍}\times12$$

上式中，$\dfrac{63}{100}\times\dfrac{100}{75}\times\dfrac{36}{25}\approx\dfrac{25.4}{21}$ 将 $u'_{基}=\dfrac{I}{u_{基}}$ 代入化简得

$$L_a=\frac{25.4k}{a}=\frac{4}{7}\times25.4\frac{u_{倍}}{u_{基}}$$

$$a=\frac{7ku_{倍}}{4u_{基}}$$

改变 $u_{基}$ 和 $u_{倍}$，就可以车削各种规格的英制螺纹。表 4-6 列出了 $k=1$ 时，a 值与 $u_{基}$、$u_{倍}$ 的关系。

表 4-6　CA6140 型车床英制螺纹表　　　　　（牙/in）

$u_{倍}$ ＼ $u_{基}$	$\dfrac{26}{28}$	$\dfrac{28}{28}$	$\dfrac{32}{28}$	$\dfrac{36}{28}$	$\dfrac{19}{14}$	$\dfrac{20}{14}$	$\dfrac{23}{21}$	$\dfrac{36}{21}$
$\dfrac{18}{45}\times\dfrac{15}{48}=\dfrac{1}{8}$	—	14	16	18	19	20	—	24
$\dfrac{28}{35}\times\dfrac{15}{48}=\dfrac{1}{4}$	—	7	8	9	—	10	11	12
$\dfrac{18}{45}\times\dfrac{35}{28}=\dfrac{1}{2}$	3.25	3.5	4	4.5	—	5	—	6
$\dfrac{28}{35}\times\dfrac{35}{28}=1$	—	—	2	—	—	—	—	3

4）车削径节螺纹

径节螺纹主要用于英制蜗杆，其螺距参数以径节 DP 表示。径节 $DP=z/D$（z 为齿轮齿数，D 为分度圆直径，单位为 in），即蜗轮或齿轮折算到每 1 in 分度圆直径上的齿数。标准径节的数列也是分段等差数列，而螺距和导程的数列是分段调和数列，螺距和导程值中有特殊因子25.4，和英制螺纹类似，故可采用英制螺纹的传动路线，但因螺距和导程值中还有特殊因子 π，又和模数螺纹相同，所以需将挂轮换成 $\dfrac{64}{100}\times\dfrac{100}{97}$，此时运动平衡式为

$$L_{DP}=\frac{25.4k\pi}{DP}=1_{(主轴)}\times\frac{58}{58}\times\frac{33}{33}\times\frac{64}{100}\times\frac{100}{97}\times u'_{基}\times\frac{36}{25}\times u_{倍}\times12$$

上式中 $\dfrac{64}{100}\times\dfrac{100}{97}\times\dfrac{36}{25}\approx\dfrac{25.4\pi}{84}$，将 $u'_{基}=\dfrac{1}{u_{基}}$ 代入化简后得

$$L_{DP} = \frac{25.4k\pi}{DP} = \frac{25.4\pi u_{倍}}{7u_{基}}$$

$$DP = 7k\frac{u_{基}}{u_{倍}}$$

由前述可知，加工米制螺纹和模数螺纹时，轴 XIII 是主动轴；加工英制螺纹和径节螺纹时，轴 XIV 是主动轴。主动轴与被动轴的对调是通过离合器 M_3（米制、模数制，M_3 开即轴 XII 上滑移齿轮 z_{25} 向左；英制、径节制，M_3 接合，即轴 XII 上滑移齿轮 z_{25} 向右）和轴 XV 上滑移齿轮 z_{25} 实现的，而螺纹进给传动链传动比数值中包含的 25.4、π、25.4π 等特殊因子，则由轴 XII—XIII 间齿轮副 $\frac{25}{36}$，轴 XIV—XIII—XV 间齿轮副 $\frac{25}{36}\times\frac{36}{25}$、轴 XIII—XV 间齿轮副 $\frac{36}{25}$ 与挂轮适当组合获得的。进给箱中具有上述功能的离合器、滑移齿轮和定比齿轮传动机构，称为移换机构。

5）车削大导程螺纹

当需要车削导程超过标准螺纹螺距范围时，例如大导程多头螺纹、油槽等，必须将轴 IX 右端滑移齿轮 z_{58} 向右移动，使之与轴 VIII 上的齿轮 z_{26} 啮合，于是主轴 VI 与丝杠通过下列传动路线实现传动：

$$主轴 - \frac{58}{26} - \frac{80}{20} - IV - \left[\begin{array}{c} -\dfrac{80}{20}- \\[4pt] -\dfrac{50}{50} \end{array} \right. \quad - III - \frac{44}{44} - VIII - \frac{26}{58} - IX$$

（正常螺纹传动路线）

--- XVIII （丝杠）

此时，主轴 IV 至轴 IX 间的传动比 $u_{扩}$ 为

$$u_{扩1} = \frac{58}{26}\times\frac{80}{20}\times\frac{50}{50}\times\frac{44}{44}\times\frac{26}{58} = 4$$

$$u_{扩2} = \frac{58}{26}\times\frac{80}{20}\times\frac{80}{20}\times\frac{44}{44}\times\frac{26}{58} = 16$$

车削正常螺纹时，主轴 VI 至轴 IX 间的传动比 $u_{常} = \frac{58}{58} = 1$，这表明，当螺纹进给传动链其他调整情况不变时，做上述调整可使主轴与丝杠间的传动比增大 4 倍或 16 倍，从而车削的螺纹导程也相应地扩大 4 倍或 16 倍。因此，一般把上述传动机构称为扩大螺距机构。通过扩大螺距机构，再配合进给箱中的基本螺距机构和增倍机构，机床可以车削导程为 14 ~ 192 mm 的米制螺纹 24 种，模数为 3.25 ~ 48 mm 的模数螺纹 28 种，径节为 1 ~ 6 牙/in 的径节螺纹 13 种。

必须指出，由于扩大螺距机构的传动齿轮就是主运动的传动齿轮，因此只有当主轴上的 M_2 接合上，主轴处于低速状态时，才能用扩大螺距机构。具体地说，主轴转速为 10 ~ 32 r/min 时，导程可扩大 16 倍；主轴转速为 40 ~ 125 r/min 时，导程可以扩大 4 倍；主轴转速更高时，导程不能扩大。大导程螺纹只能在主轴低速时车削，这也正好符合实际工艺上的需要。

6）车削非标准和较精密螺纹

当需要车削非标准螺纹，用进给箱中的变速机构无法得到所要求的螺纹导程，或者虽然

是标准螺纹但精度要求较高时，可将进给箱中三个离合器 M_3、M_4 和 M_5 全部接合，使轴 XII、轴 XIV、轴 XVII 和丝杠 XVIII 连成一体。这时运动直接从轴 XII 传至丝杠，所要求的工件螺纹导程可通过选择挂轮的传动比 $u_{挂}$ 得到。在这种情况下，由于主轴至丝杠的传动路线大为缩短，减少了传动件制造和装配误差对螺纹螺距精度的影响，因此可车削出精度较高的螺纹。此时螺纹进给传动链的运动平衡式为

$$L = 1_{(主轴)} \times \frac{58}{58} \times \frac{33}{33} \times u_{挂} \times 12$$

化简后得挂轮换置公式为

$$U_{挂} = \frac{a}{b} \times \frac{c}{d} = \frac{L}{12}$$

3. 纵向和横向进给传动链

实现一般车削时刀架机动进给的纵向和横向进给传动链，由主轴至进给箱轴 XVII 的传动路线与车削米制或英制常用螺纹时的传动路线相同，其后运动经齿轮副 $\frac{28}{56}$ 传至光杠 XIX （此时离合器 M_5 脱开，齿轮 z_{28} 与轴 XIX 上的齿轮 z_{56} 啮合），再由光杠经溜板箱中的传动机构，分别传至齿轮齿条机构和横向进给丝杠 XXVII，使刀架做纵向或横向机动进给，其传动路线表达式如下：

溜板箱中由双向牙嵌式离合器 M_8、M_9 和齿轮副 $\frac{40}{48}$、$\frac{40}{30} \times \frac{30}{48}$ 组成的两个换向机构，分别用于变换纵向和横向进给运动的方向。利用进给箱中的基本螺距机构和增倍机构，以及进给传动链的不同传动路线，可获得纵向和横向进给量各 64 种。

纵向和横向进给传动链两端件的计算位移为

纵向进给：主轴转 1 r——刀架纵向移动 $f_{纵}$ （单位为 mm）；

横向进给：主轴转 1 r——刀架横向移动 $f_{横}$ （单位为 mm）。

下面以纵向进给为例，说明按不同路线传动时进给量的计算。

（1）当运动经正常螺距的米制螺纹传动路线传动时，可得到 $0.08 \sim 1.22$ mm/r 的 32 种进给量，其运动平衡式为

$$f_{纵} = 1_{(主轴)} \times \frac{58}{58} \times \frac{33}{33} \times \frac{63}{100} \times \frac{100}{75} \times \frac{25}{36} \times u_{基} \times \frac{25}{36} \times \frac{36}{25} \times u_{倍} \times \frac{28}{56} \times \frac{36}{32} \times \frac{32}{56} \times \frac{4}{29} \times \frac{40}{48} \times \frac{28}{80} \times \pi \times 25 \times 12$$

化简后得

$$f_{纵} = 0.7 u_{基} u_{倍}$$

（2）当运动经正常螺距的英制螺纹传动路线传动时，类似地，有

$$f_{纵} = 1.474 \frac{u_{倍}}{u_{基}}$$

变换 $u_{基}$ 并使 $u_{倍} = 1$，可得到 $0.86 \sim 1.59$ mm/r 的 8 种较大进给量。

（3）当主轴转速为 $10 \sim 125$ r/min 时，运动经扩大螺距机构及英制螺纹传动路线传动，可获得 16 种供强力切削或宽刀精车用的加大进给量，其范围为 $1.71 \sim 6.33$ mm/r。

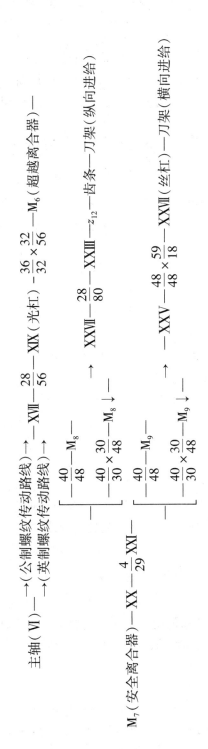

主轴（Ⅵ）———→（公制螺纹传动路线）———→———Ⅶ—$\dfrac{28}{56}$———Ⅸ（光杠）———$\dfrac{36}{32} \times \dfrac{32}{56}$———$M_6$（超越离合器）———
———→（英制螺纹传动路线）———→

$$\left[\begin{array}{c} ———\dfrac{40}{48}———M_8———\\[2mm] ———\dfrac{40}{30} \times \dfrac{30}{48}———M_8 \downarrow——— \end{array}\right] → Ⅻ———\dfrac{28}{80}———ⅩⅩⅢ———z_{12}———齿条———刀架（纵向进给）$$

$$\left[\begin{array}{c} ———\dfrac{40}{48}———M_9———\\[2mm] ———\dfrac{40}{30} \times \dfrac{30}{48}———M_9 \downarrow——— \end{array}\right] → ———ⅩⅩⅤ———\dfrac{48}{48} \times \dfrac{59}{18}———ⅩⅩⅧ（丝杠）———刀架（横向进给）$$

M_7（安全离合器）———ⅩⅩ———$\dfrac{4}{29}$ ⅩⅪ———

（4）当主轴转速为 450 ~ 1 400 r/min（其中 500 r/min 除外）时（此时主轴由轴Ⅲ经齿轮副 $\frac{63}{50}$ 直接传动），运动经扩大螺距机构及米制螺纹传动路线传动，可获得 8 种供高速精车用的细进给量，其范围为 0.028 ~ 0.054 mm/r。

由传动分析可知，横向机动进给在其与纵向进给传动路线一致时，所得的横向进给量是纵向进给量的一半，这是因为横向进给经常用于切槽或切断，容易产生振动，切削条件差，故选用较小的进给量。横向进给量的种数与纵向进给量种数相同。

4. 刀架快速移动传动链

刀架快速移动由装在溜板箱内的快速电动机（0.25 kW，2 800 r/min）传动。快速电动机的运动经齿轮副 $\frac{13}{29}$ 传至轴ⅩⅩ，然后经溜板箱内与机动工作进给相同的传动路线传至刀架，使其实现纵向和横向的快速移动。当快速电动机使传动轴ⅩⅩ快速旋转时，依靠齿轮 z_{56} 与轴ⅩⅩ间的超越离合器 M_6，可避免与进给箱传来的低速工作进给运动发生干涉。

超越离合器 M_6 的结构原理如图 4 - 10 所示，它由空套齿轮 1（即溜板箱中的齿轮 z_{56}）、星形体 2（轴ⅩⅩ）、短圆柱滚子 3、顶销 4 和弹簧 5 组成。当空套齿轮 1 为主动并逆时针旋转时，三个短圆柱滚子 3 分别在弹簧 5 的弹力和摩擦力的作用下，被楔紧在空套齿轮 1 和星形体 2 之间，齿轮 1 通过滚子 3 带动星形体 2 一起转动，于是运动便经安全离合器 M_7 带动轴ⅩⅩ转动（图 4 - 9），实现机动工作进给。当快速电动机启动时，星形体 2 由轴ⅩⅩ带动逆时针方向快速旋转。由于星形体 2 得到一个与空套齿轮 1（z_{56}）转向相同而转速却快得多的旋转运动。这时，摩擦力作用使滚子 3 压缩弹簧 5 而退出楔缝窄端，使星形体 2 和齿轮 1 自动脱开联系，因而由进给箱光杠（ⅪⅩ）传给空套齿轮 1（z_{56}）的低

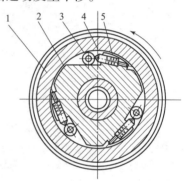

图 4 - 10　超越离合器 M_6 的结构

1—空套齿轮；2—星形体；
3—短圆柱滚子；4—顶销；5—弹簧

速转动虽照常进行，却不再传给轴ⅩⅩ。此时轴ⅩⅩ由快速电动机传动做快速转动，使刀架实现快速运动，一旦快速电动机停止转动，超越离合器 M_6 自动接合，刀架立即恢复正常的工作进给运动。

4.2.4　CA6140 型卧式车床的主要结构

1. 主轴箱

主轴箱的功用是支撑主轴和传动其旋转，并使其实现启动、停止、变速和换向等。因此，主轴箱中通常包含主轴及其轴承，传动机构，启动、停止以及换向装置，制动装置，操纵机构和润滑装置等。

1）传动机构

主轴箱中的传动机构包括定比传动机构和变速机构两部分。定比传动机构仅用于传递运动和动力，一般采用齿轮传动副，变速机构一般采用滑移齿轮变速机构，其结构简单紧凑，传动效率高，传动比准确。但当变速齿轮为斜齿或尺寸较大时，则采用离合器变速。

2）主轴及其轴承

主轴及其轴承是主轴箱重要的部分，图 4 - 11 所示为 CA6140 型卧式车床的主轴组件。

主轴前端可装卡盘，用于夹持工件并由其带动旋转。主轴的旋转精度、刚度和抗振性等对工件的加工精度和表面粗糙度有直接影响，因此，对主轴及其轴承要求较高。

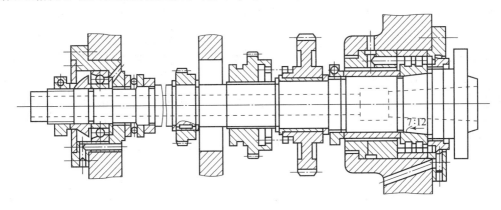

图 4 – 11　CA6140 型卧式车床的主轴组件

CA6140 型卧式车床的主轴是空心阶梯轴，其内孔用于通过长棒料及气动、液压或电气等夹紧装置的管道、导线，也用于穿入钢棒卸下顶尖。主轴前端的莫氏 6 号锥孔，用于安装顶尖或芯轴，利用锥孔配合的摩擦力直接带动顶尖或芯轴转动。主轴前端部采用短锥法兰式结构，用于安装卡盘或拨盘，如图 4 – 12 所示。卡盘座 4 以主轴 3 的短圆锥面定位。卡盘、拨盘等夹具通过卡盘座 4，用四个螺栓 5 固定在主轴上，由装在主轴轴肩端面上的圆柱形端面键传递扭矩。安装卡盘时，只需将预先拧紧在卡盘座上的螺栓 5 连同螺母 6 一起从主轴轴肩和锁紧盘 2 上的孔中穿过，然后将锁紧盘转过一个角度，使螺栓进入锁紧盘上宽度较窄的圆弧槽内，把螺母卡住（如图 4 – 12 所示位置），接着再把螺母 6 拧紧，就可把卡盘等夹具紧固在主轴上。这种主轴轴端结构的定心精度高，连接刚度好，卡盘悬伸长度小，装卸卡盘也非常方便，因此得到了广泛应用。

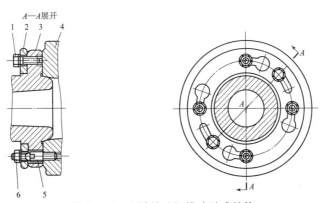

图 4 – 12　主轴前端短锥法兰式结构

1—螺钉；2—锁紧盘；3—主轴；4—卡盘座；5—螺栓；6—螺母

3）开停和换向装置

开停装置用于控制主轴的启动和停止，换向装置用于改变主轴旋转方向。

CA6140 型卧式车床采用双向多片式摩擦离合器控制主轴的开停和换向，如图 4 – 13 所示。它由结构相同的左、右两部分组成，左离合器传动主轴正转，右离合器传动主轴反转。下面以左离合器为例说明其结构原理。多个内摩擦片 3 和外摩擦片 2 相间安装，内摩擦片 3 以花键与轴I相连接，外摩擦片 2 以其四个凸齿与空套双联齿轮 1 相连接。内外摩擦片未被压紧时，彼此互不联系，轴I不能带动双联齿轮转动。当用操纵机构拨动滑套 8 至右边位置时，滑套将羊角形摆块 10 的右角压下，使它绕销轴 9 顺时针摆动，其下端凸起部分推动拉杆 7 向左运动，通过固定在拉杆左端的圆销 5，带动压套 14 和螺母 4a，将左离合器内外摩擦片压紧在止推片 12 和 11 上，通过摩擦片间的摩擦力，使轴I和双联齿轮连接，于是主轴正向旋转。右离合器的结构和工作原理同左离合器一样，只是内外摩擦片数量少一些。当拨动滑套 8 至左边位置时，压套 14 右移，将右离合器的内外摩擦片压紧，空套齿轮 13 与轴I连接，主轴反转。滑套 8 处于中间位置时，左右两离合器的摩擦片都松开，主轴的传动断开，停止转动。

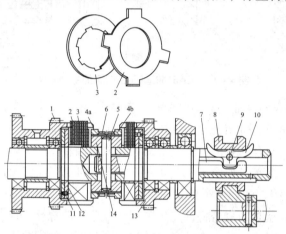

图 4 - 13 双向片式摩擦离合器机构（CA6140）

1—双联齿轮；2—外摩擦片；3—内摩擦片；4a，4b—螺母；5—圆销；6—弹簧销；7—拉杆；
8—滑套；9—销轴；10—羊角形摆块；11，12—止推片；13—空套齿轮；14—压套

摩擦离合器除了靠摩擦力传递运动和扭矩外，还能起过载保护作用。当机床过载时，摩擦片打滑，可避免损坏机床。摩擦片间的压紧力是根据离合器应传递的额定扭矩来确定的。当摩擦片磨损以后，压紧力减小，这时可用拧在压套上的螺母 4a 和 4b 来调整。

4）制动装置

制动装置的功用是在车床停车过程中克服主轴箱中各运动件的惯性，使主轴迅速停止转动，以缩短辅助时间。

图 4 - 14 所示为 CA6140 型车床上采用的闸带式制动器，它由制动轮 7、制动带 6 和杠杆 4 等组成。制动轮 7 是一个钢制圆盘，与传动轴 8（IV轴）用花键连接。制动带绕在制动轮上，一端通过调节螺钉 5 与主轴箱体 1 连接，另一端固定在杠杆 4 的上端。杠杆 4 可绕杠杆支撑轴 3 摆动，

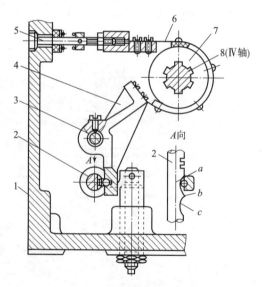

图 4 - 14 CA6140 型车床的闸带式制动器

1—主轴箱体；2—齿条轴；3—杠杆支撑轴；
4—杠杆；5—调节螺钉；6—制动带；
7—制动轮；8—传动轴

当它的下端与齿条轴 2 上的圆弧形凹部 a 或 c 接触时，制动带处于放松状态，制动器不起作用；移动齿条轴 2，其上凸起部分 b 与杠杆 4 下端接触时，杠杆绕杠杆支撑轴 3 逆时针摆动，使制动带抱紧制动轮，产生摩擦制动力矩，制动带通过传动齿轮使主轴迅速停止转动。制动时制动带的拉紧程度，可用调节螺钉 5 进行调整。在调整合适的情况下，使停车时主轴能迅速停止，而开车时制动带能完全松开。

5）操纵机构

主轴箱中的操纵机构用于控制主轴启动、停止、制动、变速、换向以及变换左、右螺纹等。为使操纵方便，常采用集中操纵方式，即用一个手柄操纵几个传动件（滑移齿轮、离合器等），以控制几个动作。

图 4 - 15 所示为 CA6140 型车床主轴箱的变速操纵机构，它用一个手柄同时操纵轴 II、III 上的双联滑移齿轮和三联滑移齿轮，变换轴 I—III 间的六种传动比。转动变速手柄 9 通过链条 8 可传动装在轴 7 上的曲柄 5 和盘形凸轮 6 转动，手柄轴和轴 7 的传动比为 1:1。曲柄 5 上装有拨销 4，其伸出端上套有滚子嵌入拨叉 3 的长槽中。曲柄带着拨销做偏心运动时，可带动拨叉拨动轴 III 上的三联滑移齿轮 2 沿传动轴 III 左右移换位置。盘形凸轮 6 的端面上有一条封闭的曲线槽，它由不同半径的两段圆弧和过渡直线组成，每段圆弧的中心角稍大于 120°。凸轮曲线槽经圆销 10 通过杠杆 11 和拨叉 12，可拨动传动轴 II 上的双联滑移齿轮 1 移换位置。

曲柄 5 和盘形凸轮 6 有六个变速位置 ［图 4 - 15（b）］，顺次转动变速手柄 9，每次转 60°，使曲柄 5 处于变速位置 a、b、c 时，三联滑移齿轮 2 相应地被拨至左、中、右位置。此时，杠杆 11 短臂上圆销 10 处于凸轮曲线槽大半径圆弧段中的 a'、b'、c' 处，双联滑移齿轮 1 在左端位置。这样，便得到了轴 I—III 间三种不同的变速齿轮组合情况。继续转动手柄 9，使曲柄 5 依次处于位置 d、e、f，则三联滑移齿轮 2 相应地被拨至右、中、左位置。此时，杠杆 11 上的圆销 10 进入凸轮曲线槽小半径圆弧段中的 d、e、f 处，双联滑移齿轮 1 被移换至右端位置，得到轴 I—III 间另外三种不同的变速齿轮组合情况，从而使轴得到了六种不同的转速。

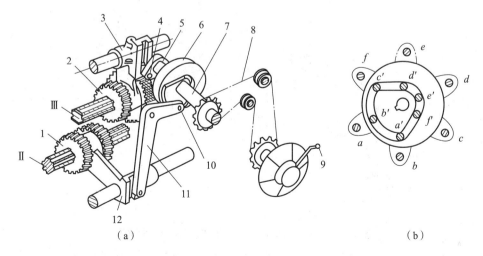

图 4 - 15　变速操纵机构示意图（CA6140）

1—双联滑移齿轮；2—三联滑移齿轮；3，12—拨叉；4—拨销；5—曲柄；6—盘形凸轮；7—轴；

8—链条；9—变速手柄；10—圆销；11—杠杆；II，III—传动轴

滑移齿轮块移至规定的位置后，必须可靠地定位，该操纵机构采用钢球定位装置。

6）润滑装置

为了保证机床正常工作和减少零件磨损，对主轴箱中的轴承、齿轮、摩擦离合器等必须进行良好的润滑。CA6140型车床主轴箱采用油泵供油循环润滑系统。

2. 进给箱

进给箱的功用是变换被加工螺纹的种类和导程，以获得所需的各种机动进给量。

3. 溜板箱

溜板箱的主要功用是将丝杠或光杠传来的旋转运动转变为直线运动并带动刀架进给，控制刀架运动的接通、断开和换向；机床过载时控制刀架自动停止进给，手动操纵刀架时实现快速移动等。溜板箱主要由以下几部分组成：双向牙嵌式离合器 M_6 和 M_7，以及纵、横向机动进给操纵机构和快速移动的操纵机构，开合螺母机构，互锁机构，超越离合器和安全离合器等。

1）纵、横向机动进给操纵机构

图 4-16 所示为 CA6140 型车床纵、横向机动进给操纵机构，它利用一个手柄集中操纵纵、横向机动进给运动的接通、断开和换向，且手柄扳动方向与刀架运动方向一致，使用非常方便。向左或向右扳动手柄 1，使手柄座 3 绕着销轴 2 摆动时（销轴 2 装在轴向位置固定的轴 23 上），手柄座下端的开口槽通过球头销 4 拨动轴 5 轴向移动，再经杠杆 11 和连杆 12 使凸轮 13 转动，凸轮上的曲线槽又通过圆销 14 带动拨叉轴 15 以及固定在它上面的拨叉 16 向前或向后移动，拨叉拨动离合器 M_8，使之与轴 XXII 上两个空套齿轮之一啮合，于是纵向机动进给运动接通，刀架相应地向左或向右移动。

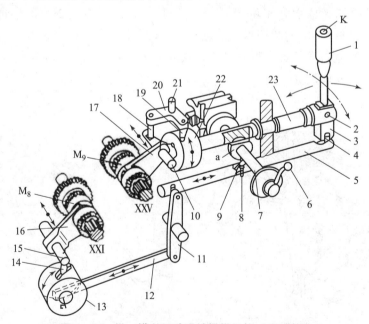

图 4-16　纵、横向机动进给操纵机构（CA6140）

1，6—手柄；2，21—销轴；3—手柄座；4，9—球头销；5，7，23—轴；8—弹簧销；
10，15—拨叉轴；11，20—杠杆；12—连杆；13，22—凸轮；14，18，19—圆销；16，17—拨叉；K—按钮

向后或向前扳动手柄 1，通过手柄座 3 使轴 23 以及固定在它左端的凸轮 22 转动时，凸轮上曲线槽通过圆销 19 使杠杆 20 绕销轴 21 摆动，再经杠杆 20 上的另一圆销 18，带动拨叉轴 10 以及固定在它上面的拨叉 17 向前或向后移动，拨叉拨动离合器 M_9，使之与轴 XXV 上两空套齿轮之一啮合，于是横向机动进给运动接通，刀架相应地向前或向后移动。

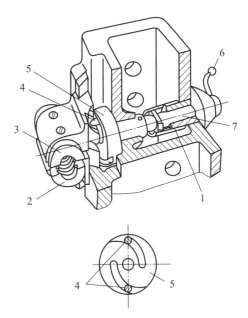

手柄 1 扳至中间直立位置时，离合器 M_8 和 M_9 均处于中间位置，机动进给传动链断开。当手柄扳至左、右、前、后任一位置时，如按下装在手柄 1 顶端的按钮 K，则快速电动机启动，刀架便在相应方向上快速移动。

2）开合螺母机构

开合螺母机构如图 4 - 17 所示。开合螺母由上下两个半螺母 3 和 2 组成，装在溜板箱体后壁的燕尾形导轨中，可上下移动。上下半螺母的背面各装有一个圆销 4，其伸出端分别嵌在槽盘 5 的两条曲

图 4 - 17　开合螺母机构（CA6140）
1—支撑套；2—下半螺母；3—上半螺母；
4—圆销；5—槽盘；6—手柄；7—轴

线槽中。扳动手柄 6，经轴 7 使槽盘逆时针转动时，曲线槽迫使两圆销互相靠近，带动上下半螺母合拢与丝杠啮合，刀架便由丝杠螺母经溜板箱传动进给。槽盘顺时针转动时，曲线槽通过圆销使两半螺母相互分离与丝杠脱开啮合，刀架便停止进给。槽盘 5 上的偏心圆弧槽接近盘中心部分的倾角比较小，使开合螺母闭合后能自锁，不会因为螺母上的径向力而自动脱开。

3）互锁机构

机床工作时，如因操作失误同时将丝杠传动和纵、横向机动进给（或快速运动）接通，则将损坏机床。为了防止发生上述事故，溜板箱中设有互锁机构，以保证开合螺母合上时，机动进给不能接通；反之，机动进给接通时，开合螺母不能合上。

如图 4 - 18 所示，互锁机构由开合螺母操纵轴 2 上的凸肩 a，轴 1 上的球头销 5 和弹簧销 4 以及支撑套 6 等组成。图 4 - 16 所示为丝杠传动和纵横向机动进给均未接通的情况，此位置称中间位置。此时可扳动手柄 1（图 4 - 16），至前、后、左、右任意位置，接通相应方向的纵向或横向机动进给，或者扳动手柄 6（图 4 - 16），使开合螺母合上。

在图 4 - 16 中，如果向下扳动手柄 6 使开合螺母合上，则轴 7 顺时针转过一个角度，其上凸肩将嵌入轴 23 的槽中，将轴 23 卡住，使其不能转动，同时，凸肩又将装在支撑套横向孔中的球头销压下，使它的下端插入轴 1 的孔中，将轴 1 锁住，使其不能左右移动，这时纵、横向机动进给都不能接通［图 4 - 18（a）］。如果接通纵向机动进给，则因轴 1 沿轴线方向移动了一定位置，其上的横向孔与球头销 5 错位（轴线不在同一直线上），使球头销 5 不能往下移动，因而轴 1 被锁住而无法转动［图 4 - 18（b）］。如果接通横向机动进给时，由于轴 3 转动了位置，其上的沟槽不再对准轴 2 的凸肩 a，使轴 2 无法转动［图 4 - 18（c）］，因此，接通纵向或横向机动进给后，开合螺母均不能合上。

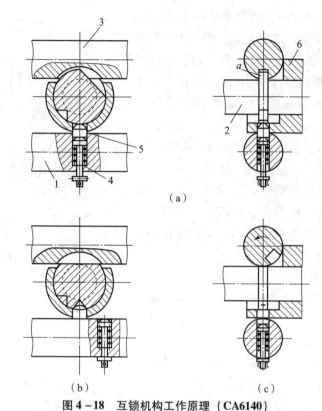

图 4 – 18   互锁机构工作原理（CA6140）

（a）纵、横向机动进给不能接通；（b）接通纵向机动进给；（c）接通横向机动进给

1，2，3—轴；4—弹簧销；5—球头销；6—支撑套

4）过载保险装置（安全离合器）

过载保险装置是机动进给当进给力过大或刀架移动受阻时，为了避免损坏传动机构，在进给传动链中设置的安全离合器。

图 4 – 19 所示为 CA6140 型车床溜板箱中所采用的安全离合器。它由端面带螺旋形齿爪的左右两半部 5 和 6 组成，其左半部 5 用键装在超越离合器 M_6 的星轮 4 上，且与轴 XX 空套，右半部 6 与轴 XX 用花键连接。正常工作时，在弹簧 7 压力作用下，离合器左右两半部分相互啮合，由光杠传来的运动经齿轮 z_{56}、超越离合器 M_6 和安全离合器 M_7，传至轴 XX 和蜗杆 10，此时安全离合器螺旋齿面产生的轴向分力 $F_{轴}$ 由弹簧 7 的压力来平衡（图 4 – 20）。刀架上的载荷增大时，通过安全离合器齿爪传递的扭矩以及作用在螺旋齿面上的轴向分力都将随之增大。当轴向分力 $F_{轴}$ 超过弹簧 7 的压力时，离合器右半部 6 将压缩弹簧向右移动与左半部 5 脱开，导致安全离合器打滑，于是机动进给传动链断开，刀架停止进给。过载现象消除后，弹簧 7 使安全离合器重新自动接合，恢复正常工作。机床许用的最大进给力取决于弹簧 7 调定的弹力。拧转调整螺母 3 通过装在轴 XX 内孔中的拉杆 1 和圆销 8，可调整弹簧座 9 的轴向位置，改变弹簧 7 的压缩量，从而调整安全离合器能传递的扭矩大小。

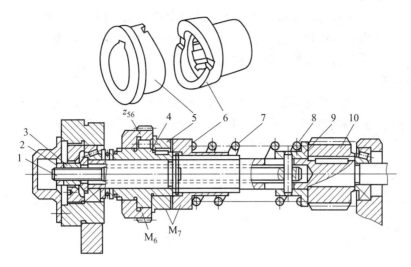

图 4 – 19　安全离合器（CA6140）

1—拉杆；2—锁紧螺母；3—调整螺母；4—超越离合器的星轮；5—安全离合器左半部；
6—安全离合器右半部；7—弹簧；8—圆销；9—弹簧座；10—蜗杆

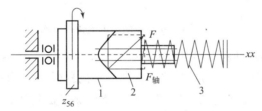

图 4 – 20　安全离合器的工作原理

1—安全离合器左半部；2—安全离合器右半部；3—弹簧

4.3　磨　　床

　　磨削在机械制造中是一种使用非常广泛的加工方法，其加工精度可达 IT6 ~ IT4，表面粗糙度可达 Ra 1.25 ~ 0.01 μm。磨削的最大优点是对各种工件材料和各种几何表面都有广泛的适应性。过去磨削只是作为一种精加工方法，而现在其应用范围已扩大到对毛坯进行单位时间内金属切除量很大的加工（如蠕动磨削），并使之成为无须进行预先切削加工的最终加工工序。

4.3.1　磨削原理

1. 磨粒的形状及磨削特点

　　磨粒的形状及其相对于工件的位置有着多种不同的形态和随机性，但是它们有着共同的特点，这就是绝大部分磨粒的顶尖角在 90° ~ 120°，因此磨削时磨粒均以负前角进行切削。磨削一段时间后，磨粒钝化，前角（负值）的绝对值还会增大。此外，磨粒切削刃相对于很小的切削厚度（0.1 ~ 10 μm）来说，有着较大的切削刃钝圆半径（一般为 10 ~ 35 μm），磨削时对加工表面产生强烈的摩擦和挤压作用。

2. 磨削加工类型

磨削加工是用高速回转的砂轮或其他磨具以给定的背吃刀量，对工件进行加工的方法。根据工件被加工表面的形状和砂轮与工件之间的相对运动，磨削分为外圆磨削、内圆磨削、平面磨削和无心外圆磨削等几种主要加工类型。

1）外圆磨削

外圆磨削是用砂轮外圆周面来磨削工件的外回转表面的，它能加工圆柱面、圆锥面、端面（台阶部分）、球面和特殊形状的外表面等。这种磨削方式按照不同的进给方向分为纵磨法和横磨法。图 4-21 所示为外圆磨削加工的各种方式。

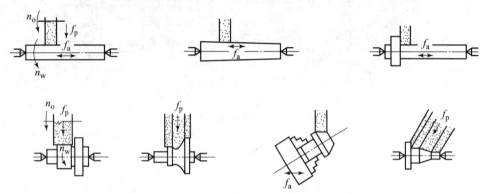

图 4-21　外圆磨削加工的各种方式

（1）纵磨法。磨削外圆时，砂轮的高速旋转为主运动，工件做圆周进给运动，同时随工作台沿工件轴向做纵向进给运动。每单次行程或每往复行程终了时，砂轮做周期性的横向进给，从而逐渐磨去工件径向的全部磨削余量。采用纵磨法每次的横向进给量小，磨削力小，散热条件好，并且能以光磨的次数来提高工件的磨削和表面质量，因而加工质量高，是目前生产中使用最广泛的一种磨削方法。

（2）横磨法。采用这种磨削形式磨外圆时，砂轮宽度比工件的磨削宽度大，工件不需做纵向进给运动，砂轮以缓慢的速度连续或断续地沿工件径向做横向进给运动，直至磨到工件尺寸要求为止。横磨法因砂轮宽度大，一次行程就可完成磨削加工过程，所以加工效率高，同时它也适用于成形磨削。然而，在磨削过程中砂轮与工件接触面积大，磨削力大，必须使用功率大、刚性好的磨床。此外，磨削热集中、磨削温度高，势必影响工件的表面质量，必须给予充分的切削液来降低磨削温度。

2）内圆磨削

用砂轮磨削工件内孔的磨削方式称为内圆磨削，它可以在专用的内圆磨床上进行，也能够在具备内圆磨头的万能外圆磨床上实现。

在图 4-22 中，砂轮高速旋转做主运动 n_o，工件旋转做圆周进给运动 n_w，同时砂轮或工件沿其轴线往复移动做纵向进给运动 f_a，砂轮则做径向进给运动 f_p。

与外圆磨削相比，内圆磨削所用的砂轮和砂轮轴的直径都比较小。为了获得所要求的砂轮线速度，必须提高砂轮主轴的转速，故容易发生振动影响工件的表面质量。此外，由于内圆磨削时砂轮与工件的接触面积大，发热量集中，冷却条件差以及工件热变形大，特别是砂轮主轴刚性差，易弯曲变形，因此内圆磨削不如外圆磨削的加工精度高。

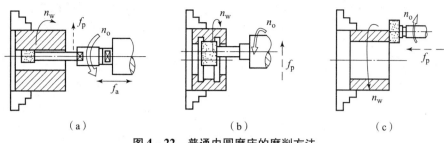

图 4 - 22　普通内圆磨床的磨削方法

（a）纵磨法磨内孔；（b）切入法磨内孔；（c）磨端面

3）平面磨削

常见的平面磨削方式有四种，如图 4 - 23 所示。工件安装在具有电磁吸盘的矩形或圆形工作台上做纵向往复直线运动或圆周进给运动。由于砂轮宽度限制，需要砂轮沿轴线方向做横向进给运动。为了逐步地切除全部余量，砂轮还需周期性地沿垂直于工件被磨削表面的方向进给。

图 4 - 23（a）、（b）属于圆周磨削，砂轮与工件的接触面积小，磨削力小，排屑及冷却条件好，工件受热变形小且砂轮磨损均匀，所以加工精度较高。然而，砂轮主轴呈悬臂状态，刚性差，不能采用较大的磨削用量，生产率较低。

图 4 - 23（c）、（d）属于端面磨削，砂轮与工件的接触面积大，同时参加磨削的磨粒多。另外，磨床工作时主轴受压力，刚性较好，允许采用较大的磨削用量，故生产率高。但是，在磨削过程中，磨削力大，发热量大，冷却条件差，排屑不畅，因为工件的热变形较大且砂轮端面沿径向各点的线速度不等使砂轮磨损不均匀，所以这种磨削方法的加工精度不高。

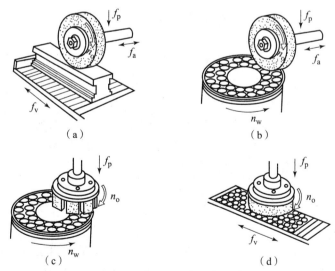

（a）　　　　　　　　　（b）

（c）　　　　　　　　　（d）

图 4 - 23　平面磨削方式

（a）卧轴矩台平面磨床磨削；（b）卧轴圆台平面磨床磨削；
（c）立轴圆台平面磨床磨削；（d）立轴矩台平面磨床磨削

4）无心外圆磨削

无心外圆磨削的工作原理如图 4 - 24 所示，工件置于砂轮和导轮之间的托板上，以工件自身外圆为定位基准。当砂轮以转速 n_o 旋转时，工件就有以与砂轮相同的线速度回转的趋势，但由于受到导轮摩擦力对工件的制约作用，结果使工件以接近于导轮线速度（转速 n_w）回转，从而在砂轮和工件之间形成很大的速度差，由此而产生磨削作用。改变导轮的转速，便可以调整工件的圆周进给速度。

无心外圆磨削有两种磨削方式，即贯穿磨法［图 4 – 24（a）、（b）］和切入磨法［图 4 – 24（c）］。

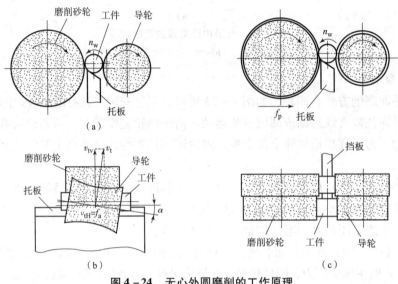

图 4 – 24 无心外圆磨削的工作原理

（a）、（b）贯穿磨法；（c）切入磨法

贯穿磨削时，将导轮在与砂轮轴平行的平面内倾斜一个角度 α（通常 $\alpha = 2° \sim 6°$，这时需将导轮的外圆表面修磨成双曲回转面以与工件呈线接触状态），这样就在工件轴线方向上产生一个轴向进给力。设导轮的线速度为 v_t，它可分解为两个分量 v_{tV} 和 v_{tH}。v_{tV} 带动工件回转，并等于 v_w；v_{tH} 使工件做轴向进给运动，其速度就是 f_a，工件一面回转一面沿轴向进给，就可以连续地进行纵向进给磨削。

切入磨削时，砂轮做横向切入进给运动（f_p）来磨削工件表面。

在无心外圆磨削过程中，由于工件是靠自身轴线定位，因而磨削出来的工件尺寸精度与几何精度都比较高，表面粗糙度小。如果配备适当的自动装卸料机构，就易于实现自动化。但是，无心外圆磨床调整费时，只适于大批量生产。

4.3.2 M1432A 型万能外圆磨床

1. 机床的布局

图 4 – 25 所示为 M1432A 型万能外圆磨床的外形，它由下列主要部件组成。

（1）床身。床身是磨床的支撑部件，在其上装有砂轮架、头架、尾座及工作台等部件。床身内部装有液压缸及其他液压元件，用来驱动工作台和横向滑鞍的移动。

（2）头架。头架用于安装及夹持工件，并带动其旋转，可在水平面内逆时针转动90°。

（3）工作台。工作台由上下两层组成，上工作台可相对于下工作台在水平面内转动很小的角度（±10°），用以磨削锥度不大的长圆锥面。上工作台顶面装有头架和尾座，它们随工作台一起沿床身导轨做纵向往复运动。

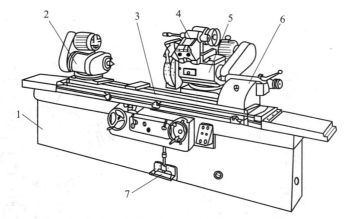

图 4 - 25　M1432A 型万能外圆磨床的外形

1—床身；2—头架；3—工作台；4—内圆磨装置；5—砂轮架；6—尾架；7—脚踏操纵板卧轴矩台

（4）内圆磨装置。内圆磨装置用于支撑磨内孔的砂轮主轴部件，由单独的电动机驱动。

（5）砂轮架。砂轮架用于支撑并传动高速旋转的砂轮主轴。砂轮架装在滑鞍上，当需磨削短圆锥时，砂轮架可在 ±30°内调整位置。

（6）尾座。尾座和头架的前顶尖一起支撑工件。

2. 机床的运动与传动

图 4 - 26 所示为机床典型的加工方法。其中图 4 - 26（a）、（d）与（b）是采用纵磨法磨削外圆柱面和内、外圆锥面，这时机床需要三个表面成形运动，即砂轮的旋转运动 n_o、工件纵向进给运动 f_a 以及工件的圆周进给运动 n_w。图 4 - 26（c）所示为切入法磨削短圆锥面，这时只有砂轮的旋转运动和工件的圆周进给运动。此外，机床还有两个辅助运动，即砂轮横向快速进退和尾座套筒缩回，以便装卸工件。

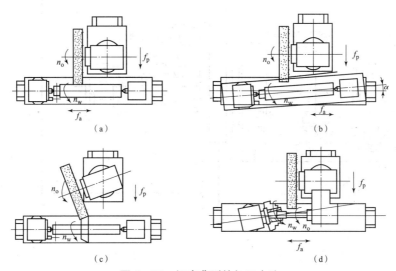

图 4 - 26　机床典型的加工方法

（a）纵磨法磨外圆柱面；（b）扳转工作台用纵磨法磨长圆锥面；

（c）扳转砂轮架用切入法磨短圆锥面；（d）扳转头架用纵磨法磨内圆锥面

M1432A 型万能外圆磨床机械的传动系统如图 4 - 27 所示。

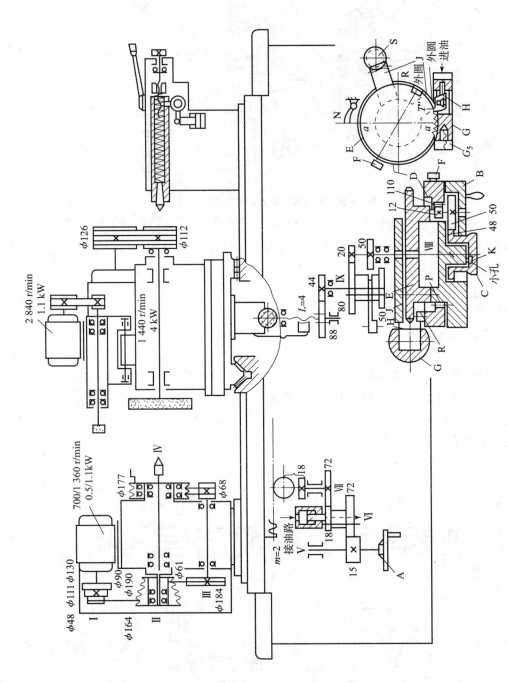

图4-27 M1432A型万能外圆磨床机械传动系统

1）砂轮主轴的旋转运动 $n_。$

磨削外圆时，砂轮的旋转运动是由电动机（转速 1 440 r/min，功率 4 kW）经 V 形带直接传动。内圆磨削时，砂轮主轴的旋转运动由另一台电动机（转速 2 840 r/mim，功率 1.1 kW）经平带直接传动。更换带轮，可使砂轮主轴获得两种高转速，即 10 000 r/min 和 15 000 r/min。

2）工件圆周进给运动 n_w

工件的旋转运动是由双速电动机驱动，经三阶塔轮及两级带轮传动，使头架的拨盘或卡盘带动工件，实现圆周进给。由于电动机为双速，因而可使工件获得 6 种转速。

3）工件纵向进给运动 f_a

通常采用液压传动，以保证运动的平稳性，并便于实现无级调速和往复运动循环的自动化。此外，在调整机床时，还可由手轮驱动工作台。

为了防止液压传动和手轮 A 之间的干涉，设置了联锁装置。当轴 VI 上的小液压缸与液压系统相通，工作台纵向往复运动时，压力油推动轴 VI 上的双联齿轮移动，使齿轮 18 与 72 脱开。因此，液压驱动工作台纵向运动时手轮 A 并不转动。

4）砂轮架的横向进给运动

横向进给运动 f_p〔单位为 mm/str 或 mm/（d·str）〕可用手轮 B 实现连续横向进给和周期性自动进给两种工作方式。当顺时针转动手轮 B 时，经过中间体 P 带动轴 VIII，再由齿轮副 50/50 或 20/80，经 44/88 传动丝杠转动（螺距 $P = 4$ mm），来实现砂轮架的横向进给运动。手轮转 1 周，砂轮架的横向进给量为 2 mm（粗进给）或 0.5 mm（细进给），手轮上的刻度盘 D 上刻度为 200 格，因此，每格进给量为 0.01 mm 或 0.002 5 mm。

3. 机床的主要部件结构

1）砂轮架

砂轮架由壳体、砂轮主轴部件、传动装置等组成，其中砂轮主轴部件结构直接影响工件的加工质量，应具有较高的回转精度、刚度、抗振性及耐磨性。

砂轮主轴前后径向支撑为"短三瓦"动压滑动轴承，每个滑动轴承都由均布在圆周上的三块扇形轴瓦组成，每块轴瓦均支撑在球面支撑螺钉的球头上。当主轴向一个方向高速旋转后，三块轴瓦自动地摆动到一个平衡位置，其内表面与主轴轴颈间形成楔形缝隙，于是在轴和轴瓦之间形成三个压力油楔，将主轴悬浮在三块轴瓦的中间，不与轴瓦直接接触，因而主轴具有较高的回转精度，所允许的转速也较高。

由于砂轮的磨削速度很高，砂轮主轴运转的平稳性对磨削表面质量影响很大，因此对装在主轴上的零件都要仔细校正静平衡，特别是砂轮，整个主轴部件还要校正动平衡。为安全起见，砂轮周围必须安装防护罩，以防砂轮意外碎裂击伤人员及设备。此外，砂轮主轴部件必须浸在油中，油面高度可通过油标观察，主轴两端用橡胶油封进行密封。

2）内圆磨具

内圆磨具装在支架的孔中，不工作时，应翻向上方。为了使内圆磨具在高转速下运转平稳，主轴轴承应具有足够的刚度和寿命，并采用平带传动内圆磨具的主轴。

3）头架

头架主轴直接支撑工件，因此它的回转精度和刚度直接影响工件的加工精度。

4.4 齿轮加工机床

4.4.1 齿轮的加工方法与齿轮加工机床的类型

齿轮加工机床是用来加工齿轮轮齿的机床。齿轮传动在各种机械及仪表中的广泛应用，现代工业的发展对齿轮传动在圆周速度和传动精度等方面的要求越来越高，促进了齿轮加工机床的发展，使齿轮加工机床成为机械制造业中一种重要的加工设备。

1. 齿轮加工机床的工作原理

齿轮加工机床的种类繁多，构造各异，加工方法也各不相同，但就其加工原理来说，可分为成形法和范成法两类。

1）成形法

成形法加工齿轮是使用切削刃形状与被切齿轮的齿槽形状完全相符的成形刀具切出齿轮的方法，即由刀具的切削刃形成渐开线母线，再加上一个沿齿坯齿向的直线运动形成所加工齿面。这种方法一般在铣床上用盘铣刀或指形齿轮铣刀铣削齿轮，如图 4-28 所示。此外，也可以在刨床或插床上用成形刀具刨、插削齿轮。

成形法加工齿轮是采用单齿廓成形分齿法，即加工完一个齿，退回，工件分度，再加工一个齿，因此生产率较低，而且对于同一模数的齿轮，只要齿数不同，齿廓形状就不同，需采用不同的成形刀具。在实际生产中为了减少成形刀具的数量，每一种模数通常只配有八把刀，各自适应一定的齿数范围，因此加工出的齿形是近似的，加工精度较低。但是使用这种方法，机床简单，不需要专用设备，适用于单件小批生产及加工精度不高的修理行业。

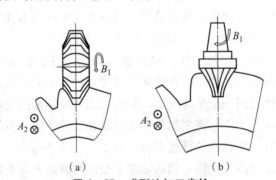

图 4-28 成形法加工齿轮

（a）用盘铣刀铣削；（b）用指形齿轮铣刀铣削

2）范成法

范成法是切齿时刀具与工件模拟一对齿轮（或齿轮与齿条）做啮合运动（范成运动），在运动过程中，刀具齿形的运动轨迹逐步包络出工件的齿形（图 4-29）。刀具的齿形可以和工件齿形不同，所以可以使用直线齿廓的齿条式工具来制造渐开线齿轮刀具，例如用修整得非常精确的直线齿廓的砂轮来刃磨渐开线齿廓的插齿刀。这为提高齿轮刀具的制造精度和高精度齿轮的加工提供了有利条件。

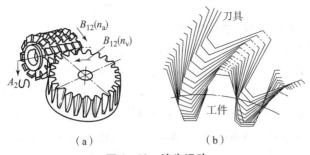

图 4 – 29　滚齿运动

（a）滚动运动；（b）齿廓范成运动

范成法加工齿轮是利用齿轮的啮合原理进行的，即把齿轮啮合副（齿条－齿轮、齿轮－齿轮）中的一个转化为刀具，另一个转化为工件，并强制刀具和工件做严格的啮合运动而范成切出齿廓。

此外，范成法可以用一把刀具切出同一模数而齿数不同的齿轮，而且加工时能连续分度，具有较高的生产率。但是范成法需在专门的齿轮机床上加工，而且机床的调整、刀具的制造和刃磨都比较复杂，一般用于成批和大量生产。滚齿、插齿等都属于范成法切齿。

2. 齿轮加工机床的类型

按照被加工齿轮种类的不同，齿轮加工机床可分为圆柱齿轮加工机床和锥齿轮加工机床两大类。圆柱齿轮加工机床主要有滚齿机、插齿机、车齿机等；锥齿轮加工机床有加工直齿锥齿轮的刨齿机、铣齿机、拉齿机和加工弧齿锥齿轮的铣齿机。用来精加工齿轮齿面的机床有剃齿机、珩齿机和磨齿机等。

4.4.2　Y3150E 型滚齿机

滚齿机是齿轮加工机床中应用最广泛的一种，多数是立式的，用来加工直齿和斜齿的外啮合圆柱齿轮及蜗轮；也有卧式的，用于仪表工业中加工小模数齿轮和在一般机械制造业中加工轴齿轮、花键轴等。

1. 滚齿原理

滚齿加工是由一对交错轴斜齿轮啮合传动原理演变而来的，将其中一个齿轮的齿数减少到几个或一个，螺旋角 β 增大到很大，它就成了蜗杆，再将蜗杆开槽并铲背，就成为齿轮滚刀。在齿轮滚刀按给定的切削速度做旋转运动，工件轮坯按一对交错轴斜齿轮啮合传动的运动关系，配合滚刀一起转动的过程中，就在齿坯上滚切出齿槽，形成渐开线齿面，如图 4 – 29（a）所示。在滚切过程中，分布在螺旋线上的滚刀各刀齿相继切去齿槽中一薄层金属，每个齿槽在滚刀旋转中由几个刀齿依次切出，渐开线齿廓则由刀刃一系列瞬时位置包络而成，如图 4 – 29（b）所示。所以，滚齿时齿廓的成形方法是范成法，成形运动是滚刀旋转运动和工件旋转运动组成的复合运动（$B_{11} + B_{12}$），这个复合运动称为范成运动。当滚刀与工件连续不断地旋转时，便在工件整个圆周上依次切出所有齿槽。也就是说，滚齿时齿面的成形过程与齿轮的分度过程是结合在一起的，因而范成运动也就是分度运动。

由上述可知，为了得到所需的渐开线齿廓和齿轮齿数，滚齿时滚刀和工件之间必须保持严格的相对运动关系：当滚刀转过 1 转时，工件应该相应地转 k/z 转（k 为滚刀头数，z 为工件齿数）。

1）加工直齿圆柱齿轮时的运动和传动原理

根据表面成形原理，加工直齿圆柱齿轮时的成形运动应包括形成渐开线齿廓（母线）的运动和形成直线形齿线（导线）的运动。渐开线齿廓由范成法形成，靠滚刀旋转运动 B_{11} 和工件旋转运动 B_{12} 组成的复合成形运动——范成运动实现；直线形齿线由相切法形成，靠滚刀旋转运动 B_{11} 和滚刀沿工件轴线的直线运动 A_2 来实现，这是两个简单成形运动［图 4－29（a）］。这里，滚刀的旋转运动既是形成渐开线齿廓的运动，又是形成直线形齿线的运动。所以，滚切直齿圆柱齿轮实际只需要两个独立的成形运动，一个是复合成形运动（$B_{11}+B_{12}$），另一个是简单成形运动 A_2。但是，习惯上常常根据切削中所起作用来称呼滚齿时的运动，即称工件的旋转运动为范成运动，滚刀的旋转运动为主运动，滚刀沿工件轴线方向的移动为轴向进给运动，并据此来命名实现这些运动的传动链。

滚切直齿圆柱齿轮所需成形运动的传动原理如图 4－30 所示。联系滚刀主轴（滚刀转动 B_{11}）和工作台（工件转动 B_{12}）的传动链"4—5—u_x—6—7"为范成运动传动链，由它来保证滚刀和工件旋转运动之间的严格运动关系。传动链中的换置机构 u_x 用于适应工件齿数和滚刀头数的变化。显然，这是一条内联系传动链，不仅要求它的传动比数值绝对准确，而且要求滚刀和工件两者的旋转方向互相配合，即必须符合一对交错轴斜齿轮啮合传动时的相对运动方向。当滚刀旋转方向一定时，工件的旋转方向由滚刀螺旋方向确定。

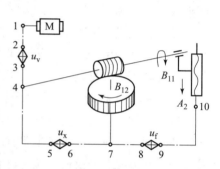

图 4－30　滚刀直齿圆柱
齿轮的传动原理

为使滚刀和工件能实现范成运动，需有传动链"1—2—u_v—3—4"把运动源 M 与范成运动传动链联系起来。它是范成运动的外联系传动链，使滚刀和工件共同获得一定速度和方向的运动。通常称联系运动源 M 与滚刀主轴的传动链为主运动传动链，传动链中的换置机构 u_v 用于调整渐开线齿廓的成形速度，以适应滚刀直径、滚刀材料、工件材料、硬度以及加工质量要求等的变化，即根据工艺条件所确定的滚刀转速来调整其传动比。

滚刀的轴向进给运动是由滚刀刀架沿立柱移动实现的。为使刀架得到运动，用轴向进给运动传动链"7—8—u_f—9—10"将工作台（工件转动）与刀架（滚刀移动）联系起来。传动链中的换置机构 u_f 用于调整轴向进给量的大小和进给方向，以适应不同加工表面粗糙度的要求。需要明确的是，由于轴向进给运动是简单运动，因此轴向进给运动传动链是外联系传动链。这里之所以用工作台作为间接运动源，是因为滚齿时的进给量通常以工件每转 1 r 时，刀架的位移量来计量，刀架运动速度较小。采用这种传动方案，不仅可满足工艺上的需要，而且能简化机床的结构。

2）加工斜齿圆柱齿轮时的运动和传动原理

斜齿圆柱齿轮与直齿圆柱齿轮不同之处是齿线为螺旋线，因此，滚切斜齿齿轮时，除了与滚切直齿一样，需要有范成运动、主运动和轴向进给运动外，为了形成螺旋线齿线，在滚刀做轴向进给运动的同时，工件还应做附加旋转运动 B_{22}（简称附加运动），而且这两个运动之间必须保持确定的关系，即滚刀移动一个工件螺旋线导程 L 时，工件应准确地附加转过 1 r，对此用图 4－31（a）来加以说明。设工件螺旋线为右旋，当刀架带着滚刀沿工件轴向

进给 f（单位为 mm），滚刀由 a 点到 b 点时，为了能切出螺旋线齿线，应使工件的 b' 点转到 b 点，即在工件原来的旋转运动 B_{12} 的基础上，再附加转动 bb'。当滚刀进给至 c 点时，工件应附加转动 cc'。依此类推，当滚刀进给至 p 点，即滚刀进给一个工件螺旋线导程 L 时，工件上的 p' 点应转到 p 点，就是说工件应附加转 1 r。附加运动 B_{22} 的方向与工件在范成运动中的旋转运动 B_{12} 方向相同或者相反，这取决于工件螺旋线方向及滚刀进给方向。如果 B_{22} 和 B_{12} 同向，计算时附加运动取 $+1$ r，反之，若 B_{22} 和 B_{12} 方向相反，则取 -1 r。由上述分析可知，滚刀的轴向进给运动 A_{21} 和工件的附加运动 B_{22} 是形成螺旋线齿线所必需的运动，它们组成一个复合运动——螺旋轨迹运动。

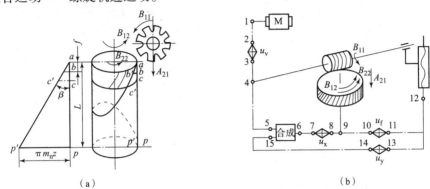

图 4 - 31　滚切斜齿圆柱齿轮

（a）滚切斜齿圆柱齿轮的运动；（b）滚切斜齿圆柱齿轮的传动原理

滚切斜齿圆柱齿轮所需成形运动的传动原理如图 4 - 31（b）所示。其中范成运动、主运动以及轴向进给运动传动链与加工直齿圆柱齿轮时相同，只是在刀架与工件之间增加了一条附加运动传动链——"刀架（滚刀移动 A_{21}）—12—13—u_y—14—15—合成—6—7—u_x—8—9—工作台（工件附加转动 B_{22}）"，以保证刀架沿工件轴线方向移动一个螺旋线导程 L 时，工件附加转 1 r，形成螺旋线齿线，显然，这条传动链属于内联系传动链。传动链中的换置机构 u_y 用于适应工件螺旋线导程 L 和螺旋方向的变化。由于滚切斜齿圆柱齿轮时，工件旋转运动既要与滚刀旋转运动配合，组成形成齿廓的范成运动，又要与滚刀刀架直线进给运动配合，组成形成螺旋线齿线的螺旋轨迹运动，而且它们又是同时进行的，因此加工时工件的旋转运动是两个运动（范成运动中的旋转运动 B_{12} 和螺旋轨迹运动的附加运动 B_{22}）的合成。这两个运动分别由范成运动传动链和附加运动传动链传来，为使工件同时接受两个运动而不发生矛盾，需在传动系统中配置运动合成机构 [图 4 - 31（b）] 以及其他传动原理图中均用合成表示，将两个运动合成之后再传给工件。

3）滚齿机的运动合成机构

滚齿机上加工斜齿圆柱齿轮、大质数齿轮以及用切向进给法加工蜗轮时，都需要通过运动合成机构将范成运动中工件的旋转运动和工件的附加运动合成后传到工作台，使工件获得合成运动。

滚齿机所用的运动合成机构通常是圆柱齿轮或锥齿轮行星机构。如图 4 - 32 所示，Y3150E 型滚齿机所用的运动合成机构，由模数 $m = 3$，齿数 $z = 30$，螺旋角 $\beta = 0°$ 的四个弧齿锥齿轮组成。

当需要附加运动时［图4-32（a）］，在轴X上先装上套筒G（用键与轴连接），再将离合器 M_2 空套在套筒G上。离合器 M_2 的端面齿与空套齿轮 z_y 的端面齿以及转臂H右部套筒上的端面齿同时啮合，将它们连接在一起，因而来自刀架的运动可通过齿轮 z_y 传递给转臂H。

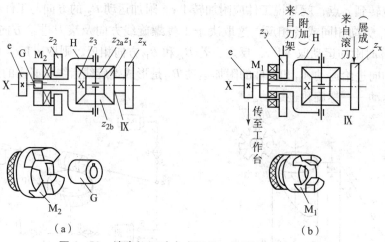

图4-32　滚齿机运动合成机构工作原理（Y3150E）

（a）需要附加运动；（b）不需要附加运动

设 n_X、n_{IX}、n_H 分别为轴X、IX及转臂H的转速，根据行星齿轮机构传动原理，可以列出运动合成机构的传动比计算式：

$$\frac{n_X - n_H}{n_{IX} - n_H} = (-1)\frac{z_1 z_{2a}}{z_{2a} z_3}$$

式中的（-1），由锥齿轮传动的旋转方向确定。将锥齿轮齿数 $z_1 = z_{2a} = z_{2b} = z_3 = 30$ 代入上式，则得

$$\frac{n_X - n_H}{n_{IX} - n_H} = -1$$

进一步可得运动合成机构中从动件的转速 n_X 与两个主动件的转速 n_{IX} 及 n_H 的关系式：

$$n_X = 2n_H - n_{IX}$$

在范成运动传动链中，来自滚刀的运动由齿轮 z_X 经合成机构传至轴X，可设 $n_H = 0$，则轴IX与X之间的传动比为

$$U_{合1} = \frac{n_X}{n_{IX}} = -1$$

在附加运动传动链中，来自刀架的运动由齿轮 z_y 传给转臂H，再经合成机构传至轴X，可设 $n_{IX} = 0$，则转臂H与轴X之间的传动比为

$$U_{合2} = \frac{n_X}{n_H} = 2$$

综上所述，加工斜齿圆柱齿轮、大质数齿轮以及用切向法加工蜗轮时，范成运动和附加运动同时通过合成机构传动，并分别按传动比 $U_{合1} = -1$ 及 $U_{合2} = 2$ 经轴X和齿轮e传至工作台。

加工直齿圆柱齿轮时，工件不需要附加运动。为此需卸下离合器 M_2 及套筒G，而将离合器 M_1 装在轴X上［图4-32（b）］。M_1 通过键和轴X连接，其端面齿爪只和转臂H的端

面齿爪连接，所以此时

$$n_{\text{H}} = n_{\text{X}}$$
$$n_{\text{X}} = 2n_{\text{X}} - n_{\text{IX}}$$
$$n_{\text{X}} = n_{\text{IX}}$$

范成运动传动链中轴 X 与轴 IX 之间的传动比为

$$U_{\text{合}1} = \frac{n_{\text{X}}}{n_{\text{IX}}} = 1$$

实际上，在上述调整状态下，转臂 H、轴 X 与轴 IX 之间都不能做相对运动，相当于连成一整体，因此在范成运动传动链中，运动由齿轮 n_{X}，经轴 IX 直接传至轴 X 及齿轮 e，即合成机构的传动比 $U'_{\text{合}1} = 1$。

2. Y3150E 型滚齿机的传动系统及其调整计算

中型通用滚齿机常见的布局形式有立柱移动式和工作台移动式两种。Y3150E 型滚齿机属于后者，图 4 – 33 所示为该机床的外形。

床身 1 上固定有立柱 2，刀架溜板 3 可沿立柱上的导轨垂直移动，滚刀用刀杆 4 安装在刀架体 5 中的主轴上。工件安装在工作台 9 的芯轴 7 上，随同工作台一起旋转。后立柱 8 和工作台装在床鞍 10 上，可沿床身的水平导轨移动，用于调整工件的径向位置或做径向进给运动。后立柱上的支架 6 可用轴套或顶尖支撑工件芯轴上端。

通用滚齿机一般要求它能加工直齿、斜齿圆柱齿轮和蜗轮，因此，其传动系统应具备主运动传动链、范成运动传动链、轴向进给传动链、附加运动传动链、径向进给传动链和切向进给传动链，其中前四种传动链是所有通用滚齿机都具备的，后两种传动链只有部分滚齿机具备。此外，大部分滚齿机还具备刀架快速空行程传动链，用于传动刀架溜板快速移动。图 4 – 34 所示为 Y3150E 型滚齿机的传动系统，该机床主要用于加工直齿和斜齿圆柱齿轮，也可用径向切入法加工蜗轮，但径向进给只能手动。因此，传动系统中只有主运动、范成运动、轴向进给和附加运动传动链，另外，还有一条刀架空行程传动链。传动系统的传动路线表达式为

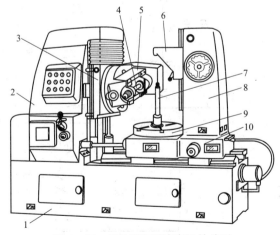

图 4 – 33 Y3150E 型滚齿机的外形

1—床身；2—立柱；3—刀架溜板；4—刀杆；5—刀架体；6—支架；7—芯轴；8—后立柱；9—工作台；10—床鞍

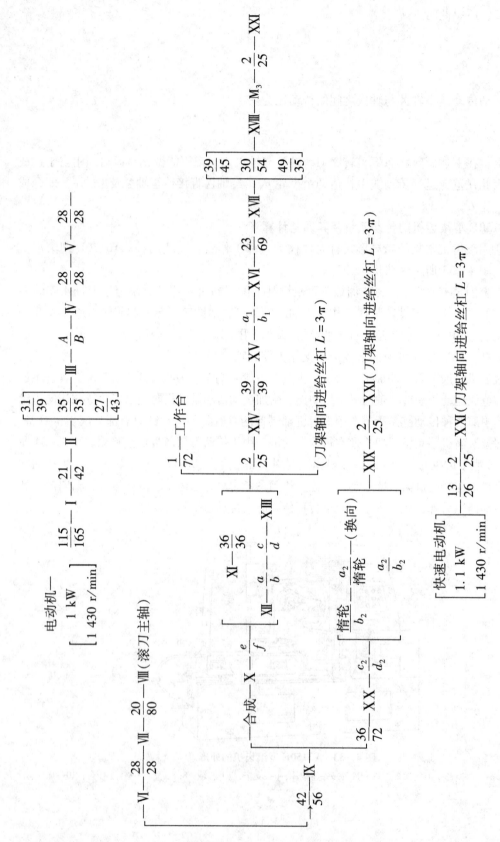

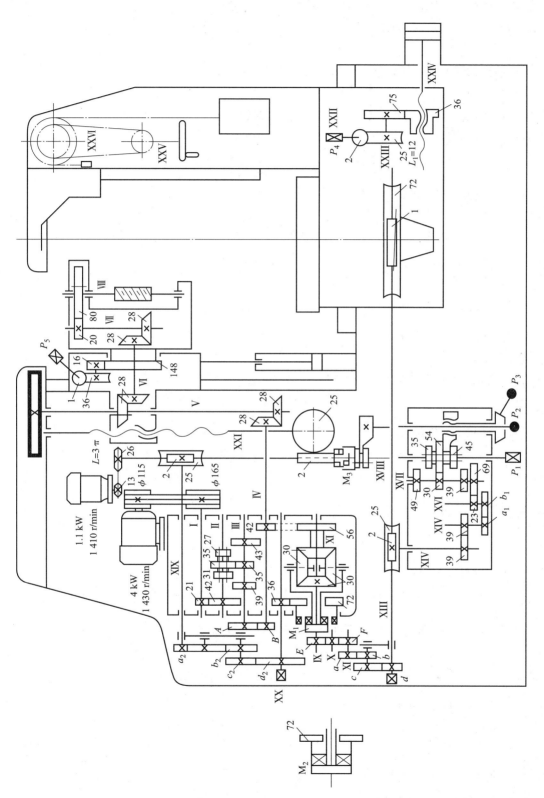

图4-34 Y3150E型滚齿机的传动系统

下面具体分析滚切直齿、斜齿圆柱齿轮时各运动链的调整计算。

1）加工直齿圆柱齿轮的调整计算

（1）主运动传动链。

主运动传动链的两端件是电动机和滚刀主轴Ⅷ。

计算位移为

电动机 $n_电$（单位为 r/min）—滚刀主轴（滚刀转动）$n_刀$（单位为 r/min）

其运动平衡式为

$$1\ 430 \times \frac{115}{165} \times \frac{21}{42} \times u_{Ⅱ-Ⅲ} \frac{A}{B} \times \frac{28}{28} \times \frac{28}{28} \times \frac{28}{28} \times \frac{20}{80} = n_刀$$

由上式可得换置公式为

$$u_v = u_{Ⅱ-Ⅲ} \frac{A}{B} = \frac{n_刀}{124.583}$$

式中，$u_{Ⅱ-Ⅲ}$——轴Ⅱ—Ⅲ的可变传动比，共三种，$u_{Ⅱ-Ⅲ} = \frac{27}{43}, \frac{31}{39}, \frac{35}{35}$；

$\frac{A}{B}$——主运动变速挂轮齿数比，共三种，$\frac{A}{B} = \frac{22}{44}, \frac{33}{33}, \frac{44}{22}$。

滚刀的转速确定后，就可算出 u_v 的数值，并由此决定变速箱中变速齿轮的啮合位置和挂轮的齿数。

（2）范成运动传动链。

范成运动传动链的两端件是滚刀主轴（滚刀转动）和工作台（工件转动）。

计算位移是滚刀主轴转 1 r 时，工件转 $\frac{k}{z}$ r，其运动平衡式为

$$l \times \frac{80}{20} \times \frac{28}{28} \times \frac{28}{28} \times \frac{28}{28} \times \frac{42}{56} u_{合1} \times \frac{e}{f} \times \frac{a}{b} \times \frac{c}{d} \times \frac{1}{72} = \frac{k}{z}$$

滚切直齿圆柱齿轮时，运动合成机构用离合器 M_1 连接，故 $U_{合1} = 1$。

由上式得范成运动传动链换置公式为

$$u_X = \frac{a}{b} \times \frac{c}{d} = \frac{f}{e} \cdot \frac{24k}{z}$$

上式中 $\frac{e}{f}$ 的挂轮，用于工件齿数 z 在较大范围内变化时调整 u_X 的数值，使其数值适中，以便于选取挂轮。根据 $\frac{z}{k}$ 值，$\frac{e}{f}$ 可以有如下三种选择：

$5 \leqslant \frac{z}{k} \leqslant 20$ 时取 $e = 48$，$f = 24$；

$21 \leqslant \frac{z}{k} \leqslant 142$ 时取 $e = 36$，$f = 36$；

$\frac{z}{k} \geqslant 143$ 时取 $e = 24$，$f = 48$。

（3）轴向进给运动传动链。

轴向进给运动传动链的两端件是工作台（工件转动）和刀架（滚刀移动）。

计算位移：工作台每转一转时，刀架进给 f（单位为 mm），运动平衡式为

$$1 \times \frac{72}{1} \times \frac{2}{25} \times \frac{39}{39} \times \frac{a_1}{b_1} \times \frac{23}{69} \times u_{\text{XVII-XVIII}} \times \frac{2}{25} \times 3\pi = f$$

整理上式得出换置公式为

$$u_f = \frac{a_1}{b_1} u_{\text{XVII-XVIII}} = \frac{f}{0.460\ 8\pi}$$

式中　f——轴向进给量，单位为（mm/r），根据工件材料、加工精度及表面粗糙度等条件选定；

$\dfrac{a_1}{b_1}$——轴向进给挂轮；

$u_{\text{XVII-XVIII}}$——进给箱轴 XVII—XVIII 的可变传动比，共三种，$u_{\text{XVII-XVIII}} = \dfrac{49}{39}, \dfrac{30}{54}, \dfrac{39}{45}$。

2）加工斜齿圆柱齿轮的调整计算

（1）主运动传动链。

加工斜齿圆柱齿轮时，机床主运动传动链的调整计算和加工直齿圆柱齿轮时相同。

（2）范成运动传动链。

加工斜齿圆柱齿轮时，虽然范成运动传动链的传动路线以及两端件计算位移都和加工直齿圆柱齿轮时相同，但这时因运动合成机构用离合器 M_2 连接，其传动比 $u_{\text{合1}} = -1$，代入运动平衡式后得出的换置公式为

$$u_X = \frac{a}{b} \times \frac{c}{d} = -\frac{f}{e} \cdot \frac{24k}{z}$$

式中负号说明范成运动链中轴 X 与 IX 的转向相反，而在加工直齿圆柱齿轮时两轴的转向相同（换置公式中符号为正）。因此，在调整范成运动挂轮时，必须按机床说明书规定配加惰轮。

（3）轴向进给运动传动链。

轴向进给传动链及其调整计算和加工直齿圆柱齿轮相同。

（4）附加运动传动链。

附加运动传动链的两端件是滚刀刀架（滚刀移动）和工作台（工件附加转动）。

计算位移是刀架沿工件轴向移动一个螺旋线导程 L 时，工件应附加转 ± 1 r，其运动平衡式为

$$\frac{L}{3\pi} \times \frac{25}{2} \times \frac{2}{25} \times \frac{a_2}{b_2} \times \frac{c_2}{d_2} \times \frac{36}{72} u_{\text{合2}} \frac{e}{f} \times \frac{a}{b} \times \frac{c}{d} \times \frac{1}{72} = \pm 1$$

$$L = \frac{\pi m_n z}{\sin \beta}$$

式中　3π——轴向选给丝杠的导程，单位为 mm；

$u_{\text{合2}}$——运动合成机构在附加运动传动链中的传动比，（$u_{\text{合2}} = 2$）；

$\dfrac{a}{b} \times \dfrac{c}{d}$——范成运动链挂轮传动比，$\dfrac{a}{b} \times \dfrac{c}{d} = -\dfrac{f}{e} \times \dfrac{24k}{z}$；

L——被加工齿轮螺旋线的导程，单位为 mm；

m_n——法向模数，单位为 mm；

β——被加工齿轮的螺旋角，单位为度。

由此可得

$$u = \frac{a}{b} \times \frac{c}{d} = \pm 9\frac{\sin \beta}{m_\mathrm{n} k}$$

对于附加运动传动链的运动平衡式和换置公式，做如下分析：

① 附加运动传动链是形成螺旋线齿线的内联系传动链，其传动比数值的精确度，影响着工件齿轮的齿向精度，所以挂轮传动比应配算准确。但是，换置公式中包含有无理数 $\sin \beta$，这就给精确配算挂轮 $\frac{a_2}{b_2} \times \frac{c_2}{d_2}$ 带来困难，因为挂轮个数有限，且与范成运动传动链共用一套挂轮。

为保证范成挂轮传动比绝对准确，一般先选定范成挂轮，剩下的供附加运动挂轮选择，所以往往无法配算得非常准确，只能近似配算，但误差不能太大。选配的附加运动挂轮传动比与按换置公式计算所要求的传动比之间的误差，对于 8 级精度的斜齿轮，要准确到小数点后第四位数字（小数点后第五位数字才允许有误差），对于 7 级精度的斜齿轮，要准确到小数点后第五位数字，这样才能保证不超过精度标准中规定的齿向允差。

② 运动平衡式中不仅包含 u_y，而且包含有 u_x，这是因为附加运动传动链与范成运动传动有一公用段（轴 X 至工作台）的结果。这样的安排方案，可以经过代换使附加运动传动链换置公式中不包含工件齿数 z 这个参数，就是说配算附加运动挂轮与工件齿数无关。它的好处在于：一对互相啮合的斜齿轮，由于其模数相同，螺旋角绝对值也相同，当用一把滚刀加工一对斜齿轮时，虽然两轮的齿数不同，但是可以用相同的附加运动挂轮，因而只需计算和调整挂轮一次。更重要的是，由于附加运动挂轮近似配算所产生的螺旋角误差，对两个斜齿轮是相同的，因此仍可获得良好的啮合。

③ 刀架的传动丝杠采用模数螺纹，其导程为 3π。由于丝杠的导程值中包含 3π 这个因子，可消去运动平衡式中工件齿轮螺旋线导程 L 式中的 π，使换置公式中不含因子 π，计算简便。

④ 左旋和右旋螺旋齿线是两个不同的运动轨迹，是靠附加运动挂轮改变传动方向，即在附加运动挂轮中配加惰轮，改变附加运动 B_{22} 的方向而获得的。

3）刀架快速移动的传动路线

利用快速电动机可使刀架做快速升降运动，以便调整刀架位置及在进给前后实现快进和快退。此外，在加工斜齿圆柱齿轮时，启动快速电动机，可经附加运动传动链传动工作台旋转，以便检查工作台附加运动的方向是否正确。

刀架快速移动的传动路线如下：快速电动机—$\frac{13}{26}$—M—$\frac{2}{25}$—XXI（刀架轴向进给丝杠）。

刀架快速移动的方向可通过控制快速电动机的旋转方向来变换。在 Y3150E 型滚齿机上，启动快速电动机之前，必须先用操纵手柄 P_3 将轴 XVIII 上的三联滑移齿轮移到空挡位置，以脱开 XVII 和 XVIII 之间的传动联系（图 4-31）。为了确保操作安全，机床设有电气互锁装置，保证只有当操纵手柄 P_3 放在"快速移动"的位置上时，才能启动快速电动机。

使用快速电动机时，主电动机开动或不开动都可以。以滚切斜齿圆柱齿轮第一刀后，刀架快速退回为例，如主电动机仍然转动，这时刀架带着以 B_{11} 旋转的滚刀退刀，而工件以 $B_{12} + B_{22}$ 的合成运动转动，如主电动机停止，则范成运动停止，当刀架快退时，刀架上的滚刀不转，但是工作台上的工件还是会转动。在加工一个斜齿圆柱齿轮的整个过程中，范成运动链和附加运动传动链都不可脱开。例如，在第一刀初切完后，需将刀架快速向上退回，以便进行第二次切削，绝不可分开范成运动传动链和附加运动传动链中的挂轮或离合器，否则将会使工件产生乱牙及斜齿被破坏等现象，并可能造成刀具及机床的损坏。

3. 滚刀安装角的调整

滚齿时，为了切出准确的齿形，应使滚刀和工件处于正确的"啮合"位置，即滚刀在切削点处的螺旋线方向应与被加工齿轮齿槽方向一致。为此，需将滚刀轴线与工件顶面安装成一定的角度，称作安装角 δ。

$$\delta = \beta \pm \omega$$

式中　β——被加工齿轮的螺旋角；

　　　ω——滚刀的螺旋升角。

式中，当被加工的斜齿轮与滚刀的螺旋线方向相反时取" + "号，螺旋线方向相同时取" – "号。

滚切斜齿轮时，应尽量采用与工件螺旋方向相同的滚刀，使滚刀安装角较小，以利于提高机床运动平稳性及加工精度。

当加工直齿圆柱齿轮时，因为 $\beta = 0$，所以滚刀安装角 δ 为

$$\delta = \pm \omega$$

这说明在滚齿机上切削直齿圆柱齿轮时，滚刀的轴线也是倾斜的，与水平面成 β 角（对立式滚齿机而言），倾斜方向则取决于滚刀的螺旋线方向。

4 滚齿加工的特点

滚齿加工的特点主要体现在以下几个方面：

（1）适应性好。由于滚齿是采用范成法加工，因而一把滚刀可以加工与其模数、齿形角相同的不同齿数的齿轮，大大扩展了齿轮加工的范围。

（2）生产效率高。因为滚齿是连续切削，无空行程损失，可采用多线滚刀来提高粗滚齿的效率。

（3）滚齿时，一般都使用滚刀一周多点的刀齿参加切削，工件上所有齿槽都是由这些刀齿切出来的，因而被切齿轮的齿距偏差小。

（4）滚齿时，工件转过一个齿，滚刀转过 $1/k$（k 为滚刀线数），因此，在工件上加工出一个完整的齿槽，刀具相应地转 $1/k$ r。如果在滚刀上开有 n 个刀槽，则工件的齿廓是由 $j = n/k$ 个折线组成，受滚刀强度限制，对于直径在 50 ~ 200 mm 范围内的滚刀，n 值一般在 8 ~ 12。这样，使用形成工件齿廓包络线的刀具齿形（即"折线"）十分有限，比起插齿要少得多。所以，一般用滚齿加工出来的齿廓表面粗糙度大于插齿加工的齿廓表面粗糙度。

（5）滚齿加工主要用于加工直齿、斜齿圆柱齿轮和蜗轮，不能加工内齿轮和多联齿轮。

4.4.3　齿形的其他加工方法

1. 插齿

在范成法加工中，插齿加工也是一种应用非常广泛的方法。它一次完成齿槽的粗加工和半精加工，其加工精度为 7 ~ 8 级，表面粗糙度值为 $Ra0.16$ μm。插齿主要用于加工直齿圆柱齿轮，尤其适用于加工在滚齿机上不能加工的内齿轮和多联齿轮。

插齿刀实质上是一个端面磨有前角，齿顶及齿侧均磨有后角的齿轮［图4-35（a）］。插齿时，插齿刀沿工件轴向做直线往复运动以完成切削主运动，在刀具与工件轮坯做"无间隙啮合运动"过程中，在轮坯上渐渐切出齿廓。加工过程中，刀具每往复一次，仅切出工件齿槽的一小部分，齿廓曲线是在插齿刀刀刃多次相继切削中，由刀刃各瞬时位置的包络线所形成的［图4-35（b）］。

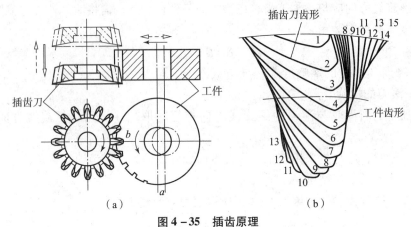

图4-35 插齿原理

（a）插齿运动；（b）包络线

2. 剃齿

剃齿是由剃齿刀带动工件自由转动并模拟一对螺旋齿轮做双面无侧隙啮合的过程，剃齿刀与工件的轴线交错成一定角度。剃齿刀可被视为一个高精度的斜齿轮，并在齿面上沿渐开线齿向上开了很多槽形成切削刃，如图4-36所示。剃齿常用于未淬火圆柱齿轮的精加工，生产效率很高，是软齿面精加工最常见的加工方法之一。

3. 珩齿

珩齿是一种用于加工淬硬齿面的齿轮精加工方法。工作时珩磨轮与工件之间的相对运动关系与剃齿相同（图4-37），所不同的是作为切削工具的珩磨轮是用金刚砂磨料加入环氧树脂等材料作结合剂浇铸或热压而成的塑料齿轮，而不像剃齿刀有许多切削刃。在珩磨轮与工件"自由啮合"的过程中，凭借珩磨轮齿面密布的磨粒，以一定压力和相对滑动速度进行切削。

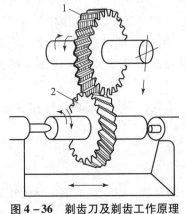

图4-36 剃齿刀及剃齿工作原理

1—剃齿刀；2—工件

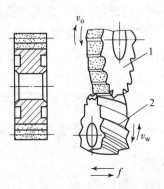

图4-37 珩磨轮与珩磨原理

1—珩磨轮；2—工件

4. 磨齿

通常磨齿机都采用范成法来磨削齿面（图 4 – 38）。常见的磨齿机有大平面砂轮磨齿机、碟形砂轮磨齿机、锥面砂轮磨齿机和蜗杆砂轮磨齿机。其中，大平面砂轮磨齿机的加工精度最高，可达 3 ~ 4 级，但效率较低；蜗杆砂轮磨齿机的效率最高，加工精度达 6 级。

磨齿加工的主要特点是：加工精度高，一般条件下加工精度可达 4 ~ 6 级，表面粗糙度为 $Ra\ 0.8 ~ 0.2\ \mu m$。由于采取强制啮合方式，不仅修正误差的能力强，而且可以加工表面硬度很高的齿轮。但是，一般磨齿（除蜗杆砂轮磨齿外）加工效率较低、机床结构复杂、调整困难、加工成本高，目前主要用于加工精度要求很高的齿轮。

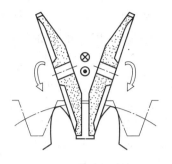

图 4 – 38　范成法磨齿

4.5　铣　　床

用铣刀在铣床上的加工称为铣削，铣削是一种应用非常广泛的切削加工方法。它可以对许多不同几何形状的表面进行粗加工和半精加工，其加工精度一般为 IT9 ~ IT8，表面粗糙度为 $Ra\ 6.3 ~ 1.6\ \mu m$。

4.5.1　铣削加工

1. 铣削特点

（1）多刃切削铣刀同时有多个刀齿参加切削，切削刃的作用总长度长，生产率高。其负效应为：由于刃磨和装配的误差，难以保证各个刀齿在刀体上应有的正确位置（如面铣刀各刀齿的刀尖不在同一端平面上），容易引起振动和冲击。

（2）可选用不同的铣削方式如顺铣、逆铣等。

（3）断续切削铣削时，刀齿依次切入和切离工件，易引起周期性的冲击振动。

（4）半封闭切削铣削时，由于刀齿多，每个刀齿的容屑空间小，呈半封闭状态，容屑和排屑条件较差。

2. 端铣和周铣

用分布于铣刀端平面上的刀齿进行的铣削称为端铣，用分布于铣刀圆柱面上的刀齿进行的铣削称为周铣，如图 4 – 39 所示。

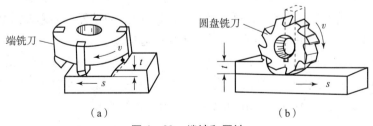

（a）　　　　　　　　　　　　　　　（b）

图 4 – 39　端铣和周铣

（a）端铣刀铣平面；（b）圆盘铣刀铣平面（周铣）

端铣与周铣相比，前者更容易使加工表面获得较小的表面粗糙度和较高的劳动生产率。

因为端铣时副切削刃、倒角刀尖具有修光作用，而周铣时只有主切削刃工作。此外，端铣时主轴刚性好，并且端铣刀易于采用硬质合金可转位刀片，因而切削用量较大，生产效率高，在平面铣削中端铣基本上代替了周铣，但周铣可以加工成形表面和组合表面。

3. 逆铣和顺铣

圆周铣削有逆铣和顺铣两种方式，如图 4-40 所示。

1）逆铣

铣刀切入工件时的切削速度方向和工件的进给方向相反的铣削方式称为逆铣，如图 4-40（a）所示。

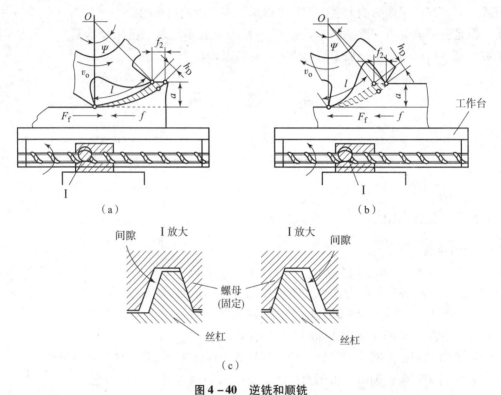

图 4-40 逆铣和顺铣

（a）逆铣；（b）顺铣；（c）局部放大

逆铣时，刀齿的切削厚度从零逐渐增至最大值。刀齿在开始切入时，由于切削刃钝圆半径的影响，刀齿在工件表面上打滑，产生挤压和摩擦，滑行到一定程度后，刀齿方能切下一层金属层，这样将使刀齿容易磨损，工件表面产生严重的冷硬层。紧接着，下一个刀齿又在前一个刀齿所产生的冷硬层上重复一次滑行、挤压和摩擦的过程，加剧刀齿磨损，增大了工件表面粗糙度值。此外，垂直铣削分力 F_v 向上易引起振动。

铣床工作台的纵向进给运动是依靠丝杠和螺母来实现的。螺母固定不动，丝杠转动时，带动工作台一起移动。逆铣时，纵向铣削分力 F_f 与纵向进给方向相反，使丝杠与螺母间传动面始终贴紧，故工作台不会发生窜动现象，铣削过程较平稳。

2）顺铣

铣刀切出工件时的切削速度方向与工件的进给方向相同的铣削方式称为顺铣，如图 4-40（b）所示。

顺铣时，刀齿的切削厚度从最大逐渐递减至零，没有逆铣时的刀齿滑行现象，加工硬化程度大为减轻，已加工表面质量较高，刀具耐用度也比逆铣时高。

从图4-40（b）中可看出，顺铣时，纵向分力 F_f 方向始终与进给方向相同，如果在丝杠与螺母传动副中存在间隙，当纵向分力 F_f 超过工作台摩擦力时，会使工作台带动丝杠向左窜动，进给不均匀，严重时会使铣刀崩刃。因此，如采用顺铣，必须消除铣床工作台纵向进给丝杠螺母副的间隙。

4.5.2　铣床

1. 常用铣床

铣床的类型很多，主要类型有卧式升降台铣床、立式升降台铣床、龙门铣床、工具铣床和多种专门化铣床等。

升降台式铣床使用比较广泛，其工作台安装在可垂直升降的升降台上，使工作台可在相互垂直的三个方向上调整位置或完成进给运动，由于升降台刚性差，因此适宜于加工中小型工件。

1）万能升降台铣床

万能升降台铣床的主轴是水平安置的，如图4-41所示，床身2固定在底座1上，用于安装和支撑机床的其他部件，床身内装有主运动变速传动机构、主轴部件以及操纵机构等。床身2的顶部的燕尾槽导轨上装有悬梁3，可沿主轴轴线方向前后调整位置，悬梁上装有刀杆支架5，用于支撑刀杆的悬臂端。升降台安装在床身前面的垂直导轨上，可以沿导轨垂直上下移动，升降台内装有进给机构以及操纵机构。升降台的水平导轨上装有床鞍8，可沿主轴轴线方向移动（横向移动）。床鞍6的导轨上安装有工作台6，可沿垂直于主轴轴线方向移动（纵向移动）。在工作台6和床鞍8之间有一层回转盘7，它可以相对于床鞍8在水平面内调整±45°偏转，改变工作台的移动方向，从而可加工斜槽、螺旋槽等。此外，还可换用立式铣头等附件，扩大机床的加工范围。

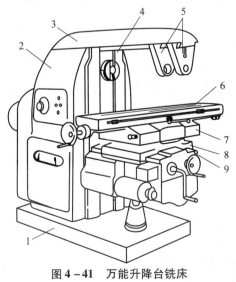

图4-41　万能升降台铣床

1—底座；2—床身；3—悬梁；4—主轴；5—刀杆支架；6—工作台；7—回转盘；8—床鞍；9—升降台

2）立式升降台铣床

如图4-42所示为立式升降台铣床。立式升降台铣床与卧式升降台铣床的主要区别在于安装铣刀的机床主轴垂直于工作台面，用面铣刀或立铣刀进行铣削。立式升降台铣床的工作台3、床鞍4及升降台5的结构与卧式升降台铣床相同，铣头1可以在垂直平面内调整角度，主轴可沿其轴线方向进给或调整位置。

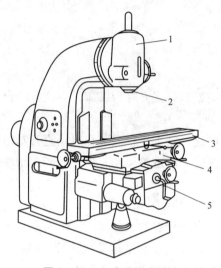

图4-42　立式升降台铣床

1—铣头；2—主轴；3—工作台；4—床鞍；5—升降台

2. XA6132型万能升降台铣床

XA6132型万能升降台铣床是目前最常用的铣床，机床的结构比较完善，通用性强，变速范围大，刚性好，操作方便，可变换成18种不同转速，其外形如图4-41所示。

主轴是前端带锥孔的空心轴，锥孔的锥度为7:24，用于安装刀杆。主轴孔前端装有两个平键块，与刀杆锥柄上的两个键槽配合，用于传递转矩。

XA6132型铣床的传动系统如图4-1所示，包括主运动传动链、进给运动传动链和快速空行程传动链。传动系统分析详见4.1。

4.6　孔的加工方法与设备

孔是各种机器零件上最多的几何表面之一，按照它和其他零件之间的连接关系来区分，可分为非配合孔和配合孔，前者一般在毛坯上直接钻、扩出来；后者则必须在钻孔、扩孔等粗加工的基础上，根据不同的精度和表面质量的要求，以及零件的材料、尺寸、结构等具体情况，做进一步的加工。无论后续的半精加工和精加工采用何种方法，总的来说，在加工条件相同的情况下，加工一个孔的难度比加工外圆大得多。这主要是由于孔加工刀具有以下一些特点：

（1）大部分孔加工刀具为定尺寸刀具。刀具本身的尺寸精度和形状精度不可避免地对孔的加工精度有着重要的影响。

（2）孔加工刀具（含磨具）切削部分夹持部分的有关尺寸受被加工孔尺寸的限制，

刀具的刚性差，容易产生弯曲变形和对正确位置的偏离，也容易引起振动。孔的直径越小，深径比（孔的深度与直径之比的比值）越大，这种"先天性"的消极影响越显著。

（3）孔加工时，刀具一般是被封闭或半封闭在一个窄小的空间内进行的。切削液难以被输送到切削区域；切屑的折断和及时排出也较困难，散热条件不佳，对加工质量和刀具耐用度都产生不利的影响。此外，在加工过程中对加工情况的观察、测量和控制，都比外圆和平面加工复杂得多。

基于上述原因，在机械设计过程中选用孔和轴配合的公差等级时，经常把孔的公差等级定得比轴低一级，例如 C6132 型卧式车床尾座丝杠轴颈与后盖孔之间、手柄与手轮之间，其配合分别为 20H7/g6 和 10H7/k6。此外，内孔与外圆较高的相互位置精度，一般都是先加工内孔，然后以孔为定位基准再加工外圆，就比较容易得到保证。

孔加工的方法很多，除了常用的钻孔、扩孔、锪孔、铰孔、镗孔、磨孔外，还有金刚镗、珩磨、研磨、挤压以及孔的特种加工等，其加工精度通常为 IT5 ~ IT15；表面粗糙度在 $Ra12.5 \sim 0.006\ \mu m$。无论是直径 1 000 mm 以上的大孔，还是直径 0.01 mm 的微细孔；无论是金属材料还是非金属材料，也不论孔淬硬与否以及工件材料其他的力学性能如何，总可以从以上各种孔加工方法中，进行合理的选择，在确保加工质量的前提下，拟订出一个比较理想的工艺方案。

4.6.1　钻削加工与钻床

1. 钻削加工

用钻头做回转运动，并使其与工件做相对轴向进给运动，在实体工件上加工孔的方法称为钻孔；用扩孔钻对已有孔（铸孔、锻孔、预钻孔）孔径扩大的加工称为扩孔。钻孔和扩孔统称为钻削。二者的加工精度范围分别为：IT13 ~ IT12 和 IT12 ~ IT10；表面粗糙度的范围为 $Ra12.5 \sim 6.3\ \mu m$ 和 $Ra6.3 \sim 4.2\ \mu m$。

钻削一般要占机械工厂切削加工总量的 30% 左右。由于它的加工精度低，表面粗糙度值大，一般只用于直径在 80 mm 以下的次要孔（如螺栓孔、质量减轻孔等）的终加工，精度高和较高的孔的预加工。扩孔除了可用作高和较高的孔的预加工（铰削和镗削以前的加工）外，还由于其加工质量比钻孔高，可用于一些要求不高的孔的最终加工，加工孔径一般不超过 100 mm。

钻削可以在各种钻床上进行，也可以在车床、镗床、铣床和组合机床、加工中心上进行，但在大多数情况下，尤其是大批量生产时，主要还是在钻床上进行。

2. 钻床

主要用钻头在工件上加工孔的机床称为钻床，通常以钻头的回转为主运动，钻头的轴向移动为进给运动。

钻床分为坐标镗钻床、深孔钻床、摇臂钻床、台式钻床、立式钻床、卧式钻床、铣钻床、中心孔钻床八种，它们中的大部分是以最大钻孔直径为其主参数值。

钻床的主要功用为钻孔和扩孔，也可以用来铰孔、攻螺纹、锪沉头孔及锪端面（图 4-43）等。

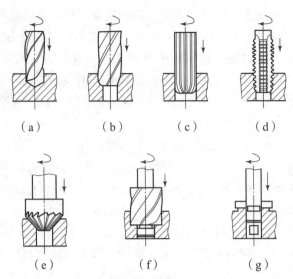

图 4 - 43 钻床的加工方法

(a) 钻孔；(b) 扩孔；(c) 铰孔；(d) 攻螺纹；(e)、(f) 锪沉头孔；(g) 锪端面

在上述钻床中，应用最广泛的是立式钻床和摇臂钻床，现分别加以介绍。

1）立式钻床

立式钻床又分为圆柱立式钻床、方柱立式钻床和可调多轴立式钻床三个系列。图 4 - 44 所示为一方柱立式钻床，因为其主要部件之一——立柱呈方形横截面而得其名。之所以称为立式钻床（简称立钻），是由于机床的主轴是垂直布置，并且其位置固定不动，被加工孔位置的找正必须通过工件的移动。

立柱 4 的作用类似于车床的床身，是机床的基础件，必须有很好的强度、刚度和精度保持性，其他各主要部件与立柱保持正确的相对位置，立柱上有垂直导轨。主轴箱和工作台上有垂直的导轨槽，可沿立柱上下移动来调整它们的位置，以适应不同高度工件加工的需要。调整结束并开始加工后，主轴箱和工作台的上下位置就不能再变动了。由于立式钻床主轴转速和进给量的级数比起卧式车床等类型的机床少得多，而且功能比较简单，因此把主运动和进给运动的变速传动机构、主轴部件以及操纵机构等都装在主轴箱 3 中。钻削时，主轴随同主轴套筒在主轴箱中做直线移动以实现进给运动。利用装在主轴箱上的进给操纵机构 5，可实现主轴的快速升降、手动进给以及接通和断开机动进给。

主轴回转方向的变换，靠电动机的正反转来实现。钻床的进给量是用主轴每转 1 r 时，主轴的轴向位移来表示，符号也是 f，单位为 mm/r。

工件（或通过夹具）置于工作台 1 上。工作台在水平面内既不能移动，又不能转动。因此，当钻头在工件上钻好一个孔而需要钻第二个孔时，就必须移动工件的位置，使被加工孔的中心线与刀具回转轴线重合。这种钻床固有的弱点致使其生产率不高，大多用于单件、小批量生产的中小型零件加工，钻孔直径为 16～

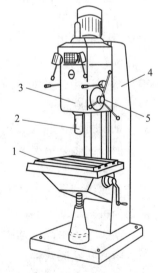

图 4 - 44 立式钻床

1—工作台；2—主轴；
3—主轴箱；4—立柱；
5—进给操纵机构

80 mm，常用的机床型号有 Z5125A、Z5132A 和 Z5140A 等。

如果需在工件上钻削的是一个平行孔系（轴线相互平行的许多孔），而且生产批量较大，则可考虑使用可调多轴立式钻床。加工时，动力由主轴箱通过主轴使全部钻头（钻头轴线位置可按需要进行调节）一起转动，并通过进给系统带动全部钻头同时进给。一次进给可将孔系加工出来，具有很高的生产率，且占地面积小。

2）摇臂钻床

对于体积和质量都比较大的工件，若用移动工件的方式来找正其在机床上的位置，则非常困难，此时可选用摇臂钻床进行加工。

图 4-45 所示为摇臂钻床，主轴箱 4 装在摇臂 3 上，并可沿摇臂 3 上的导轨做水平移动，摇臂 3 可沿立柱 2 做垂直升降运动，该运动的目的是适应高度不同的工件需要。此外，摇臂还可以绕立柱轴线回转。为使钻削时机床有足够的刚性，并使主轴箱的位置不变，当主轴箱在空间的位置完全调整好后，应对产生上述相对移动和相对转动的立柱、摇臂和主轴箱用机床内相应的夹紧机构快速夹紧。

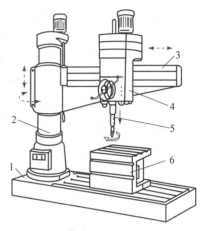

图 4-45　摇臂钻床

1—底座；2—立柱；3—摇臂；
4—主轴箱；5—主轴；6—工作台

在摇臂钻床上钻孔的直径为 25～125 mm，一般用于单件和中小批生产的大中型工件上钻削，常用的型号有 Z3035B、Z3040×16、Z3063×20 等。

如果要加工任意方向和任意位置的孔或孔系，可以选用万向摇臂钻床，机床主轴可在空间绕二特定轴线做 360°的回转。此外，机床上端有吊环，可以放在任意位置，它一般用于单件、小批生产的大中型工件，钻孔直径为 25～100 mm。

4.6.2　镗削加工与卧式镗床

1. 镗削加工

镗孔是一种应用非常广泛的孔及孔系加工方法，它可以用于孔的粗加工、半精加工和精加工，也可以用于加工通孔和盲孔。对工件材料的适应范围也很广，一般有色金属、灰铸铁和结构钢等都可以镗削。镗孔可以在各种镗床上进行，也可以在卧式车床、回轮或转塔车床、铣床和数控机床、加工中心上进行。与其他孔加工方法相比，镗孔的一个突出优点是，可以用一种镗刀加工一定范围内各种不同直径的孔。在数控机床出现之前，对于直径很大的孔，它几乎是可供选择的唯一方法。此外，镗孔可以修正上一工序所产生的孔的相互位置误差。

镗孔的加工精度一般为 IT9～IT7，表面粗糙度为 Ra6.3～0.8 μm。如在坐标镗床、金刚石镗床等高精度机床上镗孔，加工精度可达 IT6 以上，表面粗糙度一般为 Ra1.6～0.8 μm，用超硬刀具材料对铜、铝及其合金进行精密镗削时，表面粗糙度可达 Ra0.2 μm。

由于镗刀和镗杆截面尺寸及长度受到所镗孔径、深度的限制，所以镗刀（及镗杆）的刚性比较差，容易产生变形和振动，加之切削液的注入和排屑困难、观察和测量的不便，因此生产率较低，但在单件和中、小批生产中，仍是一种经济的应用广泛的加工方法。

2. 卧式镗床

1）概述

镗床一般用于尺寸和质量都比较大的工件上大直径孔的加工，而且这些孔分布在工件的不同表面上。它们不仅有较高的尺寸和形状精度，而且相互之间有着要求比较严格的相互位置精度，如同轴度、平行度、垂直度等。相互有一定联系的若干孔称为孔系；同一轴线上的若干孔称为同轴孔系；轴线互相平行的孔称为平行孔系。例如，卧式车床主轴箱上的许多孔系就是在镗床上加工出来的。镗孔以前的预制孔可以是铸孔，也可以是粗钻出的孔。镗床除用于镗孔外，还可用来钻孔、扩孔、铰孔、攻螺纹、铣平面等加工。

镗床的主要类型有卧式铣镗床、精镗床和坐标镗床等，以卧式铣镗床应用最广泛。卧式铣镗床是以镗轴直径为其主参数的，常用的卧式铣镗床型号有 T68、T611 等，其镗轴直径分别为 85 mm 和 110 mm。

2）机床的运动和主要部件

图 4-46 所示为卧式铣镗床，床身 10 为机床的基础件，前立柱 7 与其固连在一起。这二者不仅承受着来自其他部件的重力和加工时的切削力，要求有足够的强度、刚度和吸振性能，而且后立柱 2 和工作台 3 要沿床身做纵向（Y 轴方向）移动；主轴箱 8 要沿前立柱上的导轨做垂直（Z 轴方向）移动，两种移动的运动精度直接影响着孔的加工精度，所以床身和前立柱必须有很高的加工精度和表面质量，且精度能够长期保持。工作台部件的纵向移动是通过其最下层的下滑座 11 相对于床身导轨的平移实现的；工作台部件的横向（X 轴方向）移动，是通过其中层的上滑座 12 相对于下滑座的平移实现的。上滑座上有圆环形导轨，工作台部件最上层的工作台面可以在该导轨内绕铅垂轴线相对于上滑座回转 360°，以便在一次安装中对工件上相互平行或成一定角度的孔和平面进行加工。

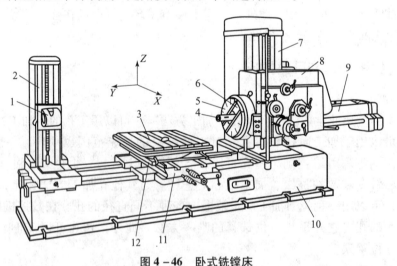

图 4-46　卧式铣镗床

1—后支撑架；2—后立柱；3—工作台；4—镗轴；5—平旋盘；6—径向刀具溜板；

7—前立柱；8—主轴箱；9—后尾筒；10—床身；11—下滑座；12—上滑座

主轴箱 8 沿前立柱导轨的垂直（Z 轴方向）移动，一方面可以实现垂直进给；另一方面可以适应工件上被加工孔位置的高低不同的需要。主轴箱内装有主运动和进给运动的变速机构和操纵机构。根据不同的加工情况，刀具可以直接装在镗轴 4 前端的莫氏 5 号或 6 号锥孔内，也可以装在平旋盘 5 的径向刀具溜板 6 上。在加工长度较短的孔时，刀具与工件间的相对运动类似于钻床上钻孔，镗轴 4 和刀具一起做主运动，并且又沿其轴线做进给运动。该进给运动是由主轴箱 8 右端的后尾筒 9 内的轴向进给机构提供的。平旋盘 5 只能做回转主运动，装在平旋盘导轨上的径向刀具溜板 6，除了随平旋盘一起回转外，还可以沿导轨移动做径向进给运动。

后立柱 2 沿床身导轨做纵向移动，其目的是当用双面支撑的镗模镗削通孔时，便于针对不同长度的镗杆来调整它的纵向位置。后支撑架 1 沿后立柱 z 的上下移动，是为了与镗轴 4 保持等高，并用以支撑长镗杆的悬伸端。

卧式铣镗床的主运动有镗轴和平旋盘的回转运动；进给运动有：镗轴的轴向进给运动，平旋盘溜板的径向进给运动，主轴箱的垂直进给运动，工作台的纵向和横向进给运动；辅助运动有：工作台的转位，后立柱纵向调位，后支撑架的垂直方向调位，以及主轴箱沿垂直方向和工作台沿纵、横方向的快速调位运动。

4.7　数控机床与加工中心

数控机床（数字控制机床）是一种安装了程序控制系统的机床，该系统能逻辑地处理具有使用号码或其他符号编码指令规定的程序。数控机床是综合应用了机械制造技术，微电子技术，信息处理、加工、传输技术，自动控制技术，伺服驱动技术，监测监控技术，传感器技术，软件技术等最新成果而发展起来的完全新型的自动化机床，它标志着机床工业进入了一个新阶段。它的出现和发展，有效地解决了多品种、小批量生产精密、复杂零件的自动化问题。

4.7.1　数控机床简介

1. 数控机床的特点及适应范围

（1）加工精度高。因为数控机床是按照预定的加工程序自动进行加工的，加工过程消除了操作者的人为误差，所以同批零件加工尺寸的一致性好，而且加工误差还可以由数控装置进行补偿。另外，数控机床的传动系统采用无间隙的滚珠丝杠、滚动导轨、零间隙的齿轮机构等，大大提高了机床传动刚度、运动精度与重复精度。

（2）对加工对象的适应性强。数控机床能适应不同品种、规格和尺寸的零件加工，当改变加工零件时，只需用通用夹具装夹零件、更换刀具、更换加工程序，就可立即进行加工。计算机控制系统能利用系统控制软件灵活地增加或改变控制系统的功能，能适应生产发展的需要，所以数控加工方法为新产品的试制及单件、小批生产的自动化提供了极大的方便，或者说数控机床具有很好的"柔性"。

（3）能加工形状复杂的零件。采用二轴以上联动的数控机床，可以加工母线为曲线的回转体、凸轮、各种复杂空间曲面的零件，能完成卧式机床难以完成的加工，能自动控制多个坐标联动，因此可以加工一般通用机床很难甚至不能加工的复杂曲面。对于用数学方程式或型值点表示的曲面，加工尤为方便。

（4）加工生产率高。在数控机床上加工，对工夹具要求低，只需通用的夹具，又免去划线等工作，所以加工准备时间大大缩短；数控机床有较高的重复精度，可以省去加工过程中对零件的多次测量和检验时间；对箱体类零件采用加工中心进行加工，可以实现一次装夹，多面加工，生产效率的提高更为明显。

（5）有利于向更高级的制造系统发展。数控机床是机械加工自动化的基本设备，柔性制造单元（FMC）、柔性制造系统（FMS）以及计算机集成制造系统（CIMS）都是以数控机床为主体，根据不同的加工要求、不同的对象，由一台或多台数控机床，配合其他辅助设备（如运输小车、机器人、可换工作台、立体仓库等）而构成自动化的生产系统。数控系统具有通信接口，易于进行计算机间的通信，形成计算机辅助设计与制造紧密结合的一体化的系统，同时也为实现制造系统的快速重组及网络制造等先进制造系统创造了条件。

（6）使用、维修技术要求高，机床价格较昂贵。

根据以上特点，数控机床最适合在单件、小批量生产条件下使用，最适合加工具有下列特点的零件：用卧式机床难以加工的形状复杂的曲线、曲面零件；结构复杂、要求多部位、多工序加工的零件；价格昂贵、不允许报废的零件；要求精密复制或准备多次改变设计的零件。

2. 数控机床的组成

数控机床一般由信息载体、数控装置、伺服系统、测量反馈装置和机床主机等组成，如图 4 - 47 所示。

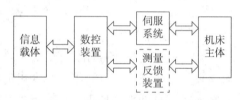

图 4 - 47　数控机床基本结构框图

1）信息载体

信息载体又称为控制介质，是人与被控对象之间建立联系的媒介，在信息载体上存储着数控设备的全部操作信息。信息载体有多种形式，目前一般采用微处理器数控系统，系统内存容量大大增加，数控系统内存 ROM 中有编程软件，零件程序也能直接保存在数控系统内存 RAM 中。

2）数控装置

该装置接收来自信息载体的控制信息并转换成数控设备的操作（指令）信号。硬件数控装置由输入装置、控制器、运算器和输出装置 4 大部分组成。

输入装置接收由键盘、磁盘、光盘或网络输出的代码，经过识别与译码之后分别输送到各相应的寄存器中，这些指令与数据将作为控制与运算的原始依据。控制器接收输入装置的指令，根据指令控制运算器与输出装置，以实现对机床的各种操作（如控制工作台沿着某一坐标轴的运动，主轴变速或冷却液的开关等）以及控制整机的工作循环（如控制阅读机启动、停止，控制运算器的运算，控制输出信号等）。运算器接收控制器的指令，将输入装置送来的数据进行某种运算，并不断地向输出装置输送出运算结果。对于加工复杂零件的轮廓控制系统，运算器的重要功能是进行插补运算，所谓插补，就是将每个程序段输入的零件轮廓上的某起始点和终点的坐标数据送入运算器，经过运算之后在起点与终点之间进行"数据密化"，并按控制器的指令向输出装置送出计算结果。输出装置根据控制器的指令将运算器送来的计算结果输送到伺服系统，经过功率放大，驱动相应的坐标轴，使机床完成刀具相对于零件的运动。

目前均采用微型计算机作为数控装置，它的工作原理与上述装置基本相同，数控装置已由数字控制（Numerical Control，NC）发展到计算机控制（Computer Numerical Control，

CNC)。

微型计算机数控装置的工作过程如下：

（1）数控装置开机初始化。在接通电源的一瞬间，先对整个数控装置进行一系列的处理，为开机后正常工作做好准备。

（2）数控程序的输入。用磁盘输入或用手动输入方式（MDI）输入程序。

（3）启动机床。数控程序输入完毕后即可按下操作面板上的启动按钮，计算机转入"启动"状态。

（4）数控指令的译码处理。机床启动后，在控制程序的控制下，从存储器中不断地读取被加工零件的程序，并将它们送入缓冲工作区。缓冲区的大小为存放一个程序段的容量，在这里对指令逐条进行译码处理和语法检查，若语法无误，则根据指令的功能，将它们分组存放在缓冲区的专用单元中。

（5）刀具轨迹计算。一个程序段的指令全部处理完以后，就要根据零件所在的坐标系合格轴的坐标纸、刀具号和刀具半径等计算刀具轨迹，即刀具中心沿各坐标轴移动的增量值。

（6）插补运算。控制系统根据已知的严格坐标轴移动的增量值进行插补运算，在计算过程中不断地将计算所得的数字化进给量经过数/模转换（D/A 转换）后输送给各个坐标轴的伺服系统，使它们协调地移动机床的工作台或滑板，加工出需要的零件形状。

（7）位置控制。在闭环控制系统中，数控装置还必须把各坐标轴的移动指令值与反馈回来的实际位置进行比较，通过软件进行位置调整，以便向伺服系统输出实际需要的进给量。在进行位置控制时，为了提高精度，还可以利用软件进行螺距误差补偿和齿隙补偿等。

3）伺服系统

该系统是数控设备位置控制的执行机构，它的作用是将数控装置输出的位置指令经功率放大后，迅速、准确地转换为位移量或转角。

4）测量反馈装置

该装置用来检测数控设备工作机构的位置或者驱动电动机转角等，用作闭环、半闭环系统位置反馈。

5）机电接口电路

该电路通常由 PLC 控制器组成。它执行数控设备上的各种装置（如辅助电动机、电磁铁、离合器、电磁阀等）的开，停，连锁，互锁指令；数控设备的急停、循环启动、进给保持、行程超限、报警、程序停止、复位、冷却泵起停、强电与弱电的相互转换是电气传动控制技术的内容。

6）机床主体

与传统的机床相比，数控机床的外部造型、整体布局、传统系统与刀具系统的部件结构以及操作机构等方面都发生了很大的变化，这种变化的目的是满足数控技术的要求和充分发挥数控机床的特点。如采用轻巧的滚珠丝杠进行传动，采用滚动导轨或贴塑导轨消除爬行，采用带有刀库及机械手的自动换刀装置来实现自动快速换刀，以及采用高性能的主轴系统，并努力提高机械结构的动刚度和阻尼精度等。因此，必须建立数控机床设计的新概念。

3. 数控机床的分类

1）按工艺用途分类

（1）金属切削类数控机床。这类机床和传统的通用机床品种一样，有数控车床（图4-48）、数控铣床、数控镗床以及加工中心等。

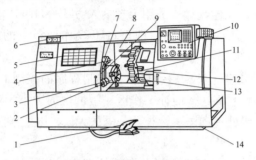

图4-48 数控车床外观图

1—脚踏开关；2—对刀仪；3—主轴卡盘；4—主轴箱；5—机床防护门；6—压力表；

7—对刀仪防护罩；8—导轨防护罩；9—对刀仪转臂；10—操作面板；

11—回转刀架；12—尾座；13—滑板；14—床身

（2）金属成形类数控机床。这类机床有数控折弯机、数控弯管、数控回转头压力机等。

（3）数控特种加工及其他类型数控机床。这类机床有数控线切割机床、数控电火花加工机床、数控激光切割机床、数控火焰切割机床等。

2）按控制运动的方式分类

（1）点位控制数控机床。这类机床只对点位置进行控制，即机床的数控装置只控制刀具或机床工作台，从一点准确地移动到另一点。这类被控对象在移动时并不进行加工，所以移动的路径并不重要。定位精度和定位速度是该类机床的基本要求，为了减少移动部件的运动与定位时间，并保证良好的定位精度，一般应先以高速移动至终点附近位置，然后以低速准确移动到终点定位位置。采用点位控制的数控机床有数控钻床、数控镗床和数控冲床等。

（2）直线控制数控机床。这类机床不仅控制刀具或工作台从一点准确地移动到另一点，而且还要保证两点之间的运动轨迹为一条直线。由于刀具相对于零件移动时要进行加工，因此要求该类系统移动速度均匀，它的伺服系统要求有足够的功率、较宽的调速范围和优良的动态特性，这类数控设备有数控车床、数控镗床、加工中心等。

（3）轮廓控制数控机床。该类系统能对两个或两个以上的坐标轴同时进行控制，实现任意坐标平面内的曲线或空间曲线的加工。它不仅能控制数控设备移动部件的起点和终点坐标，而且能控制整个加工过程每一点的速度和位移量，能控制加工轨迹。系统在加工过程中需要不断地进行插补运算，并进行相应的速度与位移控制，这类数控设备有数控铣床、数控磨床等。

3）按伺服系统类型分类

（1）开环控制系统。该系统用功率步进电动机作为执行机构。开环伺服系统，一般由步进电动机、配速齿轮和丝杠螺母副等组成（图 4-49）。步进电动机每接收一个电脉冲信号，就转过一定角度，这个角度称为步距角。步进电动机的步距角通常为 0.75°或 1.5°。为了得到要求的脉冲当量，在步进电动机与传动丝杠之间设有配速齿轮。由于伺服系统没有检测反馈装置，不能对运动部件的实际位移量进行检验，也不能进行误差校正，故其位移精度主要取决于步进电动机的步距角精度、配速齿轮和丝杠螺母副的制造精度与间隙，因而机床加工精度的提高受到限制，但开环伺服系统结构简单、调试维修方便、价格低廉，故适用于中、小型经济型数控机床。

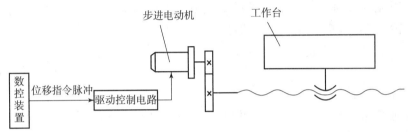

图 4-49　开环伺服系统结构框图

（2）闭环控制系统。闭环控制系统机床采用闭环伺服系统，通常由直流伺服电动机（或交流伺服电动机）、配速齿轮、丝杠螺母副和线位移检测装置组成，如图 4-50 所示。安装在机床工作台上的直线位移检测装置将检测到的工作台实际位移值反馈到数控装置中，与指令要求的位置进行比较，用差值进行控制，直至差值为零。因此从理论上讲，这类机床运动部件的位移精度主要取决于检测装置的检测精度，而与机床传动链的精度无关。闭环伺服系统可保证机床达到很高的位移精度，但由于闭环控制系统比较复杂，调整、维修比较困难，故一般应用在高精度的数控机床上。

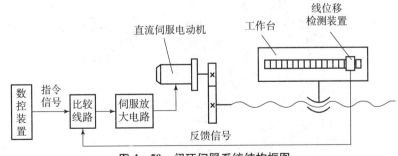

图 4-50　闭环伺服系统结构框图

（3）半闭环控制系统。半闭环控制系统机床伺服系统也属于闭环控制的范畴，只是角位移检测装置不是装在机床工作台上，而是装在传动丝杠或伺服电动机轴上，如图 4-51 所示。由于丝杠螺母副等传动机构不在控制环内，它们的误差不能进行校正，因此这种机床的精度不及闭环控制系统，但这种半闭环控制系统位移检测装置结构简单，系统的稳定性较好，调试较容易，因此应用比较广泛。

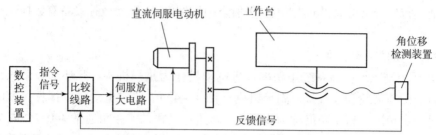

图 4 - 51　半闭环伺服系统结构框图

4.7.2　加工中心

加工中心是带有一个容量较大的刀库（可容纳的刀具数量一般为 10 ~ 120 把）和自动换刀装置，使零件能在一次装夹中完成大部分甚至全部加工工序的数控机床。典型的加工中心有镗铣加工中心和车削加工中心。镗铣加工中心主要用于形状复杂、需进行多面多工序（如铣、钻、镗、铰和攻螺纹等）加工的箱体零件。加工中心在工件一次装夹后，数控系统能控制机床按不同要求自动选择和更换刀具，自动连续完成铣（车）、钻、镗、铰、锪、攻螺纹等多工种、多工序的加工，适用于加工箱体、支架、盖板、壳体、模具、凸轮、叶片等复杂零件的多品种小批量加工。

加工中心通常以主轴在加工时的空间位置分为卧式、立式和万能加工中心，图 4 - 52 所示为 JCS—018A 型立式加工中心。

床身 10 上有滑座 9，做前后运动（X 轴）；工作台在滑座上做左右运动（Y 轴）；主轴箱 5 在立柱导轨上做上下运动（Y 轴）。立柱左前部有刀库（16 把刀具）和换刀机械手 2，左后部是数控柜 3，内有数控系统。立柱右侧驱动电源柜 7 内有电源变压器、强电系统和伺服装置。机床操作面板 6 悬伸在机床右前方，以便操作。

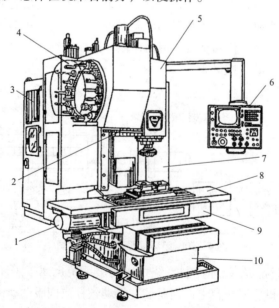

图 4 - 52　JCS—018A 型立式加工中心

1—直流伺服电动机；2—换刀机械手；3—数控柜；4—盘式刀库；5—主轴箱；
6—机床操作面板；7—驱动电源柜；8—工作台；9—滑座；10—床身

继镗削加工中心之后，还有车削加工中心、钻削加工中心和复合加工中心等。车削加工中心用来加工轴类零件，是数控车床在扩大工艺范围方面的发展。除了车削工艺外，还集中了铣键槽、铣扁、铣六角、铣螺旋槽、钻横向孔、端面分度钻孔、攻螺纹等工艺功能。钻削加工中心主要进行钻孔、扩孔、铰孔、攻螺纹等，也可进行小面积的端面铣削。复合加工中心的主轴头可绕 45°轴自动回转，主轴可转成水平，也可转成竖直。若主轴转为水平，配合转位工作台，可进行四个侧面和侧面上孔的加工；若主轴转为竖直，可加工顶面和顶面上的孔，故也称为"五面加工复合加工中心"。

现代加工中心配备越来越多的附件，以进一步增加加工中心的功能，例如，新型加工中心可供选择的附件有工件自动测量装置、尺寸调整装置、镗刀检验装置以及刀具破损监测装置等。

为改善加工中心的功能，出现了自动更换工作台、自动更换主轴头、自动更换主轴箱和自动更换刀库的加工中心等，自动更换工作台的加工中心一般有两个工作台，一个工作台上的工件在进行加工时，另一个工作台上可进行工件的装卸、调整等工作。自动更换主轴头的加工中心可以进行卧铣、立铣、磨削和转位铣削等加工，机床除了刀库外，还有主轴头库，由工业机器人或机械手进行更换。自动更换主轴箱的加工中心一般有粗加工和精加工主轴箱，以便提高加工精度和加工范围。自动更换刀库的加工中心，刀库容量大，便于进行多工序复杂箱体类零件的加工。

4.8　其他加工方法与设备

4.8.1　直线运动机床

前面介绍的机床主运动为主轴的旋转，常用机床中还有一类直线运动机床，它的主运动为直线运动，有拉床和刨床两大类，下面分别介绍。

1. 拉削加工与拉床

1）拉削加工

拉削是用各种不同的拉刀在相应的拉床上切削出各种通孔、平面及成形表面的一种加工方法，其中以内孔拉削（圆柱孔、花键孔、内键槽等）最为广泛。拉削加工有如下特点：

（1）生产率高。虽然拉削速度较低，但由于同时工作的齿数多、切削刃长，而且粗、半精和精加工在一次行程中完成，因此生产率很高，是铣削的 3~8 倍。

（2）加工质量高。拉削加工因为切屑薄，切削运动平稳，因而具有较高的加工精度（IT6 级或更高）和较小的表面粗糙度（$Ra < 0.62 \mu m$）。

（3）加工范围广。拉削不仅可广泛用于各种截面形状的加工，而且对一些形状复杂的成形表面，几乎是唯一可供选择的加工方法。

（4）刀具磨损缓慢，耐用度高。

（5）机床结构简单，操作方便。

（6）拉刀的结构复杂，拉削每一种表面都需要用专门的拉刀，并且制造与刃磨的费用较高，大多适用于大批量生产。

2）拉床

拉床是用拉刀进行加工的机床。拉床的运动比较简单，它只有主运动。拉削时，一般由拉刀做低速直线运动，被加工表面在一次走刀中形成。考虑到拉刀承受的切削力很大，同时为了获得平稳的切削运动，拉床的主运动通常采用液压驱动。

拉床按用途可分为内拉床和外拉床，按机床布局可分为卧式、立式、链条式等。拉床的主参数是额定拉力，常见的是 $4.9 \times 10^4 \sim 3.92 \times 10^5$ N，最大可达 1.57×10^6 N。

2. 刨削加工与刨床

1）刨削加工

刨削是使用刨刀在刨床上加工各种平面（如水平面、垂直面及斜面等）和沟槽（如 T 形槽、燕尾槽、V 形槽等）。

刨削加工只在刀具向工件（或工件向刀具）前进时进行，返回时不进行切削，并且刨刀抬起——让刀，以免损伤已加工表面和减轻刀具磨损，通常称加工时的直线运动为工作行程，返回时为空行程。

2）刨床

刨床类机床的主运动是刀具或工件所做的直线往复运动。进给运动由刀具或工件完成，其方向与主运动方向相垂直，它是在空行程结束后的短时间内进行的，因而是一种间歇运动。刨床类机床由于所用刀具结构简单，在单件小批量生产条件下，加工形状复杂的表面比较经济，且生产准备工作省时。此外，用宽刃刨刀以大进给量加工狭长平面时的生产率较高，因而在单件小批量生产中，特别在机修和工具车间，是常用的设备。但这类机床由于其主运动反向时需克服较大的惯性力，限制了切削速度和空行程速度的提高，同时还存在空行程所造成的时间损失，因此在多数情况下生产率较低，在大批大量生产中常被铣床和拉床所代替。刨床类机床主要有牛头刨床、龙门刨床和插床三种类型，分别介绍如下：

（1）牛头刨床。牛头刨床因其滑枕刀架形似"牛头"而得名，牛头刨床的主运动由刀具完成，进给运动由工件或刀具沿垂直于主运动方向的移动来实现，如图 4 - 53 所示，它主要用于加工中小型零件。

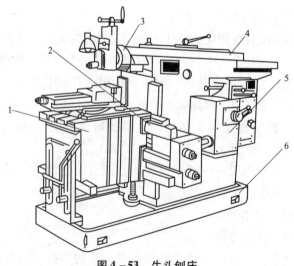

图 4 - 53　牛头刨床

1—工作台；2—滑板；3—刀架；4—滑枕；5—床身；6—底座

牛头刨床工作台的横向进给运动是间歇进行的，它可由机械或液压传动实现，机械传动一般采用棘轮机构。牛头刨床的主参数是最大刨削长度，例如 B6050 型牛头刨床的最大刨削长度为 500 mm。

（2）龙门刨床。龙门刨床主要用于加工大型或重型零件上的各种平面、沟槽和各种导轨面，也可在工作台上一次装夹多个中小型零件进行多件同时加工，如图 4-54 所示。

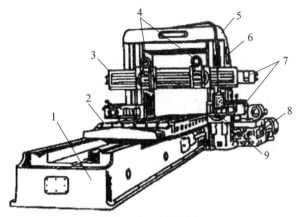

图 4-54　龙门刨床

1—床身；2—工作台；3—横梁；4—立刀架；5—顶梁；6—立柱；7—进给箱；8—主传动部件；9—侧刀架

（3）插床。插床实质上是立式刨床。其主运动是滑枕带动插刀沿垂直方向所做的直线往复运动，如图 4-55 所示。插床主要用于加工工件的内表面，如内孔中键槽及多边形孔等，有时也用于加工成形内外表面。

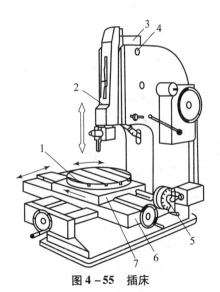

图 4-55　插床

1—圆工作台；2—滑枕；3—滑枕导轨座；4—销轴；5—分度装置；6—床鞍；7—溜板

4.8.2 组合机床

组合机床是根据特定的加工要求，以系列化、标准化的通用部件为基础，配以少量的专用部件所组成的专用机床，它适宜于在大批量生产中对一种或几种类似零件的一道或几道工序进行加工。

组合机床的工艺范围有铣平面、车平面、锪平面、钻孔、扩孔、铰孔、镗孔、倒角、切槽、攻螺纹等。

组合机床最适于加工箱体零件，例如气缸体、气缸盖、变速箱体、阀门与仪表的壳体等。另外，也可加工轴类、盘类、套类及叉架类零件，如曲轴、气缸套、连杆、飞轮、法兰盘、拨叉等也能在组合机床上完成部分或全部加工工序。

图4-56所示为单工位三面复合组合机床。被加工工件安置在夹具中，加工时工件固定不动，分别由电动机通过动力箱、主轴箱（多轴箱）和传动装置驱动刀具做旋转主运动，并由各自的滑台带动做直线进给运动，完成一定形式的运动循环。整台机床的组成部件中，除多轴箱和夹具外，其余均为通用部件，通常一台组合机床的通用部件占机床零、部件总数的70%～90%。

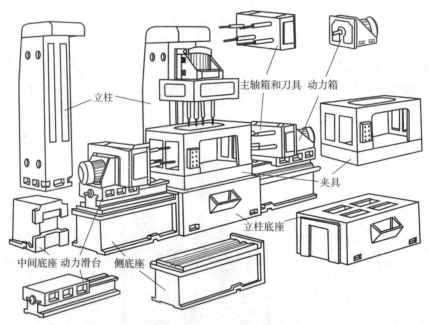

图4-56 单工位三面复合组合机床

组合机床与一般专用机床相比，有以下特点：

（1）设计、制造周期短，而且便于使用和维修。

（2）加工效率高。组合机床可采用多刀、多轴、多面、多工位和多件加工，因此，特别适用于汽车、拖拉机、电动机等行业定型产品的大量生产。

（3）当加工对象改变后，通用零、部件可重复使用，组成新的组合机床，不致因产品的更新而造成设备的大量浪费。

本 章 小 结

本章主要学习内容：

1. 金属切削机床的分类和编号；

2. 机床的传动系统及运动计算；

3. 机床的传动原理；

4. 车床组成、结构及其传动系统；

5. 磨床组成、结构及典型磨床的传动系统；

6. 齿轮加工机床的工作原理及典型机床的传动系统；

7. 铣床及典型铣床的结构；

8. 孔加工机床的分类及钻床结构；

9. 数控机床工作原理及加工中心结构；

10. 直线运动机床和组合机床特点及用途。

通过本章的学习，学会根据不同的机械加工工艺选择常用机床。

复习思考题

4-1　说出下列机床的名称和主要参数（第二参数），并说明它们各具有何种通用或结构特性：CM6132，Z3040×16，XK5040，MBG1432。

4-2　传动系统如图4-57所示，如要求工作台移动 $L_工$（单位为 mm）时，主轴转 1 r，试导出换置机构的换置公式。

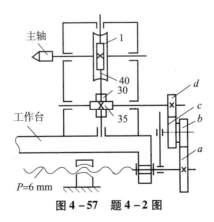

图 4-57　题 4-2 图

4-3　举例说明何谓外联系传动链？何谓内联系传动链？其本质区别是什么？对这两种传动链有何不同要求？

4-4　对 CA6140 型普通车床的传动系统进行计算和分析。

1. 计算主轴低速转动时能扩大的螺纹倍数，并进行分析。

2. 分析车削径节螺纹的传动路线，列出运动平衡式，说明为什么此时能车削出标准的径节螺纹。

3. 当主轴转速分别为 40 r/min、160 r/min 及 400 r/min 时，能否实现螺距扩大 4 及 16 倍？为什么？

4. 为什么用丝杠和光杠分别担任切螺纹和车削进给的传动？如果只用其中一个，既切螺纹又传动进给，将会有什么问题？

5. 为什么在主轴箱中有两个换向机构？能否取消其中的一个？溜板箱内的换向机构又有什么用处？

6. 离合器 M_3、M_4 和 M_5 的功用是什么？是否可以取消其中的一个？

4—5 在 CA6140 型普通车床的主运动、车螺纹运动、纵向进给运动、横向进给运动、快速运动等传动链中，哪几条传动链的两端件之间具有严格的传动比？哪几条传动链是内联系传动链？

4—6 在 CA6140 型普通车床上车削的螺纹导程最大值是多少？最小值是多少？分别列出传动链的运动平衡方程式。

4—7 对 C620—1 型普通车床（图 4—58）的传动机构进行分析和计算。

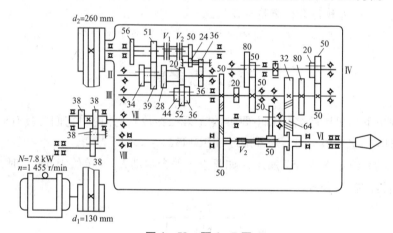

图 4—58 题 4—7 图

1. 写出主运动传动路线的表达式；
2. 计算主轴的转速级数；
3. 计算主轴的最高转速 N_{max} 和最低转速 N_{min}。

4—8 写出在 CA6140 型普通车床上进行下列加工时的运动平衡式，并说明主轴的转速范围。

1. 米制螺纹 $P = 16$ mm，$k = 1$；
2. 英制螺纹 $a = 8$ 牙/in；
3. 模数螺纹 $m = 2$ mm，$k = 3$。

4—9 试述磨削时砂轮特性要素的选择原则。（答案要点：①砂轮特性的七个要素。②着重从磨料的选择、粒度的选择、硬度的选择以及组织等几方面叙述。）

4—10 在 M1432A 型万能外圆磨床上磨削工件，当磨削了若干工件后，发现砂轮磨钝，经修整后砂轮直径减少了 0.05 mm，需调整磨床的横向进给机构，试列出调整运动平衡式。

4—11 M1432A 型万能外圆磨床应具备哪些主要运动与辅助运动？具有哪些联锁装置？

4—12 对比滚齿机和插齿机的加工方法。

4 – 13　在滚齿机上加工一对齿数不同的斜齿圆柱齿轮，当其中一个齿轮加工完成后，在加工另一个齿轮前应对机床进行哪些调整工作？

4 – 14　比较滚齿机加工和插齿机加工的特点，它们各适宜加工什么样的齿轮？

4 – 15　常用的平面加工机床有哪几种？它们各有何特点？

4 – 16　什么是铣削加工的顺铣和逆铣？它们各有什么特点？

4 – 17　常用的孔加工机床有哪几种？它们各有何特点？

4 – 18　各类机床中，各有哪些机床用于加工外圆、内孔、平面？它们的适用范围有什么区别？

4 – 19　组合机床由哪些部件组成？它的工艺范围如何？其适于什么生产类型的产品？

第5章 机床夹具设计原理

5.1 概　　述

机床夹具是一种在金属切削机床上实现工件装夹任务的工艺装备，例如常见的车床的三爪卡盘、铣床的平口虎钳等。工件通过机床夹具进行安装时，包含了两层含义：一是工件通过夹具上的定位元件获得正确的位置，称为定位；二是通过夹紧机构使工件的既定位置在加工过程中保持不变，称为夹紧。

5.1.1 机床夹具的功能

1. 保证工件加工精度稳定

工件通过机床夹具进行安装时，工件相对于机床、刀具之间的位置精度由夹具保证，不受工人技术水平的影响，工件加工精度稳定。

2. 减少辅助工时，提高生产效率

使用夹具来安装工件，可以免去工件逐个划线、找正对刀等辅助工作所需的时间，工件装夹方便。如采用多件、多工位夹具，以及气动、液动夹紧装置，可以进一步减少辅助时间，提高生产率。

3. 扩大机床的使用范围

有些机床上配备专用夹具，实质上是对机床进行了部分改造，扩大了原机床的功能和使用范围。如在车床床鞍上或在摇臂钻床工作台上安装镗模夹具，就可以进行箱体零件的孔系加工，使车床、钻床具有镗床的功能。

4. 保证生产安全

可降低对工人技术水平的要求和减轻工人的劳动强度，保证生产安全。

5.1.2 机床夹具的分类

机床夹具通常有三种分类方法，即按夹具应用范围、夹紧动力源和所使用机床来分类。

1. 按夹具应用范围分类

1）通用夹具

通用夹具已经标准化，在一定范围内可加工不同工件，例如车床上的三爪卡盘，铣床上的平口钳、分度头，平面磨床上的电磁吸盘等。这些夹具通用性强，一般不需调整就可适应多种工件的安装加工，在单件小批生产中广泛应用。

2）专用夹具

因为它是用于某一特定工件的特定工序的夹具，故称为专用夹具。专用夹具广泛用于成批生产和大批量生产中。本章内容主要是针对专用夹具的设计展开的。

3）通用可调整夹具和成组夹具

这一类夹具的特点是具有一定的可调性，或称"柔性"。夹具中部分元件可更换，部分装置可调整，以适应不同工件的加工。可调整夹具一般适用于同类产品不同品种的生产，略做更换或调整就可用来安装不同品种的工件。成组夹具适用于尺寸相似、结构相似、工艺相似工件的安装和加工，在多品种、小批量生产中有广泛的应用前景。

4）组合夹具

组合夹具是由一系列的标准化元件组装而成的，标准元件有不同的形状、尺寸和功能，其配合部分有良好的互换性和耐磨性。使用时，可根据被加工工件的结构和工序要求，选用适当元件进行组合连接，形成专用夹具；用完后可将元件拆卸、清洗、涂油、入库，以备以后使用，它特别适合单件小批生产中位置精度要求较高的工件的定位和夹紧。

5）随行夹具

随行夹具是一类在自动线和柔性制造系统中使用的夹具，它既要完成工件的定位和夹紧，又要作为运载工具将工件在机床间进行输送。一条生产线上有许多随行夹具，每个随行夹具随着工件经历工艺的全过程，然后卸下已加工的工件装上新的待加工工件，循环使用。

2. 按夹紧动力源分类

按夹紧动力源可将夹具分为手动夹具、气动夹具、液压夹具、电动夹具、电磁夹具和真空夹具等。

3. 按所使用机床分类

按所使用机床可将夹具分为车床夹具、铣床夹具、钻床夹具（钻模）、镗床夹具（镗模）、磨床夹具和齿轮机床夹具等。

5.1.3　机床夹具的基本组成

机床夹具的种类和结构虽然繁多，但它们的组成基本可以概括为以下五个部分，如图5－1所示。

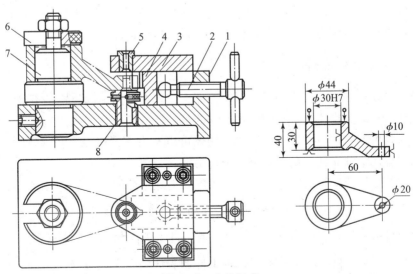

图5－1　夹具组成

1—夹具体；2—螺杆；3—钻模板；4—活动V形块；5—钻套；

6—开口垫圈；7—定位芯轴；8—辅助支撑

1. 定位元件

定位元件用于使工件在夹具中占据正确的位置。在装夹工件时，通过定位元件的工作表面与工件上的定位表面相接触或配合，从而保证工件在夹具中占据正确的位置。如图 5 – 1 中的定位芯轴 7 和活动 V 形块 4。

2. 夹紧装置

夹紧装置用于压紧工件，保证工件在加工过程中受到外力作用时不离开已经占据的正确位置。如图 5 – 1 中的开口垫圈 6 和活动 V 形块 4。

3. 对刀与引导元件

对刀与引导元件用于确定或引导刀具，保证刀具与工件之间的正确位置。在铣床夹具中常用对刀块确定铣刀位置，在钻床夹具或镗床夹具中常用钻套或镗套引导钻头或镗刀的移动，如图 5 – 1 中的钻套 5。

4. 夹具体

夹具体用于连接固定夹具上的各种元件和装置，使之成为一个整体。它与机床进行连接，通过连接元件使夹具相对机床具有正确的位置，如图 5 – 1 中夹具体 1。

5. 其他装置或元件

按照工件的加工要求，有些夹具上还设有其他装置，如分度装置、连接元件等。

以上所述的组成部分是机床夹具的基本组成，并不是对每种机床夹具都是缺一不可的，对于一套具体的夹具，可能略少或略多一些，但定位元件、夹紧装置和夹具体三部分一般是不可缺少的。

5.2　工件的定位

工件在机床上的定位包括工件在夹具上的定位和夹具在机床上的定位两个方面，在此只讨论工件在夹具中定位。

分析工件的定位方案时，主要利用六点定位原理，根据工件的具体结构特点和工序加工精度要求来正确选择定位方案、设计定位元件、进行定位误差分析与计算。

5.2.1　六点定位原理

任何一个物体，如果对其不加任何限制，那么，它在空间中的位置是不确定的，可以向任何方向移动或转动。物体所具有的这种运动的可能性，即一个物体在三维空间中可能具有的运动，称为自由度。在 $OXYZ$ 坐标系中，物体可以有沿 X、Y、Z 轴的移动及绕 X、Y、Z 轴的转动，共有六个独立的运动，即有六个自由度。

所谓工件的定位，就是采取适当的约束措施来消除工件的若干个自由度，以实现工件的定位。如图 5 – 2 所示，工件沿三个坐标轴的移动自由度分别表示为 $\vec{X}$、$\vec{Y}$、$\vec{Z}$，工件绕三个坐标轴的转动自由度分别表示为 $\widehat{X}$、$\widehat{Y}$、$\widehat{Z}$。若工件下表面和三个支撑点 1、2、3 接触，则工件的 $\vec{X}$、$\vec{Y}$、$\vec{Z}$ 三个自由度将被限制，若工件侧表面与两个支撑点 4、5 接触，则工件的 $\widehat{Y}$、$\widehat{Z}$ 两个自由度将被限制，若工件后表面与一个支撑点 6 接触，则工件的 $\widehat{X}$ 一个自由度将被限制，这样工件的六个自由度将被完全限制。

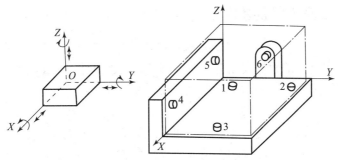

图 5 - 2　工件的六点定位

六点定位原理即合理分布六个支撑点，限制工件的六个自由度，使工件实现完全定位。

工件在夹具中定位时常见的几种情况如下：

1. 完全定位与不完全定位

根据工件加工表面的位置要求，有时需要将工件的六个自由度全部限制，即用六个合理布置的定位支撑点来限制工件的六个自由度，这种使工件位置完全确定的定位形式称为完全定位。有时需要限制的自由度少于六个，但又能满足加工技术要求，这种定位形式称为不完全定位。如在平面磨床上磨长方体工件的上表面，工件上表面只要求保证上下面的厚度尺寸和平行度，以及上表面的粗糙度，那么此工序的定位只需限制三个自由度就可以了，这是不完全定位。

在工件加工中，有时为了使定位元件帮助承受切削力、夹紧力，或者为了保证一批工件进给长度一致、减少机床的调整和操作等，常常会对无位置尺寸要求的自由度也加以限制，只要这种定位方案符合六点定位原理，是允许的，有时也是必要的。

2. 过定位与欠定位

根据加工表面的位置尺寸要求，需要限制的自由度均已被限制，称为定位的正常情况，它可以是完全定位，也可以是不完全定位。

根据加工表面的位置尺寸要求，需要限制的自由度没有完全被限制，称为欠定位，只要有一个自由度被两个或两个以上的约束重复限制，就称为过定位。欠定位不能保证位置精度，是绝对不允许的；过定位也不易保证位置精度，一般是不允许的，但在加工刚性很差的工件时，为了减小工件变形，可以合理应用。

如图 5 - 3 所示，芯轴限制 4 个自由度 $\vec{X}$、$\widehat{X}$、$\widehat{Y}$，支撑板限制 3 个自由度 $\vec{Z}$、$\widehat{X}$、$\widehat{Y}$，其中 $\widehat{X}$、$\widehat{Y}$ 两个自由度被重复限制，容易导致芯轴变形而使定位误差增大。

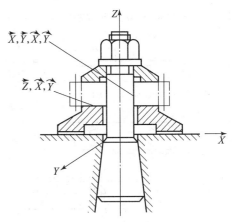

图 5 - 3　工件过定位

5.2.2　典型定位方式及其定位元件

设计夹具时，必须根据工件的加工要求和已确定的定位基面来选择定位方法及定位元件，工件上常被选作定位基面的表面有平面、圆柱面、面锥面、成形面以及它们的组合。定位元件的选择，包括定位元件的结构、形状、尺寸及布置形式等。

1. 平面定位

对于箱体、床身、机座、支架类零件的加工，最常用的定位方式是以平面为基准，工件的定位基准平面与定位元件表面接触实现定位，常见的支撑元件有以下几种。

1）固定支撑

支撑的高度尺寸是固定的，使用时不能调整高度。

（1）支撑钉。

如图 5 - 4 所示为用于平面定位的几种常用支撑钉，它们利用顶面对工件进行定位。其中，图 5 - 4（a）所示为平顶支撑钉，常用于精基准面的定位；图 5 - 4（b）所示为圆顶支撑钉，常用于粗基准面的定位；图 5 - 4（c）所示为网纹顶支撑钉，常用于要求较大摩擦力的侧面定位。支撑钉限制一个自由度。

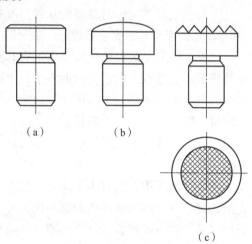

图 5 - 4　常见支撑钉
（a）平顶支撑钉；（b）圆顶支撑钉；
（c）网纹顶支撑钉

（2）支撑板。支撑板有较大面积，工件定位稳定，常用于大、中型零件的精基准定位。图 5 - 5 所示为常见支撑板，图 5 - 5（a）为平板式支撑板，结构简单、紧凑，但不易清除落入沉头螺孔中的切屑，一般用于侧面定位；图 5 - 5（b）为斜槽式支撑板，在支撑面上开了两个斜槽，使清屑容易，适于底面定位。支承板限制两个自由度。

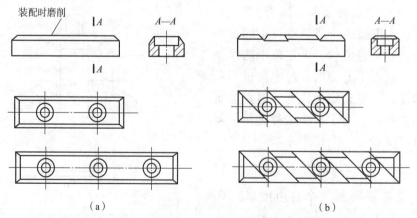

图 5 - 5　常见支撑板
（a）平板式支撑板；（b）斜槽式支撑板

2）可调支撑

可调支撑的顶端位置可以在一定范围内调整。图 5 - 6 所示为常见可调支撑，当工件的定位基面形状复杂，各批毛坯尺寸、形状变化较大时，多采用这类支撑。可调支撑一般只对一批工件调整一次，限制一个自由度。

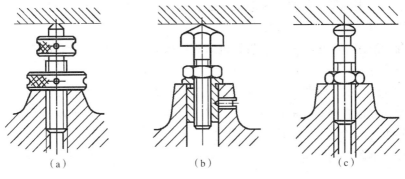

图 5-6　常见可调支撑

3）自位支撑

当工件的定位基面不连续，或为台阶面，或基面有角度误差，或为了使两个或多个支撑的组合只限制一个自由度、避免过定位时，常把支撑设计为浮动或联动结构，使之自位。图 5-7 所示为常见自位支撑。自位支撑限制一个自由度。

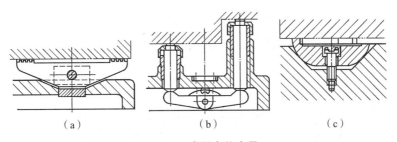

图 5-7　常见自位支承

（a）定位基面不连续；（b）定位基面为台阶面；（c）基面有角度误差

4）辅助支撑

辅助支撑的主要作用是增加工件的刚度，减小加工时的变形。图 5-8 所示为常见辅助支撑。辅助支撑不起定位作用，故不限制自由度。使用辅助支撑时，一般工件先定位，然后夹紧工件，最后调整辅助支撑与工件接触。

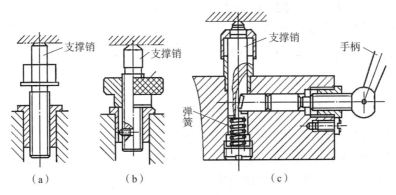

图 5-8　常见辅助支撑

2. 圆孔定位

当工件上的孔为定位基准时，就采用孔定位方式，其基本特点是定位孔和定位元件之间处于配合状态。常用定位元件是各种芯轴和定位销。

1）定位芯轴

定位芯轴广泛用于车床、磨床、齿轮机床等机床上。常见的芯轴有以下几种：

（1）圆柱芯轴。

图 5 - 9（a）所示为间隙配合圆柱芯轴，其定位精度不高，但装卸方便；图 5 - 9（b）所示为过盈配合圆柱芯轴，采取过盈配合，制造简单，定位准确，不用另设夹紧装置，但装卸不便；图 5 - 9（c）所示为花键芯轴，用于以花键孔定位的工件。长圆柱芯轴限制四个自由度，短圆柱芯轴限制两个自由度。

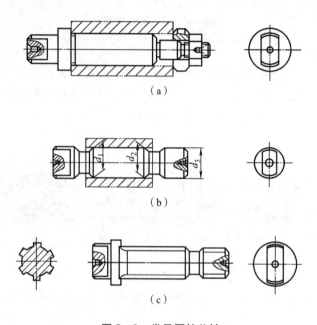

图 5 - 9　常见圆柱芯轴

（a）间隙配合圆柱芯轴；（b）过盈配合圆柱芯轴；（c）花键芯轴

（2）圆锥芯轴。

图 5 - 10 所示为圆锥芯轴，其圆锥面与工件的定位孔表面都有较高的精度，通过孔和芯轴表面的接触完成工件定位。圆锥芯轴限制五个自由度。

除上述外，芯轴定位还有弹性芯轴、液塑芯轴、定心芯轴等，它们在完成定位的同时完成工件的夹紧，使用方便，结构比较复杂。

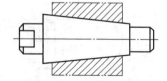

图 5 - 10　圆锥芯轴

2）定位销

图 5 - 11 所示为常见圆柱定位销，其中图 5 - 11（a）、（b）、（c）所示定位销与夹具体的连接采用过盈配合；图 5 - 11（d）所示定位销为带衬套的可换式圆柱销，定位销与衬套的配合采用间隙配合。为了便于工件顺利装入，定位销的头部应有 15°倒角。短圆柱销限制工件两个自由度，长圆柱销限制工件四个自由度。有时为了避免过定位，可将圆柱销在定位方向上削扁成菱形销，如图 5 - 12 所示。

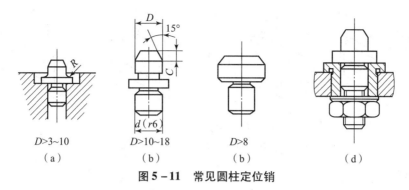

图 5 – 11　常见圆柱定位销

3）圆锥销

在加工套筒、空心轴等类工件时，常用到圆锥销。图 5 – 13（a）用于粗基准定位，图
5 – 13（b）用于精基准定位。圆锥销限制三个自由度。

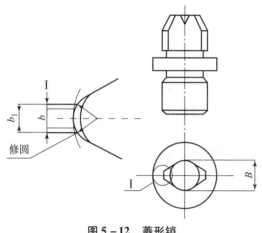

图 5 – 12　菱形销

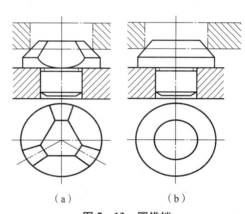

图 5 – 13　圆锥销

（a）用于粗基准定位；（b）用于精基准定位

工件在单个圆锥销上定位容易倾斜，所
以圆锥销一般与其他定位元件组合定位。如
图 5 – 14 所示，采用定位板与圆锥销组合限
制了工件的五个自由度。

3. 外圆定位

工件以外圆柱表面作定位基准时，根据
工件具体结构，可以在 V 形块、定位套、半
圆套及圆锥套中定位。

1）V 形块

工件外圆以 V 形块定位是最常见的定位

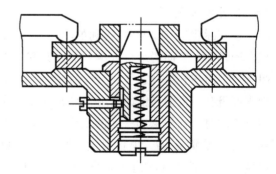

图 5 – 14　圆锥销组合定位

方式之一。常见固定式 V 形块如图 5 – 15 所示，V 形块两斜面夹角有 60°、90°、120°等，其
中 90°V 形块使用最为广泛，它们均已标准化，可以选用，特殊场合也可自行设计。V 形块
定位的优点是对中性好，可用于非完整外圆柱表面定位。V 形块有长短之分，长 V 形块限
制四个自由度；短 V 形块只能限制两个自由度。

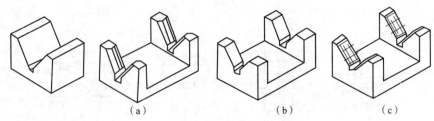

图 5 – 15　常见固定式 V 形块

（a）夹角为 60°；（b）夹角为 90°；（c）夹角为 120°

2）定位套

工件以外圆柱表面为定位基准在定位套内孔中定位，一般适于精定位。图 5 – 16（a）所示为长定位套，限制四个自由度；图 5 – 16（b）所示为短定位套，限制两个自由度。

3）半圆套

半圆套的下半圆起定位作用，上半圆起夹紧作用。图 5 – 17（a）所示为可卸式，图 5 – 17（b）所示为铰链式，后者装卸更加方便。长半圆套限制四个自由度，短半圆套限制两个自由度。

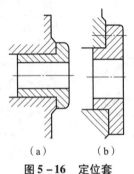

图 5 – 16　定位套

（a）长定位套；（b）短定位套

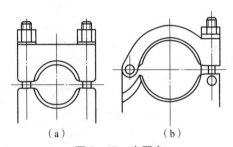

图 5 – 17　半圆套

（a）可卸式；（b）铰链式

4. 组合定位

在实际生产中，经常遇到的不是单一表面的定位，而是几个表面的组合定位，常见的有平面与平面组合、平面与孔组合、平面与外圆柱组合、平面与其他表面组合、锥面与锥面的组合等。例如，在加工箱体类工件时，往往采用一面两销组合定位，如图 5 – 18 所示。平面限制三个自由度，圆柱销限制两个自由度，菱形销（或削边销）限制一个自由度，实现了完全定位。

5.2.3　定位误差的分析与计算

按照六点定位原理，可以保证工件在夹具上的正确位置，但能否满足工件对工序加工精度的要求，则取决于刀具与工件之间相对位置是否正确。而影响这

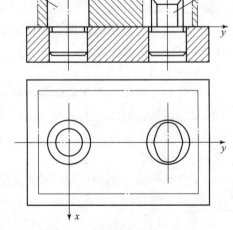

图 5 – 18　一面两销定位

1—圆柱销；2—菱形销

个正确位置关系的因素很多，如夹具在机床上的装夹误差、工件在夹具中的定位误差和夹紧误差、机床调整误差、工艺系统变形误差、机床和刀具的制造误差及磨损误差等。为了保证工件的加工精度要求，加工误差与尺寸公差之间应满足如下关系：

$$\Delta_\Sigma = \Delta_D + \Delta_Q \leqslant T \tag{5-1}$$

式中　Δ_Σ——各种因素产生的误差总和；

　　　Δ_D——工件在夹具中的定位误差，一般应小于 $T/2$ 或 $T/3$；

　　　Δ_Q——除定位误差外的其他因素产生的误差；

　　　T——工件被加工尺寸的公差。

1. 定位误差及其产生原因

定位误差是指由于工件定位造成的工序基准在工序尺寸方向上的最大位置变动量。对于一批工件来说，刀具经调整后位置不再变动，造成定位误差的原因主要有：

（1）基准不重合误差 Δ_B。由于定位基准与工序基准不重合造成的定位误差，即工序基准相对定位基准在工序尺寸方向上的最大变动量。

（2）基准位移误差 Δ_Y。由于定位副存在制造误差及其配合间隙造成的定位误差，即定位基准的相对位置在工序尺寸方向上的最大变动量。

2. 定位误差的计算方法

分析和计算定位误差的目的是判断所采用的定位方案能否保证工件的加工精度要求，以便对不同方案进行分析比较，选出最佳定位方案。

常用定位误差的计算方法有合成法、几何法等。

1）合成法

由定位误差的产生原因可知，定位误差是由基准不重合误差 Δ_B 和基准位移误差 Δ_Y 组成的，工件定位时两项误差可以同时存在，也可能只有一项存在，但不管如何，定位误差是由两项误差共同作用的结果，所以定位误差的大小就是这两项误差在工序尺寸方向上的分量的代数和，称为误差合成法，具体计算公式为

$$\Delta_D = |\Delta_B \pm \Delta_Y| \tag{5-2}$$

在定位误差的分析计算中，可以将两项误差在工序尺寸方向上的分量分别计算，再按公式进行合成。因为定位误差有时是两项误差之和，有时是两部分误差之差，因此，需要根据具体情况进行分析，如图 5-19 所示。

（1）若工序基准不在定位基准面上，则 $\Delta_D = \Delta_B + \Delta_Y$；

（2）若工序基准在定位基面上，则 $\Delta_D = |\Delta_B \pm \Delta_Y|$，判断"±"的方法如下：

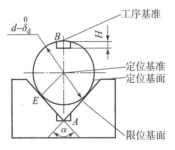

图 5-19　定位误差合成法

① 定位基准保持不动，若定位基面（与定位元件接触的工件表面）直径由大到小（或由小到大）变化时，分析工序基准的移动方向。

② 定位基面与限位基面（定位元件表面）始终保持接触，若定位基面直径同方向变化，分析定位基准的移动方向。

③ 若两者移动方向相同，则取"＋"号；若方向相反，则取"－"号。

图 5-19 所示为 V 形块定位铣键槽，不考虑 V 形块的制造误差，由于工件的制造误差导

致工序尺寸 H 的工序基准在工序尺寸方向上产生了变动，工序尺寸 H 的定位误差计算如下：

工序基准为工件上母线，定位基准为工件轴线，两者不重合，基准不重合误差等于工序基准与定位基准之间的定位尺寸的公差，即

$$\Delta_B = T_d/2 = \delta_d/2 \tag{5-3}$$

由于工件外圆有制造误差，工件定位基准在竖直方向上产生了变动，基准位移误差为

$$\Delta_Y = \frac{T_d}{2\sin\frac{\alpha}{2}} = \frac{\delta_d}{2\sin\frac{\alpha}{2}} \tag{5-4}$$

由于工序基准（工件上母线）在定位基面（工件外圆柱面）上，因此定位误差应按 $\Delta_D = |\Delta_B \pm \Delta_Y|$ 计算，正负号判断如下：定位基准（工件轴线）保持位置不变，定位基面（工件外圆柱面）直径减小时，工序基准下移；定位基面与定位元件（V 形块）保持接触，定位基面直径减小时，定位基准下移；两者变化方向相同，取"+"号，所以 H 定位误差为

$$\Delta_D = |\Delta_B + \Delta_Y| = \frac{\delta_d}{2} + \frac{\delta_d}{2\sin\frac{\alpha}{2}} = \frac{\delta_d}{2}\left(1 + \frac{1}{\sin\frac{\alpha}{2}}\right) \tag{5-5}$$

2）几何法

采用几何法计算定位误差通常要画出工作的定位简图，并在图中夸张地画出工件变动的极限位置，然后运用几何知识，求出工序基准在工序尺寸方向上的最大变动量，该量即为定位误差。

图 5-20 所示为 V 形块定位铣键槽，由于工件的制造误差导致工序尺寸 H 的工序基准在工序尺寸方向上产生的最大变动量为 B_1B_2，故工序尺寸 H 的定位误差为

$$\Delta_D = B_1B_2 = O_1B_1 - O_1B_2 = O_1B_1 - (O_2B_2 - O_1O_2)$$

$$= O_1B_1 - \left[O_2B_2 - \left(\frac{O_1E}{\sin\frac{\alpha}{2}} - \frac{O_2F}{\sin\frac{\alpha}{2}}\right)\right] \tag{5-6}$$

$$= \frac{d}{2} - \left(\frac{d-\delta_d}{2} - \frac{\delta_d}{2\sin\frac{\alpha}{2}}\right) = \frac{\delta_d}{2}\left(1 + \frac{1}{\sin\frac{\alpha}{2}}\right)$$

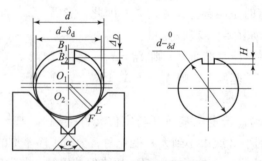

图 5-20　V 形块定位铣键槽

3. 常见定位方式的定位误差分析与计算

1）平面定位

图 5-21 所示为铣台阶面的两种定位方案，要求保证尺寸（20±0.15）mm，分析两种

方案的定位误差。

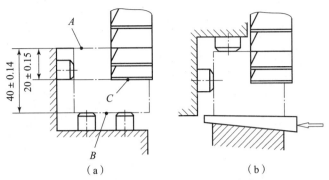

图 5 – 21　铣台阶面的两种定位方案

（a）方案一；（b）方案二

由工序简图知，被加工表面 C 的工序基准是 A 面，工序尺寸为（20 ± 0.15）mm。

图 5 – 21（a）方案：工序基准为 A 面，定位基准为 B 面，两者不重合，必然存在基准不重合误差。工序基准与定位基准之间的定位尺寸为（40 ± 0.14）mm，与被加工表面工序尺寸（20 ± 0.15）mm 方向一致，所以基准不重合误差的大小就是定位尺寸（40 ± 0.14）mm 的公差，即 $\Delta_B = 0.28$ mm；若定位基准 B 面制造得比较平整光滑，则同批工件的定位基准位置不变，不会产生基准位移误差，即 $\Delta_Y = 0$ mm，所以有

$$\Delta_D = \Delta_B + \Delta_Y = \Delta_B = 0.28 \text{ mm}$$

而加工尺寸（20 ± 0.15）mm 的公差为 $T = 0.3$ mm，所以，$\Delta_D = 0.28$ mm $> T/3 = 0.1$ mm。由此可知，定位误差太大，留给其他加工误差的允许值太小了，只有 0.02 mm，实际加工过程中很容易出现废品，故此方案不宜采用。

图 5 – 21（b）方案：工序基准为 A 面，定位基准也为 A 面，两者重合，不存在基准不重合误差，即 $\Delta_B = 0$ mm，也不会产生基准位移误差，即 $\Delta_Y = 0$ mm，所以有

$$\Delta_D = \Delta_B + \Delta_Y = 0 \text{ mm}$$

但此方案需从下向上夹紧，夹紧方案不够理想，且使夹具结构复杂。

2）外圆定位

下面主要分析工件以外圆在 V 形块上定位的定位误差。若不考虑 V 形块的制造误差，则工件定位基准在 V 形块的对称面上，因此工件中心线在水平方向上的位移为零；但在垂直方向上，因工件外圆有制造误差，而导致工件定位基准产生位移，如图 5 – 22 所示，因此基准位移误差为

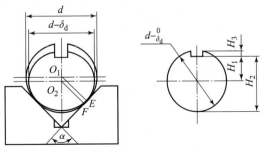

图 5 – 22　工件在 V 形块定位的误差分析

$$\Delta_Y = O_1 O_2 = \frac{O_1 E}{\sin\frac{\alpha}{2}} - \frac{O_2 F}{\sin\frac{\alpha}{2}} = \frac{\frac{1}{2}d}{\sin\frac{\alpha}{2}} - \frac{\frac{1}{2}(d-\delta_d)}{\sin\frac{\alpha}{2}} = \frac{T_d}{2\sin\frac{\alpha}{2}} = \frac{\delta_d}{2\sin\frac{\alpha}{2}} \qquad (5-7)$$

图 5 – 22 中工件直径尺寸为 $d_{-\delta_d}^{\ 0}$，分析 H_1、H_2、H_3 三种不同工序尺寸的定位误差。

（1）尺寸 H_1 定位误差。

工序基准与定位基准均为工件轴线，两者重合，故 $\Delta_B = 0$，只有基准位移误差。由于工序基准不在定位基面上，定位误差应按 $\Delta_D = \Delta_B + \Delta_Y$ 计算，所以 H_1 定位误差为

$$\Delta_D = \Delta_B + \Delta_Y = \Delta_Y = \frac{\delta_d}{2\sin\frac{\alpha}{2}} \qquad (5-8)$$

（2）尺寸 H_2 定位误差。

工序基准为工件下母线，定位基准为工件轴线，两者不重合，基准不重合误差等于工序基准与定位基准之间的定位尺寸的公差，即 $\Delta_B = T_d/2 = \delta_d/2$，基准位移误差同上。由于工序基准不在定位基面上，定位误差应按 $\Delta_D = |\Delta_B \pm \Delta_Y|$ 计算，正负号判断：定位基准（工件轴线）保持位置不变，定位基面（工件外圆）直径减小时，工序基准上移；定位基面与定位元件（V 形块）保持接触，定位基面直径减小时，定位基准下移；两者变化方向相反，取负号。因此，H_3 定位误差为

$$\Delta_D = |\Delta_B - \Delta_Y| = \frac{\delta_d}{2\sin\frac{\alpha}{2}} - \frac{\delta_d}{2} = \frac{\delta_d}{2}\left(\frac{1}{\sin\frac{\alpha}{2}} - 1\right) \qquad (5-9)$$

③ 尺寸 H_3 定位误差。

根据前面介绍的分析和计算，可知 H_3 定位误差为

$$\Delta_D = |\Delta_B + \Delta_Y| = \frac{\delta_d}{2} + \frac{\delta_d}{2\sin\frac{\alpha}{2}} = \frac{\delta_d}{2}\left(1 + \frac{1}{\sin\frac{\alpha}{2}}\right) \qquad (5-10)$$

由以上三种不同工序尺寸的定位误差的分析可知，以工件下母线为工序基准时，定位误差最小，而以工件上母线为工序基准时，定位误差最大。可见，工件在 V 形块上定位时，定位误差随加工尺寸的标注方法不同而异。

3）内孔定位

工件以单一圆柱孔定位时常用的定位元件是圆柱定位芯轴（定位销），此时定位误差的计算有两种情形，即工件内孔与定位芯轴（定位销）采用过盈配合和间隙配合。

（1）工件内孔与定位芯轴（定位销）过盈配合的定位误差。由于采用了过盈配合，定位副间无间隙，定位基准不会产生位移，所以基准位移误差 $\Delta_Y = 0$。

如图 5 – 23 中工序尺寸 H_1、H_2，工序基准为工件外圆的母线，与定位基准不重合，工序基准不在定位基面上，定位误差为

$$\Delta_D = \Delta_B + \Delta_Y = \Delta_B = T_d/2 = \delta_d/2 \qquad (5-11)$$

如图 5 – 23 中工序尺寸 H_3，工序基准与定位基准重合，定位误差为

$$\Delta_D = \Delta_B + \Delta_Y = 0$$

如图 5 – 23 中工序尺寸 H_4、H_5，工序基准为工件定位孔的母线，与定位基准不重合，

工序基准在定位基面上，定位误差为

$$\Delta_D = | \Delta_B \pm \Delta_Y | = \Delta_B = T_D/2 = \delta_D/2 \tag{5-12}$$

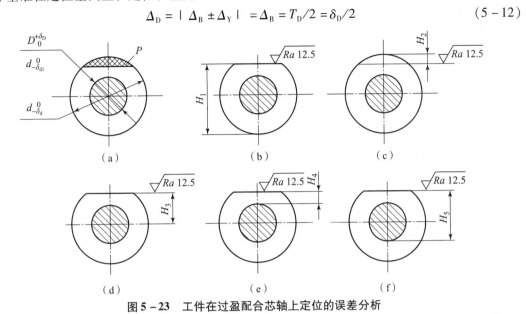

图 5-23　工件在过盈配合芯轴上定位的误差分析

（2）工件内孔与定位芯轴（定位销）间隙配合的定位误差。

① 水平放置。如图 5-24 所示，工件内孔与定位芯轴（定位销）水平放置。理想状态为工件内孔轴线与定位芯轴（定位销）轴线重合，但工件的自重作用使工件内孔与定位芯轴（定位销）始终与上母线接触，又因定位副存在制造误差，所以定位基准（内孔轴线）相对于定位芯轴（定位销）轴线总是下移，从而导致定位基准位置变动，定位基准变动量即为基准位移误差：

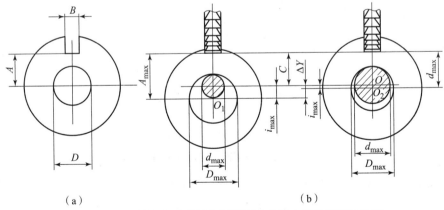

图 5-24　工件在水平放置的间隙配合芯轴上定位的误差分析

$$\Delta_Y = OO_1 - OO_2 = \frac{D_{max} - d_{min}}{2} - \frac{D_{min} - d_{max}}{2} = \frac{T_D + T_d}{2} = \frac{\delta_D + \delta_d}{2} \tag{5-13}$$

对于尺寸 A，工序基准与定位基准都是工件内孔的轴线，两者重合，故基准不重合误差为 $\Delta_B = 0$。所以，尺寸 A 的定位误差为

$$\Delta_D = \Delta_B + \Delta_Y = \Delta_Y = \frac{\delta_D + \delta_d}{2} \tag{5-14}$$

需要注意：基准位移误差是定位基准位置的最大变动量，而不是最大位移量。

② 竖直放置。如图 5 – 25 所示，工件内孔与定位芯轴（定位销）竖直放置。理想状态仍是工件内孔轴线与定位芯轴（定位销）轴线重合，但安装工件时，工件内孔与定位芯轴（定位销）可能任意母线接触，定位副存在制造误差，从而导致定位基准位置变动，定位基准变动量即为基准位移误差：

$$\Delta_Y = 2OO' = D_{max} - d_{min} = (D + \delta_D) - (d - \delta_d) = \Delta_{min} + \delta_D + \delta_d = \Delta_{max} \qquad (5 – 15)$$

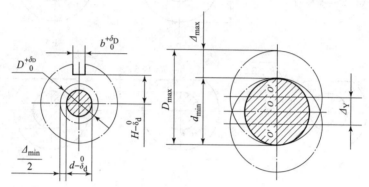

图 5 – 25　工件在竖直放置的间隙配合芯轴上定位的误差分析

4）一面两销定位

如图 5 – 26 所示，两个定位销竖直放置，安装工件时，工件内孔与定位销轴线难以重合，从而产生基准位移误差：

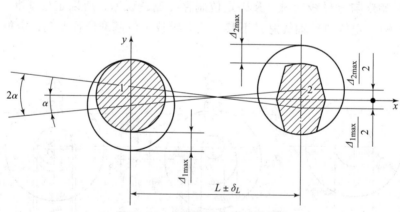

图 5 – 26　一面两销定位误差分析

（1）孔 1 定位基准（孔轴线）在 x、y 方向上的基准位移误差为

$$\Delta_{Y1x} = \Delta_{Y1y} = \Delta_{1min} + \delta_{D_1} + \delta_{d_1} = \Delta_{1max} \qquad (5 – 16)$$

（2）孔 2 定位基准（孔轴线）在 x、y 方向上的基准位移误差：

$$\Delta_{Y2x} = \Delta_{Y1x} + 2\delta_L \qquad (5 – 17)$$

$$\Delta_{Y2y} = \Delta_{2min} + \delta_{D_2} + \delta_{d_2} = \Delta_{2max} \qquad (5 – 18)$$

（3）两孔中心连线对两销中心连线的最大转角误差为

$$\Delta_{Y\alpha} = 2\alpha = 2\arctan \frac{\Delta_{1max} + \Delta_{2max}}{2L} \qquad (5 – 19)$$

5.3　工件的夹紧

工件定位后必须夹紧，才能保证工件不会因为切削力、重力、离心力等外力作用而破坏定位。这种对工件进行夹紧的装置，称为夹紧装置。

5.3.1　夹紧装置的组成与设计要求

1. 夹紧装置的组成

夹紧装置分为手动夹紧和机动夹紧装置两类，夹紧装置一般由三部分组成，如图 5 - 27 所示。

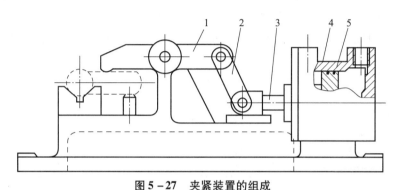

图 5 - 27　夹紧装置的组成

1—压板；2—连杆；3—活塞杆；4—气缸；5—活塞

1）动力源

动力源用于产生夹紧力，是机动夹紧不可缺少的装置，有气压装置、液压装置、电动装置、磁力装置、真空装置等。图 5 - 27 中的活塞杆 3、活塞 5 和气缸 4 组成了夹具的动力源。手动夹紧时的动力由人力保证，不需要动力源。

2）夹紧元件

夹紧元件是实现工件夹紧的执行元件，它与工件直接接触而夹紧工件，如图 5 - 27 中的压板 1。

3）传力机构

传力机构介于动力源与夹紧元件之间，可以将动力源产生的夹紧力传给夹紧元件，完成对工件的夹紧。一般传力机构在传递夹紧力的过程中，可以改变夹紧力的大小和方向，并可具有自锁性能，如图 5 - 27 中的连杆 2。

2. 夹紧装置的设计要求

正确合理的设计和选择夹紧装置，有利于保证工件的加工质量、提高生产率和减轻工件劳动强度，因此夹紧装置应满足以下要求：

（1）夹紧必须保证定位准确可靠，而不能破坏工件定位。

（2）夹紧力的大小要适当，既要保证不破坏工件的正确位置，又不能使工件产生较大变形。

（3）夹紧动作要准确、迅速可靠，以提高产生效率。

（4）夹紧装置操作必须安全、省力、方便、迅速，以改善工人的工作条件，减轻劳动强度。

（5）夹紧装置要结构简单、易于制造。

5.3.2　夹紧力的确定

夹紧力包括方向、作用点和大小三个要素，是夹紧装置设计中首先要解决的问题。

1. 夹紧力方向的确定

夹紧力方向的确定原则为：

（1）夹紧力的方向应有利于工件的准确定位，而不能破坏定位，一般要求夹紧力垂直于主要定位基准面。图 5-28 所示为直角支座进行镗孔，要求孔与端面 A 垂直，因此应选端面 A 作为主要定位基准，夹紧力 F_J 应垂直压向 A 面。若采用夹紧力 F_J 垂直压向 B 面，由于工件 A 面与 B 面存在垂直度误差，只能保证孔与 B 面的平行度，而不能保证孔与 A 面的垂直度。

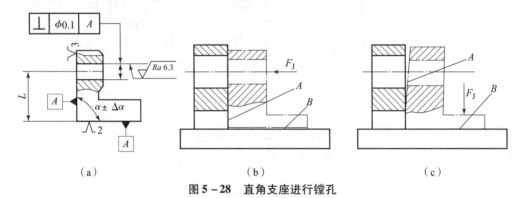

图 5-28　直角支座进行镗孔

（2）夹紧力的方向应使工件变形尽可能小。如图 5-29 所示，薄壁件的夹紧采用三爪卡盘，易引起工件的夹紧变形，镗孔后将有三棱圆柱度误差；改进后的夹紧方式，采用端面夹紧，可避免上述圆柱度误差。如果工件定心外圆和夹具定心孔之间有间隙，会产生定心误差。

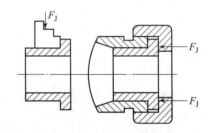

图 5-29　薄壁件的夹紧方法

（3）夹紧力的方向应尽可能与切削力、重力方向一致，以利于减小夹紧力，如图 5-30（a）所示情况是合理的，图 5-30（b）所示的情况则不合理。

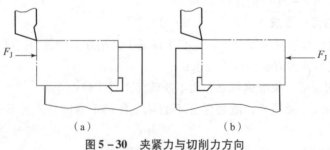

图 5-30　夹紧力与切削力方向
（a）合理；（b）不合理

2. 夹紧力作用点的确定

夹紧力作用点的位置和数目将直接影响工件定位后的可靠性和夹紧后的变形，应注意以下几个方面：

（1）夹紧力的作用点应落在支撑元件上或落在几个支撑点确定的区域内，以避免破坏定位或造成较大的夹紧变形。如图 5 - 31 所示两种情况均破坏了定位。

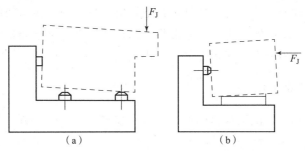

图 5 - 31　夹紧力作用点应避免破坏定位

（2）夹紧力的作用点应作用在工件刚度好的部位。如图 5 - 32（a）所示，夹紧力作用点落在工件中心，会造成工件薄壁底部较大的变形，所以应使夹紧力作用点落在底部凸缘上 [图 5 - 32（b）]。

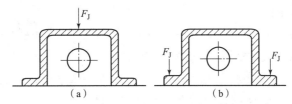

图 5 - 32　夹紧力作用点应减小工件变形

（a）夹紧力作用点在工件中心；（b）夹紧力作用点在底部凸缘

（3）夹紧力的作用点应尽可能靠近切削部位，以提高工件切削部位的刚度和抗振性。如图 5 - 33 所示的夹具，在切削部位附近增加了辅助支撑 2。

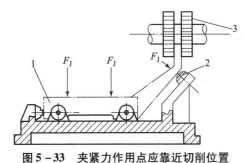

图 5 - 33　夹紧力作用点应靠近切削位置

1—工件；2—辅助支撑；3—铣刀

3. 夹紧力大小的确定

夹紧力的大小主要影响工件定位的可靠性、工件的夹紧变形以及夹紧装置的结构尺寸，因此夹紧力的大小应适中。在实际设计中，确定夹紧力大小的方法有两种，即分析计算法和经验类比法。

采用分析计算法，一般根据切削原理的公式求出切削力的大小 F，必要时算出惯性力、离心力的大小，然后与工件重力及待求的夹紧力组成静平衡力系，列出平衡方程即可算出理论夹紧力（工件还应考虑重力，运动速度较大时应考虑惯性力以及夹紧机构具体尺寸），列出工件的静力平衡方程式，求出理论夹紧力 F'_J，再乘以安全系数 K，得出实际夹紧力：

$$F_J = KF'_J \qquad (5-20)$$

式中，安全系数 K 一般可取 $1.5 \sim 3$。

由于根据切削原理的公式求出的切削力是估算值，且切削力在切削加工过程中是不断变化的，很难计算准确，所以实际生产中一般很少通过计算确定夹紧力，而是通过类比的方法估算夹紧力大小。对于需要准确确定夹紧力大小的场合，一般可经过试验来确定。

5.3.3 基本夹紧机构

夹具中常用的基本夹紧机构有斜楔夹紧机构、螺旋夹紧机构、偏心夹紧机构等，它们都是根据斜面夹紧原理夹紧工件的。

1. 斜楔夹紧机构

斜楔夹紧机构主要用于增大夹紧力或改变夹紧力方向。图 5-34 所示为一种简单的斜楔夹紧机构，向左推动斜楔块 2，可使滑柱上升推动压板压紧工件 3。

1）斜楔夹紧力的计算

斜楔在夹紧过程中的受力分析如图 5-35（a）所示，工件、夹具体对斜楔的作用力分别为 F_J 和 R；工件、夹具体对斜楔的摩擦力分别为 F_2 和 F_1，相应的摩擦角分别为 φ_2 和 φ_1。R 与 F_1 的合力为 R_1，F_J 与 F_2 的合力为 F_{J1}。当斜楔块在平衡状态时，根据静力平衡，可得斜楔对工件产生的夹紧力 F_J 为

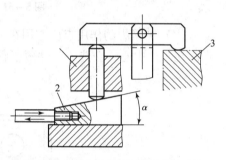

图 5-34　一种简单的斜楔夹紧机构

1—夹具体；2—斜楔块；3—工件

$$F_J = \frac{P}{\tan(\alpha + \varphi_1) + \tan\varphi_2} \qquad (5-21)$$

式中　P——斜楔所受的源动力（N）；

α——斜楔的楔角（°）；

φ_1——斜楔与夹具体间的摩擦角（°）；

φ_2——斜楔与工件间的摩擦角（°）。

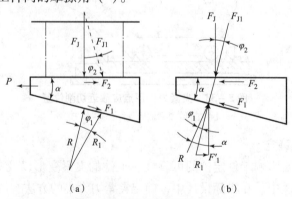

（a）　　　　　　　　　　（b）

图 5-35　斜楔夹紧受力分析

（a）夹紧过程中；（b）夹紧自锁

2）斜楔夹紧的自锁条件

当工件夹紧并撤掉源动力 P 后，夹紧机构依靠摩擦力的作用，仍能保持对工件的夹紧状态的现象称为自锁。当撤除源动力 P 后，摩擦力的方向与斜楔松开的趋势方向相反，斜楔受力分析如图 5 – 35（b）所示。要使斜楔能够保证自锁，必须满足下列条件：

$$F_{J1} \sin \varphi_2 \geq R_1 \sin (\alpha - \varphi_1) \tag{5-22}$$

根据二力平衡原理有 $F_{J1} = R_1$，由于 α、φ_1 和 φ_2 均较小，斜楔夹紧的自锁条件为

$$\alpha \leq \varphi_1 + \varphi_2 \tag{5-23}$$

3）斜楔夹紧的增力比

增力比是指在夹紧源动力的作用下，夹紧机构所能产生的夹紧力与源动力的比值，用符号 i_p 表示，斜楔夹紧的增力比为

$$i_p = \frac{F_J}{P} = \frac{1}{\tan(\alpha + \varphi_1) + \tan \varphi_2} \tag{5-24}$$

4）斜楔夹紧机构的行程比

一般把斜楔的移动行程与工件需要的夹紧行程的比值，称为行程比，用符号 i_s 表示，斜楔夹紧的行程比为

$$i_s = \frac{L}{S} = \frac{1}{\tan \alpha} \tag{5-25}$$

5）斜楔夹紧机构的应用场合

斜楔夹紧机构结构简单，工作可靠，但机械效率较低，很少直接用于手动夹紧，常用于工件尺寸公差较小的机动夹紧机构中。

2. 螺旋夹紧机构

螺旋夹紧机构是夹紧机构中应用最广泛的一种，其夹紧力的计算与斜楔夹紧机构的计算相似，因为螺旋可以看作一斜楔绕在圆柱体上而形成的。图 5 – 36 所示为常见螺旋夹紧机构，其主要元件（如螺杆、压块、手柄等）已经标准化，设计时可参考有关夹具设计手册。

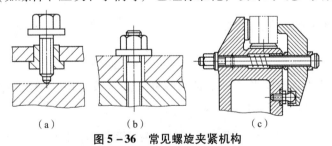

图 5 – 36　常见螺旋夹紧机构

（a）螺杆夹紧；（b）压块夹紧；（c）手柄夹紧

（1）螺旋夹紧力的计算

螺旋夹紧受力分析如图 5 – 37 所示，当工件处于夹紧状态时，根据力矩平衡原理有

$$\begin{cases} M = M_1 + M_2 \\ M = PL \\ M_1 = R_{1x} r_z = r_z F_J \tan(\alpha + \varphi_1) \\ M_2 = F_2 r_1 = r_1 F_J \tan \varphi_2 \end{cases} \tag{5-26}$$

式中　M——作用于螺杆的原始力矩（N·mm）；

M_1——螺母对螺杆的反力矩（N·mm）；

M_2——工件对螺杆的反力矩（N·mm）；

P——螺杆所受的源动力（N）；

F_J——螺杆对工件的夹紧力（N）；

R_{1x}——螺母对螺杆的反作用力 R_1 的水平分力（N）；

F_2——工件对螺杆的摩擦力（N）；

L——螺杆所受源动力的作用力臂（mm）；

r_z——螺旋中径的一半（mm）；

r_1——螺杆端部与工件间的当量摩擦半径（mm），其值视螺杆端部结构形式而定，见
表 5 – 1；

α——螺旋升角（°）；

φ_1——螺杆与工件间的摩擦角（°）；

φ_2——螺旋副的当量摩擦角（°）。

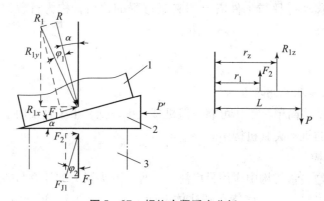

图 5 – 37　螺旋夹紧受力分析

1—螺母；2—螺杆；3—工件

由上式可得，螺旋夹紧机构的夹紧力 F_J 为

$$F_J = \frac{PL}{r_z \tan(\alpha + \varphi_1) + r_1 \tan \varphi_2} \tag{5 – 27}$$

压紧螺钉端部的当量摩擦半径 r_1 的值与螺杆头部（或压块）的结构有关，压紧螺钉端部的当量摩擦半径计算见表 5 – 1。

表 5 – 1　压紧螺钉端部的当量摩擦半径 r_1 的计算

接触形式	点接触	平面接触	圆环线接触	圆环面接触
r_1	0	$D/3$	$R \cot \dfrac{\beta}{2}$	$\dfrac{1}{3} \cdot \dfrac{D^3 - d^3}{D^2 - d^2}$
简图				

2）螺旋夹紧的自锁条件

螺旋夹紧机构的自锁条件与斜楔夹紧机构的自锁条件相同，即

$$\alpha \leqslant \varphi_1 + \varphi_2 \tag{5-28}$$

螺旋夹紧机构的螺旋升角 α 很小，故自锁性能好。

3）螺旋夹紧的增力比

螺旋夹紧的增力比为

$$i_p = \frac{F_J}{P} = \frac{L}{r_z \tan(\alpha + \varphi_1) + r_1 \tan \varphi_2} \tag{5-29}$$

因螺旋升角小于斜楔夹角，而 L 大于 r_z 和 r_1，可见，螺旋夹紧机构的扩力作用远大于斜楔夹紧机构。

4）螺旋夹紧机构的应用场合

由于螺旋夹紧机构结构简单，制造容易，夹紧行程大，增力比大，自锁性能好，在实际设计中得到了广泛应用，尤其适合于手动夹紧机构。但螺旋夹紧动作缓慢，效率较低，不宜用于机动夹紧机构中。在实际应用中，螺旋夹紧机构常与杠杆压板构成螺旋压板组合夹紧机构，如图 5 – 38 所示。

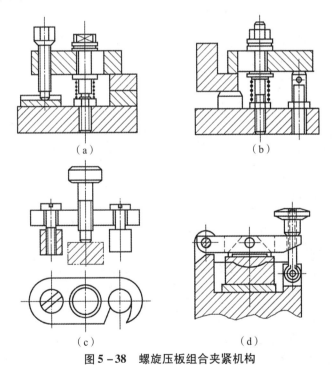

（a）　　　　　　　　　　（b）

（c）　　　　　　　　　　（d）

图 5 – 38　螺旋压板组合夹紧机构

3. 偏心夹紧机构

偏心夹紧机构是靠偏心轮回转时其半径逐渐增大而产生夹紧力来夹紧工件的，图 5 – 39 所示为常见偏心夹紧机构。偏心夹紧原理与斜楔夹紧机构依靠斜面高度增高而产生夹紧相似，只是斜楔夹紧的楔角不变，而偏心夹紧的楔角是变化的。

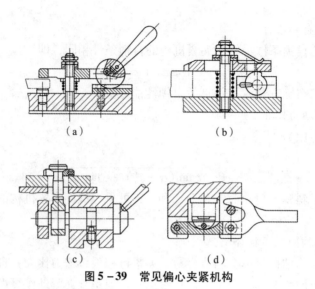

（a）　　　　　　　　　　（b）

（c）　　　　　　　　　　（d）

图5-39　常见偏心夹紧机构

1）偏心夹紧机构的夹紧原理

图5-40（a）所示的偏心轮，展开后如图5-40（b）所示，不同位置的楔角用下式求出：

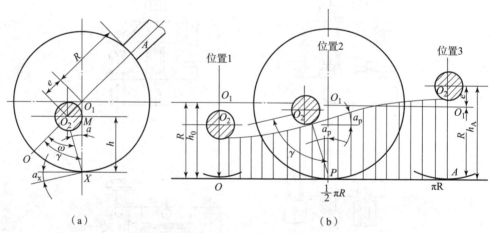

（a）　　　　　　　　　　　　　　　　（b）

图5-40　偏心轮夹紧原理

$$\alpha = \arctan \frac{e\sin\gamma}{R - e\cos\gamma} \tag{5-30}$$

式中　α——偏心轮的楔角（°）；

　　　e——偏心轮的偏心距（mm）；

　　　R——偏心轮的半径（mm）；

　　　γ——偏心轮作用点X与起始点O间的圆心角（°）。

从式（5-29）可以看出，α随γ而变化，当$\gamma=0°$时，$\alpha=0°$；当$\gamma=90°$时，$\alpha=\arctan(e/R)$，这时接近最大值；当$\gamma=180°$时，$\alpha=0°$。

2）圆偏心夹紧的夹紧力计算

当偏心轮在X点接触时，可以将偏心轮看作一个楔角为α的斜楔，此时偏心夹紧力F_J

可按下式计算：

$$F_{\mathrm{J}} = \frac{PL}{\rho\left[\tan(\alpha + \varphi_1) + \tan\varphi_2\right]} \qquad (5-31)$$

式中　P——手柄所受的源动力（N）；

　　　L——手柄源动力的作用力臂（mm）；

　　　ρ——偏心轮回转中心到夹紧点 X 的距离（mm）；

　　　φ_1——偏心轮回转轴处的摩擦角（°）；

　　　φ_2——偏心轮与工件间的摩擦角（°）。

3）圆偏心夹紧的自锁条件

根据斜楔夹紧的自锁条件，偏心轮工作点 X 处的楔角 α_X 应满足条件 $\alpha_X \leqslant \varphi_1 + \varphi_2$。为了简化计算和使自锁更为可靠而略去 φ_1，若以最大楔角计算，γ 接近 $90°$，则可得到偏心夹紧的自锁条件为

$$\frac{e}{R} \leqslant \tan\varphi_2 = \mu_2 \qquad (5-32)$$

式中　μ_2——偏心轮作用点处的摩擦系数。

若 $\mu_2 = 0.1 \sim 0.15$，当 $\mu_2 = 0.1$ 时，$R \geqslant 10e$；当 $\mu_2 = 0.15$ 时，$R \geqslant 7e$。因此，偏心夹紧自锁条件可写为

$$\frac{R}{e} \geqslant 7 \text{ 或 } 10 \qquad (5-33)$$

4）圆偏心夹紧的增力比

圆偏心夹紧的增力比为

$$i_{\mathrm{p}} = \frac{F_{\mathrm{J}}}{P} = \frac{L}{\rho\left[\tan(\alpha + \varphi_1) + \tan\varphi_2\right]} \qquad (5-34)$$

5）偏心夹紧机构的应用场合

偏心夹紧机构的优点是操作方便，夹紧迅速，结构紧凑；缺点是夹紧行程小，夹紧力小，自锁性能差。因此常用于切削力不大、夹紧行程小、振动较小的场合。

5.3.4　其他夹紧机构

1. 铰链夹紧机构

图 5-41 所示为铰链夹紧机构。铰链夹紧机构的优点是动作迅速、增力比大、易于改变力的作用方向；缺点是自锁性能差，一般常用于气动、液动夹紧。铰链夹紧机构的设计要仔细进行铰链、杠杆的受力分析与运动分析和主要参数的分析计算，这部分内容可查阅夹具设计手册。设计中根据上述分析计算结果，考虑设置必要的浮动、调整环节，以保证铰链夹紧机构正常工作。

2. 定心夹紧机构

定心夹紧机构是一种同时实现对工件定心定位和

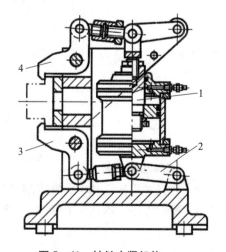

图 5-41　铰链夹紧机构

1—活塞杆；2—连杆；3，4—压板

夹紧的夹紧机构。定心夹紧机构按工作原理可分为如下两大类:

(1) 以等速移动原理工作的定心夹紧机构。

夹紧元件按等速移动原理来均分工件定位面的尺寸误差,实现定心或对中,图5－42所示为螺旋定心夹紧机构。此类夹紧机构制造方便、夹紧力和夹紧行程较大,但由于制造误差和组成元件间的间隙较大,定心精度不高,常用于粗加工和半精加工。

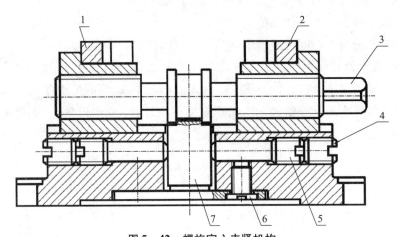

图5－42　螺旋定心夹紧机构

1,2—移动 V 形块;3—左右螺纹的螺杆;4—紧定螺钉;

5—调节螺钉;6—固定螺钉;7—叉座

(2) 以均匀弹性变形原理工作的定心夹紧机构。它依靠夹紧元件的均匀弹性变形来实现定心并夹紧,图5－43所示为弹簧夹头定心夹紧机构。此类定心夹紧机构定心精度较高。

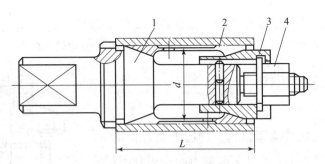

图5－43　弹性定心夹紧机构

1—芯轴;2—胀套;3—锥面压圈;4—螺母

3. 联动夹紧机构

在夹紧机构设计中,常常遇到工件需要多点同时夹紧或多个工件同时夹紧的情况。这时为了操作方便、迅速、提高生产率、减轻劳动强度,可采用联动夹紧机构,如图5－44所示。

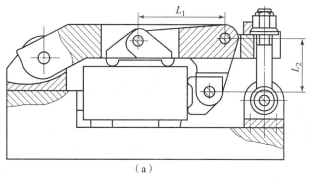

（a）

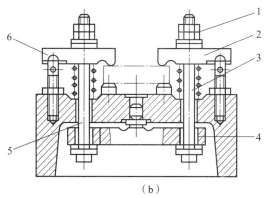

（b）

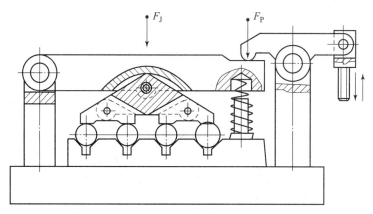

图 5 – 44　联动夹紧机构

1—螺母；2，6—压板；3，5—螺钉；4—杠杆

5.4　机床夹具的类型

5.4.1　车床夹具

　　车床夹具中，一类是夹具安装在车床的主轴上，如芯轴类夹具；另一类是夹具安装在车床的拖板或床身上，如在车床上用旋转刀镗孔的夹具。

1. 车床夹具设计要点

车床夹具工作时的主要特点是机床主轴带动夹具高速回转，故在设计车床夹具时，除了保证工件达到工序的精度要求外，还需考虑：

（1）夹具的结构应尽量紧凑、轻便，悬臂尺寸尽可能做短，使重心靠近主轴端。

（2）夹具重心应尽可能靠近回转轴线，凡形状或重量对回转中心不对称的夹具，应有平衡措施且平衡块位置应可根据需要进行调节。

（3）夹具上所有元件的布置和工件的外形不应超出夹具体的外廓，靠近外缘的元件不应有突出的棱角，必要时应加防护罩。夹紧装置应注意夹具旋转的惯性力不应使夹紧力有减少的趋势，防止回转时夹紧元件松脱。

（4）车床夹具与主轴的连接，应保证夹具回转轴线与车床主轴轴线有尽可能高的同轴度。当主轴高速转动、急刹车时，夹具与主轴间的连接应有防松装置。

（5）加工过程中，工件在夹具上应能用量具测量，切屑能顺利排出及清理。

2. 车床夹具示例

图 5－45 所示为车削工件外圆夹具，工件 6 以两孔在圆柱定位销 2 和削边销 1 上定位，底面直接在夹具体 4 的角铁平面上定位，两螺钉压板分别在两定位销孔旁把工件夹紧。导向套 7 用来引导加工轴孔的刀具，8 是平衡块，用以消除回转时的不平衡。夹具上还设有轴向定程基面 3，它与圆柱定位销保持确定的轴向距离，以控制刀具的轴向行程。该夹具以主轴外圆柱面作为安装定位基准。

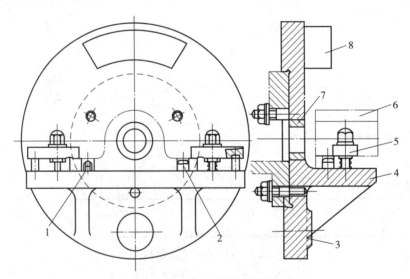

图 5－45　车削工件外圆夹具

1—削边销；2—圆柱定位销；3—轴向定程基面；4—夹具体；

5—压板；6—工件；7—导向套；8—平衡块

5.4.2　铣床夹具

按铣削的进给方式，铣床夹具可分为直线进给式、圆周进给式和靠模进给式三种类型。直线进给式铣床夹具安装在做直线进给运动的铣床工作台上；圆周进给式铣床夹具一般用于立式圆工作台铣床；靠模进给式铣床夹具采用靠模铣削工件，可以在一般万能铣床上加工出所需要的成形曲面，扩大了机床的工艺范围。

1. 铣床夹具设计要点

（1）铣削的加工余量大，又是断续切削，故切削力大且力的大小与方向随时都在变化，加工中容易引起振动。因此，铣床夹具要有足够的刚度和强度，夹具的高度和重心应尽量低。

（2）借助对刀装置确定刀具相对于夹具定位元件的位置，对刀装置主要由对刀块和塞尺构成。对刀块用于确定刀具的位置，一般固定在夹具体上；塞尺用于检查刀具与对刀块之间的间隙，以避免刀具与对刀块直接接触而造成刀具或对刀块的损伤。

图 5-46 所示为标准对刀块的结构，图 5-46（a）是圆形对刀块，在加工水平面内的单一平面时对刀用；图 5-46（b）是方形对刀块，在调整铣刀两相互垂直凹面位置时对刀用；图 5-46（c）是直角对刀块，在调整铣刀两相互垂直凸面位置时对刀用；图 5-46（d）是侧装对刀块，安装在侧面，在加工两相互垂直面或铣槽时对刀用。图 5-47 所示为对刀块应用示例。

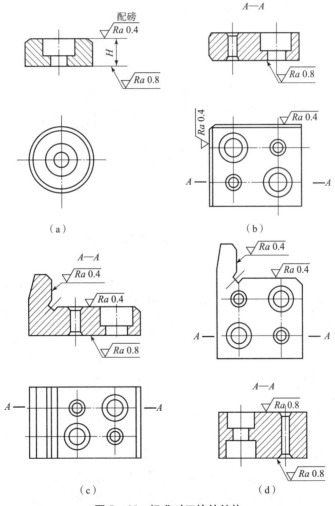

图 5-46　标准对刀块的结构

（a）圆形对刀块；（b）方形对刀块；（c）直角对刀块；（d）侧装对刀块

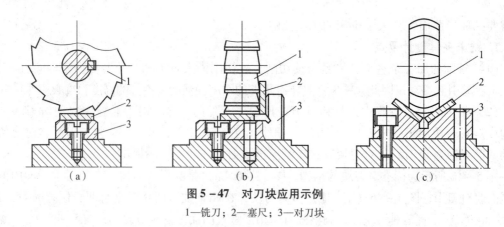

图 5 - 47　对刀块应用示例

1—铣刀；2—塞尺；3—对刀块

（3）借助定位键与铣床工作台 T 形槽的配合来确定夹具在工件台上的方位。一般在夹具体的底面设置两个定位键，且距离应尽量远一些，定位键与工作台 T 形槽采用单面贴合，以消除配合间隙的影响。图 5 - 48 所示为定位键的结构及其应用。

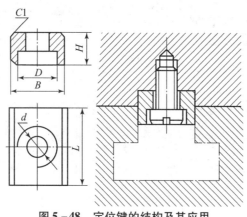

图 5 - 48　定位键的结构及其应用

2. 铣床夹具示例

图 5 - 49 所示为铣削拨叉叉脚平面夹具，工件由定位轴销 5 的圆柱面和端面定位，由螺母 6 通过开口垫圈夹紧，工件夹紧后，将压板 8 转到夹紧位置并拧紧螺母 9，用手柄 2 锁紧辅助支撑 7。对刀块 4 可以沿导向槽移动或更换，定位轴销 5 可以做上下调节以适应不同形状尺寸零件的安装，实现成组加工。

5.4.3　钻床夹具

钻床夹具一般通称为钻模。钻模的结构类型很多，主要有固定式、回转式、翻转式、盖板式和滑柱式钻模等五类。固定式钻模在加工过程中位置固定不动；回转式钻模可以使工件按一定的分度要求绕某一固定轴转动；翻转式钻模可带动工件一起翻转，加工工件不同表面的孔系；盖板式钻模一般用于加工大型工件上的小孔，其本身仅是一块钻模板，上面装有定位、夹紧元件和钻套，加工时将其覆盖在工件上即可；滑柱式钻模的钻模板固定在可以上下滑动的滑柱上，并通过滑柱与夹具体相连接。

钻床夹具一般都有用于引导刀具的钻套，钻套的结构和尺寸已经标准化了，根据其结构特点可分为以下几种类型：

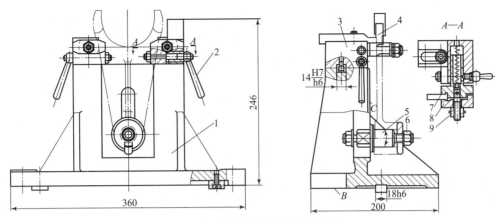

图 5 – 49　铣削拨叉叉脚平面夹具

1—夹具体；2—手柄；3—支撑座；4—对刀块；5—定位轴销；

6，9—螺母；7—辅助支撑；8—压板

（1）固定钻套 [图 5 – 50（a）]：直接压入钻模板或夹具体的孔中，位置精度高，但磨损后不易拆卸，故多用于中小批量生产。

（2）可换钻套 [图 5 – 50（b）]：以间隙配合安装在衬套中，面衬套则压入钻模板或夹具体的孔中。为防止钻套在衬套中转动，采用固定螺钉固定。可换钻套磨损后可以更换，故多用于大批量生产。

（3）快换钻套 [图 5 – 50（c）]：具有快速更换的特点，更换时不需拧动螺钉，只要将钻套逆时针方向转动一个角度，使螺钉头对准钻套缺口，即可取下钻套。快换钻套多用于同一孔需要多个工步（如钻、扩、铰等）加工的情况。

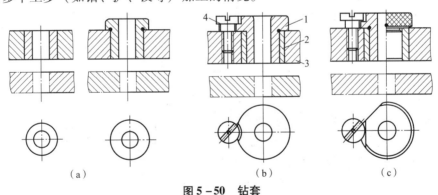

图 5 – 50　钻套

（a）固定钻套；（b）可换钻套；（c）快换钻套

1—钻套；2—衬套；3—钻模板；4—螺钉

（4）特殊钻套（图 5 – 51）：用于特殊加工场合，例如在斜面上钻孔、在工件凹陷处钻孔、钻多个小间距孔等，此时无法使用标准钻套，可根据特殊要求设计专用钻套。

1. 钻床夹具设计要点

要选择钻模的结构类型，应根据工件的加工要求、形状、尺寸、重量和生产批量等条件进行综合考虑。选择时需注意以下几点：

（1）当工件被加工孔与定位基面之间或孔距公差小于 0.05 mm 时，宜采用固定式钻模。

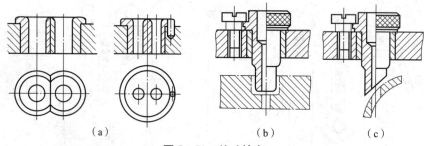

图 5 - 51　特殊钻套

（a）钻多个小间距孔；（b）在工件凹陷处钻孔；（c）在斜面上钻孔

（2）加工孔径大于 10 mm 的中小型工件时，由于切削扭矩大，宜采用固定式钻模。

（3）当加工若干个不在同心圆周上的平行孔系时，如工件和夹具的总重量超过 15 kg，宜采用固定式钻模在摇臂钻床上加工。生产批量较大时，可在立式钻床或组合机床上用多轴传动头进行加工。

（4）翻转式钻模适于在中小批最生产中，加工中、小工件几个面上的孔，钻模和工件的总重量不宜超过 10 kg。

（5）在大型工件上加工位于同一平面上的孔时，采用盖板式钻模可简化夹具结构。

（6）对于孔的垂直度和孔距精度要求不高的中小型工件，宜优先采用滑柱式钻模。

（7）当钻模的夹具体和钻模板为焊接结构时，由于焊接应力不能彻底消除，精度难以长期保持，故一般只用于工件孔距精度要求不高的场合。

2. 钻床夹具示例

图 5 - 52 所示为钻削轴套径向孔的夹具，工件由定位芯轴 5 的圆柱面和端面 N 定位，通过开口垫圈 3 和夹紧螺母 4 夹紧，钻头由快换钻套 1 导向完成钻孔。

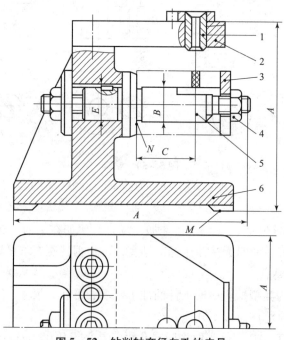

图 5 - 52　钻削轴套径向孔的夹具

1—快换钻套；2—钻模板；3—开口垫圈；4—夹紧螺母；5—定位芯轴；6—夹具体

5.5　现代机床夹具

随着现代科学技术的高速发展和社会需求的多样化、多品种、中小批量生产逐渐占优势，在大批量生产中有着长足优势的专用夹具逐渐暴露出它的不足，因而为适应多品种、中小批量生产的特点发展了组合夹具、通用可调夹具和成组夹具。由于数控技术的发展，数控机床在机械制造业中得到越来越广泛的应用，数控机床夹具也随之迅速发展起来。

现代机床夹具虽各具特色，但它们的定位、夹紧等基本原理都是相同的，因此本节只重点介绍这些夹具的典型结构和特点。

5.5.1　自动线夹具

自动线夹具的种类取决于自动线的配置形式，主要有固定夹具和随行夹具两大类。

1. 固定夹具

固定夹具用于工件直接输送的生产自动线，通常要求工件具有良好的定位和输送基面，如箱体零件、轴承环等。这类夹具的功能与一般机床夹具相似，但在结构上应具有自动定位、夹紧及相应的安全联锁信号装置，设计中应保证工件的输送方便、可靠与切屑的顺利排除。

2. 随行夹具

随行夹具用于工件间接输送的自动线中，主要适用于工件形状复杂、没有合适的输送基面，或者虽有合适输送基面，但属于易磨损的非铸材料工件，使用随行夹具可避免表面划伤与磨损。工件装在随行夹具上，自动线的输送机构把带着工件的随行夹具依次运送到自动线的各加工位置上，各加工位置的机床上都有一个相同的机床夹具来定位与夹紧随行夹具，所以，自动线上应有许多随行夹具在机床的工作位置上进行加工，另有一些随行夹具要进入装卸工位，卸下加工好的工件，装上待加工坯件，这些随行夹具随后也等待送入机床工作位置进行加工，如此循环不停。

随行夹具在自动线上的输送和返回系统是自动线设计的一个重要环节，随行夹具的返回形式有垂直下方返回、垂直上方返回、斜上方或斜下方返回和水平返回等方式。图 5 - 53 所示为随行夹具水平返回系统。根据随行夹具的尺寸、返回系统占地面积、输送装置的复杂程度、操作维修方便性及机床刚性等因素来选择不同的随行夹具返回系统。

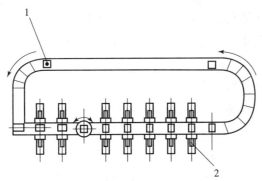

图 5 - 53　随行夹具水平返回系统

1—随行夹具；2—机床

图 5-54 所示为活塞加工自动线的随行夹具，工件以止口端面和两半圆定位孔在随行夹具 1 的环形布置的 10 个定位块 6 和定位销 2、4 上定位，但不夹紧。待随行夹具到达加工位置时，将工件和随行夹具一起夹紧在机床夹具上。随行夹具上的 T 形槽在 T 形输送轨道上移动，到达加工位置时，机床夹具的定位销插入随行夹具定位套 5 的孔中实现定心，盖板 3 防止切屑落入定位孔中。采用这种夹紧方法必须保证工件在随行夹具的运送过程中不发生任何位移。

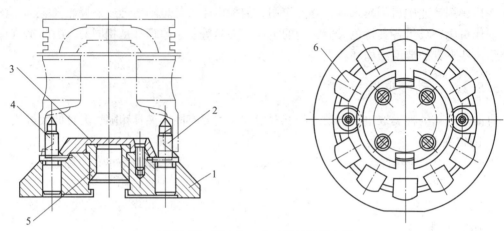

图 5-54 活塞加工自动线的随行夹具

1—随行夹具；2，4—定位销；3—盖板；5—定位套；6—定位块

设计随行夹具应考虑下列主要问题：

（1）工件在随行夹具中的夹紧方法。

由于随行夹具在生产自动线中不断地流动，因此在随行夹具中大多采用螺旋夹紧机构夹紧工件，原因在于螺旋夹紧机构自锁性能好，在随行夹具的输送过程中不易松动。为减轻劳动强度，缩短辅助时间，常选用气动或电动扳手夹紧。

（2）随行夹具在机床夹具中的夹紧方法。

随行夹具输送到机床上的夹具后，需要准确定位并夹紧。常用的夹紧方法有 3 种：夹紧在随行夹具底板的周边；由上向下夹紧在工件或随行夹具的某机构上；由下向上夹紧。

（3）随行夹具的定位基面和输送基面的选择。

随行夹具在机床夹具上大多采用"一面两孔"定位方案。随行夹具的底面既是定位基面又是输送基面。设计时应提高随行夹具底面的耐磨性以保证定位准确，并能长久保持精度。当高度方向有严格尺寸要求时，可将定位基面和输送基面分开，以保护定位基面不受循环输送引起磨损的影响。

（4）随行夹具的精度问题。

在生产自动线上有一批随行夹具在工作，各随行夹具分别经过自动线上各工序的机床接受加工，这和一般专用夹具不同，一批随行夹具的有关精度就有了严格的互换要求，否则就难以保证工件的加工要求。

（5）排屑与清洗。

由于随行夹具在自动线上循环输送，会带着切屑与切削液进入各加工位置，因而影响随行夹具的准确定位，对此必须采取一定的防护措施。此外，常在自动线末端或返回输送带上设置清洗工位，随行夹具经过隧道或清洗箱进行清洗。

（6）随行夹具结构的通用化。

随行夹具大多采用"一面两孔"的统一定位方法，又需成批制造，实现随行夹具结构通用化能取得较好的经济效益。由于自动线加工对象各不相同，要使整个随行夹具结构通用化困难较大，可把随行夹具分为通用底板和专用结构两部分。这样不但使随行夹具结构通用化，而且使自动线的机床夹具、随行夹具的输送装置结构通用化，从而提高整个自动线的通用化程度，缩短自动线的设计制造周期，降低制造成本。

5.5.2　组合夹具

组合夹具是在夹具元件高度标准化、通用化、系列化的基础上发展起来的一种夹具。组合夹具由一套预先制造好的，具有各种形状、功用、规格和系列尺寸的标准元件和组件组成。根据工件的加工要求，利用这些标准元件和组件组装成各种不同夹具。图 5-55 所示为组合夹具的标准元件和组合件。图 5-55（a）是基础件，用作夹具体底座的基础元件；图 5-55（b）是支撑件，主要作夹具体的支架或角架等；图 5-55（c）是定位件，用于定位工件和确定夹具元件之间的位置；图 5-55（d）是导向件，用于确定或导引切削刀具位置；图 5-55（e）是压紧件，用来压紧工件或夹具元件；图 5-55（f）是紧固件，用于紧固工件或夹具元件；图 5-55（g）是其他件，它们在夹具中起辅助作用；图 5-55（h）是组合件，用来完成特定工作或功用（如分度）。上述是各元件的功用，实际情况各有不同，例如支撑件，也可用作定位工件平面的定位平面。

图 5-56 所示为钻斜孔的组合夹具，其中图 5-56（a）是工件，在其上钻 $\phi 2.9$ 斜孔。工件以背面在支撑件上定位，底面则支撑在一定位销和一定位盘上。根据斜角要求，按正弦定理计算出定位销轴线和定位盘轴线间的垂直与水平距离尺寸，工件右端则由挡销定位。斜孔加工需要有确定钻模板上钻套轴线位置的工艺孔，在此组合夹具中可利用定位盘兼作工艺辅助基准，计算出定位盘轴线到钻套轴线的水平间距尺寸。

（1）组合夹具有下列使用特点：

① 确定采用组合夹具后，不需设计夹具图样，只需填写组合夹具任务单，连同产品图样、工艺规程和坯件实物送组装室组装，组装后的夹具送车间给操作者使用。使用完毕交还后，由组装室清点并拆开夹具，清洗元件，归类存放备用。

② 组合夹具的元件要重复多次使用，但组装成某一夹具后，一般仍为某工件的某道工序使用，所以组合后的结构是专用性的，只能一次使用。

③ 组合夹具由标准元件组装而成，元件还需多次重复使用。除一些尺寸可采用调节方法保证外，其他精度都靠各元件精度组合来直接保证，不允许进行修配或补充加工，因此要求元件的制造精度高以保证其互换性，而且还需耐磨，重要元件都采用 40Cr、20CrMnTi 等合金钢制造，渗碳淬火，并经精密磨削加工，制造费用高。

④组合夹具的各元件之间采用键定位和螺栓紧固的连接，其刚性不如整体结构好，尤其是连接处结合面间的接触刚度是一个薄弱环节，组装时应注意提高夹具的刚度。

⑤组合夹具各标准元件的尺寸系列的级差是有限的，使组装成的夹具尺寸不能像专用夹具那样紧凑，体积较为笨重。

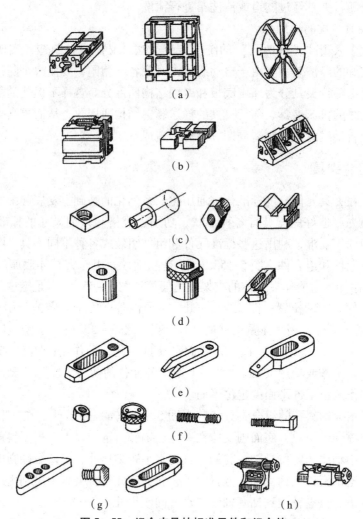

图 5－55　组合夹具的标准元件和组合件

（a）基础件；（b）支撑件；（c）定位件；（d）导向件；（e）压紧件；（f）紧固件；（g）其他件；（h）组合件

（2）组合夹具具有下列优点：

① 对多品种、中小批量生产，使用专用夹具是不经济的。但对一些加工要求高的关键零件，不采用夹具又难以保证加工质量，采用组合夹具可解决这个矛盾，特别对新产品试制和产品对象经常变换不定的生产，采用组合夹具不会因试制后产品改型或加工对象变换造成原来使用的夹具报废。采用组合夹具既能保证产品加工质量，提高生产率，又能节约使用夹具费用，充分发挥了组合夹具的优势。

② 由于夹具设计、制造劳动量在整个生产准备工作中占有较大的比重。采用组合夹具后不需专门设计制造夹具，节约设计和制造夹具的工时、材料和制造费用，缩短生产准备周期。

随着现代机械工业向多品种、中小批量生产方向的发展，组合夹具也发展了某些新的元件和组件，开始与成组夹具和数控机床夹具结合起来，这是组合夹具发展的新动向。

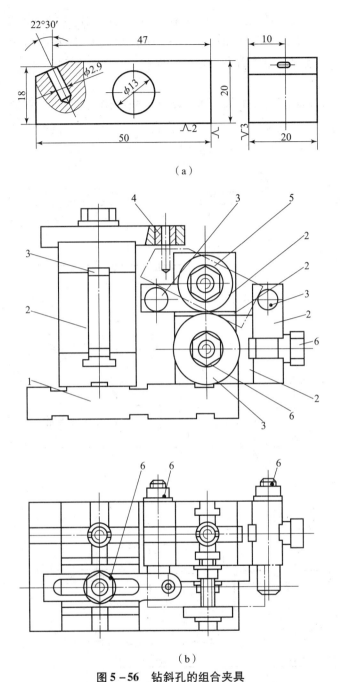

（b）

图 5－56　钻斜孔的组合夹具

1—基础件；2—支撑件；3—定位件；4—导向件；5—压紧件；6—紧固件

5.5.3　通用可调夹具和成组夹具

专用夹具和组合夹具各有优缺点，如将二者的优势结合起来，既能发挥专用夹具精度高的特点，又能发挥出组合夹具成本低的特点，这就发展了通用可调夹具，其原理是通过调节或更换装在通用底座上的某些可调节或可更换元件，以装夹多种不同类型的工件；而成组夹具则是根据成组工艺的原则，针对一组相似零件而设计的由通用底座和可调节或可更换元件组成的夹具。从结构上看二者十分相似，都具有通用底座固定部分和可调节或可更换的变换部分，但二者的设计指导思想不同。在设计时，通用可调夹具的应用对象不明确，只提出一个大致的加工规格和范围；而成组夹具是根据成组工艺，针对某一组零件的加工而设计的，应用对象是十分明确的。

图 5-57 和图 5-58 所示为可调和成组夹具的两个例子。图 5-57 所示为铣床上使用的可调夹具，其通用底座可长期固定在铣床工作台上，而钳口可根据不同工件的加工要求进行设

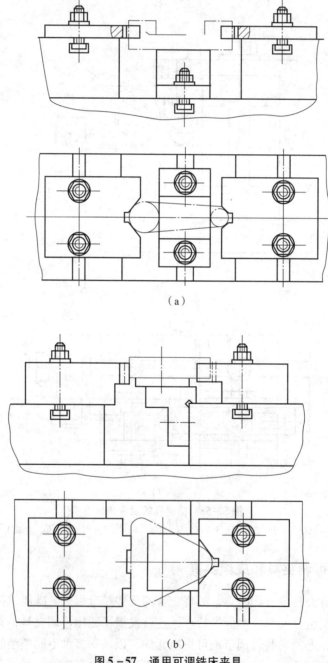

(a)

(b)

图 5-57　通用可调铣床夹具

计或更换，分别装在固定钳口、活动钳口和虎钳底座面上，实现工件的装夹。图 5 - 58（a）所示为钻杠杆小头孔的成组夹具。成组夹具的设计是在成组工艺前提下进行的，针对零件分类组装工序，根据该零件组的代表零件进行成组夹具设计。图 5 - 58（b）所示为代表零件的示例。其主要结构的参数为两孔径 D_1、D_2 和孔心距 L_0。该夹具选用标准滑柱式钻模为底座，加上相应的装置组成。为了清晰起见，图 5 - 58 中省去了标准滑柱式钻模的大部分，只表示了可上下移动的钻模板 4。工件以端面装在带游标的定位板 1 和支撑套 9 上，大小头孔端面不在同一平面内而有落差时，可相应更换支撑套 9。可换定位销 2 与 D_1 孔相配，并可沿槽纵向移动，根据固定刻度尺 10 的刻度调整孔心距 L 尺寸，调整好后用紧固螺钉 3 紧固。滑动 V 形块 7 在弹簧的作用下定位小头外圆面以保证加工出的孔在杠杆对称轴线上，手柄 11 通过挡销 12 操纵滑动 V 形块的进退，便于装卸工件。滑柱式钻模的移动钻模板 4 下降，用压紧套 5 端面压紧工件加工孔的上端面。根据 D_2 孔的尺寸选用不同的可换螺旋钻套 6 旋入压紧套 5 的螺纹内，采用螺纹连接使结构简单紧凑，但对加工精度有影响（由于本工序钻孔加工要求较低，因而是允许的）。这样只要更换定位销 2 和可换螺旋钻套 6（有时可能要更换支撑套 9），调整定位销（连同定位板）2 的轴线尺寸，便可钻削组内不同 D_1、D_2 孔和孔心距尺寸 L 的各种杠杆的小头孔 D_2。

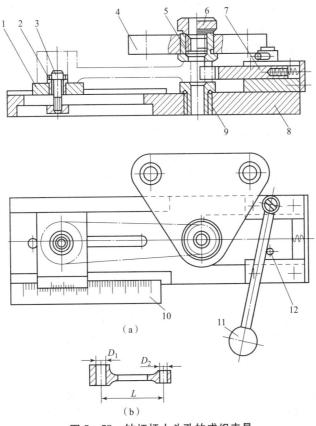

图 5 - 58　钻杠杆小头孔的成组夹具

（a）成组夹具；（b）代表零件

1—定位板；2—定位销；3—紧固螺钉；4—滑柱式钻模的移动钻模板；5—压紧套；6—可换螺旋钻套；

7—滑动 V 形块；8—底座；9—支撑套；10—固定刻度尺；11—滑动 V 形块操纵手柄；12—挡销

决定成组夹具可换调整件的形式是设计成组夹具的一个重要问题，采用可换方式，更换迅速，直接由元件的制造精度来保证工作精度因而较为可靠。但更换的元件数量多，制造成本高，保管也较麻烦。采用调整方式则元件数量少，制造成本相对较低，保管也简单，但调整费时，要求技术较高，精度不易保证，实际设计时大多是两者兼用。

5.5.4　数控机床夹具

数控机床的特点是在加工时，机床、刀具、夹具和工件之间应有严格的相对坐标位置，所以数控机床夹具在机床上应相对数控机床的坐标原点具有严格的坐标位置，以保证所装夹的工件处于规定的坐标位置上。

为此数控机床夹具常采用网格状的固定基础板，如图 5-59 所示，它长期固定在数控机床工作台上，板上加工出有准确孔心距位置的一组定位孔和一组紧固螺孔（也有定位孔与螺孔同轴布置形式），它们呈网格分布。网格状基础板预先调整好相对数控机床的坐标位置。利用基础板上的定位孔可装各种夹具，如图 5-59 （a）上的角铁支架式夹具。角铁支架上也有相应的网格状分布的定位孔和紧固螺孔，以便安装有关可换定位元件和其他各类元件、组件，以适应相似零件的加工。当加工对象变换品种时，只需更换相应的角铁式夹具便可迅速转换为新零件的加工，不致使机床长期等待。图 5-59 （b）所示为立方固定基础板。它安装在数控机床工作台的转台上，其四面都有网格分布的定位孔和紧固螺孔，上面可安装各类夹具的底板，当加工对象变换时，只需转台转位，便可迅速转换到加工新的零件用的夹具上，十分方便。

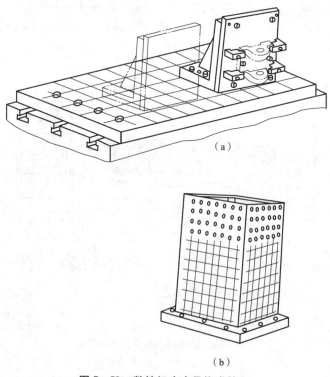

（a）

（b）

图 5-59　数控机床夹具构成简图

（a）网格状基础板；（b）立方固定基础板

数控机床夹具的夹紧装置要求结构简单、紧凑、体积小并采用机动夹紧方式，以满足数控加工的要求。近十年来国内外常采用高压（10~25 MPa）小流量液压夹紧系统。由于压力较高，可省去中间增力机构。工作液压缸采用小直径（φ10~φ50 mm）单作用液压缸，结构紧凑，而零部件设计成单元式结构，在夹具底座上变换安装位置十分容易，这类液压夹紧装置目前还在一般机床夹具中推广应用。

数控机床夹具实质上是通用可调夹具和组合夹具的结合与发展，它的固定基础板部分与可换部分的组合是通用可调夹具组成原理的应用，而它的元件和组件高度标准化与组合化，又是组合夹具标准元件的演变与发展。国内外许多数控机床夹具采用孔系列组合夹具的结构系统，就是很好的例证。

5.6　机床夹具的选用和设计

5.6.1　通用夹具的选用

各类机床都有一些通用夹具，一般已经标准化，有专业工厂生产，作为机床附件或备选件的方式提供给用户。例如广泛使用的三爪自定心卡盘、四爪单动卡盘、鸡心夹头、角铁、平口钳、分度头、电磁吸盘等，这些夹具通用性强，一般无须调整或稍加调整就可以用于装夹不同的工件。这些夹具的特点是加工精度不很高，生产效率低，所以在单件、小批量生产、装夹形状比较简单和加工精度要求不太高时选用。

5.6.2　专用夹具设计

1. 专用夹具的基本要求

（1）稳定地保证工件的加工精度。

专用夹具要有合理的定位方案，必要时进行定位误差分析和计算，同时要合理地确定夹紧力三要素，尽量减少因加压、切削、振动所产生的变形，这是对专用夹具设计的最基本要求。

（2）提高生产率，降低成本，提高经济性。

根据工件生产批量的大小，设计不同结构的高效夹具，以缩短辅助时间，提高生产率。夹具设计时要力求结构简单，尽量采用标准元件，以缩短设计和制造周期，降低夹具制造成本，提高经济性。

（3）操作方便、省力和安全。

有条件时尽可能采用气动、液压等机动夹紧机构，同时，要从结构上保证操作的安全性，必要时设计和配备安全防护装置。

（4）有良好的结构工艺性。

设计的夹具应便于制造、检验、装配、调整和维修等。

总之，在考虑上述四方面要求时，应在满足加工要求的前提下，根据具体情况处理好生产率与劳动条件、生产率与经济性的关系，力图解决主要矛盾。

2. 专用夹具的设计步骤

夹具设计是工艺装备设计中的一个重要组成部分，是保证产品质量和提高劳动生产率的一项重要技术措施。为了获得最佳的设计方案，设计人员必须遵循下述步骤进行：

（1）研究原始资料，明确设计任务。

为明确设计任务，首先应分析研究工件的结构特点、材料、生产批量和本工序加工的技术要求以及前后工序的联系，然后收集有关机床方面和刀具方面的资料。必要时收集国内、外有关设计和制造同类型夹具的资料，作为设计的参考。

（2）考虑和确定夹具的结构方案，绘制结构草图。

确定工件的定位方案，包括定位原理、方法、元件或装置；确定工件的夹紧方案和设计夹紧机构；确定夹具的其他组成部分，如分度装置、微调机构、对刀块或引导元件等；考虑各种机构、元件的布局，确定夹具体和总体结构。

对夹具的总体结构，最好考虑几个方案，画出草图，经过分析比较，选择一个最合理、最简单的方案。

（3）绘制夹具总图。

夹具总图应遵循国家标准绘制，图形大小的比例尽量取 1:1，使所绘的夹具总图有良好的直观性。总图应按夹紧机构处在夹紧工作状态下绘制，视图应尽量少，但必须能够清楚地表示出夹具的工作原理和构造，表示各种机构或元件之间的位置关系等。主视图应取操作者实际工作时的位置，以作为装配夹具时的依据并供使用时参考。最后标注总装图上有关部分的尺寸（如轮廓尺寸、必要的装配、检验尺寸及其公差），制订技术条件及编写零件明细表。

（4）绘制夹具零件图。

夹具中的非标准零件都必须绘制零件图，在确定这些零件的尺寸、公差或技术条件时，应注意使其满足夹具总图的要求。

5.6.3　专用夹具设计举例

1. 明确夹具设计任务

图 5-60（a）所示为在轴套上钻铰 $\phi 6H7$ mm 孔的工序简图，需满足如下加工要求：$\phi 6H7$ mm 孔轴线到端面 B 的距离为（37.5 ± 0.02）mm，$\phi 6H7$ mm 孔对 $\phi 25H7$ mm 孔的对称度为 0.08。已知轴套外圆柱面、各端面和孔 $\phi 25H7$ mm 均已精加工，工件材料为 Q235 钢，批量 $N = 500$ 件，年产量 6 000 件，需设计钻铰 $\phi 6H7$ mm 孔的钻床夹具。

2. 确定夹具结构方案

（1）确定定位方案，选择和定位元件。

从图 5-60（a）可知，钻 $\phi 6H7$ mm 孔的工序基准为端面 B 及 $\phi 25H7$ mm 孔的轴线，按基准重合原则选 B 面及 $\phi 25H7$ mm 孔为定位基准。

定位方案如图 5-60（b）所示，定位芯轴 5 限制工件 $\vec{Y}$、$\vec{Z}$、$\widehat{Y}$、$\widehat{Z}$ 四个自由度，台阶面 N 限制工件 $\vec{X}$、$\widehat{Y}$、$\widehat{Z}$ 三个自由度，故 $\widehat{Y}$、$\widehat{Z}$ 两个自由度被重复限制。但由于工件定位端面 B 与定位孔 $\phi 25H7$ mm 均精加工过，其垂直度要求比较高，另外，定位芯轴与台阶端面垂直度要求更高，一般需要磨削加工，因此一批工件在定位芯轴上安装时不会产生干涉现象，这种过定位是可以采用的。定位芯轴的右上部铣平，用来让刀和避免钻孔后的毛刺妨碍工件装卸。

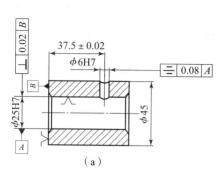

（a）

技术要求

1.钻套孔中心线对夹具体底面 M 的垂直度
公差在 100 mm 不大于 0.03 mm;

2.芯轴中心线对夹具体底面 M 的平行度公
差在 100 mm 不大于 0.03 mm;

3.钻套孔中心线对芯轴中心线的对称底公
差为0.02 mm;

4.芯轴中心线对夹具体端面 N 的垂直度公
差在 100 mm 不大于 0.03 mm。

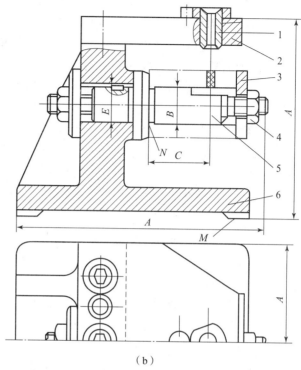

（b）

图 5 - 60　轴套钻孔工序及夹具

（a）夹具；（b）轴套钻孔定位方案

1—快换钻套；2—钻模板；3—开口垫圈；4—夹紧螺母；5—定位芯轴；6—夹具体

（2）导向和夹紧方案以及其他元件的设计。

为了确定刀具相对于工件的位置，夹具上应设置导引元件。由于孔加工精度高，需采用
钻铰工序，故设计快换钻套如图 5 - 60（b）所示，快换钻套 1 安装在固定式钻模板 2 上，
钻模板与工件要留有排屑空间，以便于排屑。另外，轴套的轴向刚度比径向刚度好，因此夹
紧力应指向限位台阶面 N，采用带开口垫圈 3 的螺旋夹紧机构，使工件装卸迅速、方便。

（3）夹具体设计。

图 5 - 60（b）所示的轴套钻铰孔夹具采用铸造夹具体，定位芯轴 5 及钻模板 2 均安装
在夹具体 6 上，夹具体 6 上的 N 面作为安装基面，此方案结构紧凑、安装稳定、刚性好，但
制造周期较长，成本略高。

3. 绘制夹具总图

1）夹具总图的尺寸标注

夹具总图上应标注的尺寸主要有：

（1）夹具的外形轮廓尺寸。这类尺寸表示夹具长、宽、高最大外形尺寸。对于活动部
分，应表示其在空间的最大尺寸，这样可避免机床、夹具、刀具发生干涉。图 5 - 60（b）
中尺寸 A 为夹具最大轮廓尺寸。

（2）影响定位精度的尺寸。这类尺寸表示夹具定位元件与工件的配合尺寸和定位元件
之间的位置尺寸，其配合精度及位置尺寸公差对定位误差产生很大的影响，一般是依据工件
在本道工序的加工技术要求，并经定位误差验算后方可标注。图 5 - 60（b）中尺寸 B 属此

类尺寸。

（3）影响对刀精度的尺寸。这类尺寸表示对刀元件（或导引元件）与刀具之间的配合尺寸、对刀元件（或导引元件）与定位元件之间的位置尺寸、导引元件之间位置尺寸，其作用是保证对刀精度。图 5-60（b）中尺寸 C 为该尺寸。

（4）夹具与机床的连接尺寸。对于车床来说，夹具与机床的连接尺寸是夹具与车床的主轴端的连接尺寸；对铣床来说，它是夹具定位键、U 形槽与机床工作台 T 形槽的连接尺寸，其作用是保证机床的安装精度。

（5）其他重要配合尺寸。该尺寸属于夹具内部各组成连接副的配合、各组成元件之间的位置关系等。图 5-60（b）中尺寸 E 就是此类尺寸。

上述联系尺寸和位置尺寸的公差，通常取工件相应公差的 1/5 ~ 1/2。

2）夹具总图的技术要求

夹具总图上标注的技术要求通常有以下几方面：

（1）定位元件的定位表面之间的相互位置精度；

（2）定位元件的定位表面与夹具安装面之间的相互位置精度；

（3）定位表面与引导元件工作表面之间的相互位置精度；

（4）各导引元件工作表面之间的相互位置精度；

（5）定位表面或引导元件的工作表面对夹具找正基准面的位置精度；

（6）与保证夹具装配精度有关的或与检验方法有关的特殊的技术要求。

上述形位公差，通常取工件相应形位公差的 1/5 ~ 1/2。不同的机床夹具，对夹具的具体结构和使用要求是不同的。在实际机床夹具设计中，应进行具体分析，在参考机床夹具设计手册以及同类夹具图样资料的基础上，制订出该夹具的具体技术要求。

本 章 小 结

机床夹具由定位元件、夹紧装置、对刀元件、夹具体等部分组成，机床夹具设计也就是针对夹具组成的各个部分进行设计，其中定位方案与夹紧方案的设计是夹具设计的重点。

定位就是确定工件在夹具中的正确位置，是通过在夹具上设置的定位元件与工件定位面的接触来实现的。工件定位时采用完全定位还是不完全定位，要根据其具体加工要求而定。欠定位在夹具设计中是不容许的，而过定位则有条件地采用。

通常，由于定位副制造不准确或采用了基准不重合定位等原因，定位过程中会引入定位误差，定位误差要根据具体情况分析计算。

夹紧是为了克服切削力等外力干扰而使工件在空间中保持正确的定位位置的一种手段。夹紧一般在定位步骤之后，有时定位与夹紧是同时进行的，如膨胀式定心夹紧机构。

车、铣、钻、磨等不同的机床其夹具设计具有各自典型特点，应根据具体设计任务，遵循夹具设计的基本要求和步骤进行。

通过本章学习，掌握夹具定位原理和夹具设计的基本方法。

复习思考题

5-1　机床夹具包括哪几部分？各部分有何作用？

5-2　什么是定位？什么是夹紧？为什么说夹紧不等于定位？

5-3　简述工件定位的基本原理。

5-4　限制工件自由度与加工要求有何关系？

5-5　何谓定位误差？定位误差是由哪些因素引起的？定位误差的数值一般应控制在零件公差的什么范围内？

5-6　对夹紧装置的基本要求有哪些？

5-7　夹紧力的方向和作用点如何确定？

5-8　试述一面两孔组合时，需要解决的主要问题。

5-9　根据六点定位原理，分析图 5-61 中所示各定位方案中各定位元件所消除的自由度。

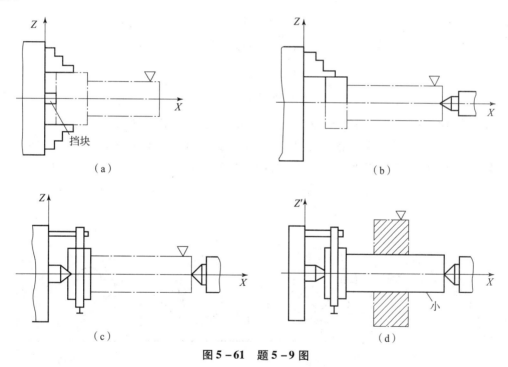

图 5-61　题 5-9 图

5-10　分析图 5-62 所示定位方案是否合理？若不合理，说明如何改进。

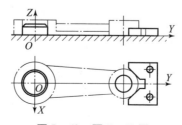

图 5-62　题 5-10 图

5-11 指出如图 5-63 所示各定位、夹紧方案及结构设计中不正确的地方，并提出改进意见。

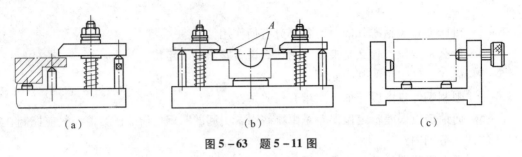

图 5-63 题 5-11 图

5-12 如图 5-64 所示齿轮毛坯，内孔 $D = \phi 35^{+0.025}_{0}$ mm 和外圆 $d = \phi 80^{0}_{-0.1}$ mm 已加工合格，现在插床上用调整法加工内键槽，要求保证尺寸 $H = \phi 38.5^{+0.2}_{0}$ mm。若定位误差不得大于尺寸公差的 1/3，试分析该定位方案能否满足加工要求？若不能满足，应如何改进？

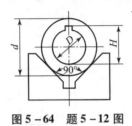

图 5-64 题 5-12 图

5-13 有一批工件，如图 5-65（a）所示，采用钻模夹具钻削工件上直径分别为 $\phi 5$ mm 和 $\phi 8$ mm 的两孔，除保证图样尺寸要求外，还须保证两孔的连心线通过 $\phi 60^{0}_{-0.1}$ mm 的轴线，其偏移量公差为 0.08 mm。现可采用如图 5-65（b）、（c）、（d）三种方案。若定位误差不得大于尺寸公差的 1/2，试分析三种定位方案是否可行（$\alpha = 90°$）。

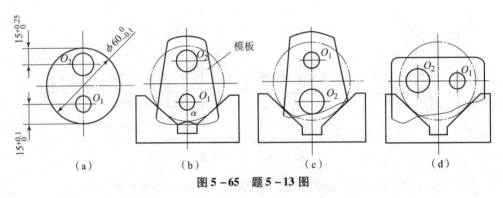

图 5-65 题 5-13 图

第6章　机械制造质量分析

产品质量是企业的生命线，按现代质量观，它包括设计质量、制造质量和服务质量。零件制造质量是保证产品质量的基础。

6.1　概　　述

6.1.1　加工精度与加工误差

机械加工精度是指零件加工后的实际几何参数（尺寸、形状和位置）与理想几何参数相符合程度。实际加工不可能做得与理想零件完全一致，总会有大小不同的偏差，零件加工后的实际几何参数对理想几何参数的偏离程度，称为加工误差。加工误差的大小反映了加工精度的高低。误差越大则加工精度越低；反之，误差越小则加工精度越高。生产实际中用控制加工误差的方法来保证加工精度。

加工精度包括三个方面。

（1）尺寸精度：指加工后零件的实际尺寸与零件尺寸的公差带中心的相符合程度。

（2）形状精度：指加工后零件表面的实际几何形状与理想的几何形状的相符合程度。

（3）位置精度：指加工后零件有关表面之间的实际位置与理想位置相符合程度。

6.1.2　获得加工精度的方法

1. 获得尺寸精度的方法

工件在加工时，其尺寸精度的获得方式有下列四种：

（1）试切法。依靠试切工件、测量、调整刀具，再试切直至所要求的精度。

（2）调整法。先按试切法调整好刀具相对于机床或夹具的位置，然后再成批加工工件。

（3）定尺寸法。用一定的形状和尺寸的刀具（或组合刀具）来保证工件的加工形状和尺寸精度，如钻孔、铰孔、拉孔、攻丝和镗孔。定尺寸法加工精度比较稳定，对工人的技术水平要求不高，生产率高，在各种生产类型中广泛应用。

（4）自动控制法。这种方法是由测量装置、进给装置和控制系统等组成自动控制加工系统，使加工过程的尺寸测量、刀具补偿调整、切削加工以及机床停车等一系列工作自动完成，自动达到所要求的尺寸精度。例如，在数控机床上加工时，将数控加工程序输入到CNC装置中，由CNC装置发出的指令信号，通过伺服驱动机构使机床工作，检测装置进行自动测量和比较，输出反馈信号，使工作台补充位移，最终达到零件规定的形状和尺寸精度。

2. 获得形状精度的方法

工件在加工时，其形状精度的获得方法有下列三种：

（1）轨迹法。这种方法是依靠刀具与工件的相对运动轨迹来获得工件形状的。例如利用工件的回转和车刀按靠模做的曲线运动来车削成形表面等。

（2）成形法。为了提高生产率，简化机床结构，常采用成形刀具来代替通用刀具。此时，机床的某些成形运动就被成形刀具切削刃的形状所代替，例如用成形车刀车曲面等。

（3）展成法。各种齿形的加工常采用此法。例如，滚齿时，滚刀与工件保持一定的速比关系，而工件的齿形则是由一系列刀齿的包络线所形成的。

3. 获得位置精度的方法

获得位置精度的方法有两种：一是根据工件加工过的表面进行找正的方法；二是用夹具安装工件，工件的位置精度由夹具来保证。

6.1.3　误差敏感方向

切削加工过程中，各种原始误差会使刀具和工件间的正确几何关系遭到破坏，引起加工误差。通常各种原始误差的大小和方向是各不相同的，而加工误差则必须在工序尺寸方向度量原始误差对加工精度的影响，因此当原始误差的方向与工序尺寸方向一致时，其对加工精度的影响就最大。对加工精度影响最大的那个方向称为误差的敏感方向，如图 6 - 1 所示，车削外圆柱面时，加工误差敏感方向为外圆的直径方向。

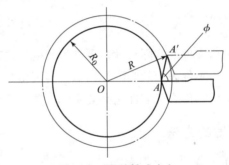

图 6 - 1　误差敏感方向

6.1.4　机械加工表面质量

评价零件是否合格的质量指标除了机械加工精度外，还有机械加工表面质量。机械加工表面质量是指零件经过机械加工后的表面层状态。探讨和研究机械加工表面，掌握机械加工过程中各种工艺因素对表面质量的影响规律，对于保证和提高产品的质量具有十分重要的意义。

机械加工表面质量又称为表面完整性，其含义包括如下两个方面的内容。

1. 表面层的几何形状特征

表面层的几何形状特征主要由以下几部分组成：

（1）表面粗糙度。它是指加工表面上较小间距和峰谷所组成的微观几何形状特征，即加工表面的微观几何形状误差，其评定参数主要有轮廓算术平均偏差或轮廓微观不平度十点平均高度。

（2）表面波度。它是介于宏观形状误差与微观表面粗糙度之间的周期性形状误差，主要是由机械加工过程中低频振动引起的，应作为工艺缺陷设法消除。

（3）表面加工纹理。它是指表面切削加工刀纹的形状和方向，取决于表面形成过程中所采用的机加工方法及其切削运动的规律。

2. 表面层的物理力学性能

表面层的物理力学性能主要指以下三个方面的内容：

（1）表面层的加工冷作硬化；

（2）表面层金相组织的变化；

（3）表面层的残余应力。

6.1.5　表面质量对零件使用性能的影响

1. 表面质量对零件耐磨性的影响

零件的耐磨性是零件的一项重要性能指标，当摩擦副的材料、润滑条件和加工精度确定之后，零件的表面质量对耐磨性将起到关键性的作用。由于零件表面存在着表面粗糙度，当两个零件的表面开始接触时，接触部分集中在其波峰的顶部，因此实际接触面积远远小于名义接触面积，并且表面粗糙度越大，实际接触面积越小。在外力作用下，波峰接触部分将产生很大的压应力。当两个零件做相对运动时，开始阶段由于接触面积小、压应力大，在接触处的波峰会产生较大的弹性变形、塑性变形及剪切变形，波峰很快被磨平，即使有润滑油存在，也会因为接触点处压应力过大，油膜被破坏而形成干摩擦，导致零件接触表面的磨损加剧。当然，并非表面粗糙度越小越好，如果表面粗糙度过小，接触表面间储存润滑油的能力变差，接触表面容易发生分子胶合、咬焊，同样也会造成磨损加剧。

表面层的冷作硬化可使表面层的硬度提高，增强表面层的接触刚度，从而降低接触处的弹性、塑性变形，使耐磨性有所提高。但如果硬化程度过大，表面层金属组织会变脆，出现微观裂纹，甚至会使金属表面组织剥落而加剧零件的磨损。

2. 表面质量对零件疲劳强度的影响

表面粗糙度对承受交变载荷的零件的疲劳强度影响很大。在交变载荷作用下，表面粗糙度波谷处容易引起应力集中，产生疲劳裂纹，并且表面粗糙度越大，表面划痕越深，其抗疲劳破坏能力越差。

表面层残余压应力对零件的疲劳强度影响也很大。当表面层存在残余压应力时，能延缓疲劳裂纹的产生、扩展，提高零件的疲劳强度；当表面层存在残余拉应力时，零件容易引起晶间破坏，产生表面裂纹而降低其疲劳强度。

表面层的加工硬化对零件的疲劳强度也有影响。适度的加工硬化能阻止已有裂纹的扩展和新裂纹的产生，提高零件的疲劳强度；但加工硬化过于严重，零件表面组织会变脆，容易出现裂纹，从而使疲劳强度降低。

3. 表面质量对零件耐腐蚀性能的影响

表面粗糙度对零件耐腐蚀性能的影响很大，零件表面粗糙度越大，在波谷处越容易积聚腐蚀性介质而使零件被腐蚀。

表面层残余压应力对零件的耐腐蚀性能也有影响。残余压应力使表面组织致密，腐蚀性介质不易侵入，有助于提高表面的耐腐蚀能力；残余拉应力对零件耐腐蚀性能的影响则相反。

4. 表面质量对零件间配合性质的影响

相互配合零件间的配合性质是由过盈量或间隙量来决定的。在间隙配合中，如果零件配合表面的粗糙度大，则由于磨损迅速，配合间隙增大，从而降低了配合质量，影响了配合的稳定性；在过盈配合中，如果表面粗糙度大，则装配时表面波峰被挤平，使得实际有效过盈量减少，降低了配合件的连接强度，影响了配合的可靠性。因此，对有配合要求的表面，应规定较小的表面粗糙度值。

在过盈配合中，如果表面硬化严重，将可能造成表面层金属与内部金属脱落的现象，从而破坏配合性质和配合精度。表面层残余应力会引起零件变形，使零件的形状、尺寸发生改变，因此也将影响配合性质和配合精度。

5. 表面质量对零件其他性能的影响

表面质量对零件的使用性能还有一些其他影响。如对间隙密封的液压缸、滑阀来说，减小表面粗糙度 Ra 可以减少泄漏、提高密封性能；较小的表面粗糙度可使零件具有较高的接触刚度；对于滑动零件，减小表面粗糙度 Ra 能使摩擦系数降低、运动灵活性增高，减少发热和功率损失；表面层的残余应力会使零件在使用过程中继续变形，失去原有的精度，机器工作性能恶化等。

总之，提高加工表面质量，对于保证零件的性能、提高零件的使用寿命是十分重要的。

6.2　影响机械加工精度的因素及其分析

6.2.1　加工误差的产生

零件的机械加工是在由机床、刀具、夹具和工件组成的工艺系统内完成的。零件加工表面的几何尺寸、几何形状和加工表面之间的相互位置关系取决于工艺系统间的相对运动关系。工件和刀具分别安装在机床和刀架上，在机床的带动下实现运动，并受机床和刀具的约束。因此，工艺系统中各种误差就会以不同的程度和方式反映为零件的加工误差。在完成任一个加工过程中，由于工艺系统各种原始误差的存在，如机床、夹具、刀具的制造误差及磨损、工件的装夹误差、测量误差、工艺系统的调整误差以及加工中的各种力和热所引起的误差等，使工艺系统间正确的几何关系遭到破坏而产生加工误差。这些原始误差，其中一部分与工艺系统的结构状况有关，另一部分与切削过程的物理因素变化有关。这些误差产生的原因可以归纳为以下几个方面：

（1）工艺系统的静误差（几何误差）。由于工艺系统中各组成环节的实际几何参数和位置，相对于理想几何参数和位置发生偏离而引起的误差，统称为工艺系统几何误差。工艺系统几何误差只与工艺系统各环节的几何要素有关，它包括加工方法的原理性误差，机床、夹具、刀具的磨损和制造误差，工件、夹具、刀具的安装误差以及工艺系统的调整误差。

（2）工艺系的动误差（加工过程误差）。其主要包括：工艺系统受力变形引起的误差、工艺系统受热变形引起的误差以及工件内应力引起的加工误差。

（3）加工原理误差。加工原理误差是指采用了近似的刀刃轮廓或近似的传动关系进行加工而产生的误差。例如，加工渐开线齿轮用的齿轮滚刀，为使滚刀制造方便，采用了阿基米德基本蜗杆或法向直廓基本蜗杆代替渐开线基本蜗杆，使齿轮渐开线齿形产生了误差。又如车削模数蜗杆，由于蜗杆的螺距等于蜗轮的周节（即 $m\pi$），其中 m 是模数，而 π 是一个无理数，但是车床的配换齿轮的齿数是有限的，选择配换齿轮时只能将 π 化为近似的分数值（$\pi = 3.1415$）计算，这就将引起刀具对于工件成形运动（螺旋运动）的不准确，造成螺距误差。

6.2.2 工艺系统的静误差（几何误差）

工艺系统的几何误差主要指机床、夹具和刀具在制造时产生的误差以及使用中的调整和磨损误差等。加工方法的原理误差也常列入其中。

1. 几何误差

加工中刀具相对工件的成形运动一般由机床完成，机床的几何误差通过成形运动反映到工件表面上。虽然加工方法很多，但成形运动绝大部分是由回转运动和直线运动这两种基本运动所组成。因此，分析机床几何误差的问题，可转化为分析回转运动和直线运动的误差问题。特别那些直接与工件和刀具相关联的机床零部件，其回转运动和直线运动的误差影响最大。本节着重分析机床几何误差中对加工精度影响最大的主轴误差、导轨误差和传动链误差。

1）主轴误差

机床主轴做回转运动时，其回转中心相对工件或刀具的位置变动直接影响被加工零件的加工精度。因此，对于机床主轴，主要要求在运转情况下能保持其轴线位置的变动不超出规定的范围，即要求机床主轴具有一定的回转精度。通常，主轴回转精度可定义为主轴的实际回转轴线相对其理想回转轴线在误差敏感方向上的最大变动量。主轴理想回转轴线是一条假定的在空间位置不变的回转轴线，对于任何一种结构形式的主轴部件，其理想回转轴线都是客观存在的，但其实际位置却很难确定。为此，人们就把主轴的瞬时几何轴线的平均回转轴线近似地作为理想回转轴线。由于主轴部件在加工和装配过程中存在多种误差，如主轴轴颈的圆度误差，轴颈或轴承间的同轴度误差，轴承本身的各种误差，主轴的挠度和支撑端面对轴颈、轴线的垂直度误差以及主轴回转时力效应和热变形所产生的误差等，因而使主轴各瞬时回转轴线发生变化，即相对平均回转轴线发生偏移，形成了机床主轴的回转误差。此误差可以分为径向圆跳动、角度摆动和端面圆跳动（轴向窜动）等三种基本形式（图 6-2），实际上主轴回转误差的三种形式是同时存在的。

2）导轨误差

机床导轨副是实现直线运动的主要部件，其制造和装配精度是影响直线运动的主要因素，直接影响工件的加工精度。

（1）导轨在水平面内的直线度误差。

如图 6-3 所示，磨床导轨在 x 方向存在误差 Δ，磨削外圆时工件沿砂轮法线方向产生位移，引起工件在半径方向上的误差 $\Delta R = \Delta$。当磨削长外圆柱表面时，造成工件的圆柱度误差。

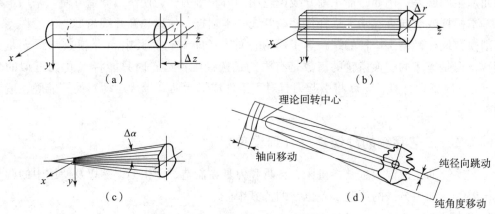

图 6 - 2 主轴回转误差的基本形式

（a）端面圆跳动；（b）径向圆跳动；（c）角度摆动；（d）主轴回转误差

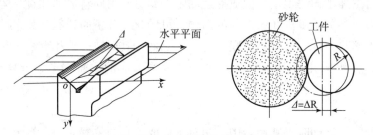

图 6 - 3 导轨在水平平面内的直线度误差

（2）导轨在垂直面内的直线度误差。如图 6 - 4 所示，由于磨床导轨在垂直面内存在误差 Δ，磨削外圆时，工件沿砂轮切线方向（误差非敏感方向）产生位移，此时工件半径方向上产生误差的 ΔR 的（$\approx \Delta^2/2R$）甚小。但导轨在垂直方向上的误差对平面磨床、龙门刨床、铣床等，将引起法向方向（误差敏感方向）的位移，将直接反映到被加工工件的表面，造成工件的形状误差。

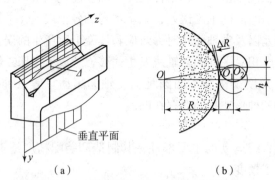

图 6 - 4 导轨在垂直面内的直线度误差

（3）导轨的扭曲。

如图 6 - 5 所示，若车床前后导轨不平行（扭曲），使大溜板产生横向倾斜，刀具产生位移，引起工件形状误差。由几何关系可知，工件产生的半径误差值 $\Delta R = \Delta x = \dfrac{H}{B}\Delta$。一般

车床 $\dfrac{H}{B} \approx \dfrac{2}{3}$，外圆磨床 $\dfrac{H}{B} \approx 1$，因此导轨扭曲引起的加工误差不容忽视。

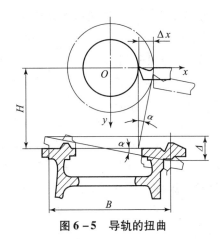

图 6-5　导轨的扭曲

（4）导轨对主轴回转轴线的平行度或垂直度。

若导轨与机床主轴回转轴线不平行或不垂直，则会引起工件的几何形状误差，如车床导轨与主轴回转轴线在水平面内不平行，会使工件的外圆柱表面产生锥度；在垂直面内不平行，会使工件的外圆柱表面产生马鞍形误差。

3）传动链误差

传动链误差是指内联系的传动链中首末两端传动元件之间相对运动的误差。它是按展成法原理加工工件（如螺纹、齿轮、蜗轮及其他零件）时，影响加工精度的主要因素。上述加工时，必须保证工件与刀具间有严格的传动关系。例如，在滚齿机上用单头滚刀加工直齿轮时要求：滚刀转一圈，工件转过一个齿，这种运动关系是由刀具与工件间的传动链来保证的。对于图 6-6 所示滚齿机传动链，可具体表示为

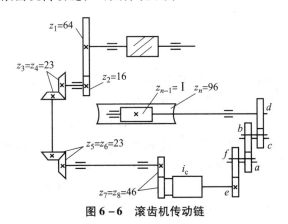

图 6-6　滚齿机传动链

$$\phi_g = \phi_d \times \frac{64}{16} \times \frac{23}{23} \times \frac{23}{23} \times \frac{46}{46} \times i_e i_f \times \frac{1}{96}$$

式中　ϕ_g——工件转角；

　　　ϕ_d——滚刀转角；

　　　i_e——差动轮系的传动比，在滚切直齿时，$i_e = 1$；

i_f——分度挂轮传动比，$i_f = \dfrac{e}{f} \times \dfrac{a}{b} \times \dfrac{c}{d}$。

传动链传动误差一般用传动链末端元件的转角误差来衡量。传动链中的各传动元件，如齿轮、蜗轮、蜗杆等，都因有制造误差（主要是影响运动精度的误差）、装配误差（主要是装配偏心）和磨损而产生转角误差，这些误差的累积，就是传动链的传动误差。而各传动元件在传动链中所处的位置不同，它们对工件加工精度（末端件的转角误差）的影响程度也不同。若传动链是升速传动，则传动元件的转角误差将被扩大；反之，则转角误差将被缩小。在图 6-6 中可以看出，影响传动误差最大的环节是工作台下的分度蜗杆副，其传动比为1/96，在分度蜗杆副之前各环节的转角误差，经分度蜗杆副降速后就只有原来的 1/96 了。

为了减少机床传动链误差对加工精度的影响，可采取下列几方面的措施：

（1）减少传动链中的元件数，即缩短传动链以减少误差来源。

（2）提高传动元件，特别是终端传动元件的制造和装配精度。

（3）尽量减小传动链中齿轮副或螺旋副中存在的传动间隙，因为间隙将使速比不稳定，从而使终端元件的瞬时速度不均匀。有时必须采用消除间隙的措施，常见的有双片薄齿轮错齿调整结构和螺母间隙消除结构等。

（4）采用误差补偿办法，通常采用机械结构的误差校正机构，其实质是在传动链中人为地加入一个与终端转角误差大小相等、方向相反的误差，使两者相互抵消。为此，必须准确地测量出传动链的误差。

2. 装夹误差和夹具误差

装夹误差指工件在夹具中定位夹紧时产生的误差；夹具误差指夹具的零件制造过程中存在的误差，详见本书第五章。

3. 刀具误差

刀具误差主要为刀具的制造和磨损误差，其影响程度与刀具的种类有关。一般刀具，如车刀、铣刀、单刃镗刀和砂轮等，它们的制造误差对工件的加工精度没有直接影响，而加工过程中刀刃的磨损和钝化则会影响工件的加工精度。如用车刀车削外圆时，车刀的磨损将使被加工外圆增大；当用调整法加工一批零件时，车刀的磨损将会扩大零件尺寸的变动范围。随着刀刃的不断磨损和钝化，切削力和切削热也会有所增加，从而对加工精度带来一定的影响。采用成形刀具加工时，刀刃的形状误差以及刃磨、装夹等的误差将直接影响工件的加工精度。对定尺寸刀具，其尺寸误差直接关系到被加工表面的尺寸精度。刃磨时刀刃之间的相对位置偏差及刀具的装夹误差也将影响工件的加工精度。任何一种刀具，在切削过程中均不可避免地会磨损，并由此引起工件尺寸或形状的改变，这种情况在加工长轴或难加工材料的零件时显得更为突出。为了减少刀具的制造误差和磨损，应合理选择刀具材料和规定刀具的加工公差，合理选用切削用量和切削液，正确装夹刀具并及时进行刃磨。

4. 调整误差

所谓调整，是指在各机械加工工序开始时，为使刀刃和工件保持正确位置所进行的调整。再调整（或称小调整）是指在加工过程中由于刀具磨损等原因，对已调整好的机床所进行的再调整或校正。通过调整，使刀具与工件保持正确的相对位置，从而保证各工序的加工精度及其稳定性。调整工作通常分为静态初调和试切精调两步，前者主要是把机床各部件及夹具（已装有工件）、刀具和辅具等调整到所要求的位置；后者主要调整定程装置，即根据试切结果将定程装置调整到正确位置。调整结果不可能绝对准确，因而产生调整误差，调整方式不同，其误差来源也不相同。

按试切法调整（试切调整）就是通过试切→测量→调整→再试切的反复过程来确定刀具的正确位置，从而保证零件加工精度的一种调整方法。这种方法费时、效率低，在单件、小批生产中广泛应用。其调整误差的主要来源是：

（1）测量误差。

量具本身的误差、读数误差以及测量力和温度等所引起的误差都将进入测量所得的读数中，这就无形中扩大了加工误差。

（2）微进给机构的位移误差。

在试切最后一刀时，总是要微量调整刀具（如车刀、砂轮）的进给量，以便最后达到零件的尺寸要求。但在低速微量进给中，进给机构常会出现"爬行"现象，使刀具的实际进给量比手轮转动的刻度数偏小或偏大，从而造成加工误差。

（3）切削层太薄所引起的误差。

切削加工中，刀刃所能切除的最小厚度是有一定限度的。精加工时试切的最后一刀金属层往往很薄，刀刃将切不下金属而仅起挤压作用。此时若认为试切尺寸已经合格而进行正式切削，则因新切削段的切深比试切时大，刀刃不打滑，因而要多切掉一点，使正式切得的工件尺寸比试切时的尺寸小些，这就产生了尺寸误差。

6.2.3　工艺系统的动误差（加工过程误差）

1. 工艺系统的受力变形对加工精度的影响

1）工艺系统受力变形

用顶尖支撑车削细长轴（采用中心架）时，工件由于切削力的作用而发生弯曲变形，加工后则产生鼓形的圆柱度误差，如图 6 – 7（a）所示。在磨内孔时采用横向切入磨法，由于内圆磨头主轴弯曲变形，磨出的孔将产生带锥度的圆柱度误差，如图 6 – 7（b）所示。从上述两例中可知，工艺系统的受力变形是机械加工精度中的一项很重要的原始误差。

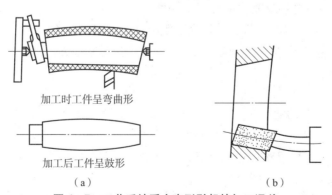

加工时工件呈弯曲形

加工后工件呈鼓形

（a）　　　　　　　　　　　　　　　（b）

图 6 – 7　工艺系统受力变形引起的加工误差

（a）产生鼓形圆柱度误差；（b）产生带锥度的圆柱度误差

2）工艺系统刚度

（1）工艺系统刚度的定义。

工艺系统刚度是指工艺系统在外力作用下抵抗变形的能力。为充分反映工艺系统刚度对零件加工精度的影响，将工艺系统刚度 K_s 的定义确定为加工误差敏感方向上工艺系统所受外力 F_P 与变形量（或位移量）ΔX 之比，即

$$K_s = \frac{F_P}{\Delta X}$$

（2）工艺系统刚度的计算。

工艺系统中各组成环节在切削加工过程中，由于受到各种外力作用，会产生不同程度的变形，使刀具和工件的相对位置发生变化，从而产生相应的加工误差。

工艺系统在某一处的法向总变形 ΔX 是各个组成环节在同一处的法向变形的叠加，即

$$\Delta X = \Delta X_{jc} + \Delta X_{jj} + \Delta X_{dj} + \Delta X_{g}$$

式中，ΔX_{jc}、ΔX_{jj}、ΔX_{dj}、ΔX_{g} 分别为机床、夹具、刀具、工件的受力变形。

由工艺系统刚度的定义，机床刚度 k_{jc}、夹具刚度 k_{jj}、刀具刚度 k_d 及工件刚度 k_g 亦可分别写为

$$k_{jc} = \frac{F_P}{\Delta X_{jc}}, \quad k_{jj} = \frac{F_P}{\Delta X_{jj}}, \quad k_{dj} = \frac{F_P}{\Delta X_{dj}}, \quad k_g = \frac{F_P}{\Delta X_{g}}$$

代入上式得

$$\frac{1}{k} = \frac{1}{k_{jc}} + \frac{1}{k_{jj}} + \frac{1}{k_{dj}} + \frac{1}{k_g}$$

此式表明，工艺系统刚度的倒数等于工艺系统各组成环节刚度的倒数之和。

3）影响机床部件刚度的因素

（1）连接表面间的接触变形。

零件之间接合表面的实际接触面只是理论接触面的一小部分，真正处于接触状态的只是一些凸峰。当外力作用时，这些接触点处将产生较大的接触应力，并产生接触变形，其中有表面层的弹性变形，也有局部塑性变形。

试验表明，接触变形与接触表面名义压强的关系如下：

$$x = cp^m$$

式中　m——与连接面材料及表面状况有关的系数；

　　　c——系数，由连接面材料、连接表面粗糙度、纹理方向等决定。

名义压强的增量 $\mathrm{d}p$ 与接触变形增量 $\mathrm{d}x$ 之比称为接触刚度 k_j，即

$$k_j = \frac{\mathrm{d}p}{\mathrm{d}x} = \frac{p^{(1-m)}}{c \cdot m}$$

（2）薄弱零件本身的变形。

在机床部件中，薄弱零件受力变形对部件刚度的影响很大。例如，溜板部件中的楔铁，由于其结构细长，加工时又难以做到平直，以至装配后与导轨配合不好，容易产生变形。

（3）零件表面间摩擦力的影响。

机床部件受力变形时，零件间连接表面会发生错动，加载时摩擦力阻碍变形的发生，卸载时摩擦力阻碍变形的恢复，故表面间摩擦力是造成加载和卸载刚度曲线不重合的重要原因之一。

（4）接合面的间隙。

部件中各零件间如果有间隙，只要受到较小的力（克服摩擦力），就会使零件相互错动。如果载荷是单向的，那么在第一次加载消除间隙后对加工精度的影响较小；如果工作载

荷不断改变方向（如镗床、铣床的切削力），那么间隙的影响就不容忽视，而且，因间隙引起的位移，在去除载荷后不会恢复。

4) 切削力作用点位置变化引起的工件形状误差

以图 6 - 8 所示车削光轴为例说明切削力作用点位置变化引起的工件形状误差。

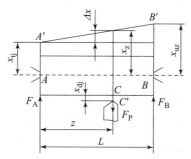

图 6 - 8　工艺系统变形随受力点变化规律

（1）机床变形引起的加工误差。

假定工艺系统的变形只考虑机床的变形，忽略工件与刀具的变形，并假定车刀进给过程中切削力保持不变。当车刀以径向力 F_P 进给到图 6 - 8 所示的 z 位置时，车床前顶尖处受力 F_A 作用，相应的变形为

$$x_{tj} = \overline{AA'}$$

尾顶尖处受力 F_B，相应的变形为

$$x_{uz} = \overline{BB'}$$

刀架受力 F_P，相应的变形为

$$x_{dj} = \overline{CC'}$$

这时工件轴心线 AB 位移到 $A'B'$，因而刀具切削点处工件轴线的位移 x_z 为

$$x_z = x_{tj} + \Delta x = x_{tj} + (x_{wz} - x_{tj})\frac{z}{L}$$

式中　L——工件长度；

　　　Z——车刀至前顶尖的距离。

考虑到刀架的变形，可得到由机床变形引起的刀具在切削点处相对于工件的总位移为

$$x_{jc} = x_z + x_{dj} = x_{tj} + (x_{wz} - x_{tj})\frac{Z}{L} + x_{dj}$$

由刚度定义有

$$x_{tj} = \frac{F_F}{k_{tj}}, \quad x_{wz} = \frac{F_F}{k_{wz}}, \quad x_{dj} = \frac{F_F}{k_{dj}}$$

式中　k_{tj}、k_{wz}、k_{dj}——前顶尖、尾顶尖、刀架的刚度。

代入上式，整理后可得到总变形为

$$x_{jc} = F_P\left[\frac{1}{k_{tj}}\left(\frac{L-Z}{L}\right) + \frac{1}{k_{wz}}\left(\frac{Z}{L}\right)^2 + \frac{1}{k_{dj}}\right] = x_{jc}(z)$$

这说明，随着切削力作用点位置的变化，刀具在误差敏感方向上相对于工件的位移量也会有所变化。由于相对位移大的地方，从工件上切去的金属层薄，故因机床受力变形而使加工出来的工件呈两端粗、中间细的鞍形。

（2）工件变形引起的加工误差。

由如下材料力学公式可以计算出工件在切削点的变形量：

$$x_g = \frac{F_P}{3EI} \cdot \frac{(L-Z)^2 Z^2}{L}$$

式中　E——工件材料弹性模量；

　　　I——工件截面的惯性矩。

仅考虑工件受力变形，加工后的工件呈鼓形。

同时考虑机床和工件的变形时，在切削点处刀具相对于工件的位移量为二者的叠加：

$$x = x_{jc} + x_g = F_P \left[\frac{1}{k_{tj}} \left(\frac{L-Z}{L} \right)^2 + \frac{1}{k_{wz}} \left(\frac{Z}{L} \right)^2 + \frac{1}{k_{dj}} + \frac{(L-Z)^2 Z^2}{3EJL} \right] \tag{6-1}$$

5）切削力大小变化引起的加工误差

下面以图6-9所示车削椭圆形横截面毛坯为例分析。

加工时根据工件尺寸（双点画线圆的位置）调整刀具的切深。在工件每转一转中，切深发生变化，最大切深为 a_{P1}，最小切深为 a_{P2}。假设毛坯材料的硬度是均匀的，那么 a_{P1} 处的切削力 F_{P1} 最大，相应的变形 Δ_1 也最大；a_{P2} 处的切削力 F_{P2} 最小，相应的变形 Δ_2 也最小。由此可见，当车削具有圆度误差（半径上）$\Delta m = a_{P1} - a_{P2}$ 的毛坯时，由于工艺系统受力变形，而使工件产生相应的圆度误差（半径上）$\Delta g = \Delta_1 - \Delta_2$，这种毛坯误差部分地反映在工件上的现象叫作"误差复映"。

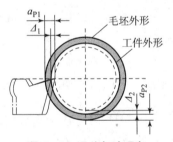

图6-9　误差复映现象

如果工艺系统的刚度为 k，则工件的圆度误差（半径上）为

$$\Delta g = \Delta_1 - \Delta_2 = \frac{1}{k} (F_{P1} - F_{P2}) \tag{6-2}$$

考虑到正常切削条件下，切深抗力 F_P 与背吃刀量 a_P 近似成正比，即

$$F_{P1} = Ca_{P1}, \quad F_{P2} = Ca_{P2} \tag{6-3}$$

式中，C 为与刀具几何参数及切削条件（刀具材料、工件材料、切削类型、进给量与切削速度、切削液等）有关的系数。将式（6-2）、式（6-3）代入式（6-1），得

$$\Delta g = \frac{C}{k} (a_{P1} - a_{P2}) = \frac{C}{k} (a_{P1} - a_{P2}) = \frac{C}{k} \Delta m = \varepsilon \Delta_m$$

式中，ε 称为误差复映系数。

$$\varepsilon = \frac{\Delta g}{\Delta m} = \frac{C}{k}$$

通常 ε 是一个小于1的正数，它定量地反映了毛坯误差加工后减小的程度。

由以上分析可知，当工件毛坯有形状误差或相互位置误差时，加工后仍然会有同类的加工误差出现。在成批大量生产中用调整法加工一批工件时，如毛坯直径大小不一，那么加工后这批工件仍有尺寸不一的误差。

6）夹紧力对加工精度的影响

工件在装夹时，由于工件刚度较低或夹紧力着力点不当，工件会产生相应的变形，造成加工误差。如图 6 - 10 所示，用三爪自定心卡盘夹持薄壁套筒，假定毛坯件是正圆形，夹紧后由于受力变形，坯件呈三棱形 ［图 6 - 10 （a）］，虽车出的孔为正圆形 ［图 6 - 10 （b）］，但松开后，套筒弹性恢复，孔又变成三棱形 ［图 6 - 10 （c）］。为了减少套筒因夹紧变形造成的加工误差，可采用开口过渡环 ［图 6 - 10 （d）］ 或采用圆弧面卡爪 ［图 6 - 10 （e）］ 夹紧，使夹紧力均匀分布。

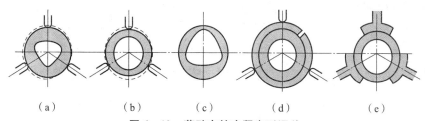

（a）　　　　（b）　　　　（c）　　　　（d）　　　　　（e）

图 6 - 10　薄壁套筒夹紧变形误差

（a）夹紧后；（b）镗孔后；（c）松开后；（d）加过渡环后；（e）用专用卡爪

7）传动力与惯性力的影响

当车床上用单爪拨盘带动工件时，传动力在拨盘的每一转中不断改变方向。图 6 - 11 所示为单爪拨盘传动结构简图和作用力，即切削分力 F_p、F_c 和传动力 F_{cd}。图 6 - 11 （b） 所示为切削力转化到作用于工件几何轴心 O 上而使之变形到 O'，又由传动力转化到作用于 O' 上而使之变形到 O'' 的位置。

在切削力不变的条件下，O' 的位置也相对不变，故可将其理解为工件的平均回转轴心，O'' 则可视为工件的瞬时回转轴心。O'' 围绕 O' 做与主轴同频率的回转，恰似一个在 X—Y 平面内的偏心运动，整个工件则在空间做圆锥运动：固定的后顶尖为其锥角顶点，前顶尖带着工件在空间画出了一个圆。

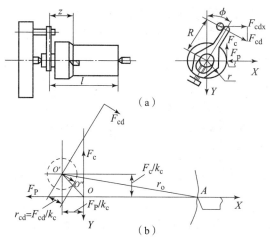

（a）

（b）

图 6 - 11　传动力对加工精度的影响

由于圆柱形加工面的轴线（O'与后顶尖的连线）与工件前后顶尖连线（工件瞬时回转轴线）存在锥角偏斜，会使加工面对定位基准产生同轴度误差，并使两次装夹（调头）下的加工面之间产生同轴度误差。精密加工时（例如在外圆磨床上磨削机床主轴前端锥孔），为消除此项误差，采用双爪拨动的传动结构使传动力得到平衡。

8）减小工艺系统受力变形对加工精度影响的措施

（1）提高工艺系统的刚度。

① 合理设计零部件结构。在设计工艺装备时，应尽量减少连接面数目，并注意刚度的匹配，防止有局部低刚度环节出现。在设计基础件、支撑件时，应合理选择零件结构和截面形状。一般来说，截面面积相等时，空心截形比实心截形的刚度高，封闭的截形又比开口的截形好，在适当部位增添加强肋也有良好的效果。

② 提高连接表面的接触刚度，主要是提高机床部件中零件间接合表面的质量，以及给机床部件预加载荷。

③ 采用辅助支撑。例如加工细长轴时，工件的刚性差，采用中心架或跟刀架有助于提高工件的刚度。图6-12（a）所示为六角车床采用导套和导杆辅助支撑副提高刀架刚度的示例，图6-12（b）所示出为采用辅助支撑提高镗刀杆刚度的示例。

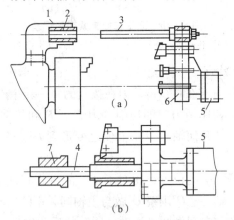

图6-12　六角车床提高刀架刚度的措施

1—支架；2—导套；3—导杆；4—镗杆；5—转塔；6—刀架；7—辅助支撑

④采用合理的装夹和加工方式。例如在卧式铣床上铣削角铁形零件，如按图6-13（a）所示装夹、加工方式，工件的刚度较低；如改用图6-13（b）所示装夹、加工方式，则刚度可大大提高。必须指出，从加工精度的观点看，并不是部件刚度越高越好，而应考虑各部件之间的刚度匹配，即"刚度平衡"。

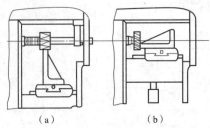

（a）　　　　　　　　（b）

图6-13　铣角铁零件的两种安装方法

（a）工件刚度低；（b）工件刚度高

（2）减小载荷及其变化。

采取适当的工艺措施如合理选择刀具几何参数（如增大前角、让主偏角接近 90°等）和切削用量（如适当减少进给量和背吃刀量）以减小切削力（特别是吃刀抗力 F_p），就可以减少受力变形。将毛坯分组，使一次调整中加工的毛坯余量比较均匀，就能减小切削力的变化，从而减小复映误差。

2. 工艺系统的热变形对加工精度的影响

1）工艺系统的热源

引起工艺系统热变形的热源可分为内部热源和外部热源两大类。概括起来如下：

$$工艺系统热源\begin{cases}内部热源\begin{cases}切削热\\摩擦热\end{cases}\\外部热源\begin{cases}环境热\\热辐射\end{cases}\end{cases}$$

（1）切削热。

切削热是切削加工过程中最主要的热源。在切削（磨削）过程中，消耗于切削的弹、塑性变形能及刀具、工件和切屑之间摩擦的机械能，绝大部分都转变成了切削热。一般来讲，在车削加工中，切屑所带走的热量最多，可达 50% ~ 80%（切削速度越高，切屑带走的热量占总切削热的百分比就越大），传给工件的热量次之（约为 30%），而传给刀具的热量很少，一般不超过 5%；对于铣削、刨削加工，传给工件的热量一般占总切削热的 30% 以下；对于钻削和卧式镗孔，因为有大量的切屑滞留在孔中，传给工件的热量就比车削时高，如在钻孔加工中传给工件的热量超过 50%；磨削时磨屑很小，带走的热量很少，加之砂轮为热的不良导体，大部分热量传入工件，磨削表面的温度可达 800 ℃ ~ 1 000 ℃。

（2）摩擦热。

工艺系统中的摩擦热，主要是机床和液压系统中运动部件产生的，如电动机、轴承、齿轮、丝杠副、导轨副、离合器、液压泵、阀等各运动部分产生的摩擦热。尽管摩擦热比切削热少，但摩擦热在工艺系统中是局部发热，会引起局部温升和变形，破坏了系统原有的几何精度，对加工精度也会带来严重影响。

（3）外部热源。

外部热源的热辐射（如照明灯光、加热器等对机床的热辐射）及周围环境温度（如昼夜温度不同）对机床热变形的影响，也不容忽视，对于大型、精密加工尤其重要。

2）机床热变形对加工精度的影响

一般机床的体积较大，热容量大，虽温升不高，但变形量不容忽视，同时，机床结构较复杂，加之达到热平衡的时间较长，使其各部分的受热变形不均，从而会破坏原有的相互位置精度，造成工件的加工误差。

由于机床结构形式和工作条件不同，引起机床热变形的热源和变形形式也不相同。对于车、铣、钻、镗类机床，主轴箱中的齿轮、轴承摩擦发热和润滑油发热是其主要热源，使主轴箱及与之相连部分（如床身或立柱）的温度升高而产生较大变形，如图 6 – 14 所示。例如，图 6 – 14（a）所示为车床主轴发热使主轴箱在垂直面内发生偏移和倾斜，由于垂直方向是误差非敏感方向，故对加工精度影响较小。

龙门刨床、导轨磨床等大型机床的床身较长，如导轨面与底面间有温差，就会产生较大的弯曲变形，从而影响加工精度。例如，一台长 12 m、高 0.8 m 的导轨磨床床身，导轨面与床身底面温差 1 ℃时，其弯曲变形量可达 0.22 mm。床身上下表面产生温差的原因，不仅是工作台运动时导轨面摩擦发热所致，环境温度的影响也是重要的原因。例如在夏天，地面温度一般低于车间室温，床身中间会产生凸起。

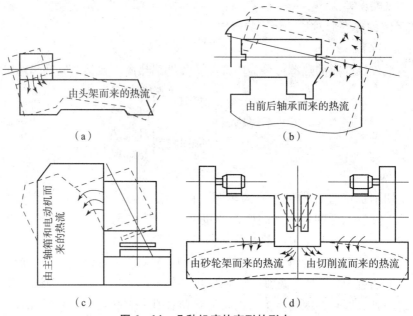

图 6 - 14 几种机床热变形的形态

（a）车床；（b）铣床；（c）立式平面磨床；（d）双端面铣床

3）刀具热变形对加工精度的影响

尽管在切削加工中传入刀具的热量很少，但由于刀具的尺寸和热容量小，故仍有相当程度的温升，从而引起刀具的热伸长并造成加工误差。

图 6 - 15 所示为车刀热伸长量与切削时间的关系。图 6 - 15 中曲线 A 是车刀连续切削时的热伸长曲线。切削开始时，刀具的温升和热伸长较快，随后趋于缓和，逐步达到热平衡（热平衡时间为 t_b）。当切削停止时，刀具温度开始下降较快，以后逐渐减缓，如图 6 - 15 中曲线 B。

图 6 - 15 中曲线 C 为加工一批短小轴件的刀具热伸长曲线。在工件的切削时间 t_m 内，刀具伸长到 a，在装卸工件时间 t_s 内，刀具又冷却收缩到 b，在加工过程中逐渐趋于热平衡。

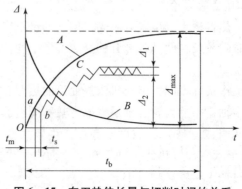

图 6 - 15 车刀热伸长量与切削时间的关系

4）工件热变形对加工精度的影响

对于一些简单的均匀受热工件，如车、磨轴类件的外圆，待加工后冷却到室温时其长度和直径将有所收缩，由此而产生尺寸误差 ΔL。这种加工误差可用简单的热伸长公式进行估算：

$$\Delta L = L \cdot a \cdot \Delta \theta$$

式中　L——工件热变形方向的尺寸（mm）；

$\quad\quad\alpha$——工件的热膨胀系数（$℃^{-1}$）；

$\quad\quad\Delta\theta$——工件的平均温升（℃）。

在精密丝杠磨削加工中，工件的热伸长将引起螺距的累积误差。

当工件受热不均时，如磨削零件单一表面，由于工件单面受热而产生向上翘曲变形 y，加工冷却后将形成中凹的形状误差 y'，如图 6-16（a）所示。y' 的量值可根据图 6-16（b）所示几何关系求得：

$$y' \approx \frac{a \cdot L^2 \cdot \Delta\theta}{8H}$$

式中　α——工件的热膨胀系数。

由此可知，工件的长度 L 越大，厚度 H 越小，则中凹形状误差 y' 就越大。在铣削或刨削薄板零件平面时，也有类似情况发生。为减小工件的热变形带来的加工误差，应控制工件上下表面的温差 $\Delta\theta$。

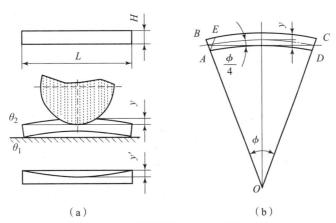

图 6-16　平板磨削加工时的翘曲变形

（a）翘曲变形；（b）几何关系

5）控制工艺系统热变形的主要措施

（1）减少热量产生和传入。

要正确选用切削和磨削用量、刀具和砂轮，还要及时地刃磨刀具和修整砂轮，以免产生过多的加工热。从机床的结构和润滑方式，要注意减少运动部件之间的摩擦，减少液压传动系统的发热，隔离电动机、齿轮变速箱、油池、冷却箱等热源，使系统的发热及其对加工精度的影响得以控制。

（2）加强散热能力。

采用高效的冷却方式，如喷雾冷却、冷冻机强制冷却等，加速系统热量的散出，有效地控制系统的热变形。图 6-17 所示为一台坐标镗床的主轴箱用恒温喷油循环强制冷却的试验效果。当不采用强制冷却时，机床运转 6 h 后，主轴与工作台之间在垂直方向发生了 190 μm 的位移，而且机床尚未达到热平衡（图 6 - 17 中曲线 1）；当采用强制冷却后，上述热变形减少到 15 μm，而且机床运转不到 2 h 时就达到热平衡（图 6 - 17 中曲线 2）。

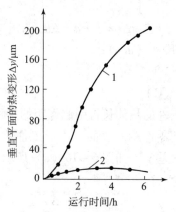

图 6 - 17　强制冷却对坐标镗床的影响

（3）均衡温度场。

在机床设计时，采用热对称结构和热补偿结构，使机床各部分受热均匀，热变形方向和大小趋于一致，或使热变形方向为加工误差非敏感方向，以减小工艺系统热变形对加工精度的影响。

图 6 - 18 所示为 M7140 型磨床所采用导轨下配置油沟。该机床油池位于床身底部，油池发热会使床身产生中凹（达 0.265 mm）。经改进，在导轨下配置油沟，导入热油循环，使床身上下温差大大减小，热变形量也随之减小。

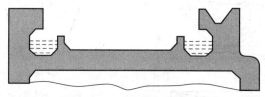

图 6 - 18　平面磨床配置油沟

（4）采用合理的机床零部件结构。

如传统的牛头刨滑枕截面结构 ［图 6 - 19（a）］，由于导轨面的高速滑动，摩擦生热，滑枕上冷下热，产生弯曲变形。若将导轨布置在截面中间，使滑枕截面上下对称 ［图 6 - 19（b）］，就可大大减小其弯曲变形，这种结构常被称为热对称结构。

（5）合理选择机床零部件的装配基准。

如图 6 - 20 所示为外圆磨床横向进给传动示意图，图 6 - 20（b）中控制砂轮架横向位置的丝杠长度比图 6 - 20（a）短，因热变形造成丝杠的螺距累积误差小，所以砂轮的定位精度较高。

（6）控制环境温度。

精密加工应在恒温室内进行。

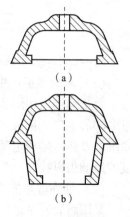

（a）

（b）

图 6 - 19　热对称结构

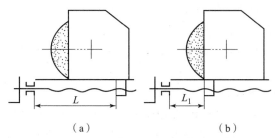

（a）　　　　　　　　　（b）

图 6 – 20　外圆磨床横向进给传动示意图

（a）长丝杠；（b）短丝杠

3. 工件内应力引起的加工误差

零件在没有外加载荷的情况下，仍然残存在工件内部的应力称内应力或残余应力。工件在铸造、锻造及切削加工后，内部会存在各种内应力。零件内应力的重新分布不仅影响零件的加工精度，而且对装配精度有很大的影响。内应力存在于工件的内部，而且其存在和分布情况相当复杂，下面只做一些定性的分析。

1）冷校直引起的内应力

细长的轴类零件，如光杠、丝杠、曲轴、凸轮轴等在加工和运输中很容易产生弯曲变形，因此，大多数在加工中安排冷校直工序，这种方法简单方便，但会带来内应力，引起工件变形而影响加工精度。

在弯曲的轴类零件 ［图 6 – 21（a）］ 中部施加压力 F，使其产生反弯曲 ［图 6 – 21（b）］，这时，轴的上层 AO ［图 6 – 21（b′）］ 受压力，下层 OD 受拉力，而且使 AB 和 CD 产生塑性变形，为塑变区，内层 BO 和 CO 为弹变区 ［图 6 – 21（b′）］。如果外力加得适当，在去除外力后，塑变区的变形将保留下来，而弹变区的变形将全部恢复，应力重新分布，工件就会变形而成为 ［图 6 – 21（c）］所示状态。但是，零件的冷校直只是处于一种暂时的相对平衡状态，只要外界条件变化，内应力会重新分布而使工件产生变形。例如，将已冷校直的轴类零件进行加工（如磨削外圆）时，由于外层 AB、CD 变薄，破坏了原来的应力平衡状态，使工件产生弯曲变形 ［图 6 – 21（d）］，其方向与工件的原始弯曲一致，但其弯曲度有所改善。

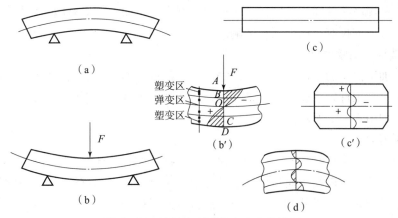

图 6 – 21　冷校直时引起内应力的情况

因此，对于精密零件的加工是不允许安排冷校直工序的。当零件产生弯曲变形时，如果变形较小，可加大加工余量，利用切削加工方法去除其弯曲度，这时要注意切削力的大小，因为这些零件刚度很差，极易受力变形；如果变形较大，则可用热校直的方法，这样可减小内应力，但操作比较麻烦。

2）工件切削时的内应力

工件在进行切削加工时，在切削力和摩擦力的作用下，表层金属产生塑性变形，体积膨胀，受到里层组织的阻碍，故表层产生压应力，里层产生拉应力；由于切削温度的影响，表层金属产生热塑性变形，表层温度下降快，冷却收缩也比里层大，当温度降至弹性变形范围内时，表层收缩受到里层的阻碍，因而产生拉应力，里层将产生平衡的压应力。

在大多数情况下，热的作用大于力的作用。特别是高速切削、强力切削、磨削等，热的作用占主要地位。磨削加工中，表层拉力严重时会产生裂纹。

减小或消除内应力的措施：

（1）合理设计零件结构。在零件结构设计中，应尽量缩小零件各部分厚度尺寸的差异，以减少铸、锻毛坯在制造中产生的内应力。

（2）采取时效处理。

① 自然时效。在毛坯制造之后或粗、精加工之间，让工件停留一段时间，利用温度的自然变化，经过多次热胀冷缩，使工件的内应力逐渐消除。这种方法效果好，但需要时间长（一般要半年至五年）。

② 人工时效。将工件放在炉内加热到一定温度，再随炉冷却以达到消除应力的目的。这种方法对大型零件需要一套很大的设备，其投资和能源消耗较大。

③ 振动时效。以激振的形式将振动的机械能加到含大量内应力的工件内，引起工件内部晶格变化以消除内应力，一般在几十分钟便可消除内应力，适用于大小不同的铸、锻、焊接件毛坯及有色金属毛坯。这种方法不需要庞大的设备，所以比较经济、简便，且效率高。

6.2.4 提高加工精度的工艺措施

为了保证和提高机械加工精度，首先要找出产生加工误差的主要因素，然后采取相应的工艺措施，以减少或控制这些因素的影响。

1. 直接减少或消除误差法

查明产生加工误差的主要因素后，设法对其直接进行消除或减弱。如细长轴加工用中心架或跟刀架会提高工件的刚度，也可采用反拉法切削，工件受拉不受压不会因偏心压缩而产生弯曲变形，如图 6-22 所示。

2. 误差补偿法

误差补偿法是人为地制造出一种新的误差，去抵消原来工艺系统中存在的原始误差，尽量使两者大小相等、方向相反而达到使误差抵消得尽可能彻底的目的。例如，用预加载荷法精加工磨床床身导轨，借以补偿装配后受部件自重而引起的变形。磨床床身是一个狭长的结构，刚度较差，在加工时，导轨三项精度虽然都能达到，但在装上进给机构、操纵机构等以后，便会使导轨产生变形而破坏了原来的精度，采用预加载荷法可补偿这一误差。又如用校正机构提高丝杠车床传动链的精度。在精密螺纹加工中，机床传动链误差将直接反映到工件的螺距上，使精密丝杠加工精度受到一定的影响。为了满足精密丝杠加工的要求，采用螺纹加工校正装置以消除传动链造成的误差，如图 6 – 23 所示。

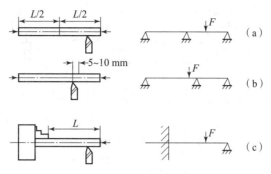

图 6 – 22　用辅助支撑提高工件精度、减少误差
（a）中心架支撑；（b）跟刀架支撑；（c）顶尖支撑

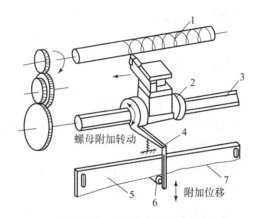

图 6 – 23　螺纹加工校正装置
1—工件；2—丝杠螺母；3—车床丝杠；4—杠杆；5—校正尺；6—滚柱；7—工作尺面

3. 误差分组法

误差分组法是把毛坯或上道工序加工的工件尺寸经测量按大小分为 n 组，每组尺寸误差就缩减为原来的 $1/n$。然后按各组的误差范围分别调整刀具位置，使整批工件的尺寸分散范围大大缩小。误差分组法的实质是用提高测量精度的手段来弥补加工精度的不足，从而达到较高的精度要求。当然，测量、分组需要花费时间，故一般只是在配合精度很高而加工精度不宜提高时采用。

4. 误差转移法

误差转移法的实质是转移工艺系统的集合误差、受力变形和热变形等。例如，磨削主轴锥孔时，锥孔和轴径的同轴度不是靠机床主轴回转精度来保证而是靠夹具保证的，当机床主轴与工件采用浮动连接以后，机床主轴的原始误差就不再影响加工精度，而转移到夹具来保证加工精度。

在箱体的孔系加工中，在镗床上用镗模镗削孔系时，孔系的位置精度和孔距间的尺寸精度都依靠镗模和镗杆的精度来保证，镗杆与主轴之间为浮动连接，故机床的精度与加工无关，这样就可以利用普通精度和生产率较高的组合机床来精镗孔系。由此可见，往往在机床精度达不到零件的加工要求时，通过误差转移的方法，能够用一般精度的机床加工高精度的零件，如图 6 – 24 所示。

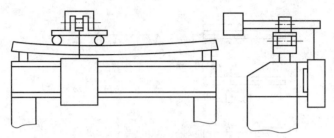

图 6 – 24　横梁变形的转移

5. 就地加工法

在加工和装配中，有些精度问题牵涉很多零部件间的相互关系，相当复杂。如果单纯地提高零件精度来满足设计要求，有时不仅困难，甚至不可能达到。此时，若采用就地加工法，就可解决这种难题。就地加工法是全部零件按经济精度制造，然后装配成部件或产品，且各零部件之间具有工作时要求的相对位置，最后以一个表面为基准加工另一个有位置精度要求的表面，实现最终精加工，这就是"就地加工"法，也称自身加工修配法。

"就地加工"的要点，就是要求保证部件间什么样的位置关系，就在这样的位置关系上利用一个部件装上刀具去加工另一个部件。例如，在转塔车床制造中，转塔上六个安装刀具的孔，其轴心线必须保证与机床主轴旋转中心线重合，而六个平面又必须与旋转中心线垂直。如果单独加工转塔上的这些孔和平面，装配时要达到上述要求是困难的，因为其中包含了很复杂的尺寸链关系，因而在实际生产中采用了就地加工法，即在装配之前，这些重要表面不进行精加工，等转塔装配到机床上以后，再在自身机床上对这些孔和平面进行精加工。具体方法是在机床主轴上装上镗刀杆和能做径向进给的小刀架，对这些表面进行精加工，便能达到所需要的精度，如图 6 – 25 所示。

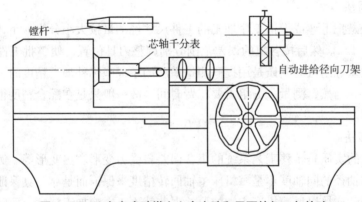

图 6 – 25　六角车床砖塔上六个大孔和平面的加工与检验

又如龙门刨床、牛头刨床，为了使它们的工作台分别与横梁或滑枕保持位置的平行度关系，都是装配后在自身机床上，进行就地精加工来达到装配要求的。平面磨床的工作台，也是在装配后利用自身砂轮精磨出来的。

6. 误差平均法

误差平均法是利用有密切联系的表面之间的相互比较和相互修正，或者利用互为基准进行加工，以达到很高的加工精度，如"三板互易""易位法"等。

如配合精度要求很高的轴和孔，常用对研的方法来达到。所谓对研，就是配偶件的轴和孔互为研具相对研磨。在研磨前有一定的研磨量，其本身的尺寸精度要求不高，在研磨过程中，配合表面相对研擦和磨损的过程，就是两者的误差相互比较和相互修正的过程。

如三块一组的标准平板，是利用相互对研、配刮的方法加工出来的，因为三个表面能够两两密合，只有在都是精确的平面的条件下才有可能。另外还有直尺、角度规、多棱体、标准丝杠等高精度量具和工具，都是利用误差平均法制造出来的。

通过以上几个例子可知，采用误差平均法可以最大限度地排除机床误差的影响。

7. 控制误差法

控制误差法是在利用测量装置加工循环中连续地测量出工件的实际尺寸，随时给刀具以附加的补偿，控制刀具和工件间的相对位置，直至实际值与调定值的差不超过预定的公差为止。

6.3　加工误差的综合分析

实际生产中，影响加工精度的因素往往是错综复杂的，有时很难用单因素来分析其因果关系，还必须运用数理统计的方法进行综合分析，从中发现误差形成规律，找出影响加工误差的主要因素，以及解决问题的途径。

6.3.1　加工误差的性质

加工误差的性质按照其统计规律的不同分为系统性误差和随机性误差两大类。系统性误差又分为常值系统误差和变值系统误差两种。加工误差性质不同，其分布规律及解决的途径也不同。

1. 系统误差

1）常值系统误差

在顺序加工一批工件中，其大小和方向保持不变的误差，称为常值系统误差。机床、刀具、夹具的制造误差，工艺系统受力变形引起的加工误差，均与时间无关，属于常值系统误差。机床、夹具、量具等磨损引起的加工误差，在一定时间内也可看作常值系统误差。常值系统误差可以通过对工艺装备进行相应的维修、调整，或采取针对性的措施来加以消除。

2）变值系统误差

在顺序加工一批工件中，其大小和方向按一定规律变化的误差，称为变值系统误差。机床、刀具、夹具等在热平衡前的热变形误差和刀具的磨损等，属于变值系统误差。

变值系统误差可以通过对工艺系统进行热平衡，按其规律对机床进行补充调整，或自动连续、周期性补偿等措施来加以控制。

2. 随机性误差

在顺序加工一批工件中，大小和方向无规律变化的误差，称为随机性误差，毛坯误差复映、定位误差、夹紧误差、残余应力引起的误差、多次调整的误差等，属于随机性误差。随机性误差是不可避免的，但可以从工艺上采取措施来控制其影响，如提高工艺系统刚度，提高毛坯加工精度（使余量均匀）、毛坯热处理（使硬度均匀）、时效（消除内应力）等。

6.3.2 加工误差的统计分析法

统计分析是以生产现场观察和对工件进行实际检验的数据资料为基础，用数理统计的方法分析处理这些数据资料，从而揭示各种因素对加工误差的综合影响，获得解决问题的途径的一种分析方法，主要有分布图分析法和点图分析法等。本节主要介绍分布图法，其他方法请参考有关资料。

1. 分布图

1）实际分布图——直方图

采用调整法大批量加工的一批零件中，随机抽取足够数量的工件（称为样本），进行加工尺寸的测量，由于加工误差的存在，零件加工尺寸的实际数值是各不相同的，称为尺寸分散。按尺寸大小把零件分成若干组，分组数的推荐值见表6-1。同一尺寸间隔内的零件数量称为频数；频数与样本总数之比称为频率，频率与组距（尺寸间隔）之比称为频率密度。以零件尺寸为横坐标，以频率或频率密度为纵坐标，可绘出直方图，如图6-26所示。连接各直方块的顶部中点得到一条折线，即实际分布曲线。

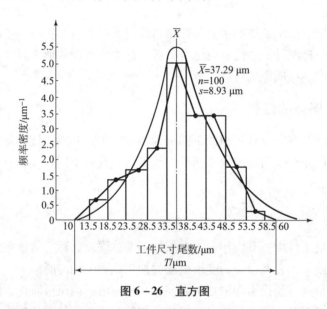

图6-26 直方图

直方图上矩形的面积＝频率密度×组距（尺寸间隔）＝频率

由于所有各组频率之和等于100%，故直方图上全部矩形面积之和等于1。

表6-1 样本与组数的选择

样本总数 n	50以下	50~100	100~250	250以上
分组数 k	6~7	6~10	7~12	10~20

【例6-1】 在卧式金刚镗床上精镗一批活塞销孔，要求销孔直径为 $\phi 28_{-0.015}^{0}$，抽查件数 $n=100$，分组数 $k=6$。尺寸测量结果、分组间隔、频数、频率见表6-2。绘制出直方图

及实际分布图，如图 6 - 27 所示。

表 6 - 2　活塞销孔直径测量结果及分组情况

组别	尺寸范围/mm	中值尺寸 x/mm	组内工件数 m	频率 m/n
1	27.992 ~ 27.994	27.993	4	0.04
2	27.994 ~ 27.996	27.995	16	0.16
3	27.996 ~ 27.998	27.997	32	0.32
4	27.998 ~ 28.000	27.999	30	0.30
5	28.000 ~ 28.002	28.001	16	0.16
6	28.002 ~ 28.004	28.003	2	0.02

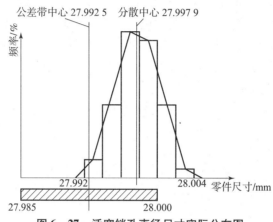

图 6 - 27　活塞销孔直径尺寸实际分布图

2）正态分布曲线方程及特性

大量的统计和理论分析表明，当一批工件数量极多，加工误差因素中又都没有特殊倾向时，其是服从正态分布的，如图 6 - 28 所示。

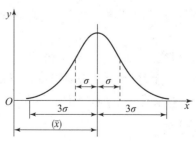

图 6 - 28　正态分布曲线

正态分布曲线（又称高斯曲线）方程式为

$$y = \frac{1}{\sigma\sqrt{2\pi}}e^{-\frac{1}{2}\left(\frac{x-\bar{x}}{\sigma}\right)^2} \quad (-\infty < x < +\infty, \sigma > 0)$$

式中　y——正态分布的概率密度；

$\bar{x}$—— 工件尺寸的算术平均值,$\bar{x} = \dfrac{1}{n}\sum\limits_{i=1}^{n} x_i$;

σ—— 标准差(均方根偏差),$\sigma = \sqrt{\dfrac{1}{n}\sum\limits_{i=1}^{n}(x_i - \bar{x})^2}$;

n——样本工件的总数。

正态分布曲线对称于直线 $x = \bar{x}$,在 $x = \bar{x}$ 处达到最大值:

$$y_{\max} = \frac{1}{\sigma\sqrt{2\pi}}$$

在 $x = \bar{x} \pm \sigma$ 处有拐点,且

$$y_x = \frac{1}{\sigma\sqrt{2\pi}}\mathrm{e}^{-\frac{1}{2}} = y_{\max}\mathrm{e}^{-\frac{1}{2}} \approx 0.6 y_{\max}$$

当 $x \to \pm\infty$ 时,以 x 轴为其渐进线,曲线呈钟形,表明被加工零件的尺寸靠近分散中心平均值 $\bar{x}$ 的工件占大部分,而远离尺寸分散中心的工件是极少数的。平均值和标准差是正态分布曲线的两个特征参数,平均值 $\bar{x}$ 决定了曲线的位置,即表示了尺寸分散中心的位置。不同 $\bar{x}$,分布曲线沿 x 轴平移而不改变其形状,如图 6-29 所示。标准差 σ 决定了曲线的形状,它表示了尺寸分散范围的大小。σ 减小,y 增大,曲线变陡;σ 增大,曲线平坦,而与其位置无关,如图 6-29 所示。

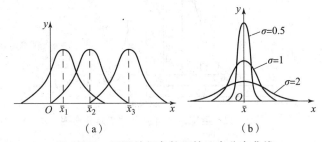

图 6-29　不同特征参数下的正态分布曲线

分布曲线与横坐标所围成的面积包括了全部零件数（100%），故其面积等于1；其中 $x - \bar{x} = \pm 3\sigma$（在 $\bar{x} \pm 3\sigma$）范围内的面积占了 99.73%，即 99.73% 的工件尺寸落在 $\pm 3\sigma$ 范围内,仅有 0.27% 的工件在范围之外（可忽略不计）。因此,取正态分布曲线的分布范围为 $\pm 3\sigma$。

$\pm 3\sigma$（或 6σ）的概念,在研究加工误差时应用很广,是一个很重要的概念。6σ 的大小代表某加工方法在一定条件（如毛坯余量,切削用量,正常的机床、夹具、刀具等）下所能达到的加工精度,所以在一般情况下,应该使所选择的加工方法的标准偏差 σ 与公差带宽度 T 之间具有下列关系:$6\sigma \le T$。

3）**非正态分布**

工件的实际分布,有时并不接近于正态分布。例如,将在两台机床上分别调整加工出的工件混在一起测定,得图 6-30 所示的双峰分布曲线。实际上是两组正态分布曲线（如虚线所示）的叠加,也即随机性误差中混入了常值系统误差,每组有各自的分散中心和标准差 σ。

又如,在活塞销贯穿磨削中,如果砂轮磨损较快而没有补偿,工件的实际尺寸将是平顶

分布，如图 6 – 31 所示，它实质上是正态分布曲线的分散中心在不断地移动，也即在随机性误差中混有变值系统误差。

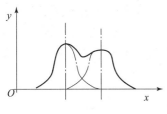

图 6 – 30 双峰分布曲线

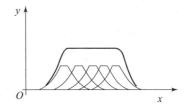

图 6 – 31 平顶分布曲线

2. 分布图分析法的应用

1）判别加工误差的性质

如前所述，假如加工过程中没有变值系统误差，那么其尺寸分布就服从正态分布，即实际分布与正态分布基本相符，这时就可进一步根据 $\bar{x}$ 是否与公差带中心重合来判断是否存在常值系统误差（$\bar{x}$ 与公差带中心不符，说明存在常值系统误差）。如实际分布与正态分布有较大出入，可根据直方图初步判断变值系统误差是什么类型。

2）确定各种加工误差所能达到的精度

由于各种加工方法在随机性因素影响下所得的加工尺寸的分散规律符合正态分布，因而可以在多次统计的基础上，为每一种加工方法求得它的标偏差 σ 值。然后，按分布范围等于 6σ 的规律，即可确定各种加工方法所能达到的精度。

3）确定工艺能力及其等级

工艺能力即工序处于稳定状态时，加工误差正常波动的幅度。由于加工时误差超出分散范围的概率极小，可以认为不会发生分散范围以外的加工误差，因此可以用该工序的尺寸分散范围来表示工艺能力。当加工尺寸分布接近正态分布时，工艺能力为 6σ。

工艺能力等级是以工艺能力系数来表示的，即工艺能满足加工精度要求的程度。

当工艺处于稳定状态时工艺能力系数 C_P 按下式计算：

$$C_P = T/6\sigma$$

式中 T——工件尺寸公差。

根据工艺能力系数 C_P 的大小，共分为五级，如表 6 – 3 所示，一般情况下，工艺能力不应低于二级。

表 6 – 3 工艺能力等级

工艺能力系数	工序等级	说　明
> 1.67	特级	工艺能力过高，可以允许有异常波动，不一定经济
$1.67 \geqslant C_P > 1.33$	一级	工艺能力足够，可以允许有一定的异常波动
$1.33 \geqslant C_P > 1.00$	二级	工艺能力勉强，必须密切注意
$1.00 \geqslant C_P > 0.67$	三级	艺能力不足，可能出现少量不合格品
$C_P \leqslant 0.67$	四级	工艺能力差，必须加以改进

4）估算废品率

正态分布曲线与 x 轴之间所包含的面积代表一批零件的总数 100% ，如果尺寸分散范围大于零件的公差 T ，则将有废品产生。如图 6-32 所示，在曲线下面至 C 、 D 两点间的面积（阴影部分）代表合格品的数量，而其余部分，则为废品的数量。当加工外圆表面时，图的左边空白部分为不可修复的废品，右边空白部分为可修复的废品，加工孔时，恰好相反。对于某一规定的 x 范围的曲线面积 ［图 6-32 （b）］，可由下面的积分式求得：

$$y = \frac{1}{\sigma\sqrt{2\pi}} \int_0^x e^{-\frac{x^2}{2\sigma^2}} dx$$

为了方便起见，设

$$z = \frac{x}{\sigma}$$

所以

$$y = \frac{1}{\sqrt{2\pi}} \int_0^z e^{-\frac{z^2}{2}} dz$$

正态分布曲线的总面积为

$$2\phi(\infty) = \frac{1}{\sqrt{2\pi}} \int_0^\infty e^{-\frac{z^2}{2}} dz = 1$$

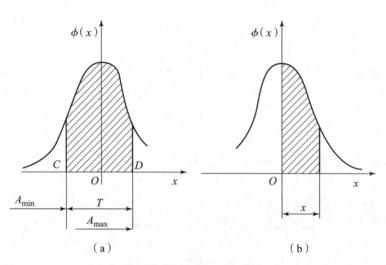

图 6-32　正态分布曲线估算废品率

（a）加工外圆表面；（b）加工孔

在一定的 z 值时，函数 $\phi(z)$ 的数值等于加工尺寸在 x 范围的概率 $\phi(Z)$ 可由下式求得：

对于不同 z 值的 $\phi(z)$ ，可由表 6-4 查出。

$$\phi(z) = \frac{1}{\sqrt{2\pi}} \int_0^z e^{-\frac{z^2}{2}} dz$$

表 6-4　$\phi(Z)$ 取值

z	$\phi(z)$	z	$\phi(z)$	z	$\phi(z)$	z	$\phi(z)$
0.1	0.039 8	1.0	0.341 3	1.9	0.471 3	2.8	0.497 4
0.2	0.079 3	1.1	0.364 3	2.0	0.477 2	2.9	0.498 1
0.3	0.117 9	1.2	0.384 9	2.1	0.482 1	3.0	0.498 65
0.4	0.155 4	1.3	0.403 2	2.2	0.486 1	3.2	0.499 31
0.5	0.191 5	1.4	0.419 2	2.3	0.489 3	3.4	0.499 66
0.6	0.225 7	1.5	0.433 2	2.4	0.491 8	3.6	0.499 841
0.7	0.258 0	1.6	0.445 2	2.5	0.493 8	3.8	0.499 928
0.8	0.288 1	1.7	0.455 4	2.6	0.495 3	4.0	0.499 968
0.9	0.315 9	1.8	0.464 1	2.7	0.496 5	4.5	0.499 997

【例 6-2】　在磨床上加工销轴，要求外径 $d = 12^{-0.016}_{-0.043}$ mm，$\bar{x} = 11.974$ mm，$\sigma = 0.005$ mm，其尺寸分布符合正态分布，试分析该工序的工艺能力和计算废品率。

【解】

（1）磨削轴工序尺寸分布图如图 6-33 所示。

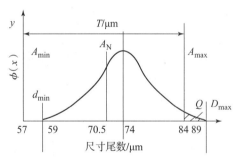

图 6-33　磨削轴工序尺寸分布

（2）工艺能力系数。

$$C_P = \frac{T}{6\sigma} = \frac{0.002\,7}{6 \times 0.005} = 0.9 < 1$$

由于工艺能力系数 $C_P < 1$，说明该工序工艺能力不足，因此产生废品是不可避免的。

（3）废品率。工件最小尺寸为

$$d_{\min} = \bar{x} - 3\sigma = 11.959 > A_{\min} = 11.957$$

故不会产生不可修复的废品。

工件最大尺寸为

$$d_{\max} = \bar{x} + 3\sigma = 11.989 \text{ mm} > A_{\max} = 11.984 \text{ mm}$$

故要产生可修复的废品。

废品率为

$$Q = 0.5 - \phi(z)$$

$$z = \frac{|x - \bar{x}|}{\sigma} = \frac{|11.984 - 11.974|}{\sigma} = 2.0$$

查表 6-4，$z = 2.0$ 时，$\phi(z) = 0.4772$。

$$Q = 0.5 - 0.4772 = 0.0228 = 2.28\%$$

（4）改进措施。重新调整机床，使分散中心 $\bar{x}$ 与公差带中心 A_M 重合，则可减少废品率。

3. 分布图分析法的缺点

分布图分析法有下列主要缺点：

（1）加工中随机性误差和系统性误差同时存在，由于分析时没有考虑到工件加工的先后顺序，故很难把随机性误差与变值系统误差区分开来。

（2）由于必须等一批工件加工完毕后，才能得出分布情况。因此，不能在加工过程中及时提供控制精度的资料。

6.4　影响加工表面质量的因素及其分析

零件的机械加工质量不仅指加工精度，还有表面质量。机器零件的破坏一般都是从表面层开始的，这说明零件的表面质量对产品质量有很大影响。研究表面质量的目的，就是要掌握机械加工中工艺因素对表面质量影响的规律，以便应用这些规律控制加工过程，最终达到提高表面质量、提高产品使用性能的目的。

6.4.1　影响表面质量的因素

1. 影响表面粗糙度的因素

形成表面粗糙度的主要原因可归纳为三方面：一是到任何工件相对运动轨迹所形成的残留面积——几何因素；二是加工过程中在工件表面产生的塑性变形、积屑瘤、鳞刺和振动等物理因素；三是与加工工艺相关的工艺因素。

1）几何因素

在理想切削条件下，由于切削刃的形状和进给量的影响，在加工表面上遗留下来的切削层残留面积就形成了理论表面粗糙度。进给量、刀具主偏角、副偏角越大，刀尖圆弧半径越小，则切削层残留面积就越大，表面就越粗糙。切削加工后表面的实际粗糙度与理论粗糙度有较大的差别，这是由于存在着预备加工材料的性能及切削机理有关的物理因素的缘故。

2）物理因素

切削过程中由于刀具的刃口圆角及后刀面的挤压与摩擦，金属材料发生塑性变形，从而使理论残留面积挤歪或沟纹加深，促使表面粗糙度恶化。在加工塑性材料而形成带切屑时，在前刀面上容易形成硬度很高的积屑瘤，它可以代替前刀面和切削刃进行切削，使刀具的几何角度、背吃刀量发生变化，其轮廓很不规则，因而是工件表面上出现深浅和宽窄不断变化的刀痕，有些积屑瘤嵌入工件表面，增大了表面粗糙度。此外，切削加工时的振动，使工件表面粗糙度增大。

3）工艺因素

与表面粗糙度有关的工艺因素有切削用量、工件材质及切削刀具有关的因素。

降低表面粗糙度的工艺措施：

（1）选择合理的切削用量。

切削速度对表面粗糙度的影响比较复杂，一般情况下在低速或高速切削时，不会产生积屑瘤，故加工后表面粗糙度值较小。在切削速度为 20～50 m/min 加工塑性材料时，常容易出现积屑瘤和磷刺，再加上切屑分离时的挤压变形和撕裂作用，表面粗糙度更加恶化。切削速度越高，切削过程中切屑和加工表面层的塑性变形程度越小，加工后表面粗糙度值也就越小。在粗加工和半精加工中，进给量大小决定了加工表面残留面积的大小，因而，适当地减少进给量将使表面粗糙度值减小。

一般来说背吃刀量对加工表面粗糙度的影响是不明显的，但当背吃刀量太小时，由于刀刃不可能刃磨得绝对尖锐而具有一定的刃口半径，正常切削就不能维持，常出现挤压，打滑和周期性地切入加工表面，从而使表面粗糙度值增大。

（2）选择合理的刀具几何参数。

增大刃倾角对降低表面粗糙度有利。因为刃倾角增大，实际工作前角也随之增大，切削过程中的金属塑性变形程度随之下降，于是切削力 F 也明显下降，这会显著地减轻工艺系统的振动，从而使加工表面的粗糙度值减小。减小刀具的主偏角、副偏角及增大刀尖圆弧半径，可减小切削残留面积，使其表面粗糙度值减小。

增大刀具前角使刀具易于切入工件，塑性变形小，有利于减小表面粗糙度。但当前角太大，刀刃有嵌入工件的倾向，反而使表面变粗糙。

当前角一定时，后角越大，切削刃钝圆半径越小，刀刃越锋利；同时，还能减小后刀面与加工表面间的摩擦和挤压，有利于减小表面粗糙度值。但后角太大削弱了刀具的强度，容易产生切削振动，使表面粗糙度值增大。

（3）改善工件材料的性能。

采用热处理工艺以改善工件材料的性能是减小其表面粗糙度值的有效措施。例如，工件材料金属组织的晶粒越均匀，粒度越细，加工时越能获得较小的表面粗糙度值。

（4）选择合适的切削液。

切削液的冷却和润滑作用均对减小其表面的粗糙度值有利，其中更直接的是润滑作用，当切削液中含有表面活性物质如硫、氯等化合物时，润滑性能增强，能使切削区金属材料的塑性变形程度下降，从而减小加工表面的粗糙度值。

（5）选择合适的刀具材料。

不同的刀具材料，由于化学成分的不同，在加工时刀面硬度及刀面粗糙度的保持性，刀具材料与被加工材料金属分子的亲和程度，以及刀具前后刀面与切屑和加工表面间的摩擦因数等均有所不同。

（6）防止或减小工艺系统振动。

工艺系统的低频振动，一般在工件的加工表面上产生表面波动，而工艺系统的高频振动将对加工的表面粗糙度产生影响。为降低加工的表面粗糙度，则必须采取相应措施以防止加工过程中高频振动的产生。

2. 影响表面力学性能的因素

机械加工过程中，工件由于受到切削力、切削热的作用，其表面与基体材料性能有很大不同，在物理力学性能方面发生较大的变化。

1）表面层的冷作硬化

在切削或磨削加工过程中，加工表面层产生的塑性变形使晶体间产生剪切滑移，晶格严重扭曲，并产生晶粒的拉长、破碎和纤维，引起表面层的强度和硬度提高的现象，称为冷作硬化现象。

表面层的硬化程度取决于产生塑性变形的力、变形速度及变形时的温度。

（1）影响表面层冷作硬化的因素。

刀具的刃口圆角和后刀面的磨损对表面层的冷作硬化有很大影响，刃口圆角和后刀面的磨损量越大，冷作硬化层的硬度和深度也越大。在切削用量中，影响较大的是切削速度和进给量。当切削速度增大时，表面层的硬化程度和深度都有所减小；当进给量增大时，塑性变形程度也增大，因此表面层的冷作硬化现象严重。但当进给量过小时，由于刀具的刃口圆角在加工表面上的挤压次数增多，因此表面层的冷作硬化现象也会增大。被加工材料的硬度越低和塑性越大，则切削加工后其表面层的冷作硬化现象越严重。

（2）减少表面层冷作硬化的措施。

合理选择刀具的几何参数，采用较大的前角和后角，并在刃磨时尽量减少其切削刃口圆角半径；使用刀具时，合理限制其后刀面的磨损程度；合理选择切削用量，采用较高的切削速度和较小的进给量；加工时采用有效的切削液。以上措施，都有助于减少表面层冷作硬化。

2）表面层的金相组织变化

（1）影响表面层金相组织变化的因素。

机械加工时，切削所消耗的能量绝大部分转化为热能而使加工表面温度升高。当温度升高到超过金相组织变化的临界点时，就会产生金相组织的变化。如磨削加工因切削速度高，产生的切削热比一般的切削加工大几十倍，这些热量部分由切屑带走，很小部分传入砂轮中，若冷却效果不好，则有很大部分传入工件表面，使工件表面层的金相组织发生变化，即磨削烧伤。

根据磨削烧伤时温度的不同，磨削烧伤可分为回火烧伤、淬火烧伤、退火烧伤等几种。

在磨削淬火钢时，若磨削区温度超过马氏体转变温度，则工件表面原来的马氏体组织将转化成硬度降低的回火屈氏体或索氏体组织，这种现象称为回火烧伤。

在磨削淬火钢时，若磨削区温度超过相变临界温度，在切削液的急冷作用下，工件表面最外层金属转化为二次淬火马氏体，其硬度比原来的回火马氏体高，但是又硬又脆，而其下层因冷却速度较慢，仍为硬度降低的回火组织，这种现象称为淬火烧伤。

在磨削淬火钢时，磨削区温度超过相变临界温度，不用切削液进行干磨时，超过相变的临界温度，由于工件金属表层空冷冷却速度较慢，磨削后强度、表面硬度急剧下降，则产生了退火烧伤。

（2）防止磨削烧伤的工艺措施。

通过合理选择磨削用量，如减小磨削深度可以减少工件表面的温度，故有利于减轻烧伤；增加工件速度和进给量，可减轻烧伤，但会导致表面粗糙度值增大。合理选择砂轮并及时修整有助于防止磨削烧伤。砂轮的粒度越细、硬度越高时自锐性越差，磨削温度也越高；砂轮组织太紧密时磨屑阻塞砂轮，易出现烧伤；砂轮钝化时，大多数磨粒只在加工表面挤压和摩擦而不起切削作用，使磨削温度升高，故应及时修整砂轮。改善冷却方法，如采用切削液可带走磨削区的热量，避免烧伤。常用的冷却方法效果较差，为了改善冷却方法，可采用如图 6 - 34 所示的内冷却砂轮。

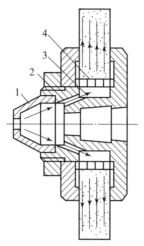

图 6 - 34 内冷却砂轮

1—锥形盖；2—切削液通孔；3—砂轮中心腔；4—有径向小孔的薄壁套

3）表面层的残余应力

工件经机械加工后，其表面层都存在残余应力。引起残余应力的原因有以下三个方面：

（1）冷塑性变形引起的残余应力。

在切削力作用下，已加工表面受到强烈的冷塑性变形，其中以刀具后刀面对已加工表面的挤压和摩擦产生的塑性变形最为突出，此时基体金属受到影响，处于弹性变形状态。切削力除去后，基体金属趋向恢复，但受到已产生塑性变形的表面层的限制，恢复不到原状，因而在表面层产生残余拉应力。

（2）变形引起的残余应力。

工件加工表面在切削热作用下产生热膨胀，此时基体金属温度较低，因此表层金属产生热压应力。当切削过程结束时，表面温度下降较快，故收缩变形大于里层，由于表层变形受到基体金属的限制，故产生残余拉应力。

（3）组织变化引起的残余应力。

切削时产生的高温会引起表面层的金相组织变化。不同的金相组织有不同的密度，表面层金相组织变化的结果造成了体积的变化，当表面层体积膨胀时，因为受到基体的限制，产生了压应力；反之，则产生拉应力。

6.4.2 提高表面质量的途径

1. 减小表面粗糙度值的工艺措施

在切削加工中，表面粗糙度主要取决于残留面积的高度。为此，应采取增大刀尖圆弧半径，减小主偏角、副偏角，采用主偏角为零的修光刃刀具等措施。减小进给量也能有效地减小残留面积，但会使生产率降低。

切削加工中产生的积屑瘤、鳞刺是影响加工表面粗糙度的物理因素。为有效地抑制积屑瘤和鳞刺，应采用较高或较低的切削速度，增大前角，适当加大后角，合理选用切削液，必要时对工件进行正火、调质等热处理。

在磨削加工中，加工表面是由砂轮上的微刃（磨粒）切削、刻划、滑擦、挤压出的微细刻痕所组成的，且磨削速度很高，磨削区温度很高，磨削过程的塑性变形比一般切削过程大得多。因此应适当地选择砂轮的粒度、硬度、组织和材料，并仔细修整砂轮，保持微刃的等高性。为减小表面粗糙度值，应提高砂轮转速，减小工件转速、进给量，减小磨削深度，增加无径向进给磨削（光磨）次数。

2. 减小残余拉应力、防止表面烧伤和裂纹的工艺措施

对零件使用性能危害甚大的残余拉应力、表面烧伤和裂纹的主要原因是磨削区的温度过高。为降低磨削热可以从减少磨削热的产生和加速磨削热的传出两途径入手。

（1）选择合理的磨削用量。

根据磨削机理，磨削深度的增大会使表面温度升高，砂轮速度和工件转速的增大也会使表面温度升高，但影响程度不如磨削深度大。为了直接减少磨削热的产生，降低磨削区的温度，应合理选择磨削参数：减少背吃刀量，适当提高进给量和工件转速。但这会使表面粗糙度值增大，为弥补这一缺陷，可以相应提高砂轮转速。实践证明，同时提高砂轮转速和工件转速，可以避免烧伤。

（2）选择有效的冷却方法。

磨削时由于砂轮高速旋转而产生强大的气流，使切削液很难进入磨削区，故不能有效地降低磨削区的温度，因此应选择适宜的磨削液和有效的冷却方法，如采用高压大流量冷却、内冷却砂轮等。为减轻高速旋转的砂轮表面的高压附着气流的作用，可加装空气挡板，如图 6-35 所示，以使冷却液能顺利地喷注到磨削区。

采用开槽砂轮也是改善冷却条件的一种有效方法。在砂轮的四周上开一些横槽，能使砂轮将冷却液带入磨削区，从而提高冷却效果；砂轮开槽同时形成间断磨削，工件受热时间短；砂轮开槽还有扇风作用，可改善散热条件，因此使用开槽砂轮可有效地防止烧伤现象的发生。

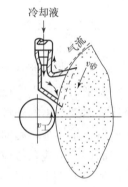

图 6-35　带空气挡板的
冷却液喷嘴

3. 采用表面冷压强化工艺

冷压强化工艺是通过冷压加工方法使表面层金属发生冷态塑性变形，以降低表面粗糙度值，提高表面硬度，并在表面层产生残余压应力和冷硬层，从而提高耐疲劳强度及抗腐蚀性能。

1）喷丸

喷丸强化是利用压缩空气喷射大量快速运动（35 ~ 50 m/s）的直径细小（$\phi0.4 ~ \phi2$ mm）的珠丸（钢丸、玻璃丸）来打击零件表面，造成表面的冷硬层和残余压应力，表面粗糙度值可达 $Ra0.4$ μm，如图 6-36（a）所示，可显著提高零件的疲劳强度和使用寿命。

2）滚压

滚压是用经过淬硬和精细研磨过的滚轮或滚珠，在常温下对零件表面进行挤压 [图 6-36（b）]，使表层金属材料产生塑性流动，修正零件表面的微观几何形状，使金属组织细化，形成残余压应力。

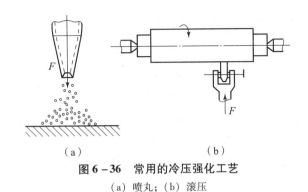

图 6 - 36　常用的冷压强化工艺

(a) 喷丸；(b) 滚压

6.5　机械加工过程中的振动

6.5.1　机械振动现象及分类

1. 机械振动现象及其对表面质量的影响

在机械加工过程中，工艺系统有时会发生振动（人为地利用振动来进行加工服务的振动车削、振动磨削、振动时效、超声波加工等除外），即在刀具的切削刃与工件上正在切削的表面之间，除了名义上的切削运动之外，还会出现一种周期性的相对运动。这是一种破坏正常切削运动的极其有害的现象，主要表现在：

（1）振动使工艺系统的各种成形运动受到干扰和破坏，使加工表面出现振纹，增大表面粗糙度值，恶化加工表面质量；

（2）振动还可能引起刀刃崩裂，引起机床、夹具连接部分松动，缩短刀具及机床、夹具的使用寿命；

（3）振动限制了切削用量的进一步提高，降低切削加工的生产效率，严重时甚至还会使切削加工无法继续进行；

（4）振动所发出的噪声会污染环境，有害工人的身心健康。

研究机械加工过程中振动产生的机理，探讨如何提高工艺系统的抗振性和消除振动的措施，一直是机械加工工艺学的重要课题之一。

2. 机械振动的基本类型

机械加工过程的振动有三种基本类型：

（1）强迫振动。强迫振动是指在外界周期性变化的干扰力作用下产生的振动。磨削加工中主要会产生强迫振动。

（2）自激振动。自激振动是指切削过程本身引起切削力周期性变化而产生的振动。切削加工中主要会产生自激振动。

（3）自由振动。自由振动是指由于切削力突然变化或其他外界偶然原因引起的振动。自由振动的频率就是系统的固有频率，由于工艺系统的阻尼作用，这类振动会在外界干扰力去除后迅速自行衰减，对加工过程影响较小。

机械加工过程中的振动主要是强迫振动和自激振动。据统计，强迫振动约占 30%，自激振动约占 65%，自由振动所占比重则很小，约占 5%。

6.5.2　机械加工中的强迫振动及其控制

1. 强迫振动产生的原因

机械加工过程中产生的强迫振动，其原因可从机床、刀具和工件三方面去分析。

（1）机床方面。若机床中某些传动零件的制造精度不高，机床会产生不均匀运动而引起振动。例如齿轮的周节误差和周节累积误差，会使齿轮传动的运动不会均匀，从而使整个部件产生振动。主轴与轴承之间的间隙过大，主轴轴颈的椭圆度、轴承制造精度不够，都会引起主轴箱以及整个机床的振动。另外，皮带接头太粗而使皮带传动的转速不均匀，也会产生振动；机床往复机构中的转向和冲击也会引起振动；某些零件的缺陷将使机床产生更加明显的振动。

（2）刀具方面。多刃、多齿刀具如铣刀、拉刀和滚刀等，切削时由于刃口高度的误差或因断续切削引起的冲击，容易产生振动。

（3）工件方面。被切削的工件表面上有断续表面或表面余量不均、硬度不一致，都会在加工中产生振动。如车削或磨削有键槽的外圆表面就会产生强迫振动。

工艺系统外部也有许多原因造成切削加工中的振动，例如一台精密磨床和一台重型机床相邻，这台磨床就有可能受重型机床工作的影响而产生振动，影响其加工表面的粗糙度。

2. 强迫振动的特点

（1）强迫振动的稳态过程是谐振，只要干扰力存在，振动就不会被阻尼衰减掉，去除干扰力，振动就停止。

（2）强迫振动的频率等于干扰力的频率。

（3）阻尼越小，振幅越大，谐波响应轨迹的范围越大；增加阻尼，能有效地减小振幅。

（4）在共振区，较小的频率变化会引起较大的振幅和相位角的变化。

3. 消除强迫振动的途径

强迫振动是由于外界干扰力引起的，因此必须对振动系统进行测振试验，找出振源，然后采取适当措施加以控制。消除和抑制强迫振动的措施主要有：

（1）改进机床传动结构，进行消振与隔振。

消除强迫振动最有效的办法是找出外界的干扰力（振源）并去除。如果不能去除，则可以采用隔绝的方法，如采用厚橡皮或木材等将机床与地基隔离，就可以隔绝相邻机床的振动影响。精密机械、仪器采用空气垫等也是很有效的隔振措施。

（2）消除回转零件的不平衡。

机床和其他机械的振动，大多数是由于回转零件的不平衡所引起的，因此对于高速回转的零件，要注意其平衡问题，在可能条件下，最好能做动平衡。

（3）提高传动件的制造精度。

传动件的制造精度会影响传动的平衡性，引起振动。在齿轮啮合、滚动轴承以及带传动等传动中，减少振动的途径主要是提高制造精度和装配质量。

（4）提高系统刚度，增加阻尼。

提高机床、工件、刀具和夹具的刚度都会增加系统的抗振性。增加阻尼是一种减小振动的有效办法，在结构设计上应该考虑到，但也可以采用附加高阻尼板材的方法以获得减小振动的效果。

（5）合理安排固有频率，避开共振区。

根据强迫振动的特性，一方面是改变激振力的频率，使它避开系统的固有频率；另一方面是在结构设计时，使工艺系统各部件的固有频率远离共振区。

6.5.3　机械加工中的自激振动及其控制

1. 自激振动产生的原因

机械加工过程中，还常常出现一种与强迫振动形式完全不同的强烈振动，这种振动是系统受到外界或本身某些偶然的瞬时干扰力作用而触发自由振动后，振动过程本身的某种原因使切削力产生周期性变化，这个周期性变化的动态力反过来加强和维持振动，使振动系统补充了由阻尼作用消耗的能量，这种类型的振动被称为自激振动。切削过程中产生的自激振动是频率较高的强烈振动，通常又称为颤振。自激振动常常是影响加工表面质量和限制机床生产率提高的主要障碍。磨削过程中，砂轮磨钝以后产生的振动往往是自激振动。

2. 自激振动的特点

自激振动的特点可简要地归纳如下：

（1）自激振动是一种不衰减的振动。振动过程本身能引起某种力周期地变化，振动系统能通过这种力的变化，从不具备交变特性的能源中周期性地获得能量补充，从而维持这个振动。外部的干扰有可能在最初触发振动时起作用，但是它不是产生这种振动的直接原因

（2）自激振动的频率等于或接近于系统的固有频率，也就是说，由振动系统本身的参数所决定，这是与强迫振动的显著差别。

（3）自激振动能否产生以及振幅的大小，取决于每一振动周期内系统所获得的能量与所消耗的能量的对比情况。当振幅为某一数值时，如果所获得的能量大于所消耗的能量，则振幅将不断增大；相反，如果所获得的能量小于所消耗的能量，则振幅将不断减小，振幅一直增加或减小到所获得的能量等于所消耗的能量时为止。若振幅在任何数值时获得的能量都小于消耗的能量，则自激振动根本就不可能产生。

（4）自激振动的形成和持续，是由于过程本身产生的激振和反馈作用，所以若停止切削或磨削过程，即使机床仍继续空运转，自激振动也就停止了，这也是与强迫振动的区别之处，所以可以通过切削或磨削试验来研究工艺系统或机床的自激振动，同时也可以通过改变对切削或磨削过程有影响的工艺参数，如切削或磨削用量来控制切削或磨削过程，从而限制自激振动的产生。

3. 消除自激振动的途径

自激振动与切削过程本身有关，与工艺系统的结构性能也有关，因此控制自激振动的基本途径是减小和抵抗激振力的问题，具体说来可以采取以下有效的措施：

1）合理选择与切削过程有关的参数

自激振动的形成是与切削过程本身密切相关的，所以可以通过合理地选择切削用量、刀具几何角度和工件材料的可切削性等途径来抑制自激振动。

（1）合理选择切削用量。

如车削中，切削速度 v_c 在 $20 \sim 60$ m/min，自激振动振幅增加很快，而当 v_c 超过此范围以后，振动又逐渐减弱了，通常切削速度 v_c 在 $50 \sim 60$ m/min 时切削稳定性最低，最容易产生自激振动，所以可以选择高速或低速切削以避免自激振动。关于进给量 f，通常当 f 较小

时振幅较大，随着 f 的增大，振幅反而会减小，所以可以在表面粗糙度要求许可的前提下选取较大的进给量以避免自激振动。背吃刀量 a_p 越大，切削力越大，越易产生振动。

（2）合理选择刀具的几何参数。

适当地增大前角 γ_o、主偏角 k_c，能减小切削力而减小振动。后角 α_o 可尽量取小，但精加工中由于背吃刀量 a_p 较小，刀刃不容易切入工件，而且 α_o 过小时，刀具后刀面与加工表面间的摩擦可能过大，这样反而容易引起自激振动。另外，实际生产中还往往用油石使新刃磨的刃口稍稍钝化，也很有效。关于刀尖圆弧半径，它本来就和加工表面粗糙度有关，对加工中的振动而言，一般不要取得太大，如车削中当刀尖圆弧半径与背吃刀量近似相等时，切削力就很大，容易振动。车削时装刀位置过低或镗孔时装刀位置过高，都易于产生自激振动。

使用"油"性非常高的润滑剂也是加工中经常使用的一种防振办法。

2）提高工艺系统本身的抗振性

（1）提高机床的抗振性。机床的抗振性往往占主导地位，可以从改善机床的刚性、合理安排各部件的固有频率、增大阻尼以及提高加工和装配的质量等来提高其抗振性。

（2）提高刀具的抗振性。通过刀杆等的惯性矩、弹性模量和阻尼系数，使刀具具有高的弯曲与扭转刚度、高的阻尼系数，例如硬质合金虽有高弹性模量，但阻尼性能较差，因此可以和钢组合使用，以发挥钢和硬质合金两者之优点。

（3）提高工件安装时的刚性，主要是提高工件的弯曲刚度。如细长轴的车削中，可以使用中心架、跟刀架，当用拨盘传动销拨动夹头传动时，要保持切削中传动销和夹头不发生脱离等。

3）使用消振装置。

图 6-37 所示为冲击减振镗刀和车刀应用实例。当刀具发生强烈振动时，冲击块 1 做往复运动，产生冲击，吸收能量，冲击块空腔间隙可以通过螺塞调节。这些消振装置经生产使用证明，都具有相当好的抑振效果，并且可以在一定范围内调整，所以使用上也较方便。

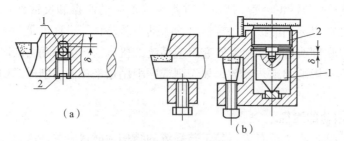

图 6-37 冲击减振镗刀和车刀应用实例

（a）冲击减振镗刀；（b）冲击减振车刀

1—冲击块；2—螺塞

本 章 小 结

机械制造质量主要包括加工精度和表面质量两个方面。本章首先介绍了机械加工精度和表面质量的相关概念，讨论了影响加工精度的因素及其提高措施，讲解了加工误差统计方法，最后介绍了影响表面质量的因素及其提高措施。

在影响机械加工精度的诸多误差因素中，机床的几何误差、工艺系统的受力变形和受热变形占有突出的位置；在影响加工表面质量的诸多因素中，加工方法、切削用量、刀具几何角度以及工件、刀具材料等起到重要作用。

通过本章学习，了解机械制造质量主要影响因素，掌握误差控制原理和方法。

复习思考题

6-1　什么是加工精度？什么是加工误差？两者有何区别和联系？

6-2　车床床身导轨在水平面内及垂直平面内的直线度误差对车削轴类零件的加工误差有什么影响，影响程度有何不同？

6-3　什么是误差复映？误差复映系数的大小和哪些因素有关系？

6-4　已知某工艺系统的误差复映系数为 0.25，工件在本工序前有圆度误差 0.45 mm，若本工序形状精度规定允许误差为 0.01，问至少走刀几次才能使形状精度合格？

6-5　机械制造中常见的误差分布规律有哪些？什么性质的误差服从偏态分布？什么性质的误差服从正态分布？

6-6　在均方差 $\sigma = 0.02$ mm 的某自动车床上加工一批直径为 $\phi(10 \pm 0.1)$ mm 的小轴外圆，试求：这批工件的尺寸分散范围，这台机床的工序能力系数。如果这批工件数 $n = 100$，分组组距为 0.02 mm，试画出这批工件以频数为纵坐标的理论分布曲线。

6-7　车削一批轴的外圆，其尺寸要求为 $\phi(25 \pm 0.05)$ mm，已知此工序的加工误差分布曲线是正态分布，其标准差 $\sigma = 0.025$ mm，曲线的峰值偏于公差带的左侧 0.03 mm，求零件的合格品率和废品率。如何调整工艺系统才能使废品率降低？

6-8　在外圆磨床上磨削一批工件的外圆，工件的尺寸要求是 $\phi 60_{-0.03}^{0}$ mm，加工后工件尺寸符合正态分布，测量一批工件，算得标准差 $\sigma = 0.005$ mm，在分布图中，尺寸分布中心在公差带中心右侧，其偏移量 $\Delta = 0.0025$ mm，试求：该批工件的废品率，该磨削工序的工艺能力系数 C_p。

6-9　什么是回火烧伤、淬火烧伤和退火烧伤？为什么磨削加工时，容易产生烧伤？

6-10　机械加工中，为什么工件表面层金属会产生残余应力？磨削加工表面层产生残余应力的原因和切削加工产生残余应力的原因是否相同？为什么？

6-11　简述机械加工中强迫振动、自激振动的特点。

6-12　减小表面粗糙度值的工艺措施有哪些？

6-13　提高机械加工精度的主要措施有哪些？

6-14　什么是正态分布曲线？它的特征参数是什么？特征参数反映了分布曲线的哪些特征？

第7章 机械加工工艺规程设计

机械加工工艺规程是生产管理的重要技术文件，它直接影响零件的加工质量、成本及生产效率。它要求工艺规程制定者具有一定的生产实践知识和专业基础知识。

在实际生产中，由于零件的结构形状、几何精度、技术条件和生产数量等要求不同，一个零件往往要经过一定的加工过程才能将其由图样变成成品零件。因此，机械加工工艺人员必须从工厂现有的生产条件和零件的生产数量出发，根据零件的具体要求，在保证加工质量、提高生产效率和降低生产成本的前提下，对零件上的各加工表面选择适宜的加工方法，合理地安排加工顺序，科学地拟定加工工艺过程，才能获得合格的机械零件。

7.1 概　　述

7.1.1 机械加工工艺过程及组成

1. 机械加工工艺过程

机械加工工艺过程是指用机械加工的方法改变生产对象（毛坯）的形状、尺寸和表面质量，使其成为零件的过程。它直接决定零件及产品的质量和性能，对产品的成本、生产周期都有较大的影响，是整个工艺过程的重要组成部分。

2. 机械加工工艺过程的组成

如图 7 - 1 所示机械加工工艺过程由若干工序组成，工序是最基本的组成单元。每一个工序又可细分为安装、工步和走刀等。

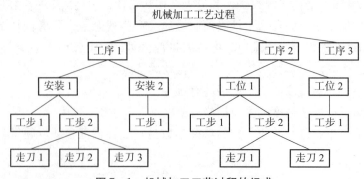

图 7 - 1　机械加工工艺过程的组成

1）工序

工序是指一个或一组工人，在一个工作地对同一个或同时对几个工件所连续完成的那一部分工艺过程。工作地、工人、工件、连续作业是构成工序的四个要素，其中任何一个要素的变更即构成新的工序。一个工序过程需要包括哪些工序，是由被加工零件结构的复杂程度、加工要求及生产类型所决定的。阶梯轴不同生产类型的工艺过程见表 7 - 1。

表 7 - 1　阶梯轴不同生产类型的工艺过程

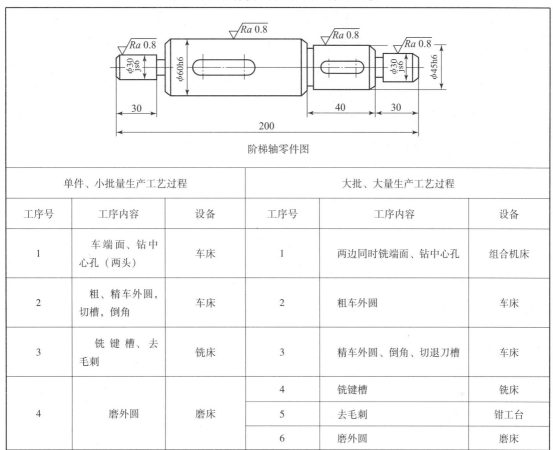

阶梯轴零件图

单件、小批量生产工艺过程			大批、大量生产工艺过程		
工序号	工序内容	设备	工序号	工序内容	设备
1	车端面、钻中心孔（两头）	车床	1	两边同时铣端面、钻中心孔	组合机床
2	粗、精车外圆，切槽，倒角	车床	2	粗车外圆	车床
3	铣键槽、去毛刺	铣床	3	精车外圆、倒角、切退刀槽	车床
4	磨外圆	磨床	4	铣键槽	铣床
			5	去毛刺	钳工台
			6	磨外圆	磨床

2）安装

安装是工件经一次装夹后所完成的那部分工序。在一个工序中，可以是一次或者多次装夹。

3）工位

在工件的一次安装中，通过分度（或移位）装置，使工件相对于机床经过不同的位置顺次进行加工。此时工件在机床上占据每一个位置所完成的那一部分工序称为工位。图 7 - 2 所示为立轴式回转工作台多工位加工示例，共四个工位，依次为装卸、钻孔、扩孔、铰孔。

4）工步

工步是指加工表面、加工工具、主要切削用量（切削速度、进给量）不变的条件下所连续完成的那一步工序。有时，同一表面往往要用同一工具加工几次才能完成，每次加工完成的那部分工步称为一个工作行程或走刀。有时，为了提高效率，采用多刀同时切削的方法，这样的工步称为复合工步。图 7 - 3 所示为立轴转塔车床加工齿轮内孔及外圆的一个复合工步。

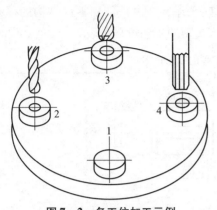

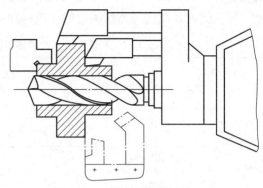

图 7 - 2　多工位加工示例

1—装卸工件工位；2—钻孔工位；

3—扩孔工位；4—铰孔工位

图 7 - 3　立轴转塔车床复合工步

7.1.2　机械加工工艺规程

对于机器中的某一个零件，可以采取多种不同的工艺加工过程完成。在特定条件下，总存在一种相对而言最为合理的加工过程，将此工艺过程用工艺文件的形式加以规定，由此得到的工艺文件统称为工艺规程。工艺规程的内容因生产类型的不同而详略不一，批量越大，越详细具体。

1. 工艺规程的作用

工艺规程是生产准备、生产组织、计划调度的主要依据，是指导工人操作的主要技术文件，也是工厂和车间进行设计或技术改造的重要原始资料。工艺规程的制定须严格按照规定的程序和格式进行，并随着技术进步和企业发展，定期修改完善。

2. 工艺规程的制定原则

在一定的生产条件下，以最少的劳动消耗和最低的费用，按计划加工出符合图纸要求的零件，是制定机械加工工艺规程的基本原则。具体表现为保证产品质量，获得较高的生产率和最好的经济效益，并使工人具有良好而安全的劳动条件，做到技术上先进，经济上合理。

3. 制定工艺规程的原始资料

机械加工工艺规程的编制必须以下列原始资料为依据：产品装配图及零件工作图、有关产品质量验收标准、产品产量计划、产品零件毛坯生产技术水平、本厂现有生产设备和工人技术水平、外协条件、工艺设计和夹具设计手册和技术资料、国内外同类产品的参考工艺资料等。另外，要求工艺工程师能深入现场了解情况。

4. 工艺文件

在零件机械加工工艺规程确定之后，应按相关标准（JB/T 9165.2—1998）将有关内容填入各种不同的卡片，以便贯彻执行，这些卡片总称为工艺文件。经常使用的工艺文件有以下几种：

（1）机械加工工艺过程卡片，这是简要说明零件整个工艺过程的一种卡片，又称过程卡，如表 7 - 2 所示。其中包括工艺过程的工序名称和序号、实施车间和工段及各工序时间定额等内容。它反映了加工过程的全貌，是制定其他工艺文件的基础，可以作为生产管理使用。在单件小批量生产中，通常以过程卡直接指导生产，而不再编制更为详细的工艺文件。

表 7 - 2　机械加工工艺过程卡

机械加工过程卡片		产品型号		零(部)件图号			
		产品名称		零(部)件名称		共 页	第 页
材料牌号		毛坯种类	毛坯外形尺寸	每毛坯可制件数	每台件数	备注	

工序号	工序名称	工序内容	施工车间	设备	工艺装备			工 时
					夹 具	刀 具	量 具	准终 单件

描　图								
描　校		编制(日期)	审核(日期)	会签(日期)	标准化(日期)	批准(日期)
底图号						
装订号						

| 标记 | 处数 | 更改文件号 | 签字 | 日期 | 标记 | 处数 | 更改文件号 | 签字 | 日期 |

（2）机械加工工序卡片。机械加工工序卡片又称工序卡，如表 7 - 3 所示，它用来具体指导工人的操作。工序卡详细说明该工序的工序过程并附有工序简图。工序卡用于大批大量生产的各个工序和重要零件的成批生产中的重要工序。

（3）机械加工工艺卡片。机械加工工艺卡片又称工艺卡，以工序为单位说明工艺过程，详细规定了每一工序及其工位和工步的工作内容。复杂工序绘有工序简图，注明工序尺寸及公差等。工艺卡的详细程度介于工艺过程卡和工序卡之间。工艺卡用来指导生产和管理加工过程，广泛用于成批生产或重要零件的小批生产。

5. 制定工艺规程的步骤及主要内容

（1）根据零件的生产纲领确定生产类型：主要是指在成批生产时，确定零件的生产批量；在大量流水生产时，确定生产一个零件的时间（生产节拍）。

（2）分析零件加工的工艺性：包括审查零件的结构工艺性和分析零件的各项技术要求，并提出必要的修改意见。

（3）选择毛坯的种类和制造方法：应全面考虑毛坯制造成本和机械加工成本，以达到降低零件总成本的目的。

表 7 – 3　机械加工工序卡

		机械加工工序卡片	产品型号		零(部)件图号			共 页	第 页
(厂名全称)			产品名称		零(部)件名称				

施工车间	工序号	工序名称
材料牌号	同时加工件数	冷却液
设备名称	设备型号	设备编号
夹具编号	夹具名称	工序工时
		准终　单件
工位器编号	工位器名称	

(工序简图)

工步号	工 步 内 容	工艺装备			主轴转速/(r/min)	切削速度(m·min⁻¹)	走刀量(mm·r⁻¹)	吃刀深度/mm	走刀次数	工时定额	
		刀具	量具	辅具						机动	辅动

描　图											
描　校											
底图号											
装订号											

	编　制(日期)	审　核(日期)	会　签(日期)	标准化(日期)

标志	处数	更改文件号	签字	日期	标志	处数	更改文件号	签字	日期

（4）拟定工艺过程：包括选择定位基准、选择零件表面加工方法、划分加工阶段、安排加工顺序和组合工序等。

（5）工序设计：包括确定加工余量、计算工序尺寸及其公差、确定切削用量、计算工时定额及选择机床和工艺装备等。

（6）编制工艺文件。

7.2　零件结构工艺性与毛坯选择

7.2.1　零件加工结构工艺性

在制定零件的机械加工工艺规程之前，首先应对该零件的工艺性进行分析。零件的工艺性分析应包括以下两方面内容：

（1）了解零件的各项技术要求，提出必要的改进意见。

分析产品的装配图和零件的工作图，其目的是熟悉该产品的用途、性能及工作条件，明确被加工零件在产品中的位置和作用，进而了解零件上各项技术要求制订的依据，找出主要技术要求和加工关键，以便在拟订工艺规程时采取适当的工艺措施加以保证。在此基础上，还可对图样的完整性、技术要求的合理性以及材料选择是否恰当等问题提出必要的改进意见。

（2）审查零件结构的工艺性。

零件结构的工艺性是指所设计的零件在能满足使用要求的前提下制造的可行性和经济性，零件的结构对其机械加工工艺过程的影响很大。使用性能完全相同而结构不同的两个零件，他们的加工难易和制造成本可能有很大差别。所谓良好的工艺性，首先指零件结构应方便机械加工，即在同样的生产条件下能够采用简便和经济的方法加工出来；其次零件结构还应适应生产类型和具体生产条件的要求。

零件结构工艺性可以从以下几个方面加以分析（表 7 - 4 所示为常见的零件结构工艺性示例）：

①工件应便于在机床或夹具上装夹，并尽量减少装夹次数。

②刀具易于接近加工部位，便于进刀、退刀、越程和测量，以及便于观察切削情况等。

③尽量减少刀具调整和走刀次数。

④尽量减少加工面积及空行程，提高生产率。

⑤便于采用标准刀具，尽可能减少刀具种类。

⑥尽量减少工件和刀具的受力变形。

⑦改善加工条件，便于加工，必要时应便于采用多刀、多件加工。

⑧有适宜的定位基准，且定位基准至加工面的标注尺寸应便于测量。

表 7 - 4　常见的零件结构工艺性示例

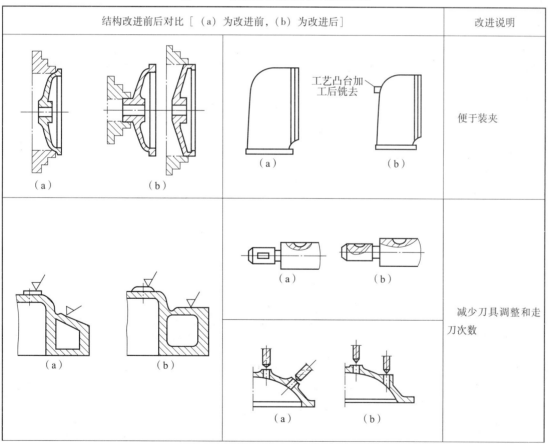

结构改进前后对比〔（a）为改进前，（b）为改进后〕	改进说明
	便于装夹
	减少刀具调整和走刀次数

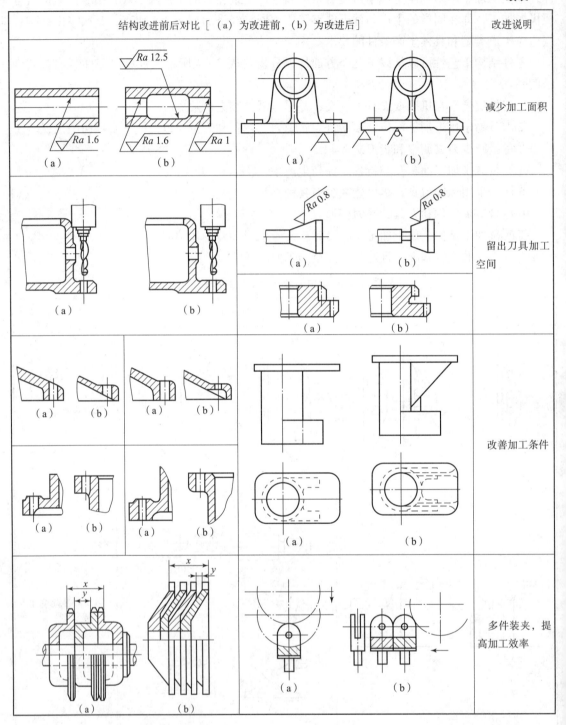

结构改进前后对比 [（a）为改进前，（b）为改进后]	改进说明
	减少加工面积
	留出刀具加工空间
	改善加工条件
	多件装夹，提高加工效率

7.2.2 毛坯选择

1. 毛坯选择要考虑的因素

毛坯选择即为由工艺人员依据设计要求确定毛坯种类、形状尺寸及制造精度。

1）毛坯种类

毛坯种类和特点如表7-5所示。

选择时主要考虑下列因素：

①设计图纸要求的材料和力学性能。铸铁零件要用铸造毛坯。钢质零件在结构不复杂及力学性能要求不太高时用型材毛坯，否则可用锻造毛坯。

②零件的结构形状和外形尺寸。不同的毛坯制造方法对结构和尺寸有特定要求。

③企业现有生产条件。

④新工艺、新技术、新材料的利用。

表7-5 毛坯种类和特点

毛坯种类	特 点
铸件（常用材料为灰铸铁、球墨铸铁、合金铸铁、铸钢和非铁金属）	多用于形状复杂、尺寸较大的零件。其吸振性能好，但力学性能低。铸造方法有砂型铸造、离心铸造等，有手工造型和机器造型。模型有木模和金属模，木模手工造型用于单件小批生产或大型零件，生产效率低，精度低；金属模用于大批量生产，生产效率高、精度高。离心铸造用于空心零件，压力铸造用于形状复杂、精度高、大量生产、尺寸小的有色金属零件
锻件（常用材料为碳钢和合金钢）	用于制造强度高、形状简单的零件（轴类和齿轮类）。模锻和精密锻造精度高、生产率高，单件小批生产用自由锻
冲压件	用于形状复杂和产批量较大的板料毛坯，精度较高，但厚度不宜过大
型材（圆形、六角形、方形截面等）	用于形状简单或尺寸不大的零件，热轧钢材尺寸较大、规格多、精度低，冷拉钢材尺寸较小、精度较高，但规格不多、价格较贵
冷挤压件（材料为非铁金属和钢材）	用于形状简单、尺寸小和生产批量大的零件，如各种精度高的仪表件和航空发动机中的小零件
焊接件	用于尺寸较大、形状复杂的零件，多用型钢或锻件焊接而成，其制造简单、周期短、成本低，但抗振性差、容易变形，尺寸误差大
工程塑料	用于形状复杂、尺寸精度高、力学性能要求不高的零件
粉末冶金	尺寸精度高、材料损失少，用于大批量生产、成本高，不适合结构复杂、薄壁、有锐边的零件

2）毛坯形状与尺寸

毛坯形状应力求接近零件形状，以减少机械加工劳动量。毛坯尺寸是在原有零件尺寸基础上，考虑后续加工切除余量确定的。毛坯形状也有几种特殊情况，如尺寸小而薄的零件，多个工件连在一起由一个毛坯制出；某些零件，如车床开合螺母外壳，两件合为一个毛坯，加工至一定阶段后再切开；为加工时安装方便，毛坯上应留有工艺搭子。

3）毛坯制造精度

毛坯制造精度高，材料利用率高，后续机械加工费用低，但相应的设备投入大。因此，在确定毛坯的制造精度时，需综合考虑毛坯的制造成本和后续成本。只要有可能，应提倡采用精密铸造、精密锻造、冷轧、冷挤压、粉末冶金等先进的毛坯制造方法。

2. 常见零件的毛坯选择

常用零件按其形状和用途不同分为杆轴类、盘套类和箱体机架类。以下根据这几类零件的结构特征和工作条件，对其毛坯选择方法给予举例说明。

1）杆轴类零件毛坯的选择

杆轴类零件一般都是各种机械中的重要受力和传动零件。安装齿轮和轴承的轴，其轴颈处要求有较好的力学性能，常选用中碳调质钢；承受重载荷或冲击载荷以及要求耐磨性较高的轴多选用合金结构钢，用这些材料制造的轴多数采用锻造毛坯。某些异形断面或弯曲轴，如凸轮轴、曲轴等，亦可采用球墨铸铁铸造成形。对于一些直径变化不大的轴，可采用圆钢直接切削加工。在有些情况下，毛坯也可选锻－焊、铸－焊结合的办法，如发动机中的排气阀零件，可将合金耐热钢和普通碳素钢焊在一起，以节约贵重材料。

2）盘套类零件毛坯的选择

盘套类零件常见的有齿轮、飞轮、手轮、法兰、套环、垫圈等。这类零件在机械产品中的功能要求、力学性能要求等差异较大，其材料及毛坯成形方法也多种多样。以齿轮为例，对承受冲击载荷的重要齿轮，一般选综合力学性能好的中碳钢或合金钢，采用型材锻造而成；结构复杂的大型齿轮，可采用铸钢件毛坯或球墨铸铁件毛坯；对单件小批量生产的小齿轮，可选用圆钢为毛坯；对批量大的中小型齿轮，宜采用模锻件；对于低速轻载的齿轮，可采用灰铸铁铸造；对高速、轻载、低噪声的普通小齿轮，可选用铜合金、铝合金、工程塑料等材料的棒料作毛坯或采用挤压、冲压或压铸件毛坯。带轮、手轮、飞轮等受力不大的零件，可选用灰铸铁或铸钢件毛坯，法兰、套环等零件，可采用铸铁件、锻件或圆钢作毛坯。垫圈一般采用低碳钢板冲压件。

3）箱体机架类零件毛坯的选择

这类零件的结构特点是结构比较复杂且不均匀，形状不规则，其工作条件以承压为主。因此要求有较好的刚度和减振性，有的要求密封或耐磨等，常见的有机身、机架、底座、箱体、箱盖、阀座等。根据这类零件的特点，一般选择铸铁件或铸钢件；单件小批量生产时也可采用焊接件毛坯。航空、军舰发动机中的这类零件通常采用铝合金铸件毛坯，以减轻重量。在特殊情况下，形状复杂的大型零件也可采用铸－焊或者锻－焊组合毛坯。

7.3　工艺路线的确定

拟定零件的机械加工工艺路线是制定工艺规程的一项重要工作。拟定工艺路线时主要解决的问题有表面加工精度和方法选择、加工阶段划分、加工顺序安排、确定工序的集中和分散等。

7.3.1　表面加工精度和方法选择

1. 加工精度

由于在加工过程中有很多因素影响加工精度，所以同一种加工方法在不同的工作条件下所能达到的精度是不相同的。任何一种加工方法，只要精心操作，细心调整，并选用合适的切削参数进行加工，都能使加工精度得到较大提高，但这样做会降低生产率，增加加工成本。

对于某一种特定的加工方法，都可以作出图 7 - 4 所示的加工成本和加工误差之间的关系曲线。由图 7 - 4 可知，加工误差 δ 与加工成本 C 成反比关系，这种关系只是在一定范围内才比较明显，如图 7 - 4 中的 AB 段。A 点左侧曲线表明，成本的增加对精度的提高影响很小，B 点右侧曲线则表示精度降低到一定程度后，加工成本受到限制。因此，对于某一特定的加工方法，存在相对合理的成本精度范围。一般所谓的加工经济精度，是指在正常加工条件下（采用复合质量标准的设备、工艺装备和标准技术等级的工人，不延长加工时间）所能保证的加工精度。

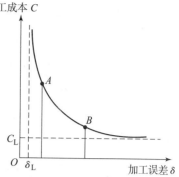

图 7 – 4　加工成本与加工
误差的关系

显然，某种加工方法的加工精度应为一个范围（如图 7 – 4 中的 AB 范围），而不是某一个确定值，并且随着工艺技术的发展，设备及工艺装备的改进，以及生产的科学管理水平的提高，各种加工方法的加工经济精度等级范围亦将随之不断提高。

2. 加工方法

机器零件的结构形状虽然多种多样，但都是由一些最基本的几何表面（外圆、孔、平面等）组成的，切削加工过程即为获得这些几何表面的过程。同一表面的最终加工可以选用不同的方法，而有一定技术要求的加工表面，往往需要多次加工才能达到加工质量要求。因此，同一表面可以有不同的加工方案，但是不同的加工方法（方案）所能获得的加工质量、生产率、费用及生产准备和设备投入各不相同。表 7 – 6、表 7 – 7、表 7 – 8 分别列出了外圆表面加工、孔加工和平面加工的各种常见的加工方案，供选择加工方法时参考。各种加工方法的详细资料可参考相关的工艺人员手册。

表 7 – 6　外圆表面加工方案

序号	加工方案	经济加工精度等级（IT）	加工表面粗糙度 $Ra/\mu m$	适用范围
1	粗车	11 ~ 12	50 ~ 12.5	用于加工淬火钢以外的各种金属
2	粗车—半精车	8 ~ 10	6.3 ~ 3.2	
3	粗车—半精车—精车	6 ~ 7	1.6 ~ 0.8	
4	粗车—半精车—精车—滚压（或抛光）	5 ~ 6	0.2 ~ 0.025	
5	粗车—半精车—磨削	6 ~ 7	0.8 ~ 0.4	主要用于加工淬火钢，也可用于加工未淬火钢，但不宜加工非铁金属
6	粗车—半精车—粗磨—精磨	5 ~ 6	0.4 ~ 0.1	
7	粗车—半精车—粗磨—精磨—超精加工（或轮式超精磨）	5 ~ 6	0.1 ~ 0.012	
8	粗车—半精车—精车—金刚石车	5 ~ 6	0.4 ~ 0.025	主要用于加工要求较高的非铁金属
9	粗车—半精车—粗磨—精磨—超精磨（或镜面磨）	5 级以上	< 0.025	加工极高精度的钢或铸铁的外圆
10	粗车—半精车—粗磨—精磨—研磨	5 级以上	< 0.1	

表 7 – 7 孔加工方案

序号	加工方案	经济加工精度等级（IT）	加工表面粗糙度 Ra/μm	适用范围
1	钻	11 ~ 12	12.5	加工未淬火钢及铸铁的实心毛坯，也可用于加工非铁金属（但表面粗糙度稍高），孔径 < φ20 mm
2	钻—铰	8 ~ 9	3.2 ~ 1.6	
3	钻—粗铰—精铰	7 ~ 8	1.6 ~ 0.8	
4	钻—扩	11	12.5 ~ 6.3	
5	钻—扩—铰	8 ~ 9	3.2 ~ 1.6	
6	钻—扩—粗铰—精铰	7	1.6 ~ 0.8	
7	钻—扩—机铰—手铰	6 ~ 7	0.4 ~ 0.1	
8	钻—（扩）—拉（或推）	7 ~ 9	1.6 ~ 0.1	加工大批大量生产中小零件的通孔
9	粗镗（或扩孔）	11 ~ 12	12.5 ~ 6.3	适于加工除淬火钢外的各种材料，毛坯有铸出孔或锻出孔
10	粗镗（粗扩）—半精镗（精扩）	9 ~ 10	3.2 ~ 1.6	
11	粗镗（粗扩）—半精镗（精扩）—精镗（铰）	7 ~ 8	1.6 ~ 0.8	
12	粗镗（扩）—半精镗（精扩）—精镗—浮动镗刀块精镗	6 ~ 7	0.8 ~ 0.4	
13	粗镗（扩）—半精镗—磨孔	7 ~ 8	0.8 ~ 0.2	主要用于加工淬火钢，也可用于未淬火钢，但不宜用于加工非铁金属
14	粗镗（扩）—半精镗—粗磨—精磨	6 ~ 7	0.2 ~ 0.1	
15	粗镗—半精镗—精镗—金刚镗	6 ~ 7	0.4 ~ 0.05	主要用于加工精度要求较高的非铁金属
16	钻—（扩）—粗铰—精铰—珩磨 钻—（扩）—拉—珩磨 粗镗—半精镗—精镗—珩磨	6 ~ 7	0.2 ~ 0.025	用于加工精度要求很高的孔
17	以研磨代替上述方案中的珩磨	5 ~ 6	< 0.1	
18	钻（或粗镗）—扩（或半精镗）—精镗—金刚镗—脉冲滚挤	6 ~ 7	0.1	用于加工成批大量生产的非铁金属零件中的小孔，铸铁箱体上的孔

表7-8 平面加工方案

序号	加工方案	经济加工精度等级（IT）	加工表面粗糙度 $Ra/\mu m$	适用范围
1	粗车—半精车	8~9	6.3~3.2	
2	粗车—半精车—精车	6~7	1.6~0.8	端面加工
3	粗车—半精车—磨削	7~9	0.8~0.2	
4	粗刨（铣）	9~10	50~12.5	一般不淬硬的平面粗加工
5	粗刨（或粗铣）—精刨（或精铣）	7~9	6.3~1.6	一般不淬硬的平面半精加工（端铣粗糙度可较低）
6	粗刨（或粗铣）—精刨（或精铣）—刮研	5~6	0.8~0.1	用于加工精度要求较高的不淬硬表面，批量较大时宜采用宽刃精刨
7	粗刨（或粗铣）—精刨（或精铣）—宽刃精刨	6~7	0.8~0.2	
8	粗刨（或粗铣）—精刨（或精铣）—磨削	6~7	0.8~0.2	用于加工精度要求较高的淬硬表面或不淬硬表面
9	粗刨（或粗铣）—精刨（或精铣）—粗磨—精磨	5~6	0.4~0.25	
10	粗铣—拉销	6~9	0.8~0.2	大量生产，较小平面的加工
11	粗铣—精铣—磨削—研磨	5级以上	<0.1	用于加工高精度平面
12	粗插	9~10	50~12.5	淬火钢以外金属件内表面的粗加工
13	粗插—精插	8	3.2~1.6	淬火钢以外金属件内表面的半精加工
14	粗插—精插—拉削	6~7	1.6~0.4	淬火钢以外金属件内表面的精加工

在选择加工方法时，一般总是首先根据零件主要表面的技术要求和工厂具体条件，先选定它的最终工序加工方法，然后再逐一选定该表面各有关前道工序的加工方法。例如：加工一个精度等级为IT6、表面粗糙度为 $Ra0.2~\mu m$ 的钢制外圆表面，其最终工序选用精磨，则其前道工序可分别选为粗车、半精车和粗磨（参见表7-6）。主要表面的加工方案和加工方法选定之后，再选定次要表面的加工方案和加工方法。

对于那些有特殊要求的加工表面，例如，相对于本厂工艺条件来说，尺寸特别大或特别小，工艺材料难加工，技术要求高，则首先应考虑的是在本厂能否加工的问题，如果在本厂加工有困难，就需要考虑是否需要外协加工或者增加投资。通过适当增添设备或设备改造，满足工艺能力需求，也是企业常用的方法。

选择加工方法时应遵循下列原则：

（1）所选加工方法应考虑每种加工方法的加工经济精度范围与加工表面的精度要求和表面粗糙度要求相适应。

（2）所选加工方法应能确保加工面的几何尺寸精度、形状精度和表面相互位置精度的要求。

（3）所选加工方法要与零件材料的可加工性相适应。例如：淬火钢、耐热钢等，因硬度高，应采用磨削作为精加工方法；有色金属宜采用高速钢精细车或精细镗作为精加工方法。

（4）所选加工方法应与零件的结构形状、尺寸及工作情况相适应。例如：箱体上 IT7 的孔，一般不采用拉或磨，而选择镗（大孔时）或铰（小孔时）；狭长平面不用铣削而更适宜用刨削加工。

（5）加工方法还要与生产类型相适应。如大批量生产，应采用高效的机床设备和先进的加工方法；而在单件小批量生产中，多采用通用机床和常规加工方法。

（6）所选加工方法要与企业现有设备条件和工人技术水平相适应。

7.3.2　加工阶段划分

当零件的加工质量要求较高时，一般都要经过粗加工、半精加工和精加工三个阶段。如果零件的加工精度要求特别高、表面粗糙度特别小时，还要经过光整加工阶段。加工阶段按加工质量要求较高的主要表面进行划分，其他加工表面的工艺过程根据先粗后精原则，分别安排到由主要表面所确定的各个加工阶段中，由此组成整个零件的加工工艺过程。各加工阶段的主要任务如下：

（1）粗加工阶段。此阶段的主要任务是高效切除各加工表面上的大部分余量，使毛坯在形状和尺寸上接近零件成品，并加工出精基准。粗加工所能达到的精度较低（一般在 IT12 级以下）、表面粗糙度值较大（$Ra50 \sim 12.5 \ \mu m$）。

（2）半精加工阶段。此阶段的主要目的是使主要表面消除粗加工后留下的误差，使其达到一定的精度，为精加工做好准备，并完成一些次要表面的加工（如钻孔、攻螺纹、铣键槽等）。表面经半精加工后，精度可达 IT10 ~ IT12 级，表面粗糙度 Ra 值则为 6.3 ~ 3.2 μm。

（3）精加工阶段。此阶段的任务是保证各主要加工表面达到图纸所规定的质量要求。经过精加工的表面可以达到较高的尺寸精度和较小的表面粗糙度值（IT7 ~ IT10 级、$Ra1.6 \sim 0.4 \ \mu m$）。

（4）光整加工阶段。对于精度要求很高（IT5 级以上）、表面粗糙度值要求很小（$Ra0.2 \ \mu m$ 以下）的零件，必须有光整加工阶段。光整加工的典型方法有珩磨、研磨、超精加工以及镜面磨削等。其主要任务是降低表面粗糙度或进一步提高尺寸精度和形状精度，但多数不能提高位置精度。

划分加工阶段的主要目的如下：

（1）保证零件的加工质量。由于粗加工阶段切除余量大，产生的相应切削力和切削热及所需夹紧力大，受力、受热、残余应力等因素使粗加工后的工件产生较大的变形。如果一开始就对某一要求较高的加工表面进行精加工，那么其他表面粗加工所产生的变形就可能破坏已获得的加工精度。因此，划分加工阶段，通过半精加工和精加工可使粗加工引起的误差得以纠正。将表面精加工安排在最后，还可以避免或减少在夹紧和运输过程中损伤已精加工过的表面。

（2）有利于合理地使用机床设备和技术工人。一般将粗、精加工分开，粗加工使用大功率机床，可充分发挥机床的效能；精加工使用精密机床，可保证零件的精度要求，有利于长期保持机床的效能；精加工使用精密机床，可以保证零件的精度要求，有利于长期保持机床的精度，合理地使用机床设备。不同加工阶段对工人的技术要求不同，可以合理地使用技术工人。

（3）有利于及早发现毛坯缺陷并得到及时处理。在粗加工阶段，切除余量大，加工过程中能及时发现毛坯的缺陷（气孔、砂眼、裂纹和加工余量不足等），及时修补或报废，避免浪费工时。

应当指出，将工艺过程划分为几个阶段是对整个加工过程而言的，不能简单地以某一工序的性质或某一表面的加工特点来决定。例如工件的定位基准，在半精加工阶段（甚至在粗加工阶段）就需要加工得很准确；而某些钻小孔、攻螺纹之类的粗加工工序，也可安排在精加工阶段进行，同时，加工阶段的划分不是绝对的。对于毛坯精度较高、余量较小或刚性较好、加工精度要求不高的工件就不必划分加工阶段；对重型零件，由于运输、装卸不便，常在一次装夹中完成某些表面的粗、精加工，但在粗加工后要松开工件，再用较小的夹紧力夹紧工件，然后进行精加工。在组合机床和自动机床上加工零件，也常常不划分加工阶段。

7.3.3　加工顺序安排

零件上的全部加工表面应安排在一个合理的加工顺序中加工，这对保证零件质量，提高生产率，降低加工成本都至关重要。

1. 机械加工工序安排原则

（1）基面先行。作为其他表面加工的精基准，一般安排在工艺过程一开始就进行加工。例如：箱体零件一般以主要孔为粗基准来加工表面，再以平面为精基准来加工孔系；轴类零件一般是以外圆为粗基准来加工中心孔，再以中心孔为精基准来加工外圆、端面等。

（2）先主后次。零件的主要工作表面（一般是指加工精度和表面质量要求高的表面）、装配基面应先加工，从而及早发现毛坯中可能出现的缺陷。螺孔、键槽、光孔等可穿插进行，但一般应放在主要表面加工到一定精度之后、最终精度加工之前进行。

（3）先粗后精。一个零件的切削加工过程，总是先进行粗加工，再进行半精加工，最后是精加工和光整加工，这有利于加工误差和表面缺陷层的逐步消除，从而逐步提高零件的加工精度和表面质量。

（4）先面后孔。对于箱体、支架类零件，将零件上轮廓尺寸远比其他表面尺寸大的平面作为定位基准面稳定可靠，故一般先加工这些平面以作精基准，供加工孔和其他表面时使用。此外，在加工过的平面上钻孔比在毛坯上钻孔不易产生孔轴线的偏斜，较易保证孔距尺寸。

2. 热处理工序安排

热处理的目的在于改变工件材料的性能和消除内应力。热处理的目的不同，热处理工序的内容及其在工艺过程中所安排的位置也不一样。

（1）预备热处理。预备热处理安排在机械加工之前进行，其目的是改善工件材料的切削性能，消除毛坯制造时的内应力。常用的热处理方法有退火和正火，通常安排在粗加工之前。高碳钢零件用退火降低其硬度，低碳钢零件用正火提高其硬度；对锻造毛坯，因其表面软硬不均匀，不利于切削，通常也进行正火处理。

（2）改善力学性能热处理。热处理的目的是提高材料的强度、表面硬度和耐磨性。常用的热处理方法有调质、淬火、渗氮等。调质即淬火后高温回火，其目的是获得良好的综合力学性能，可以作为后续表面淬火和渗氮的预备热处理，也可作为某些特殊要求不高的零件的最终热处理。通常调质一般安排在粗加工以后进行，对淬透性好、截面面积小或切削用量小的毛坯，也可以安排在粗加工之前。渗氮的目的在于提高低碳钢和低合金钢零件表层材料的淬硬性。因渗氮淬火变形较大，淬火后只能进行磨削加工，因此淬火安排在半精加工之后和磨削加工之前。渗氮处理是为了获得更高的表面硬度和耐磨性，更高的疲劳强度。由于渗氮处理温度低，变形小，渗氮层较薄，所以渗氮处理后磨削余量不能太大，故一般安排在粗磨之后、精磨之前进行。如果精度要求允许，渗氮也可以安排在最终精加工精磨之后进行。为了消除内应力，减少渗氮变形，改善加工性能，渗氮前应对零件进行调质处理和去内应力处理。

（3）时效处理。时效处理有人工时效和自然时效两种，其目的都是消除毛坯制造和机械加工中产生的内应力。精度要求一般的铸件，只需进行一次时效处理。时效处理安排在粗加工之后较好，可同时消除铸造和粗加工所产生的应力。有时为了减少运输工作量，也可放在粗加工之前进行。精度要求较高的铸件，应在半精加工之后安排第二次时效处理，这样能使精度稳定。精度要求很高的精密丝杠、主轴等零件，应安排多次时效处理。对于精密丝杠、精密轴承、精密量具及油泵油嘴偶件等，为了消除残余奥氏体，稳定尺寸，还要采用冰冷处理（冷却到 $-70\ ℃ \sim -80\ ℃$，保温 $1 \sim 2\ h$），一般在回火后进行。

（4）表面处理。某些零件，为了进一步提高表面的抗蚀能力，增加耐磨性以及使表面美观光泽，常采用表面处理工序，使零件表面覆盖一层金属镀层、非金属涂层和氧化膜等。金属镀层有镀铬、镀锌、镀镍、镀铜及镀金、银等；非金属涂层有涂油漆、磷化等；氧化膜有钢的发蓝、发黑、钝化，铝合金的阳极氧化处理等。零件的表面处理工序一般都安排在工艺过程的最后进行。表面处理对工件表面本身尺寸的改变一般可以不考虑，但精度要求很高的表面应考虑尺寸的增大量。当零件的某些配合表面不要求进行表面处理时，则应进行局部保护或采用机械加工的方法予以切除。

3. 辅助工序安排

辅助工序包括检查、检验工序，去毛刺、平衡、清洗工序等，也是工艺规程的重要组成部分。

检查、检验工序是保证产品质量合格的关键工序之一。每个操作工人在操作过程中和操作结束以后都必须自检。在工艺规程中，下列情况应安排检查工序：

（1）零件加工完毕之后；

（2）从一个车间转到另一个车间的前后；

（3）工时较长或重要的关键工序的前后。

除了一般性尺寸检查（包括形位误差的检查）以外，X 射线检查、超声波探伤检查等多用于工件（毛坯）内部质量的检查，一般安排在工艺过程的开始。磁力探伤、荧光检验主要用于工件表面质量的检验，通常安排在精加工的前后进行。密闭性检验、零件的平衡、零件的重量检验一般安排在工艺过程最后阶段进行。

切削加工之后，应安排去毛刺处理。零件表面或内部的毛刺，影响装配操作、装配质量甚至会影响整机性能，因此应给与充分重视。工件在进入装配之前，一般都应安排清洗。工件的内孔、箱体内腔易存留切屑，清洗时要特别注意。研磨、珩磨等光整加工工序之后，砂粒易附着在工件表面上，要认真清洗，否则会加剧零件在使用中的磨损。采用磁力夹紧工件的工序（如在平面磨床上用电磁吸盘夹紧工件），工件被磁化，应安排去磁处理并在去磁后进行清洗。

7.3.4　确定工序的集中和分散

在确定加工方法、划分加工阶段，安排加工顺序后，为了便于组织生产，需要将工艺内容组合，形成以工序为基本单元的工艺过程。在不同的生产条件下，工艺人员编制的工艺过程会有所不同。

通常把同一个零件工艺过程中工序多少的状况称为工序的集中和分散。

1. 工序集中

工序集中就是在每个工序中加工内容很多，尽可能在一次安装中加工许多表面，或尽量在同一台设备上连续完成较多加工要求。这样，零件工艺过程中工序少，工艺路线短。

工序集中的主要特点：

（1）减少工件安装次数，以利于保证位置公差要求较高的工件的加工质量。

（2）减少工件的装夹、运输等辅助时间，以利于采用高效专用设备和工装，显著提高劳动生产率。

（3）减少设备数量、操作人员和生产面积，缩短工艺路线和生产周期并简化计划管理。

（4）采用复杂、专用设备及工装，投资大、调整和维修费事，生产准备工作量大。

2. 工序分散

工序分散是把加工表面分得很细，每个工序加工内容少，表现为工序多，工艺路线长。

工序分散的主要特点：

（1）工序多，每个工序内容少；工艺装备简单，容易调整；对工人技术水平要求不高，能较快地适应产品的变换。

（2）有利于选择最合理的切削用量，减少机动时间。

（3）机床结构简单，但数量多，占地面积大，工艺路线长。

由于工序的集中和分散各有特点，究竟按何种原则确定工序数量，要根据生产纲领、机床设备及零件本身的结构和技术要求等做全面考虑。大批量生产时，若使用多刀多轴的自动或半自动高效机床、加工中心，可按工序集中原则组织生产；若使用由专用机床和专用工艺装备组成的生产线，则应按工序分散的原则组织生产，这有利于专用设备和专用工装的结构简化和按节拍组织流水生产。单件小批量生产则在通用机床上按工序集中原则组织生产。成批生产时两种原则均可采用，具体采用何种，需视其他条件（如零件的技术要求、工厂的生产条件等）而定。重型零件的加工，应采用工序集中的原则。从制造技术的发展方向来看，随着数控机床、加工中心的发展和应用，今后将更多地趋向于工序集中。

7.4 定位基准的选择

在零件加工过程中，不仅要保证加工面自身的精度，而且要保证零件各表面之间的位置精度。因此，零件在加工时的正确位置十分重要，定位方案的选择直接影响加工精度，影响夹具的复杂性及操作方便性。

7.4.1 基准的概念

基准是用来确定生产对象上几何要素间几何关系所依据的那些点、线、面。根据作用的不同，基准可以分为设计基准和工艺基准两大类。

1. 设计基准

零件设计图样上所采用的基准，称为设计基准。通常分为以零件轮廓面为基准和以对称中心为基准，简称轮廓要素基准和中心要素基准。在同一张机器零件工作图中，可以有一个或多个设计基准。在图 7-5 （a）中，A 面与 B 面互为设计基准；在图 7-5 （b）中，左端面为尺寸 25 mm、70 mm 的设计基准，中心轴线为尺寸 $\phi50$ mm 和 $\phi28$ mm 的设计基准；在图 7-5 （c）中，右端凸台面为孔 3 的水平设计基准，零件上表面为垂直方向尺寸设计基准，孔 3 轴线为孔 1、2 的水平方向设计基准。

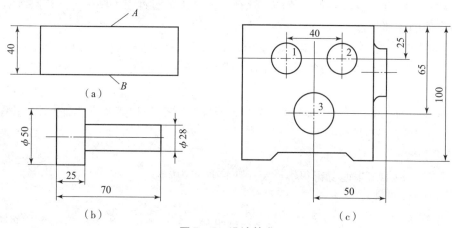

图 7-5 设计基准

2. 工艺基准

工艺基准是零件在工艺过程中采用的基准。工艺基准按用途可分为工序基准、测量基准、装配基准和定位基准。

（1）工序基准。在工序图上，用来确定本工序所加工表面加工后的形状、尺寸和位置的基准。如图 7-6 所示工件，加工表面为 ϕD 孔，要求其中心线与 A 面垂直，并与 C 面和 B 面保持距离 L_1 和 L_2，则 A、B、C 面均为本工序的工序基准。

（2）测量基准。测量工件已加工表面的尺寸和位置时所采用的基准，如测量孔深度时，孔端面常作为测量基准。

（3）装配基准。装配时用来确定零件或部件在产品中的相对位置所用的基准。如齿轮以轴肩轴向定位装配时，与轴肩对应的齿轮端面及内孔为装配基准。

（4）定位基准。在加工中用作工件定位的基准。图 7-7 所示零件在加工内孔时，其位置是由与夹具上的定位元件 1、2 相接触的底面 A 和侧面 B 确定的，故 A、B 面为该工序的定位基准。定位基准总是由具体表面来体现，这些表面称为基准面。轮廓要素为基准时，基准面即为轮廓要素；中心要素为定位基准时，则以中心要素对应的轮廓要素为基准面。如以平面定位，平面即为基准面；以圆柱面或圆锥面定位时，该圆柱面或圆锥面的轴线为定位基准，圆柱面或圆锥面为定位基准面。

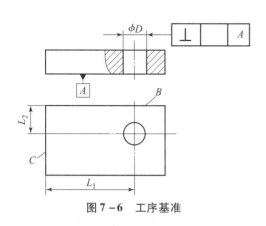

图 7-6 工序基准

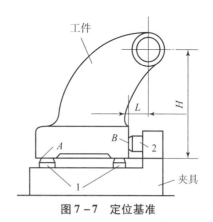

图 7-7 定位基准

定位基准按基准面的加工状况又分粗基准和精基准。最初工序中，只能选择以未加工的毛坯面作为定位基准，随后以已加工面为定位基准，称为精基准。

7.4.2 粗基准选择原则

粗基准的选择影响各加工面的余量分配及不加工表面与加工表面之间的位置精度。选择粗基准一般应遵循以下原则：

（1）如果必须首先保证工件上加工表面与不加工表面之间的位置要求，则应以不加工表面作为粗基准。如果工件上有很多不加工表面，则应以其中与不加工表面位置精度需求较高的表面作为粗基准。如图 7-8 所示套筒法兰零件，表面 1 为不加工表面，为保证镗孔后零件的壁厚均匀，应选择表面 1 作为粗基准进行镗孔、车外圆、车端面。图 7-9 所示为拨叉，有四个面不加工，由于孔 $\phi22H8$ 与外援 $\phi40\ \text{mm}$ 间要求壁厚均匀，故应选择不加工表面 $\phi40\ \text{mm}$ 的外圆面作为粗基准来加工孔 $\phi22H8$。

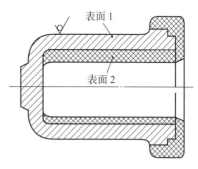

图 7-8 套筒法兰

（2）如果工件必须首先保证某重要表面的加工余量均匀，则应选择该表面作为粗基准。例如，机床导轨面不仅要求精度高，而且要求有均匀的金相组织和较高的耐磨性，因此希望加工导轨面去除余量要小而且均匀。此时应以导轨面作为粗基准，先加工底面，然后再以底面作为精基准加工导轨面，如图 7-10（a）所示，这就可以保证导轨的加工余量均匀。否则，将造成导轨余量不均匀，如图 7-10（b）所示。

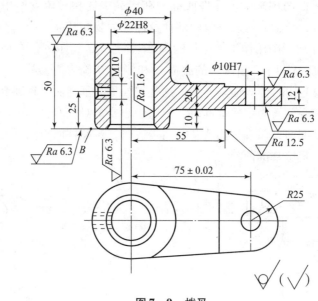

图 7-9　拨叉

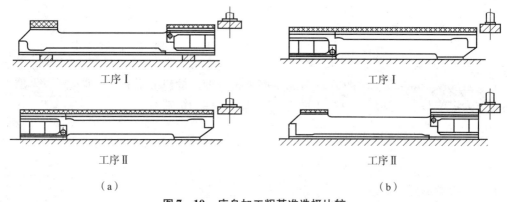

图 7-10　床身加工粗基准选择比较

（a）以导轨面为粗基准；（b）以床身底面为粗基准

（3）零件上有较多加工面时，为使各加工表面都得到足够的加工余量，应选择毛坯上加工余量最小的表面作为粗基准。如图 7-11 所示的阶梯轴，因小端余量较小，故应选小端外圆作为粗基准。若选择大端外圆作为粗基准，因毛坯偏心，在加工小端外圆时，余量就会不足，而使工件报废。

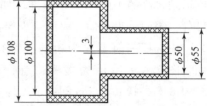

图 7-11　阶梯轴的粗基准选择

（4）选作粗基准的表面，应尽可能平整、光洁，不能有飞边、浇口、冒口及其他缺陷，以便定位准确、可靠。

（5）基准应避免重复使用，在同一尺寸方向通常只允许使用一次，否则会造成较大的定位误差。

7.4.3　精基准选择原则

选择精基准时应考虑如何保证加工精度和装夹的准确方便。选择精基准一般应遵循以下几项原则：

（1）基准重合原则。应尽量选用被加工表面的设计基准为精基准，这样可以避免由于基准不重合而引起的定位误差。在用设计基准不可能或不方便统一时，允许出现基准不重合情况。

（2）基准统一原则。应尽可能选择同一组精基准加工工件上尽可能多的加工表面，以保证各加工表面之间的相对位置关系。例如，加工轴类零件时，一般都采用两个顶尖孔作为统一基准来加工轴类零件上的所有外圆表面和端面，这样可以保证各外圆表面间的同轴度和端面对轴心线的垂直度。采用统一基准加工工件还可以减少夹具种类，降低夹具的设计制造费用。

作为统一基准的表面，往往是为了满足工艺上的需要，在工件上专门设计和加工出来的定位基准，又称为辅助基准。这些作为辅助基准的孔、面等在零件工作时不起作用或要求不高，但因作定位基准，而人为加工或提高加工要求。除了轴类零件的两端面顶尖孔外，还有箱体类零件"一面两孔"定位时的两定位孔。

图 7-12 所示为汽车发动机的机体，在加工机体上的主轴承座孔、凸轮轴座孔、气缸孔及主轴承座孔端面时，采用统一的基准——底面 A 及底面 A 上相距较远的两个工艺孔作为精基准，这样能较好地保证这些加工表面的相互位置关系。

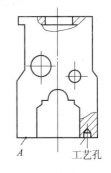

图 7-12 汽车发动机的机体

（3）互为基准原则。当工件上两个加工表面之间的位置精度要求比较高时，可以采用两个加工表面互为基准反复加工的方法。如图 7-13 所示车床主轴加工时，主轴前、后支撑轴颈与主轴锥孔间有严格的同轴度要求，故先以主轴锥孔为基准磨主轴前、后支撑轴颈表面，然后再以前、后支撑轴颈表面为基准磨主轴锥孔，最后达到图样上规定的同轴度要求。

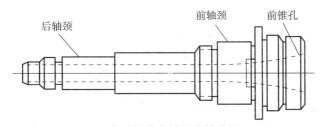

图 7-13 车床主轴互为基准加工

此外，精密加工齿轮时，通常是在齿面淬硬以后再磨齿面及内孔，因齿面淬硬层较薄，磨削余量应力求小而均匀，因此需先以齿面为基准磨内孔，如图 7-14 所示，然后再以内孔为基准磨齿面。这样加工，不但可以做到磨齿余量小而均匀，而且能保证齿轮基圆对内孔有较高的同轴度。

（4）自为基准原则。一些表面的精加工工序，要求加工余量小而均匀，常以加工表面自身为精基准。浮动铰刀铰孔、圆拉刀拉孔、珩磨头珩孔、无心磨床磨外圆等都是以加工表面作为精基准。

图 7-15 所示为镗连杆小头孔时以本身作为精基准的夹具。工件除以大孔中心和端面为定位基准外，还以被加工的小头孔中心为定位基准，用削边定位插销定位。定位以后，在小

头两侧用浮动平衡夹紧装置在原处夹紧。然后拔出定位插销，伸入镗杆对小头进行加工。

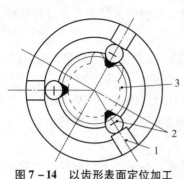

图 7 – 14　以齿形表面定位加工

1—卡盘；2—滚柱；3—齿轮

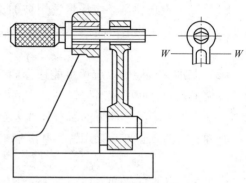

图 7 – 15　连杆小头孔镗削加工精基准

图 7 – 16 所示为在导轨磨床上床身导轨面。被加工工件（床身）1 通过楔铁 2 支撑在工作台上，纵向移动工作台时，轻压在被加工导轨面上的百分表指针便给出了被加工导轨面相对于机床导轨的平行度读数，根据此读数，操作工人调整工件 1 底部的四个楔铁 2，直至工作台带动工件纵向一定时百分表指针基本不动为止，然后将工件 1 夹紧在工作台上进行磨削。这是一个以被加工表面自身为基准的加工实例。

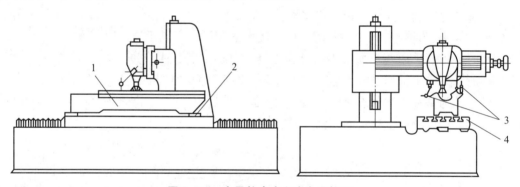

图 7 – 16　在导轨磨床上床身导轨面

1—工件（床身）；2—楔铁；3—百分表；4—机床工作面

（5）便于装夹原则。所选择的精基准，应能保证定位准确、可靠，夹紧机构简单，操作方便。用作定位的表面除应具有较高的精度和较小的表面粗糙度值外，还应具有较大的面积并尽量靠近加工表面。

当具体使用上述原则时，可能会出现一些矛盾，应根据具体情况灵活运用，既要保证主要方面，又要兼顾次要方面，从整体上尽量使定位基准选择得更加合理。基准选择一般按以下顺序进行：首先选定最终完成零件主要表面加工和保证主要技术所需的精基准；其次考虑为了可靠地加工出上述主要精基准，是否需要选择一些表面作为中间精基准；最后结合选择粗基准所应解决的问题，考虑粗基准的选择。

7.4.4　定位基准选择举例

粗基准的选择侧重于获得工件表面之间的正确几何关系，保证各加工面具有足够的余量，夹紧可靠，在加工初始阶段采用；精基准的选择主要考虑保证加工面的精度，减少定位夹紧误差，并尽可能使装夹方便。

1. 传动轴基准选择

图 7 - 17 所示为减速箱输出传动轴。毛坯为 45 钢 ϕ90 mm × 400 mm 棒料调质处理，要求保留中心孔。

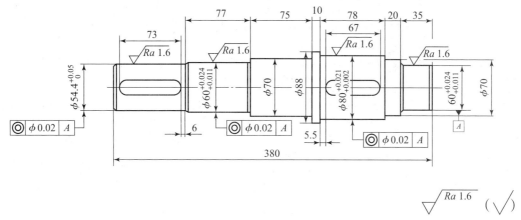

图 7 - 17　减速箱输出传动轴

从图 7 - 17 中要求可以看出，零件在轴向尺寸的精度要求较低，通过加工时试切或控制走刀量就可实现；径向尺寸精度及位置精度要求较高，在精基准选择时应优先选择基准重合原则。但顾及车削加工情况，完全采用基准重合原则进行加工，会给装夹和车削造成极大困难。因此，可以采用基准统一原则，利用各加工面相同的定位基准，以及机床自身的制造精度，实现各加工表面之间的位置精度要求。根据零件毛坯情况，粗基准选择棒料外圆柱面，利用三爪自定心卡盘夹住一头，车另一头端面，打中心孔，粗车外圆面；掉头，再以车过的外圆面作为精基准，车另一头端面，打中心孔，粗车外圆柱面；以外圆柱面及中心孔作为基准分别精车外圆柱面；以两中心孔为精基准磨相应高精度和表面粗糙度的表面。铣键槽时，以轴两端的圆柱面作为定位基准，符合基准重合原则。

2. 圆柱齿轮基准选择

图 7 - 18 所示为一圆柱齿轮，材料 HT200，精度等级 8 - 7 - 7GK，硬度 190 ~ 217 HBW。零件的毛坯为铸件。外圆柱面较宽，制造质量较好。因此，以外圆柱面为粗基准，三爪自定心卡盘装夹后车端面、内孔及部分外圆柱面，掉头车另一端表面。根据齿轮的工作要求，$\phi 80 ^{+0.03}_{0}$ mm 内孔与外圆柱面（齿顶面）之间同轴，因此，可以互为基准，进行精车。键槽加工以外圆柱面及一侧端面定位，齿面的加工以 $\phi 80 ^{+0.03}_{0}$ mm 内孔及一侧端面定位。

3. 车床拨叉基准选择

图 7 - 19 所示为一车床拨叉，材料 ZG310 - 570。根据零件结构特点，毛坯采用两件合铸。孔间位置是保证加工的基础，以 ϕ25 mm 圆弧面及下端面为粗基准定位，车中间打孔及其端面；以打孔及其端面定位，铣 ϕ25 mm 端面；以打孔及其端面一侧 ϕ25 mm 圆弧面（限制一个自由度）定位，钻、扩、铰 $\phi 14 ^{+0.11}_{0}$ mm 孔；铣开，精铣切口面。

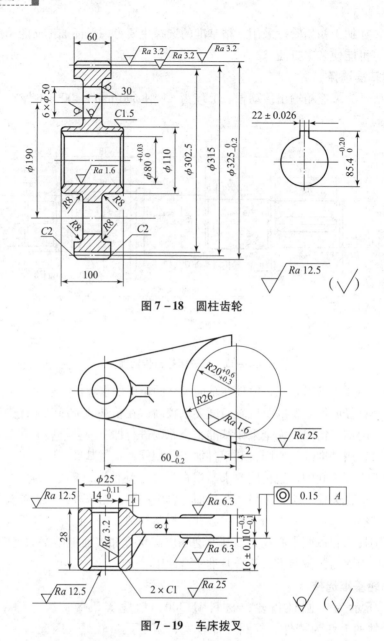

图 7 – 18　圆柱齿轮

图 7 – 19　车床拨叉

7.5　工序内容确定

　　零件的工艺过程确定以后，就应进行工序设计。工序设计的内容是为每一工序选择机床和工艺装备，确定加工余量、工序尺寸和公差，确定切削用量、工时定额及工人技术等级。

7.5.1　机床与工艺装备选择

　　机床和工艺装备的选择是制定工艺规程的一个重要环节，对零件的加工质量、生产率及加工经济性将产生重要影响。为此，在选择之前，必须对机床和工艺装备的种类、规格等有比较详细的了解。

1. 机床的选择

选择机床应遵循如下原则：

（1）机床的加工范围应与零件的外廓尺寸相适应。

（2）机床的精度应与工序加工要求的精度相适应。

（3）机床的生产率应与零件的生产类型相适应。

2. 工艺装备的选择

工艺装备包括夹具、刀具和量具，其选择原则如下：

（1）夹具的选择。夹具的选择主要考虑生产类型。对于单件小批量生产，应尽量选用通用夹具和机床自带的卡盘和钳台、转台等附件。大批量生产时，应根据工序加工要求采用或设计制造高效率专用夹具，积极推广气、液传动与电控结合的专用夹具。推行计算机辅助制造、成组技术等新工艺，或为提高生产效率，应采用成组夹具、组合夹具。夹具的精度应与零件的加工精度相适应。

（2）刀具的选择。刀具的选择主要取决于工序所采用的加工方法、加工表面的尺寸、工件材料、加工精度和表面粗糙度、生产率及经济性等，在选择时一般应尽可能采用标准刀具。采用组合机床加工时，考虑到加工质量和生产率的要求，可采用专用的复合刀具；自动线和数控机床刀具的选择应考虑刀具寿命期内的可靠性；加工中心机床所使用的刀具还要注意选择与其相适应的刀夹、刀套结构。

（3）量具的选择。量具的选择主要根据生产类型和要求检验的精度。在单件小批量生产时，应尽量采用通用量具量仪，而大批大量生产中则应采用各种量规和高生产率的检验仪器和夹具等。

7.5.2　加工余量确定

零件在机械加工过程中，各表面尺寸及相互位置关系不断发生变化，直至达到图样规定的要求。在加工过程中，某工序加工应达到的尺寸，称为工序尺寸。工序尺寸的确定不仅与设计尺寸有关，还与工序余量有关。工序尺寸计算见下节。

1. 加工余量的概念

加工余量是指在加工过程中，从被加工表面上切除的金属层厚度。加工余量分工序余量和加工总余量（毛坯余量）两种。相邻两工序的工序尺寸之差称为工序余量。毛坯尺寸与零件图的设计尺寸之差称为加工总余量（毛坯余量），其值等于各工序的工序余量之和。

$$Z_\Sigma = \sum_{i=1}^{n} Z_i \tag{7-1}$$

式中　Z_Σ——加工总余量；

　　　Z_i——第 i 道工序余量；

　　　n——该表面总的加工工序数。

由于加工表面的形状不同，加工余量又可分为单边余量和双边余量两种。对于图 7-20（a）所示平面等非对称表面，加工余量为单边余量，即实际切除的金属层厚度。对于图 7-20（b）、（c）所示轴、孔等对称表面，加工余量为双边余量，实际切除的金属层厚度为工序余量的一半。单边余量用 Z_b 表示，双边余量用 $2Z_b$ 表示，可按下式计算：

单边余量：

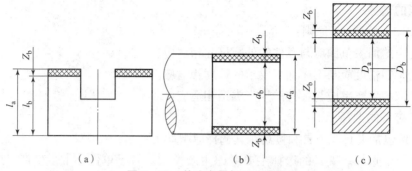

图 7-20 单边余量与双边余量

注：下角 a、b 分别表示上工序、下工序。

（a）单边余量；（b）、（c）双边余量

外表面 $\qquad$ $Z_b = l_a - l_b$

内表面 $\qquad$ $Z_b = l_b - l_a$

双边余量：

外表面（轴） $\qquad$ $2Z_b = d_a - d_b$

内表面（孔） $\qquad$ $2Z_b = d_b - d_a$

由于毛坯和各工序尺寸不可避免地存在误差，各工序余量存在一定的变动范围。因此，加工余量又可分成公称余量（Z_b）、最大余量（Z_{max}）和最小余量（Z_{min}），其相互关系如图 7-21 所示。

因工序尺寸按"入体原则"标注（外表面工序尺寸取上偏差为零，内表面工序尺寸下偏差取零），按极值法计算，基本加工余量为上工序基本尺寸和本工序基本尺寸之差。对外表面，Z_{min} 为上工序最小尺寸与本工序最大尺寸之差，而 Z_{max} 为上工序最大尺寸与本工序最小尺寸之

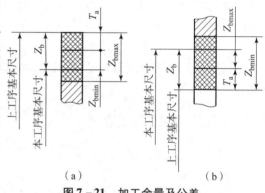

图 7-21 加工余量及公差

（a）外表面；（b）内表面

差。加工余量为双边余量时，余量值为图 7-21 所示值的两倍。对内表面可以照图推导。多工序加工时，各工序加工余量与工序尺寸的关系如图 7-22 所示。

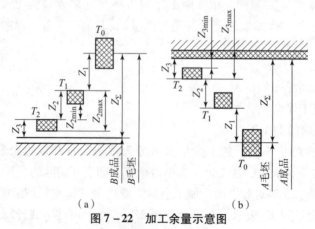

图 7-22 加工余量示意图

（a）外表面；（b）外表面

显然，工序加工余量变动值（余量公差 T_z）为

$$T_z = Z_{max} - Z_{min} = T_a + T_b \tag{7-2}$$

式中　T_a——上工序尺寸公差；

　　　T_b——上工序尺寸公差。

2. 影响加工余量的因素

加工余量的大小对零件的加工质量、生产率和成本均有较大影响。加工余量过大，不仅浪费材料，而且增加切削工时，增加人力、机床、刀具及电力消耗，导致加工成本增加；加工余量过小，不能保证切除和修正前道工序的各种误差及表面缺陷，以致产生废品。

为了合理确定加工余量，必须了解如下影响加工余量的主要因素。

（1）加工表面上的表面粗糙度 H_{1a} 和表面缺陷层的深度 H_{2a}。如图 7-23 所示，为使加工后的表面不留下前一工序的痕迹，加工前表面上的粗糙度及缺陷层应在本工序加工时切除。表面缺陷层指的是铸件的冷硬层、气孔夹渣层，锻件和热处理件的氧化皮或其他破坏层，切削加工后在表面上造成的塑性变形层等。

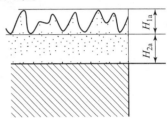

图 7-23　加工表面的表面粗糙度和缺陷层

（2）加工前或上工序的尺寸公差 T_a。在加工表面上存在着各种几何形状误差，如平面度、圆度、圆柱度等，如图 7-24 所示，这些误差的总和一般不超过上工序的尺寸误差 T_a。所以当考虑加工一批零件时，为了纠正这些误差，应将 T_a 计入本工序的加工余量之中。

（3）加工前或上下工序各表面间相互位置的空间偏差 e_a。工件上有一些形状和位置误差不包括在尺寸公差的范围内（如图 7-25 所示轴的弯曲误差），但这些误差又必须在加工中纠正，因此，需要单独考虑它们对加工余量的影响（对于图 7-25 所示轴，弯曲量为 δ，直径上的加工余量至少需增加 2δ，才能保证该轴在加工后消除弯曲的影响）。属于这一类的误差有轴心线的弯曲、偏移、偏斜以及平行度、垂直度等误差，阶梯轴轴颈中心线的同轴度，外圆与孔的同轴度，平面的弯曲、倾斜、平面度、垂直度等。

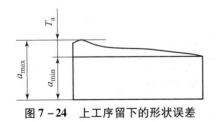

图 7-24　上工序留下的形状误差

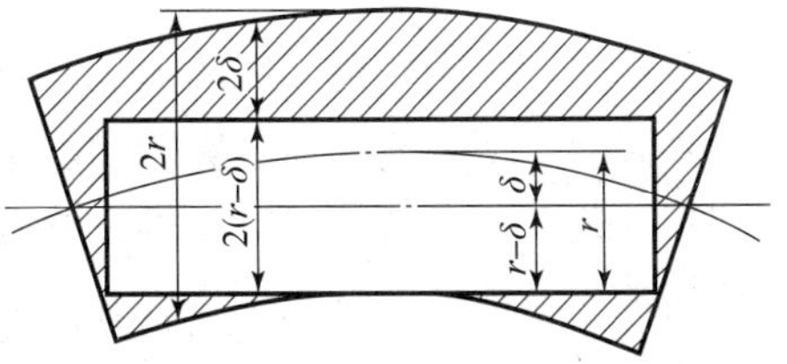

图 7-25　轴的弯曲对加工精度的影响

（4）本工序加工时的装夹误差 ε_b。如果本工序存在装夹误差（包括定位误差和夹紧误差），则在确定工序余量时，应将 ε_b 计入在内。如图 7-26 所示，用三爪自定心卡盘夹持工件磨削内孔时，存在偏心 e，在考虑磨削余量时，应加大 $2e$。

3. 加工余量的确定方法

最小工序余量的选取，应保证切除的金属层恰好能够切除和修正前工序的各种误差和表面缺陷，

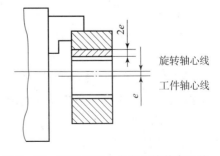

图 7-26　三爪自定心卡盘上的装夹误差

以获得一个完整的新的加工表面。从理论上讲，最小余量可以通过对前述加工余量的相关因素的分析计算确定。但这种方法操作不方便，目前很少应用，常见的方法是：

（1）经验估计法。经验估计法是根据积累的生产经验来确定加工余量的方法。为避免产生废品，估计的加工余量值一般偏大，常用于单件、小批量生产。

（2）查表修正法。查表修正法是以生产实践和试验研究积累的有关加工余量的资料数据为基础，并按具体生产条件加以修正来确定加工余量的方法。该方法的应用比较广泛。相关数据可在金属机械加工工艺人员手册等资料中找到，考虑到表中所列数据未计入零件热处理变形、机床及夹具变形在使用中的磨损等，使用时应适当加大余量数值。

7.5.3 切削用量确定

切削用量的确定是工序设计的重要内容，是机床调整的依据，对加工质量、加工效率、生产成本有着非常重要的影响。确定切削用量就是要确定切削工序的背吃刀量 a_p、进给量 f、切削速度 v_c 及刀具寿命 T。

1. 切削用量的选择原则

选择切削用量时要综合考虑切削生产率、加工质量和加工成本。所谓合理的切削用量，是指在保证加工质量的前提下，充分利用刀具的切削性能和机床动力性能（功率、转矩），获得高生产率和低加工成本的切削用量。

切削用量三要素对切削生产率、刀具寿命和加工表面粗糙度都有很大的影响：

（1）切削生产率。切削过程中，金属切除率与切削用量三要素 a_p、v_c、f 均保持线性关系，任一要素的增加对提高生产率具有相同的效果。

（2）刀具寿命。由第二章可知，a_p、v_c、f 对刀具寿命的影响程度，从大到小依次为 v_c、f、a_p。因此，从保证合理的刀具寿命出发，选择切削用量的原则是：在机床、刀具、工件的强度和工艺系统的刚度允许的条件下，首先选择尽可能大的背吃刀量，其次选择加工条件和加工要求限制下允许的进给量，最后按刀具寿命的要求确定合理的切削速度。

（3）加工表面粗糙度。在切削用量三要素中，对已加工表面粗糙度影响最大的是进给量，进给量直接影响残留面积的大小。对于半精加工和精加工，进给量是限制切削生产率提高的主要因素。切削速度通过影响切削温度、积屑瘤的形成，对表面粗糙度产生重要影响。另外，当工艺系统刚性较差时，过大的背吃刀量会引发系统振动，直接影响表面粗糙度。因此，精加工、半精加工时应注意控制进给量，避开切削速度的积屑瘤形成区域，防止切削振动。

2. 刀具寿命的选择原则

如前所述，切削用量与刀具寿命有密切关系，在制定切削用量时，应首先选择合理的刀具寿命，而合理的刀具寿命应根据优化的目标确定，一般分最高生产率刀具寿命和最低成本刀具寿命两种。

1）最高生产率刀具寿命 T_p

即按工序加工时间最少原则确定的刀具寿命。

单件工序的工时 t_w 为

$$t_w = t_m + t_{ct}\frac{t_m}{T} + t_{ot}$$

（7-3）

式中　t_m——工序的切削时间（机动时间）；

　　　t_{ct}——换刀一次所消耗的时间；

　　　T——刀具寿命；

　　　t_m/T——换刀次数；

　　　t_{ot}——除换刀时间外的其他辅助工时。

因为

$$t_m = \frac{l_w \Delta}{n_w a_P f} = \frac{\pi d_w l_w \Delta}{10^3 v_c a_P f} \qquad (7-4)$$

式中　l_w——工件切削部分长度（mm）；

　　　n_w——主轴转速（r/min）；

　　　d_w——工件直径（mm）；

　　　Δ——加工余量（mm）。

由式（2-38）切削速度与刀具寿命的关系可知

$$v_c = \frac{C_0}{T^m} \qquad (7-5)$$

故

$$t_m = \frac{\pi d_w l_w \Delta}{10^3 C_0 a_P f} T^m \qquad (7-6)$$

令

$$K = \frac{\pi d_w l_w \Delta}{10^3 C_0 a_P f}$$

则

$$t_m = K T^m \qquad (7-7)$$

对于某一工件的特定工序，a_P、f 均已选定，K 为常数。

将式（7-7）带入式（7-3）可得

$$t_m = K T^m + t_{ct} K T^{m-1} + t_{ot} \qquad (7-8)$$

要使 t_w 最小，令 $dt_w/dT = 0$，即

$$\frac{dt_w}{dT} = m K T^{m-1} + t_{ct}(m-1) K T^{m-2} = 0$$

故

$$T = \left(\frac{1-m}{m}\right) t_{ct} = T_P \qquad (7-9)$$

2）最低成本刀具寿命（经济寿命）T_C

即按工序加工成本最低原则确定的刀具寿命。每个工件的工序成本为

$$C = t_m m + t_{ct} \frac{t_m}{T} + \frac{t_m}{T} C_t + t_{ot} M \qquad (7-10)$$

式中　M——该工序单位时间内所分担的全厂开支；

　　　C_t——磨刀成本（刀具成本）。

同 T_P 计算类似处理，并令 $dC/T_C = 0$，即得最低成本刀具寿命为

$$T = \left(\frac{1-m}{m}\right)\left(t_{ct} + \frac{C_t}{M}\right) = T_C \qquad (7-11)$$

3）刀具寿命的合理选择

比较式（7-9）和式（7-11）可知，刀具的最高生产率寿命 T_P 比最低成本寿命 T_C 低。一般情况下，多采用最低成本寿命，并依此确定切削用量；只要当生产任务紧迫或在生产中出现不平衡的薄弱环节时，才选用最高使用寿命。

在具体确定刀具寿命时，刀具寿命的计算可采用表7-9中的近似公式。在下列情形下，刀具寿命可规定得高一些：刀具材料切削性能差；刀具结构复杂、制造刃磨成本高；刀具装卸、调整复杂；大件精加工刀具。常用刀具寿命推荐值见表7-10。

表7-9　刀具寿命近似计算公式

刀具寿命	高速钢	硬质合金	陶瓷
经济寿命	$T_C = 7\left(t_{ct} + \dfrac{C_t}{M}\right)$	$T_C = 4\left(t_{ct} + \dfrac{C_t}{M}\right)$	$T_C = \left(t_{ct} + \dfrac{C_t}{M}\right)$
最高生产率寿命	$T_C = 7t_{ct}$	$T_C = 4t_{ct}$	$T_C = t_{ct}$

表7-10　常用刀具寿命推荐值　　　　　　　　　　　　　min

刀具类型	刀具寿命	刀具类型	刀具寿命
可转位车刀	10～15	高速钢钻头	80～120
硬质合金车刀	20～60	齿轮刀具	200～300
高速钢车刀	30～90	自动线上刀具	240～480
高速钢成形车刀	110～130	硬质合金端铣刀	120～180

3. 切削用量的合理制定（以车削为例）

1）背吃刀量的选择

背吃刀量根据加工余量确定。

切削加工一般分为粗加工、半精加工和精加工。粗加工（表面粗糙度为 $Ra50 ～ 12.5\ \mu m$）时，一次走刀应尽可能切除全部余量。在中等功率机床上，背吃刀量可达 8～10 mm。半精加工（表面粗糙度为 $Ra6.3 ～ 3.2\ \mu m$）时，背吃刀量取为 0.5～2 mm。精加工（表面粗糙度为 $Ra1.6 ～ 0.8\ \mu m$）时，背吃刀量取为 0.1～0.4 mm。

在下列情况下，粗车可能要分几次走刀：

（1）加工余量太大时，一次走刀会使切削力太大，会造成机床功率不足或刀具强度不够；

（2）工件系统刚性不足，或加工余量极不均匀，以致引起很大振动时，如加工细长轴和薄壁工件；

（3）断续切削，刀具会受到很大的冲击而打刀时。

对于上述情况，如需分两次走刀，也应将第一次走刀的背吃刀量尽量取大些，第二次走刀的背吃刀量尽量取小些，以保证精加工刀具有长的刀具寿命、高的加工精度及较低的加工表面粗糙度。第二次走刀（精走刀）的背吃刀量可取加工余量的 1/3 ~ 1/4。

2）进给量的选择

粗加工时，对工件表面质量没有太高要求，这时切削力往往很大，合理的进给量应是工艺系统所能承受的最大进给量。这一进给量受到下列一些因素的限制：机床进给机构的强度、车刀刀杆的强度和刚度、硬质合金或陶瓷刀片的强度和工件的装夹刚度等。

半精加工和精加工时，最大进给量主要受加工精度和表面粗糙度的限制。当表面粗糙度要求一定时，增大刀尖圆弧半径、提高切削速度，可以选择较大的进给量。

进给量常常根据经验选取。粗加工时，根据被加工工件材料、车刀刀杆尺寸、工件直径及已确定的背吃刀量按表 7-11 来选择进给量。这里已计及切削力的大小，并多少考虑了刀杆的强度和刚度、工件的刚度等因素。例如，当刀杆尺寸增大、工件直径增大时，可以选择较大的进给量。当背吃刀量增大时，由于切削力增大，故应选择较小的进给量。加工铸铁时的切削力较加工钢时为小，故加工铸铁可选择较大的进给量。办精加工和精加工的进给量按表 7-12 选取。

表 7-11 硬质合金车刀粗车外圆及端面的进给量

工件材料	车刀刀杆尺寸/mm	工件直径/mm	背吃刀量 a_p/mm				
			≤3	>3 ~ 5	>5 ~ 8	>8 ~ 12	>12
			进给量 f/(mm·r^{-1})				
碳素结构钢、合金结构钢及耐热钢	16×25	20	0.3 ~ 0.4	—	—	—	—
		40	0.4 ~ 0.5	0.3 ~ 0.4	—	—	—
		60	0.5 ~ 0.7	0.4 ~ 0.6	0.3 ~ 0.5	—	—
		100	0.6 ~ 0.9	0.5 ~ 0.7	0.5 ~ 0.6	0.4 ~ 0.5	—
		140	0.8 ~ 1.2	0.7 ~ 1.0	0.6 ~ 0.8	0.5 ~ 0.6	—
	20×30 25×25	20	0.3 ~ 0.4	—	—	—	—
		40	0.4 ~ 0.5	0.3 ~ 0.4	—	—	—
		60	0.6 ~ 0.7	0.5 ~ 0.7	0.4 ~ 0.6	—	—
		100	0.8 ~ 1.0	0.7 ~ 0.9	0.5 ~ 0.7	0.4 ~ 0.7	—
		140	1.2 ~ 1.4	1.0 ~ 1.2	0.8 ~ 1.0	0.6 ~ 0.9	0.4 ~ 0.6
铸铁及铜合金	16×25	40	0.4 ~ 0.5	—	—	—	—
		60	0.6 ~ 0.8	0.5 ~ 0.8	0.4 ~ 0.6	—	—
		100	0.8 ~ 1.2	0.7 ~ 1.0	0.6 ~ 0.8	0.5 ~ 0.7	—
		400	1.0 ~ 1.4	1.0 ~ 1.2	0.8 ~ 1.0	0.6 ~ 0.8	—
	20×30 25×25	40	0.4 ~ 0.5	—	—	—	—
		60	0.6 ~ 0.9	0.5 ~ 0.8	0.4 ~ 0.7	—	—
		100	0.9 ~ 1.3	0.8 ~ 1.2	0.7 ~ 1.0	0.5 ~ 0.8	—
		400	1.2 ~ 1.8	1.2 ~ 1.6	1.0 ~ 1.3	0.9 ~ 1.1	0.7 ~ 0.9

注：1. 加工断续表面及有冲击的工件时，表内进给量应乘以系数 k = 0.75 ~ 0.85；

2. 在无外皮加工时，表内进给量应乘以系数 k = 1.1；

3. 加工耐热钢及其合金时，进给量不大于 1 mm/r；

4. 加工淬硬钢时，进给量应减小。当钢的硬度为 44 ~ 56 HRC 时，乘以系数 0.8，硬度为 57 ~ 62 HRC 时，乘以系数 0.5。

表7-12 按表面粗糙度选择进给量的参考值

工件材料	表面粗糙度/μm	切削速度范围/(m·min⁻¹)	刀尖圆弧半径 r_ε/mm		
			0.5	1.0	2.0
			进给量 f/（mm·r⁻¹）		
铸铁、青铜、铝合金	Ra10~5	不限	0.25~0.40	0.40~0.50	0.50~0.60
	Ra5~2.5		0.15~0.20	0.25~0.40	0.40~0.60
	Ra2.5~1.25		0.10~0.15	0.15~0.20	0.20~0.35
碳钢及合金钢	Ra10~5	<50	0.30~0.50	0.45~0.60	0.55~0.70
		>50	0.40~0.55	0.55~0.65	0.65~0.70
	Ra5~2.5	<50	0.18~0.25	0.25~0.30	0.30~0.40
		>50	0.25~0.30	0.30~0.35	0.35~0.50
	Ra2.5~1.25	<50	0.10	0.11~0.15	0.15~0.22
		50~100	0.11~0.16	0.16~0.25	0.25~0.35
		>100	0.16~0.20	0.20~0.25	0.25~0.35

注： r_ε = 0.5 mm 用于 12 mm×20 mm 以下刀杆， r_ε = 1 mm 用于 30 mm×30 mm 以下刀杆， r_ε = 2 mm 用于 30 mm×45 mm 以下刀杆。

3）切削速度的确定

根据选定的背吃刀量 a_P、进给量 f 及刀具寿命 T，按表7-13中的公式及表7-14中的系数进行计算。生产中，常将表7-15作为确定切削速度的依据。

表7-13 外圆车削时切削速度计算公式及相关系数和指数

切削速度计算公式			$v_c = \dfrac{C_v}{T^m a_p^{x_v} f^{y_v}} K_v$			
工件材料	刀具材料	进给量/(mm·r⁻¹)	C_v	x_v	y_v	m
碳素结构钢 σ_b = 0.65 GPa	YT15（不用切削液）	≤0.30	291	0.15	0.20	0.20
		>0.30，≤0.70	242		0.35	
		>0.70	235		0.45	
	W18Cr4V W6Mo5Cr4V2（用切削液）	≤0.25	67.2	0.25	0.33	0.125
		>0.25	43		0.66	
灰铸铁 190 HBW	YG6（不用切削液）	≤0.40	189.8	0.15	0.20	0.20
		>0.40	158		0.40	

切削速度 v_c 确定以后，机床转速 n（r/mm）为

$$n = \frac{1\,000 v_c}{\pi d_w} \qquad (7-12)$$

所选定转速 n 应按机床说明书最后确定。

表 7 – 14　车削加工切削速度的修正系数 k_v

切削速度的修正系数 K_v	$k_v = k_{Mv}k_{sv}k_{tv}k_{kv}k_{k_r v}k_{k_r' v}k_{r_\varepsilon v}k_{Bv}$					
工件材料 k_{Mv}	加工钢：硬质合金 $k_{Mv} = \dfrac{0.65}{\sigma_b}$ 高速钢 $k_{Mv} = C_M \left(\dfrac{0.65}{\sigma_b}\right)^{n_v}$ $C_M = 1.0$, $n_v = 1.75$；当 $\sigma_b < 0.45$ GPa 时，$n_v = -1.0$ 加工灰铸铁：硬质合金 $k_{Mv} = \left(\dfrac{190}{HBW}\right)^{1.25}$ 高速钢 $k_{Mv} = \left(\dfrac{190}{HBW}\right)^{1.7}$					
毛坯状况 k_{sv}	无外皮	棒料	锻件	铸钢、铸铁		Cu – Al 合金
				一般	带砂皮	
	1.0	0.9	0.8	0.8 ~ 0.85	0.5 ~ 0.6	0.9
刀具材料 k_{tv}	钢	YT5	YT14	YT15	YT30	YG8
		0.65	0.8	1	1.4	0.4
	灰铸铁	YG8		YG6		YG3
		0.83		1.0		1.15
主偏角 $k_{k_r v}$	k_r	30°	45°	60°	75°	90°
	钢	1.13	1	0.92	0.86	0.81
	灰铸铁	1.2	1	0.88	0.83	0.73
副偏角 $k_{k_r' v}$	k_r'	10°	15°	20°	30°	45°
	$k_{k_r' v}$	1	0.97	0.94	0.91	0.87
刀尖半径 $k_{r_\varepsilon v}$	r_ε	1	2	3		4
	$k_{r_\varepsilon v}$	0.94	1.0	1.03		1.13
刀杆尺寸 k_{Bv}	$B \times H$ （mm × mm）	12 × 20 16 × 16	16 × 25 20 × 20	20 × 30 25 × 25	25 × 40 30 × 30	30 × 45 　40 × 40 × 40 　60
	k_{Bv}	0.93	0.97	1	1.04	1.08 　1.12
车削方式 k_{kv}	外圆纵车	横车 $d:D$			切断	切槽 $d:D$
		0 ~ 0.4	0.5 ~ 0.7	0.8 ~ 1.0		0.5 ~ 0.7　0.8 ~ 0.95
	1.0	1.24	1.18	1.04	1.0	0.96 　0.84

注：$k_{k_r' v}$、$k_{r_\varepsilon v}$、k_{Bv} 仅用于高速钢车刀。

表 7-15 车削加工的切削速度参考数值

工件材料		硬度 HBW	背吃刀量 a_p/mm	高速钢刀具		硬质合金刀具					
						未涂层			涂层		
				v_c/ (m·min^{-1})	f/ (mm·r^{-1})	v_c/(m·min^{-1})		f/ (mm·r^{-1})	材料	v_c/ (m·min^{-1})	f/ (mm·r^{-1})
						焊接式	可转位				
易切碳钢	低碳	100~200	1	55~90	0.81~0.20	185~240	220~275	0.18	YT15	320~410	0.18
			4	41~70	0.40	135~185	160~215	0.50	YT14	215~275	0.40
			8	34~55	0.50	110~145	130~170	0.75	YT5	170~220	0.50
	中碳	175~225	1	52	0.20	165	200	0.18	YT15	305	0.18
			4	40	0.40	125	150	0.50	YT14	200	0.40
			8	30	0.50	100	120	0.75	YT5	160	0.50
易切碳钢	低碳	125~225	1	43~46	0.18	140~150	170~195	0.18	YT15	260~290	0.18
			4	34~38	0.40	115~125	135~150	0.50	YT14	170~190	0.40
			8	27~30	0.50	88~100	105~120	0.75	YT5	135~150	0.50
	中碳	175~225	1	34~40	0.18	115~130	150~160	0.18	YT15	220~240	0.18
			4	23~30	0.40	90~100	115~125	0.50	YT14	145~160	0.40
			8	20~26	0.50	70~78	90~100	0.75	YT5	115~125	0.50
	高碳	175~225	1	30~37	0.18	115~130	140~155	0.18	YT15	215~230	0.18
			4	24~27	0.40	88~95	105~120	0.50	YT14	145~150	0.40
			8	18~21	0.50	69~76	84~95	0.75	YT5	115~120	0.50
合金钢	低碳	125~225	1	41~46	0.18	135~150	170~185	0.18	YT15	220~235	0.18
			4	32~37	0.40	105~120	135~145	0.50	YT14	175~190	0.40
			8	24~27	0.50	84~95	105~115	0.75	YT5	135~145	0.50
	中碳	175~225	1	34~41	0.18	105~115	130~150	0.18	YT15	175~200	0.18
			4	26~32	0.40	85~90	105~120	0.40~0.50	YT14	135~160	0.40
			8	20~24	0.50	67~73	82~95	0.50~0.75	YT5	105~120	0.50
	高碳	175~225	1	30~37	0.18	105~115	135~145	0.18	YT15	175~190	0.18
			4	24~27	0.40	84~90	105~115	0.50	YT14	135~150	0.40
			8	18~21	0.50	66~72	82~90	0.75	YT5	105~120	0.50
高强度钢		225~350	1	20~26	0.18	90~105	115~135	0.18	YT15	150~185	0.18
			4	15~20	0.40	69~84	90~105	0.40	YT14	120~135	0.40
			8	12~15	0.50	53~66	69~84	0.50	YT5	90~105	0.50
高速钢		200~275	1	15~24	0.13~0.18	76~105	85~125	0.18	YW1, YT15	115~160	0.18
			4	12~20	0.25~0.40	60~84	19~100	0.40	YW2, YT14	90~130	0.40
			8	9~15	0.40~0.50	46~64	53~76	0.50	YW3, YT5	69~100	0.50

续表

工件材料		硬度 HBW	背吃刀量 a_p/mm	高速钢刀具		硬质合金刀具					
						未涂层			材料	涂层	
				v_c/(m·min⁻¹)	f/(mm·r⁻¹)	v_c/(m·min⁻¹)		f/(mm·r⁻¹)		v_c/(m·min⁻¹)	f/(mm·r⁻¹)
						焊接式	可转位				
不锈钢	奥氏体	135~275	1	18~34	0.18	58~105	67~120	0.18	YG3X, YW1	84~160	0.18
			4	15~27	0.40	49~100	58~105	0.40	YG6, YW1	76~135	0.40
			8	12~21	0.50	38~76	46~84	0.50	YG6, YW1	60~105	0.50
	马氏体	175~325	1	20~44	0.18	87~140	95~175	0.18	YW1, YT15	120~260	0.18
			4	15~35	0.40	69~115	75~135	0.40	YW1, YT15	100~170	0.40
			8	12~27	0.50	55~90	58~105	0.50~0.75	YW2, YT14	76~135	0.50
灰铸铁		160~260	1	26~43	0.18	84~135	100~165	0.18~0.25	YG8, YW2	130~190	0.18
			4	17~27	0.40	69~110	81~125	0.40~0.50		105~160	0.40
			8	14~23	0.50	60~90	66~100	0.50~0.75		84~130	0.50
可锻铸铁		160~240	1	30~40	0.18	120~160	135~185	0.25	YT15, YW1	185~235	0.25
			4	23~30	0.40	90~120	105~135	0.50	YT15, YW1	135~185	0.40
			8	18~24	0.50	76~100	85~115	0.75	YT14, YW2	105~145	0.50
铝合金		30~150	1	245~305	0.18	550~610		0.25	YG3X, YW1	—	—
			4	215~275	0.40	425~550	max	0.50	YG6, YW1		
			8	185~245	0.50	305~365		1.0	YG6, YW1		
铜合金			1	40~175	0.18	84~345	90~395	0.18	YG3X, YW1	—	—
			4	34~145	0.40	69~290	76~335	0.50	YG6, YW1		
			8	27~120	0.50	64~270	70~305	0.75	YG8, YW2		
钛合金		300~350	1	12~24	0.13	38~66	49~76	0.13	YG3X, YW1	—	—
			4	9~21	0.25	32~56	41~66	0.20	YG6, YW1		
			8	8~18	0.40	24~43	26~49	0.25	YG8, YW2		
高温合金		200~475	0.8	3.6~14	0.13	12~49	14~58	0.13	YG3X, YW1	—	—
			2.5	3.0~11	0.18	9~41	12~49	0.18	YG6, YW1		

注: 用陶瓷（超硬材料）加工易切钢、碳钢和合金钢时, 常用进给量为 0.13~0.40 mm/r, 常用切削速度为 200~500 m/min。

此外，选择切削速度时应注意以下几点：

（1）精加工时应尽量避免积屑瘤和鳞刺产生的区域。

（2）断续切削时，应适当降低切削速度，避免切削力和切削热的冲击。

（3）在易发生振动的情况下，所确定的切削速度应避免自激振动的临界区域。

（4）加工大件、细长件和薄壁件时，所确定的切削速度应适当降低。降低切削速度的意义，对于大件是为了延长刀具寿命，避免加工中途换刀；对于细长件和薄壁件是为了减少可能引发的振动，这样，可有效地保证加工精度。

（5）加工带有铸造或锻造外皮的工件时，切削速度应适当降低。

切削用量选定后，应校核机床的功率和转矩。

4. 切削用量选择举例

【例 7 – 1】 工件材料 45 钢（热轧），$\sigma_b = 637$ MPa，毛坯尺寸 $d_W \times l_W = \phi 50$ mm $\times$ 350 mm，装夹如图 7 – 27 所示，要求车外圆至 $\phi 44$ mm，表面粗糙度 $Ra3.2$ mm，加工长度 $l_m = 300$ mm。试确定外圆车削时，拟采用的机床、刀具以及切削用量。

【解】 根据工件尺寸及加工要求，选用 CA6140 车床，焊接式硬质合金外圆车刀，材料为 YT15，刀杆截面尺寸为 16 mm $\times$ 25 mm，刀具几何参数为：$\gamma_0 = 15°$，$\alpha_0 = 8°$，$k_r = 75°$，$k_r' = 10°$，$\lambda_s = 6°$，$r_\varepsilon = 1$ mm，$b_{\gamma 1} = 0.3$ mm，$\gamma_0' = 15°$。

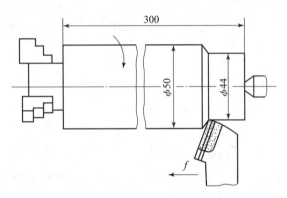

图 7 – 27 外圆车削尺寸图

因对表面粗糙度有一定要求，故分粗车和半精车两道工步加工。

1）粗车工步

（1）确定背吃刀量 a_P。单边加工余量为 3 mm，粗车取 $a_{P1} = 2.5$ mm，半精车 $a_{P2} = 0.5$ mm。

（2）确定进给量 f。根据工件材料、刀杆截面尺寸、工件直径及背吃刀量，从表 7 – 11 中查得 $f = 0.4 \sim 0.5$ mm/r。按机床说明书提供选择的进给量，取 $f = 0.51$ mm/r。

（3）确定切削速度 v_c。切削速度可以由表 7 – 13 中的公式计算，也可查表得到。现根据已知条件，查表 7 – 15 得 $v_c = 90$ m/min，然后由式（7 – 12）求出机床主轴转速为

$$n = \frac{1\,000 v_c}{\pi d_W} = \frac{1\,000 \times 90}{3.14 \times 50} = 573 \ (\text{r/min})$$

按机床说明书选取实际机床转速为 560 r/min，故实际切削速度为

$$v_c = \frac{\pi d_W n}{1\,000} = \frac{3.14 \times 50 \times 560}{1\,000} = 87.9 \ (\text{m/min})$$

（4）校验机床功率（略）。

2）半精车工步

（1）确定背吃刀量 a_P。$a_P = 0.5$ mm。

（2）确定进给量 f。根据表面粗糙度 $Ra3.2$ mm，$r_\varepsilon = 1$ mm，从表 7 – 12 中查得（估计 v

>50 m/min) $f = 0.3 \sim 0.35$ mm/r。按机床说明书的进给量，取 $f = 0.3$ mm/r。

（3）确定切削速度 v_c。可查表 7-15 得 $v_c = 130$ m/min，然后由式（7-12）求出机床主轴转速为

$$n = \frac{1\,000 \times 130}{3.14 \times (50 - 5)} = 920 \text{（r/min）}$$

按机床说明书选取实际机床转速为 900 m/min，故实际切削速度为

$$v_c = \frac{3.14 \times (50 - 5) \times 900}{1\,000} = 127.2 \text{（m/min）}$$

（4）校验机床功率（略）。

7.5.4　时间定额的确定

在一定生产条件下，规定生产一件产品或完成一道工序所消耗的时间称为时间定额。时间定额是安排生产计划、成本核算的主要依据，在设计新厂时，又是计算设备数量、布置时间、计算工人数量的依据。

时间定额的组成：

（1）基本时间 t'_m。直接改变生产对象的尺寸、形状、相对位置，表面状态或材料性质等工艺过程所消耗的时间称为基本时间。它包括刀具切入、切削加工和切出等时间。

（2）辅助时间 t_a。为实现工艺过程所必须进行的各种辅助动作所消耗的时间称为辅助时间。如装卸工件、启动和停开机床、改变切削用量、测量工件、引进及退出刀具等所消耗的时间。

（3）布置工作地时间 t_s。为使加工正常进行，工人照管工作地（如更换刀具、润滑机床、清理切屑、收拾工具等）所消耗的时间称为布置工作地时间。该时间很难精确估计，一般按操作时间的 $a\%$（$2\% \sim 7\%$）计算。

（4）休息和生理需要时间 t_r。指工人在工作时间内为恢复体力和满足生理需要所消耗的时间。也按操作时间的 $\beta\%$（$2\% \sim 7\%$）计算。

所有上述时间的总和为单件时间 t_p，即

$$t_p = t'_m + t_a + t_s + t_r = (t'_m + t_a)\left(1 + \frac{\alpha + \beta}{100}\right) = t_0\left(1 + \frac{\alpha + \beta}{100}\right) \tag{7-13}$$

（5）准备终结时间 t_{be}。工人为了生产一批产品或零、部件，进行准备和结束工作所消耗的时间，如熟悉工艺文件、领取毛坯、安装刀具和夹具、调整机床以及在加工一批零件终结后所需拆下和归还工艺装备、发送成品等所消耗的时间。准备终结时间对一批零件只消耗一次。零件的批量 N 越大，分摊到每个工件上的准备终结时间（t_{be}/N）就越少。所以成批生产时单件时间定额 t_{pe} 为

$$t_{pe} = t_p + \frac{t_{be}}{N} \tag{7-14}$$

7.6　工序尺寸确定

在零件的机械加工工艺过程中，各工序的工序尺寸及余量在不断变化，其中一些工序尺

寸在图上往往不标出或不存在，需要在制定工艺过程时予以确定。这些不断变化的工序尺寸之间存在着一定的联系，需要用工序尺寸链原理去分析它们的内在联系，掌握它们的变化规律，正确地计算出各工序的工序尺寸。

7.6.1 工艺尺寸链基本概念

1. 工艺尺寸链的定义、组成及判别

工艺尺寸是根据加工的需要，在工艺图或工艺规程中所给出的尺寸。尺寸链是相互联系且按一定顺序排列的封闭尺寸组。由此可知工艺尺寸链是在零件加工过程中的各有关工艺尺寸所组成的尺寸组。尺寸链中的每一个工艺尺寸称为环，其中在零件加工过程中最终形成或间接得到的环称为封闭环，尺寸链的其余各环称为组成环。组成环分为两类，一类叫增环，另一类叫减环。增环是本身的变化引起封闭环同向变动，即该环增大（其余组成环不变）时，封闭环增大；反之，该环减小，封闭环也减小。减环是本身的变化引起封闭环反向变动，即该环增大时封闭环减小，或该环减小时封闭环增大。

图 7-28 所示为某工艺尺寸链示例。尺寸 A_1 已加工。现以底面 M 定位，用调整法加工台阶面 P。由图 7-28 可知，尺寸 A_1、A_2 分别为上工序和本工序的工序尺寸，直接获得。尺寸 A_1、A_2 确定后，A_0 随之确定。因此，在 A_1、A_2 和 A_0 组成的尺寸链中，A_0 间接获得，为封闭环，A_1、A_2 为组成环，根据其与封闭环的关系可知，A_1 为增环，A_2 为减环。

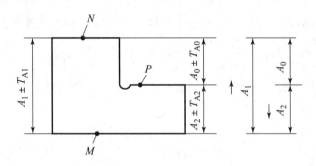

图 7-28 某工艺尺寸链示例

尺寸链的建立及各环性质判别十分重要。封闭环是间接获得的尺寸，是尺寸链中最后形成的一个环。尺寸链必须是封闭的，并且对于直线尺寸链，一个尺寸链中有且只有一个封闭环，工序尺寸均为组成环。

有时两个或两个以上的尺寸链通过一个公共环联系在一起，这种尺寸链称为相关尺寸链。这时应注意：其中的公共环在某一尺寸链中作封闭环，那么在与其相关的另一尺寸链中必为组成环。

增、减环的判别，环数较少时，可以根据定义判别；环数较多时，通常先给封闭环任一方向画上箭头，然后沿此方向环绕尺寸链依此给每一个组成环画出箭头，凡是组成环箭头方向与封闭环箭头方向相同的，为减环，相反的为增环。如图 7-29 所示，A_5、A_1、A_3 为减环，其余为增环。

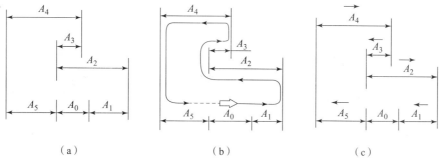

（a）　　　　　　　　　　（b）　　　　　　　　　　（c）

图 7 – 29　尺寸链增、减环判别示例

2. 尺寸链分类

尺寸链按链中各环所处的空间位置及几何特征分成以下四类：

（1）直线尺寸链。尺寸链全部尺寸位于同一平面且相互平行，如图 7 – 28、图 7 – 29 所示。

（2）平面尺寸链。尺寸链全部尺寸位于同一平面内，但其中有一个或几个尺寸不平行。

（3）空间尺寸链。尺寸链的全部尺寸不在同一平面内，并且相互不平行。

（4）角度尺寸链。尺寸链的各环均为角度量。

尺寸链中最基本的形式是简单的直线尺寸链。平面尺寸链和空间尺寸链可以用投影的方法分解为直线尺寸链来进行计算。角度尺寸链和直线尺寸链的计算方法及公式相同，有时也可以转换为直线尺寸链进行计算。因此，此处主要介绍直线尺寸链的计算方法。

计算直线尺寸链有两种方法：

（1）极值法。用极值法解工艺尺寸链是从尺寸链各环均处于极值条件来求解封闭环尺寸与组成环尺寸之间关系的。此法简便、可靠，但当封闭环公差小、组成环数较多时，会使组成环的公差过于严格。通常优先选用这种方法。

（2）概率法。用概率法解尺寸链是运用概率论理论来求解封闭环尺寸与组成环尺寸之间关系的。此法允许组成环相对于极值法时的公差大一些，易于加工，但会出现极少量废品。这种方法在尺寸链环数较多以及大批大量自动化生产中采用。

在具体使用尺寸链计算时，常遇到正计算、反计算和中间计算三种类型。已知组成环求封闭环的计算方式称为正计算，主要用于设计图样的审核及供需尺寸验算；已知封闭环求组成环称为反计算，主要用于将封闭环的公差合理地分配给各组成环；已知封闭环及部分组成环，求其余的一个或几个组成环，称为作中间计算，主要用于工序尺寸计算。

3. 尺寸链计算公式

1）极值法计算公式

$$A_0 = \sum_{i=1}^{m} \xi_i A_i = \sum_{p=1}^{k} A_p - \sum_{q=k+1}^{m} A_q \tag{7-15}$$

$$A_{0\max} = \sum_{p=1}^{k} A_{p\max} - \sum_{q=k+1}^{m} A_{q\min} \tag{7-16}$$

$$A_{0\min} = \sum_{p=1}^{k} A_{p\min} - \sum_{q=k+1}^{m} A_{q\max} \tag{7-17}$$

$$ES_0 = \sum_{p=1}^{k} ES_p - \sum_{q=k+1}^{m} EI_q \tag{7-18}$$

$$EI_0 = \sum_{p=1}^{k} EI_p - \sum_{q=k+1}^{m} ES_q \qquad (7-19)$$

$$T_0 = \sum_{i=1}^{m} T_i \qquad (7-20)$$

式中　A_0、$A_{0\max}$ 和 $A_{0\min}$——封闭环的基本尺寸、最大极限尺寸、最小极限尺寸；

　　　A_p、$A_{p\max}$ 和 $A_{p\min}$——组成环中增环的基本尺寸、最大极限尺寸、最小极限尺寸；

　　　A_q、$A_{q\max}$ 和 $A_{q\min}$——组成环中减环的基本尺寸、最大极限尺寸、最小极限尺寸；

　　　ES_0、ES_p 和 ES_q——封闭环、增环和减环的上偏差；

　　　EI_0、EI_p 和 EI_q——封闭环、增环和减环的下偏差；

　　　T_0、T_i——封闭环、组成环的公差；

　　　k——增环数的方法；

　　　m——尺寸链中组成环数；

　　　ξ_i——传递系数，对直线尺寸链中的增环 $\xi_i = +1$，减环 $\xi_i = -1$。

2）概率法计算公式

机械制造中尺寸分布大多为正态分布。对于正态分布，可用下述方法求解（非正态分布可参考相关手册计算）。

将工艺尺寸链中各环的基本尺寸改为平均尺寸标注，且公差变为对称分布的形式。这时组成环的平均尺寸为

$$A_{i\mathrm{M}} = \frac{A_{i\max} + A_{i\min}}{2} = A_i + \frac{ES_i + EI_i}{2} \qquad (7-21)$$

封闭环的平均尺寸为

$$A_{0\mathrm{M}} = \frac{A_{0\max} + A_{0\min}}{2} = A_0 + \frac{ES_0 + EI_0}{2} = \sum_{p=1}^{k} A_{p\mathrm{M}} - \sum_{q=k+1}^{m} A_{q\mathrm{M}} \qquad (7-22)$$

式中　$A_{p\mathrm{M}}$、$A_{q\mathrm{M}}$——增环、减环的平均尺寸。

封闭环的公差为

$$T_0 = \sqrt{\sum_{i=1}^{m} T_i^2} \qquad (7-23)$$

采用概率法，各环尺寸及偏差可标注如下形式：

$$A_0 = A_{0\mathrm{M}} \pm \frac{T_0}{2} \qquad (7-24)$$

$$A_i = A_{i\mathrm{M}} \pm \frac{T_i}{2} \qquad (7-25)$$

7.6.2　基准重合时工序尺寸的计算

【例 7-2】　在某一钢制零件上加工一内孔。其设计尺寸为 $\phi 72.5^{+0.03}_{0}$ mm，表面粗糙度为 $Ra0.4\ \mu\mathrm{m}$。毛坯为锻件，孔预制。工艺路线定为：粗镗→半精镗→精镗→粗磨→精磨。试确定各工序的工序尺寸及公差。

这种情况工序尺寸计算比较简单，不必列出尺寸链，按以下步骤和方法即可。

（1）按工艺方法查表确定加工余量，即工序加工余量，见表 7 - 16（表中所列为双边余量）。

（2）计算各工序基本尺寸。从设计尺寸开始，到第一道加工工序，逐次减去（轴加工时为加上）下一工序加工余量，可分别得到各工序基本尺寸（见表 7 - 16）。

（3）除最终加工工序的公差、表面粗糙度取设计要求值外，其余加工工序的公差及表面粗糙度按所采用加工方法的加工经济精度选取。

各工序加工余量、尺寸及其公差分布关系如图 7 - 30 所示。

表 7 - 16　工序尺寸、公差、表面粗糙度及毛坯尺寸确定

工序名称	工序加工余量/mm	工序尺寸/mm	尺寸公差/mm	表面粗糙度/μm
精磨	0.2	$\phi72.5$（设计尺寸）	$^{+0.03}_{0}$	$Ra0.4$
粗磨	0.3	$72.5 - 0.2 = \phi72.3$	$H8(^{+0.045}_{0})$	$Ra1.6$
精镗	1.5	$72.3 - 0.3 = \phi72$	$H9(^{+0.074}_{0})$	$Ra3.2$
半精镗	2.0	$72 - 1.5 = \phi70.5$	$H10(^{+0.12}_{0})$	$Ra6.3$
粗镗	4.0	$70.5 - 2 = \phi68.5$	$H12(^{+0.3}_{0})$	$Ra12.5$
毛坯		$68.5 - 4 = \phi64.5$	±1	

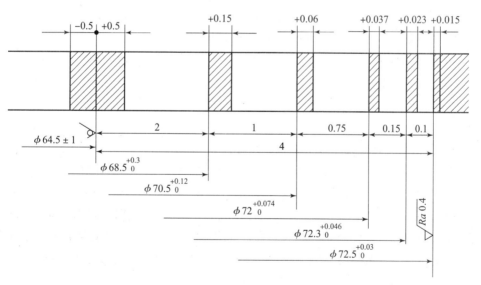

图 7 - 30　各工序加工余量、工序尺寸及其公差分布图

7.6.3　基准不重合时工序尺寸的计算

1. 定位基准与设计基准不重合时的工序尺寸计算

【例 7 - 3】　图 7 - 31（a）所示零件，A、B 及 C 面已加工。现进行镗孔作业，由于装夹原因，选 A 面为工序定位基准。但原该孔设计基准为 C 面，出现基准不重合，故需对该

工序尺寸 A_3 进行计算。

根据尺寸之间的相互关系建立尺寸链，如图7-31（b）所示。尺寸 A_1、A_2 和 A_3 均为前面及本工序直接得到的尺寸，属于组成环。A_0 为最后间接得到的尺寸，属于封闭环。从尺寸链简图可判断，A_2 和 A_3 是增环，A_1 是减环。

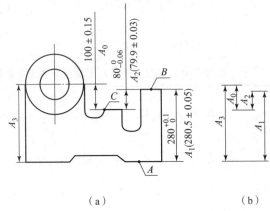

（a）　　　　　　　　　　（b）

图7-31　定位基准与设计基准不重合时的工序尺寸计算

为方便计算，采用平均尺寸计算。由前述计算公式可得

$$A_{0M} = A_{2M} + A_{3M} - A_{1M}$$

$$A_{3M} = A_{0M} + A_{1M} - A_{2M} = 100 + 280.05 - 79.97 = 300.08 \ （mm）$$

$$T_0 = T_1 + T_2 + T_3$$

$$T_3 = T_0 - T_1 - T_2 = 0.3 - 0.1 - 0.06 = 0.14 \ （mm）$$

$$A_3 = 300.08 \pm 0.07 = 300^{+0.15}_{+0.01} \ （mm）$$

如果基准变动导致组成环公差之和等于或大于封闭环公差，必须缩减组成环公差，即提高组成环加工精度，以满足封闭环公差。如本题中，若将 TA_0 改为 ± 0.08，则 T_0 已等于 T_1 与 T_2 之和，导致 T_3 等于零。因此，必须修改 A_1、A_2 的公差，即重新将 T_0 在 T_1、T_2、T_3 之间进行分配。

2. 测量基准与设计基准不重合的工序尺寸计算

【例7-4】　图7-32（a）所示为套筒零件，如果按设计要求建立设计尺寸链，如图7-32（b）所示，大孔深度尺寸未知，为封闭环，以 A_0 表示，尺寸 $10^{\ 0}_{-0.36}$ 和 $50^{\ 0}_{-0.17}$ 为组成环，不难求得 A_0 等于 $40^{+0.36}_{-0.17}$。这说明从设计角度看，大孔深度在此范围内都是合理的。而在实际中，尺寸 $10^{\ 0}_{-0.36}$ 不便测量，用大孔深度来代替，大孔深度 A_1 作为工序尺寸可直接获得。因此，在工艺尺寸链图7-32（c）中，尺寸 $10^{\ 0}_{-0.36}$ 间接保证，为封闭环。可以求得 A_1 等于 $40^{+0.19}_{\ 0}$。

比较上述情况可以看出：

（1）按设计尺寸进行加工时，工序尺寸为 $10^{\ 0}_{-0.36}$，而改用大孔进行深度测量时，工序尺寸为 $40^{+0.19}_{\ 0}$，尺寸公差减小 0.17 mm，正好等于基准不重合误差。

（2）当工序尺寸不满足 $40^{+0.19}_{\ 0}$，但仍满足设计要求值 $40^{+0.36}_{-0.17}$ 时，会出现假废品问题。如大孔深度为 40.36 mm，此时套筒尺寸也为最大，达 50 mm，则小孔长度为 9.64 mm，仍满足要求。

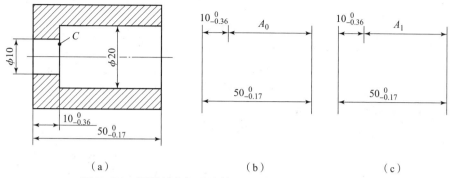

（a）　　　　　　　　　　（b）　　　　　　　　　　（c）

图 7 - 32　测量基准与设计基准不重合时的工序尺寸计算

（a）零件图；（b）设计尺寸链；（c）工艺尺寸链

推广之，可以得到结论：对于任何一种基准不重合情况，都会出现提高零件加工精度及假废品问题。因此，除非不得已，不要出现基准不重合现象。

3. 一次加工满足多个设计尺寸时工序尺寸的计算

【例 7 - 5】　图 7 - 33（a）所示为一带键槽的内孔需淬火及磨削。内孔及键槽的加工顺序是：

（1）镗内孔至 $\phi 39.6^{+0.10}_{0}$ mm；

（2）插键槽至尺寸 A；

（3）热处理为淬火；

（4）磨内孔至 $\phi 40^{+0.05}_{0}$ mm，间接保证键槽深度 $43.6^{+0.34}_{0}$ mm。

试确定工序尺寸 A 及其公差（为简化计算，不考虑热处理引起的内孔变形误差）。

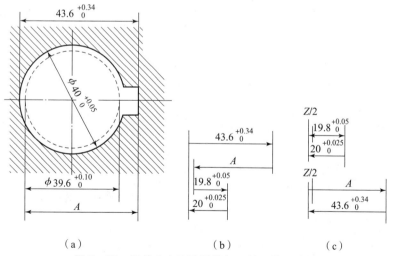

（a）　　　　　　　　　　（b）　　　　　　　　　　（c）

图 7 - 33　零件上内孔及键槽加工的工艺尺寸链

【解】　根据尺寸关系，可以建立整体尺寸链，如图 7 - 33（b）所示，其中 $43.6^{+0.34}_{0}$ mm 是封闭环。A 和 $20^{+0.025}_{0}$ mm（内孔半径）为增环，$19.8^{+0.05}_{0}$ mm（镗孔 $\phi 39.6^{+0.10}_{0}$ mm 的半径）为减环，则

$$A = 43.6 + 19.8 - 20 = 43.4 \text{（mm）}$$

$$ES(A) = 0.34 - 0.025 = 0.315 \text{（mm）}$$

$$EI(A) = 0 + 0.05 = 0.05 \text{ （mm）}$$

所以　　　　　　$$A = 43.4{}_{+0.05}^{+0.315} = 43.45{}_{0}^{+0.265} \text{ （mm）}$$

为便于分析加工余量与工序尺寸间的关系，图 7-33 （b）所示的尺寸链可拆成两个尺寸链，如图 7-33 （c）所示，半径磨削余量 $Z/2$ 为公共环，该环在图 7-33 （c）的上尺寸链中，间接形成封闭环，而在图 7-33 （c）的下尺寸链中则为组成环。

4. 零件进行表面处理时的工序尺寸换算

1）零件表面进行镀层处理时的工序尺寸换算

【例 7-6】 图 7-34 （a）所示圆环，表面镀铬，镀层双边厚度为 0.05~0.08 mm（0.08${}_{-0.03}^{0}$ mm），镀前进行磨削加工。试确定磨削时的工序尺寸 ϕA 及其偏差。

【解】 根据题意建立尺寸链，如图 7-34 （b）所示。零件尺寸 $\phi 28{}_{-0.045}^{0}$ mm 镀后间接保证，为封闭环。解尺寸链得

$$A = 28 - 0.08 = 27.92 \text{（mm）}$$

$$ES(A) = 0 - 0 = 0 \text{（mm）}$$

$$EI(A) = -0.045 - (-0.03) = -0.015 \text{（mm）}$$

所以镀前磨削工序尺寸为

$$\phi A = \phi 27.92{}_{-0.015}^{0} \text{ mm}$$

图 7-34　镀层零件工序尺寸换算

需要注意的是，某些零件进行镀层处理，只是为了装饰或防锈，而无尺寸精度要求，故不存在工序尺寸换算问题。

2）零件表面进行渗碳、渗氮处理时的工序尺寸换算

【例 7-7】 图 7-35 （a）所示轴颈衬套，内孔 $\phi 145{}_{0}^{+0.04}$ mm 的表面要求渗氮，渗层厚度为 0.3~0.5 mm。渗氮前内孔直径为 $\phi 144.76{}_{0}^{+0.04}$ mm，渗氮后磨内孔至 $\phi 145{}_{0}^{+0.04}$ mm，并保证剩余渗氮层厚度达到规定要求。试确定渗氮工序的渗氮层厚度 δ（不计渗氮变形）。

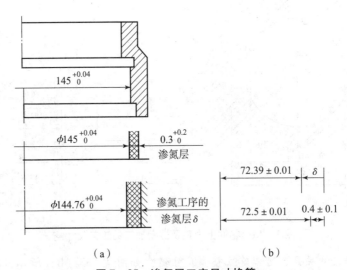

图 7-35　渗氮层工序尺寸换算

【解】 建立尺寸链如图 7-35 （b）所示，图中内孔尺寸以半径的平均值表示，所有尺寸改写成对称公差形式，渗层厚度（0.4±0.1）mm，是封闭环，经计算可得

$$\delta = 72.51 + 0.4 - 72.39 = 0.52 \text{（mm）}$$

$$T(\delta) = 0.2 - 0.02 - 0.02 = 0.16 \text{(mm)}$$

所以渗氮工序的渗层厚度为

$$\delta = 0.52 \pm 0.08 = 0.44 \sim 0.60 \text{（mm）}$$

5. 精加工余量校核

【例 7 - 8】 图 7 - 36（a）所示小轴的加工过程为：① 车端面 1；② 车肩面 2，保证与 1 的距离 $A_2 = 49.5^{+0.3}_{0}$ mm；③ 车端面 3，保证总长 $A_3 = 80^{0}_{-0.2}$ mm；④ 以端面 3 定位，磨肩面 2，工序尺寸 $A_1 = 30^{0}_{-0.14}$ mm。试校核端面 2 磨削余量。

【解】 在图 7 - 36（b）所示的尺寸链中，磨削余量 Z 是在加工中间接获得的，因此是封闭环。按尺寸链计算公式得

$$Z = A_3 - (A_1 + A_2) = 80 - (30 + 49.5)$$
$$= 0.5 \text{(mm)}$$
$$ES(Z) = 0 - (-0.14 + 0) = 0.14 \text{(mm)}$$
$$EI(Z) = -0.2 - (0.3 + 0) = -0.5 \text{(mm)}$$

所以 $Z = 0.5^{+0.14}_{-0.5} = 0 \sim 0.64$ mm，可以看出 $Z_{\min} = 0$。这样势必导致有些零件因磨削余量不足而难以达到加工要求。因此，必须加大 $Z_{\min}$。因 A_1 和 A_3 为设计尺寸，所以减少 A_2。若 $Z_{\min} = 0.1$ mm，则 $A_2 = 49.5^{+0.2}_{0}$ mm。

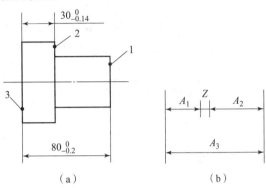

图 7 - 36　精加工余量校核

6. 平面尺寸链的工序尺寸换算

【例 7 - 9】 图 7 - 37（a）所示为箱体零件孔系加工的工序简图。O_1 孔的坐标位置为 x_1、y_2，试确定 O_2 孔及 O_3 孔相对于 O_1 孔的坐标位置。

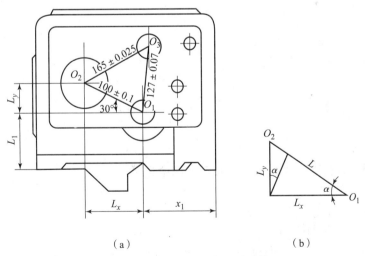

图 7 - 37　箱体镗孔工序尺寸计算

【解】 先求 O_2 孔相对于 O_1 孔的位置坐标。从图 7 - 37 可知：O_1、O_2 孔中心距 $L = (100 \pm 0.1)$ mm，水平夹角 $\alpha = 30°$。O_2 孔位置可以用相对坐标尺寸 L_x 和 L_y 表示。

由几何关系可知

$$L_x = L\cos 30° = 86.6 \text{（mm）}$$

$$L_y = L\sin 30° = 50 \quad (\text{mm})$$

因
$$L = L_x \cos \alpha + L_y \sin \alpha$$

故
$$T(L) = T(L_x)\cos \alpha + T(L_y)\sin \alpha$$

设
$$T(L_x) = T(L_y)$$

则
$$T(L_x) = T(L_y) = \frac{T(L)}{\cos \alpha + \sin \alpha} = \frac{0.2}{\cos 30° + \sin 30°} = 0.146(\text{mm})$$

因此得镗孔 O_2 的工序尺寸为

$$L_x = 86.6 \pm 0.073 \quad (\text{mm}), \quad L_y = 50 \pm 0.073 \quad (\text{mm})$$

同理，可计算 O_3 孔的相对尺寸。

7. 工艺尺寸跟踪图表法确定工序尺寸

在前面遇到的工序尺寸计算中，大多只需一个工艺尺寸链简图就可以计算，这种单链计算仅适用于工序较少的零件。而对于工序多、基准不重合或基准多次变换的零件，若也用单链计算法计算工序尺寸，就很烦琐，且容易出错。由于前后工序尺寸相互联系，一旦出错，返工计算量很大。对于复杂零件的工序尺寸计算，宜采用整体联系计算的方法。

工艺尺寸跟踪图表法就是整体联系计算的方法。它把全部工序尺寸和工序余量画在一张图表上，根据加工经济精度确定工序加工精度和工序余量，建立全部工序尺寸间的联系，并依此计算工序尺寸和工序余量的方法。现以图 7 - 38 所示套筒零件为例，介绍尺寸跟踪图表法。

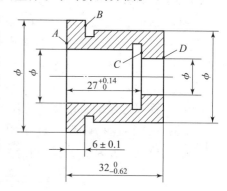

图 7 - 38　套筒零件简图

【**例 7 - 10**】　套筒零件有关轴向尺寸加工工序如下：

工序 1：轴向以 D 面定位，粗车 A 面，然后以 A 面为基准粗车 C 面，保证工序尺寸 A_1 和 A_2。

工序 2：轴向以 A 面定位，粗车、精车 B 面，以保证工序尺寸 A_3；粗车 D 面，以保证工序尺寸 A_4。

工序 3：轴向以 B 面定位，精车 A 面，以保证工序尺寸 A_5；精车 C 面，以保证工序尺寸 A_6。

工序 4：热处理。

工序 5：用靠火花磨削法磨 B 面，控制磨削余量 Z_7。

具体方法及步骤如下：

1）绘制尺寸跟踪图表

按题意，绘制尺寸跟踪图，如图 7 - 39 所示。

（1）在图表上方画出零件简图（当零件为对称形状时，可以只画出它的一半），并标出与工艺尺寸链计算有关的轴向设计尺寸。

（2）按加工顺序自上而下地填入工序号和工序名称。

（3）从零件简图各端面向下引出引线至加工区域（这些引线分别代表了在不同加工阶段中有余量区别的不同加工表面），并按图 7 - 39 所规定的符号标出工序基准（定位基准或测量基准）、加工余量、工序尺寸及结果尺寸（设计尺寸）。

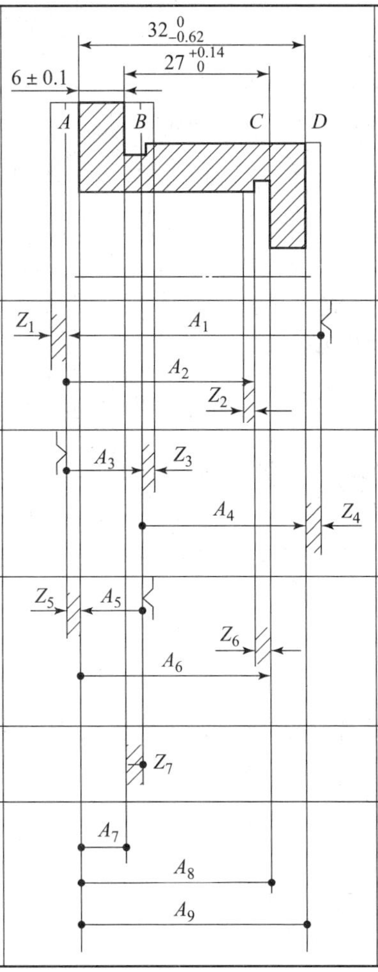

工序号	工序内容	工序尺寸公差 $\pm\dfrac{TA_i}{2}$	余量公差 $\pm\dfrac{TZ_i}{2}$	最小余量 Z_{imin}	平均余量 Z_{iM}	平均尺寸 A_{iM}
1	粗车 A 面 保证 A_1	± 0.3	毛坯	1.2		33.8
	粗车 C 面 保证 A_2	± 0.2	毛坯	1.2		26.8
2	粗精车 B 面 保证 A_3	± 0.1	毛坯	1.2		6.58
	粗车 D 面 保证 A_4	± 0.23	毛坯	1	1.63	25.59
3	精车 A 面 保证 A_5	± 0.08	± 0.18	0.3	0.48	6.1
	精车 C 面 保证 A_6	± 0.07	± 0.45	0.3	0.75	27.07
5	靠磨 B 面 控制余量 Z	± 0.02	± 0.02	± 0.08	0.1	
设计尺寸	6 ± 0.1 27.07 ± 0.07 31.69 ± 0.31	按工序尺寸链或按经济加工精度确定	按余量尺寸链确定	按经验选取	前二栏相加	按线迭加

图 7－39　尺寸跟踪图

注："$\longrightarrow$"表示工序尺寸；"$\succ$"表示定位基准；"$\bullet\!\!-\!\!\bullet$"表示封闭环；"$\bullet$"表示测量基准；

"$\boxed{/\!/}$"表示工序余量；"$\longrightarrow\!|$"表示加工表面。

工序尺寸箭头指向加工后的已加工表面，用余量符号隔开的上方竖线为该次加工前的待加工面，余量符号按原则标注。

应注意同一工序内的所有工序尺寸，都要按加工或尺寸调整的先后顺序依次列出；与确定工序尺寸无关的粗加工余量（如 Z_1）一般不必标出（这是因为总余量通常查表确定，毛坯尺寸也就相应确定了）。

（4）为便于计算，应将有关设计尺寸换算成平均尺寸和双向对称偏差的形式标于结果尺寸栏内。

2）工序尺寸公差 $\pm TA_i/2$ 的填写

工序尺寸公差的计算和确定是整个图表法计算过程的基础。确定工序尺寸公差必须符合两个原则：

（1）所确定的工序尺寸公差不应超过图纸上要求的公差，应能保证最后加工尺寸的公差符合设计要求；

（2）各工序尺寸公差应符合该工序加工的经济性，以利于降低加工成本。

根据这两个原则，首先逐项初步确定各工序尺寸的公差（可参阅工艺人员手册中有关"尺寸偏差的经济精度"来确定），按对称标注形式自下而上填入"$\pm TA_i/2$"栏内。

① 对间接保证的设计尺寸，以它做封闭环，按图解跟踪法找出有关组成环。尺寸跟踪规则：由被计算的间接保证的设计尺寸两端开始一起向上找箭头，找到箭头就拐弯到该工序尺寸起点，然后继续向上找箭头，一直找到两端的跟踪路线在某一个工序尺寸起点相遇为止。各组成环的公差可按等公差或等精度法将设计尺寸的公差按极值法分配给各组成环。当设计尺寸精度较高（封闭环公差很小）、组成环又较多时，为了使每个工序尺寸公差尽可能大一些，也可以用概率法分配设计尺寸的公差。

如 $A_7 = (6 \pm 0.1)$ mm 的尺寸链为 $A_7 - Z_7 - A_5$，若靠磨量 $Z_7 \pm \dfrac{TZ_7}{2} = (0.1 \pm 0.02)$ mm，则 $TA_5 = TA_7 - TZ_7 = 0.2 - 0.04 = 0.16$（mm），填入表中。又如设计尺寸 $A_9 = (31.69 \pm 0.31)$ mm，其尺寸链为 $A_9 - A_5 - A_4$，则 $TA_4 = TA_9 - TA_5 = 0.62 - 0.16 = 0.46$（mm）。

② 不进入尺寸链计算的工序尺寸公差，可按经济加工精度或工厂经验值确定。如粗车 $0.3 \sim 0.6$ mm，精车 $0.1 \sim 0.3$ mm，磨削 $0.02 \sim 0.1$ mm。

3）余量（公差）$\pm TA_i/2$ 的填写

通常分两种情况：

（1）待定公差的余量作封闭环。由封闭环公差与组成环公差的关系可知，该余量的公差等于各组成环公差之和。

（2）没有进入尺寸链关系的余量关系由毛坯切除得到，余量公差较大，可不必填写。

4）最小余量 Z_{imin} 的填写

可以按照工厂的实际加工经验取值，如粗车 $0.8 \sim 1.56$ mm，精车 $0.1 \sim 0.3$ mm，磨削 $0.08 \sim 0.12$ mm。

5）平均余量 Z_M 的填写

取
$$Z_{iM} = Z_{imin} + \frac{TZ_i}{2} \tag{7-26}$$

6）计算各工序的平均尺寸

从待求尺寸两端沿竖线上、下寻找，看它由哪些已知的工序尺寸、设计尺寸、加工余量叠加而成。如 $A_{4M} = A_{9M} - A_{5M} = 31.69 - 6.1 = 25.59$（mm）。

最后将工序尺寸改写成入体分布形式 A_i，如 $A_i = 34.1\,_{-0.6}^{\ 0}$ mm。

7.7 提高机械加工生产率的工艺措施

劳动生产率是指工人在单位时间内制造合格产品的数量，或指用于制造单件产品所消耗的劳动时间。提高生产率与保证产品质量、降低成本同等重要。显然，采取合适的工艺措施，缩减各工序的单件时间，是提高劳动生产率的有效途径。根据单件时间的组成公式式（7-13），可以从以下几个方面提高劳动生产率。

1. 缩减基本时间

（1）提高切削用量。采用新型刀具材料；适当改善工件材料的切削加工性，改善冷却润滑条件；改进刀具结构，提高刀具制造质量都可以提高切削用量，缩短基本时间。

（2）合并工艺。用几把刀具或是用一把复合刀具对一个零件的几个表面同时加工，可将原来需要的几个工步集中合并为一个工步，从而使需要的几个工步集中合并为一个工步，从而使需要的基本时间全部或部分地重合，缩短了工序基本时间。龙门铣床上多轴组合铣削床身零件各个表面如图 7 - 40 所示。

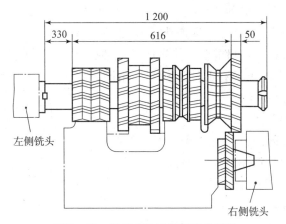

图 7 - 40　用组合铣刀铣削床身零件

（3）减少工件加工长度。采用多刀加工，使每把刀具的加工长度缩短；采用宽砂轮磨削，变纵磨为切入法磨削等均是减少工件加工长度而提高生产率的例子。

（4）多件加工。将多个工件置于一个夹具上同时进行加工，可以减少刀具的切入、切出时间。将多个工件置于机床上，使用多把刀具或多个主轴头进行同时加工，可以使各零件加工的基本时间重合而大大减少分摊到每一个零件上的基本时间。如图 7 - 41（a）所示为顺序多件加工，即在一次刀具行程中顺序切削多个工件；图 7 - 41（b）所示为平行多件加工，即在一次行程中同时加工多个并行排列的工件；图 7 - 41（c）所示为平行顺序加工，这种加工为上述两种方法的综合应用，适用于工件较小、批量较大的情况。

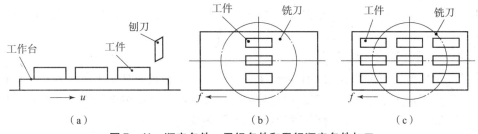

图 7 - 41　顺序多件、平行多件和平行顺序多件加工

（5）采用新工艺、新技术、改变加工方法。在大批量生产中用拉削、滚压代替铣、铰、磨削，在成批生产中用精刨、精磨或金刚镗代替刮研，难加工材料或复杂型材采用特种加工技术，都可以明显提高生产率。毛坯制造时，采用冷挤压、粉末冶金、精密铸造、压力铸造、精密锻造等先进工艺，提高毛坯制造精度，减少机械加工余量，以缩短基本时间，有时甚至无须再进行机械加工，可以大幅度提高生产效率。

2. 缩短辅助时间

（1）直接缩短辅助时间。采用先进的高效夹具，如气动、液压及电动夹具或成组夹具等，不仅可减轻工人的劳动强度，而且能缩减许多装卸时间；采用主动测量法或在机床上配备数显装置等，可以减少加工中的停机测量时间；采用具有转位刀架（如六角车床）、多位多刀架（如多刀半自动车床）的机床进行加工，可以缩短刀具更换和调整时间；采用快换刀夹及快换夹头是缩短更换刀具时间的重要方法。

（2）间接缩短辅助时间。使辅助时间和基本时间全部或部分地重合，可间接缩短辅助时间。采用多工位回转工作台机床或转位夹具加工，在大量生产中采用自动线等，均可使装卸工件时间与基本时间重合，使生产率得到提高。如图 7 - 42 所示双轴端面磨床对工件进行粗、精磨加工，工件装卸时间与加工时间重合。

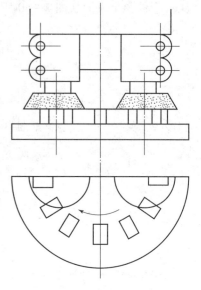

3. 缩短布置工作地时间

缩短布置工作地时间的方法主要是：缩短每批零件加工前或刀具磨损后的刀具调整或更换时间，提高刀具或砂轮的耐用度，以便在一次刃磨或修整后加工更多的零件。采用刀具微调装置、专用对刀样板或对刀块等，可以减少刀具的调整、装卸、连接和夹紧等工作所需的时间。采用专职人员在刀具预调仪上实现精确调整好刀具与刀杆，减少刀具调整和试切时间。使用不重磨刀片也可大大缩短换刀时间。

图 7 - 42　连续磨削加工

4. 缩短准备和终结时间

缩短准备和终结时间的途径有两条：通过零件标准化、通用化或采用成组技术，扩大产品生产批量，以相对减少分摊到每个零件上的准备与终结时间；直接减少准备与终结时间。单件小批量生产复杂零件时，其准备、终结时间以及样板、夹具等的制备时间都很长。而数控机床、加工中心机床或柔性制造系统很适合这种单件小批量复杂零件的生产。这时程序编制可以在机外由专职人员进行，加工中自动控制刀具与工件间的相对位置和加工尺寸，自动换刀，使供需高度集中，从而获得高的生产效率和稳定的加工质量。

5. 进行高效及自动化加工

大批大量生产，可采用专用的组合机床和自动线；对于机械加工中常见的中小批量的加工，主要零件用加工中心；中型零件用数控机床、流水线或非强制节拍的自动线；小型零件则视情况不同，可用电 - 液控制自动机及简易程控机床。

7.8　工艺方案的技术经济性分析

制定机械加工工艺规程时，在同样满足生产要求的情况下，可以提出多种不同的工艺方案。由于采用的加工方法、设备、加工顺序等不同，导致不同方案在生产准备周期、设备投入、生产率等方面产生差异，因而得到不同的经济效果。为了选取在给定生产条件下最为经济合理的方案，必须对各种不同的工艺方案进行技术经济性分析。

7.8.1　工艺成本的组成

零件生产成本的组成如图 7 - 43 所示。其中与工艺过程直接相关的费用称为工艺成本。工艺成本占生产成本的 70% ~ 75%。全年工艺成本按性质不同分成可变费用和不变费用。可变费用即直接消耗在单个零件加工上的费用，如材料费、工人工资、通用机床刀具损耗等，这部分费用与年产量同步增长；不变费用是为整批零件的加工而产生的费用，与年生产量没有直接关系，是相对固定的费用。

零件的全年工艺成本 S_n 与单件工艺成本 S_d，可用下式表示：

$$S_n = VN + C_n \tag{7 - 27}$$

$$S_d = V + C_n / N \tag{7 - 28}$$

式中　V——每个零件的可变费用（元/件）；

　　　　N——零件年生产量；

　　　　C_n——全年的不变费用（元）。

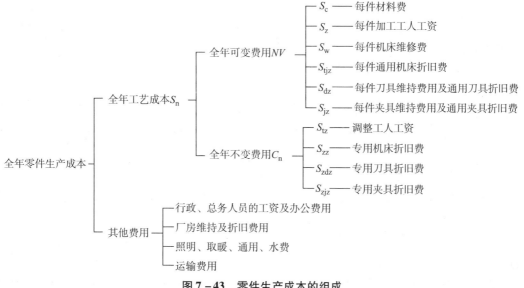

图 7 - 43　零件生产成本的组成

7.8.2　工艺方案的经济评价

1. 工艺成本评价

当需评比的工艺方案均采用现有设备或其基本投资相近时，可用工艺成本作为衡量各种工艺方案的依据。特别是只有少数工序不同的方案比较时，只需比较这些不同工序即可。

图 7 - 44 所示为三种不同工艺方案的工艺成本比较。方案 Ⅰ 采用通用机床加工；方案 Ⅱ 采用数控机床加工；方案 Ⅲ 采用专用机床加工。从图 7 - 44（a）可以清楚看到，对于方案 Ⅰ，由于使用通用设备，准备时间短，调整方便，但加工生产率低，对工人技术要求高，因此不变费用低，单件加工成本高，适合零件数量少的情况；方案 Ⅲ 采用专用机床，虽然生产率高，单件加工资低 ［图 7 - 44（a）中直线斜率较小］，但由于固定成本高，只有在产量很大时，单件工艺成本才比较合适；对于方案 Ⅱ，由于数控机床的特点，使之在很大的产量范

围内单件工艺成本都比较低，如图 7 - 44（b）所示。

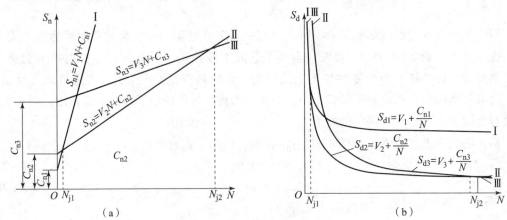

图 7 - 44　工艺成本与年产量的关系

（a）全年工艺成本；（b）单件工艺成本

Ⅰ—通用机床；Ⅱ—数控机床；Ⅲ—专用机床

由上可知：方案的取舍与加工零件的年生产量有着密切的关系。当对两种方案比较时，需计算相应的临界年产量 N_j。

$$S_n = V_1 N_j + C_{n1} = V_2 N_j + C_{n2}$$

$$N_j = \frac{C_{n2} - C_{n1}}{V_1 - V_2} \tag{7-29}$$

在图 7 - 44 中，当 $N < N_{j1}$ 时，宜采用通用机床；当 $N > N_{j1}$ 时，宜采用专用机床；介于两者之间用数控机床。

2. 投资差额回收期限评价

两种工艺方案的基本投资差额较大时，在考虑工艺成本的同时，还要考虑基本投资差额的回收期限。

若第一方案采用了价格较贵的先进专用设备，基本投资 K_1 大，全年工艺成本 S_{n1} 较低，单生产准备周期短，产品上市快；第二方案采用了价格较低的一般设备，基本投资 K_2 少，工艺成本 S_{n2} 较高，但生产准备周期长，产品上市慢。这时如单纯比较其工艺成本，是难以全面评定其经济性的，必须同时考虑不同加工方案的基本投资差额的回收期限。投资回收期 T 可用下式求得：

$$T = \frac{K_1 - K_2}{(S_{n1} - S_{n2}) + \Delta Q} = \frac{\Delta K}{\Delta S_n + \Delta Q}$$

式中　ΔK——基本投资差额；

　　　ΔS_n——全年工艺成本节约额；

　　　ΔQ——工厂从产品销售中取得的全年增收总额。ΔQ 值随市场情况变化较大，如果上市效应时间较短，可以将其放在上式分子中，用以抵消部分投资差额。

投资回收期必须满足以下要求：

（1）回收期限应小于专用设备或工艺装备的使用年限；

（2）回收期限应小于该产品由于结构性或市场需求因素决定的生产年限；

（3）回收期限应小于国家所规定的标准回收期，采用专用工艺装备的标准回收期为二至三年，采用专用机床的标准回收期为四至六年。

在对工艺方案做经济分析时，不能简单地比较投资额和单件工艺成本，有时这两个值均相对较高。但这样可使产品上市快，工厂可从中取得较大的经济收益。从整体经济效益来看，该工艺方案仍然是可行的。

7.8.3 工艺方案的实例分析

【例 7 – 11】 某车间生产五种规格的车床溜板箱，其结构基本相同，只是零件的形状、尺寸有所不同。因此，可根据成组技术的原理，将组成该部件的零件进行分类，进行成组加工。如可将零件分为短轴、长轴、箱体和板件等机组。

除了采用通常的单件生产方式（方案Ⅰ）外，尚可考虑采用技术水平不同的成组生产单元（方案Ⅱ～Ⅳ）。现对表 7 – 17 所示的四种方案进行分析对比。设备布置如图 7 – 45 ~ 图 7 – 48 所示。

表 7 – 17 四种方案的设备与工人比较表

方案Ⅰ			方案Ⅱ			方案Ⅲ			方案Ⅳ		
组	设备种类	台数	组	设备种类	台数	组	设备种类	台数	组	设备种类	台数
设备											
1	车床	7	1	数控车床	2	1	数控车床	2	1	数控车床	3
				铣床	1		铣床	1			
				钻床	1		钻床	1			
2	铣床	8	2	数控车床	1	2	数控车床	1		数控铣床	4
				铣床	1		铣床	1			
				龙门铣床	3						
3	钻床	5	3	铣床	1	3	加工中心	4	2	加工中心	5
				车床	1						
				钻床	3						
4	龙门铣床	3	4	铣床	2	4	数控铣床	3	3	平面磨床	1
				数控铣床	2		车床	1		外圆磨床	1
				车床	1		钻床	1		内圆磨床	1
				钻床	1		平面磨床	1		拉床	1
				平面磨床	1						
5	平面磨床	1	5	外圆磨床	1	5	外圆磨床	1	其他	自动运输系统工业机器人	
	外圆磨床	1		内圆磨床	1		内圆磨床	1			
	内圆磨床	1		拉床	1		拉床	1			
	拉床	1									
	合计	27		合计	24		合计	19		合计	18
工人	直接人员	26		直接人员	22		直接人员	14		直接人员	4
	间接人员	14		间接人员	16		间接人员	12		间接人员	10
	合计	40		合计	38		合计	25		合计	14

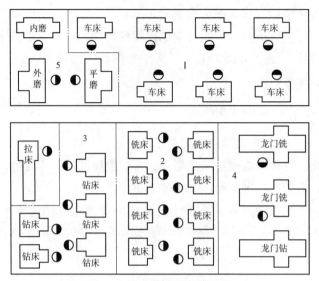

图7-45 方案Ⅰ的设备布置

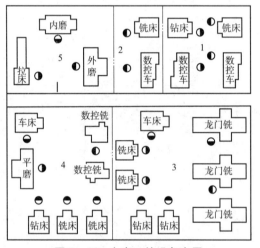

图7-46 方案Ⅱ的设备布置

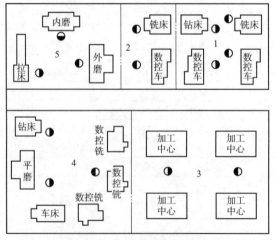

图7-47 方案Ⅲ的设备布置

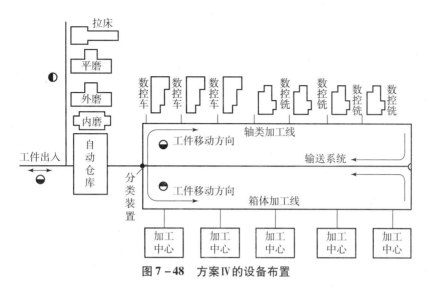

图 7-48　方案Ⅳ的设备布置

　　方案Ⅰ均采用通用设备，采用机群式布置。方案Ⅱ按轴、箱体、板件组成四个成组单元，除通用设备外，还包括三台数控车床和两台数控铣床。磨床和拉床为各单元共用。方案Ⅲ采用数控设备代替方案Ⅱ的部分通用设备，增加了一台数控铣床和四台加工中心。方案Ⅳ为柔性制造系统。该方案大量采用数控机床和加工中心，还采用自动仓库、输送带系统和工业机器人，实现工件的装卸、搬运和储存自动化。该系统由中央计算机进行控制。

　　工件由左侧输入，在分类装置处被分成轴和箱体两大类，其中轴类被送到上半部加工线，箱体输送到下半部加工线。加工完的工件被输送到中间传送带上，从右侧向左侧输出，并暂时存放在自动仓库中，其中若有需要继续加工的工件，则按调度程序再进行有关加工。

　　四种方案的部分技术经济指标如表 7-18 所示。每套部件的产值为 4 500 元，人均月工资（包括奖金）为 1 000 元。

表 7-18　四种方案的技术经济指标

指　　标	方案Ⅰ	方案Ⅱ	方案Ⅲ	方案Ⅳ
生产设备总数/台	27	24	19	18
设备构成比 = $\dfrac{高效机床}{通用机床}$	0	0.26	1.11	3.5
设备折旧费/（万元·年$^{-1}$）	28	64	168	470
工作人员总数/人	40	38	25	14
工资总额/（万元·年$^{-1}$）	48	45.6	30	16.8
产量/（套·年$^{-1}$）	300	484	880	1 560

指　　标	方案 I	方案 II	方案 III	方案 IV
材料费/（万元·年$^{-1}$）	36	58.08	105.6	187.2
盈利①/（万元·年$^{-1}$）	135	217.8	396	702
产值/（万元·年$^{-1}$）	23	50.12	92.4	28
人均产值/（万元·年$^{-1}$）	3.38	5.73	15.84	50.14
人均盈利/（万元·年$^{-1}$）	0.58	1.32	3.70	2.0
台均产值/（万元·年$^{-1}$）	5	9.08	20.84	39
台均盈利/（万元·年$^{-1}$）	0.85	2.09	4.86	1.56

注：为了简化计算，在比较各种方案的盈利时，只考虑本生产单位内的设备折旧费、工作人员工资与材料费三项费用，即年盈利额 = 年产量×（产品单价 - 材料单价）- 年工资总额 - 年设备折旧费。

当所比较的各方案生产能力不完全相同时，用技术经济指标进行分析是比较好的办法。从上表可以看出，生产技术水平过低或过高都难以获得良好的经济效益。选择合适的技术水平，才能实现产值、工人工资、设备折旧三者之间的协调。

7.9　典型零件的加工工艺

7.9.1　轴类零件的加工工艺

1. 概述

1）轴类零件及其技术要求

轴类零件是机械加工中经常遇到的典型零件之一。在机器中，它主要用来支撑传动零件、传递运动和转矩。轴类零件是回转体零件，其长度大于直径，加工表面通常有内外圆柱面、圆锥面以及螺纹、花键、键槽、横向孔、沟槽等。根据结构形状特点，可将轴分为光滑轴、阶梯轴、空心轴和异形轴（包括曲轴、凸轮轴、偏心轴和十字轴等）。轴类零件的主要技术要求有：

（1）尺寸精度和几何形状精度。轴颈是轴类零件的主要表面。轴颈尺寸精度按照配合关系确定，轴上非配合表面及长度方向的尺寸要求不高，通常只规定其基本尺寸。轴颈的几何形状精度是指圆度、圆柱度。这些误差将影响其与配合件的接触质量。一般轴颈的几何形状精度应限制在直径公差范围之内，对几何形状精度要求较高时，要在零件图上规定形状公差。

（2）相互位置精度。保证配合轴颈（装配传动件的轴颈）对于支撑轴颈（装配轴承的轴颈）的同轴度，是轴类零件相互位置精度的普遍要求；其次对于定位端面与轴心线的垂直度也有一定要求。这些要求都是根据轴的工作性能制定的，在零件图上注有位置公差。普通精度的轴，配合轴颈对支撑轴颈的颈项圆跳动一般为 0.01 ~ 0.03 mm，高精度轴为 0.001 ~ 0.005 mm。

（3）表面粗糙度。支撑轴颈表面粗糙度比其他轴颈要求严格，取 Ra0.63 ~ 0.16 μm，其他轴颈 Ra2.5 ~ 0.63 μm。

2）轴类零件的材料、毛坯及热处理

（1）轴类材料。一般选用 45 钢，并根据不同的工作条件采用不同的热处理工艺，以获得一定的强度、韧性和耐磨性；对中等精度、转速较高的轴类零件，可选用 40Cr 等合金结构钢，经调质和表面淬火处理后，具有较高的综合力学性能；精度较高的轴可选用轴承钢 GCr15 和弹簧钢 65Mn 以及低变形的 CrMn 或 CrWMn 等材料，通过调质和表面淬火及其他冷热处理，具有更高的耐磨、耐疲劳或结构稳定性能；对于高速、重载荷等条件下工作的轴，可选用 20CrMnTi、20Cr 等低合金钢或 38CrMoAl 氮化钢。低合金钢经渗碳淬火处理后，具有很高的表面硬度、耐冲击韧性及心部强度，但热处理变形大。氮化钢经调质和表面氮化后，具有很高的心部强度。优良的耐磨性能及耐疲劳强度，热处理变形却很小。

（2）轴类零件的毛坯。轴类零件最常用的毛坯是轧制圆棒料和锻件。只有某些大型的、结构复杂的轴，才采用铸件。因毛坯经过加热锻造后，金属内部纤维组织沿表面均匀分布，从而获得较高的抗拉、抗弯及扭转强度，所以除光轴、直径相差不大的阶梯轴可使用热轧圆棒料外，一般比较重要的轴大都采用锻件毛坯。其中，自由锻造毛坯多用于轴的中小批量生产，模锻毛坯则只适用于轴的大批量生产。

（3）轴类零件的热处理。轴的锻造毛坯在机械加工前需进行正火或退火处理，以使晶粒细化、消除锻造内应力、降低硬度和改善切削加工性能。要求局部表面淬火的轴在淬火前安排调质处理或正火。毛坯余量较大时，调质放在粗车之后半精车之前进行；毛坯余量较小时，调质可安排在粗车之前进行。表面淬火一般放在精加工之前，可使淬火变形得到纠正。对于精度高的轴，在局部淬火或粗磨后需进行低温时效处理，以消除磨削内应力、淬火内应力和继续产生内应力的残余奥氏体，保持加工后尺寸的稳定。对于氮化钢，需要在氮化前进行调质和低温时效处理，不仅要求调质后获得均匀细致的索氏体组织，而且要求离表面 8～10 cm 层内铁素体含量不超过 5%，否则会造成氮化脆性，导致轴的质量低劣。由此可见，轴的精度越高，对其材料及热处理要求越高，热处理次数也越多。

3）轴类零件的一般加工工艺路线

轴类零件的加工主要是轴颈表面的加工，其常见工艺路线如下。

渗碳钢轴类零件：备料→锻造→正火→钻中心孔→粗车→半精车、精车→渗碳（或碳氮共渗）→淬火、低温回火→粗磨→次要表面加工→精磨。

一般精度调质钢轴类零件：备料→锻造→正火→（退火）→钻中心孔→粗车→调质→半精车、精车→表面淬火、回火→粗磨→次要表面加工→精磨。

精密氮化钢轴类零件：备料→锻造→正火（退火）→钻中心孔→粗车→调质→半精车、精车→低温时效→粗磨→氮化处理→次要表面加工→精磨→光磨。

整体淬火轴类零件：备料→锻造→正火（退火）→钻中心孔→粗车→调质→半精车、精车→次要表面加工→整体淬火→粗磨→低温时效→精磨。

2. 轴类零件加工工艺过程及分析

轴类零件加工工艺因其用途、结构形状、技术要求、材料、产量等因素而有所差异，现以车床主轴为例加以说明。

1）主轴的技术要求

在图 7-49 所示的车床主轴中，支撑轴颈 A、B 为装配基准，圆度和同轴度要求很高；主轴莫氏 6 号锥孔为顶尖、工具锥柄的安装面，必须与支撑轴颈的中心线严格同轴；主轴前端圆锥面 C 和端面 D 是安装卡盘的定位表面，该圆锥表面必须与支撑轴颈同轴，端面应与支撑轴颈垂直。此外，配合轴颈及螺纹也应与支撑轴颈同轴。主轴大批量生产的加工工艺过程如表 7 – 19 所示。

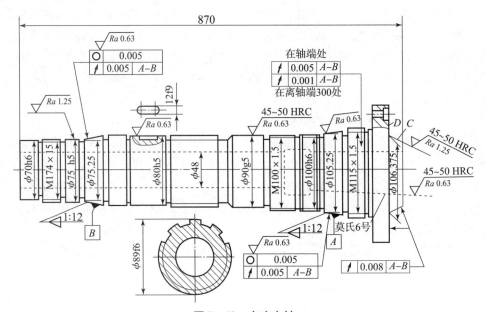

图 7 – 49   车床主轴

表 7 – 19   卧式车床主轴大批量生产的加工工艺过程

序号	工序名称	工序内容	加工设备	序号	工序名称	工序内容	加工设备
1	备料			14	热处理	高频淬火 $\phi90g5$，莫氏 6 号锥孔及短锥	
2	精锻		立式精锻机				
3	热处理	正火		15	精车	精车外圆各段并切槽	数控车床
4	锯头						
5	铣端面打中心孔		专用机床	16	粗磨	粗磨 A、B 外圆	外圆磨床
6	荒车	车各外圆面	卧式机床	17	粗磨	粗磨莫氏锥孔	内圆磨床
7	热处理	调质 220 ~ 240 HBW		18	铣	粗、精铣花键	花键铣床
8	车	车大端各部	卧式机床	19	铣	铣键槽	铣床
9	车	仿形车小端各部	仿形车床	20	车	车大端内侧面及三段螺纹	卧式车床
10	钻	钻中心通孔深孔	深孔钻床	21	磨	粗、精磨各外圆及两定位端面	外圆磨床
11	车	车小端内锥孔	卧式机床	22	磨	组合磨三圆锥面及短锥端面	组合磨床
12	车	车大端内锥孔、外短锥及端面	卧式机床	23	精磨	精磨莫氏锥孔	主轴锥孔磨床
13	钻	钻、锪大端端面各孔	立式钻床	24	检查	按图纸要求检查	

2）主轴加工工艺过程分析

（1）加工阶段划分。以主要表面为主线，粗、细精加工分开，以调制处理为分界点，次要表面加工及热处理工序适当穿插其中，支撑轴颈和锥孔精加工最后进行。

（2）定位基准选择与转换。轴的加工通常按照基准统一的原则，以两顶尖孔为定位基准进行加工，主轴钻通孔后，以锥堵或锥套心轴代替，如图 7 - 50 所示。内锥面加工则以支撑轴颈为定位基准。

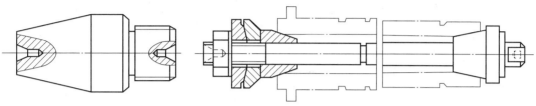

图 7 - 50　锥堵与锥套心轴

（3）加工顺序安排。按照粗、精加工分开、先粗后精的原则，主要表面精加工安排在最后，在各阶段先加工基准，后加工其他面，热处理根据零件技术要求和自身特点合理安排。淬硬表面上孔、槽加工应在淬火之前完成；非淬硬表面上的孔、槽尽可能往后安排，一般在外圆精车（或粗磨）之后、精磨加工之前进行。

7.9.2　箱体类零件的加工工艺

1. 概述

1）箱体类零件的功用及结构特点

箱体类零件是机器及其部件的基础件。通过它将机器部件中的轴、轴承、套和齿轮等零件按照一定的位置关系装配在一起，并按规定的传动关系协调地运动。它的加工质量对机器精度、性能和寿命都有直接的关系。箱体零件结构一般比较复杂，整体结构呈封闭或半封闭状，壁厚不均匀。它以平面和孔为主，轴承支撑孔和基准面精度要求高，其他支撑面及紧固用孔等要求较低。

2）箱体类零件的技术要求

以图 7 - 51 所示某普通车床主轴箱为例进行说明。

（1）支撑孔的尺寸精度、几何形状精度及表面粗糙度。主轴支撑孔的尺寸精度为 IT6 级，表面粗糙度 Ra 为 0.4 ~ 0.8 m，其他各支撑孔的尺寸精度为 IT6 ~ IT7 级，表面粗糙度 Ra 均为 1.6 m；孔的几何形状精度（如圆度、圆柱度）一般不超过孔径公差的一半。

（2）支撑孔的相互位置精度。各支撑孔的孔距公差为 0.05 ~ 0.10 mm，中心线的平行度公差取 0.012 ~ 0.021 mm，同中心线上的支撑孔的同轴度公差为其中最小孔径公差值的一半。

（3）主要平面的形状精度、相互位置精度和表面粗糙度。主要平面（箱体地面、顶面及侧面）的平面度公车为 0.04 mm，表面粗糙度 $Ra \leqslant 1.6$ μm；主要平面间的垂直公差为 0.1 mm/300 mm。

（4）孔与平面间的相互位置精度。主轴孔对装配基面 M、N 的平行度允差为 0.1 mm/600 mm。

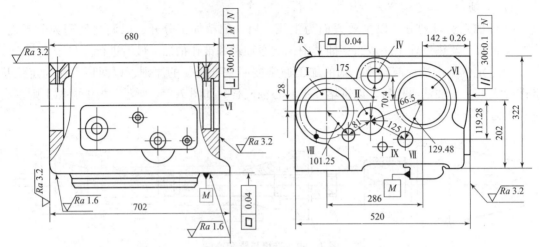

图 7-51　某普通车床主轴箱

3）箱体类零件的材料、毛坯及热处理

铸铁的铸造工艺性好，易切削，价格低，且抗振性和耐磨性好，多数箱体采用铸铁制造。一般用 HT200 或 HT250 灰铸铁；当载荷较大时可采用 HT300、HT3520 高强度灰铸铁；对于受冲击载荷的箱体，一般选用 ZG23—450、ZG270—500 铸钢件。对于批量小、尺寸大、形状复杂的箱体，采用木模砂型地坑铸造毛坯；尺寸中等以下，采用沙箱造型；批量较大，选用金属模造型；对于受力大或受冲击载荷的箱体，应尽量采用整体铸件作毛坯。对于单件小批量情况，为了缩短生产周期，箱体也可采用铸—焊、铸—锻—焊、锻—焊、型材焊接等结构。

根据生产批量、精度要求及材料性能，箱体零件的热处理，有不同的方法。通常在毛坯为进行加工之前，为了消除毛坯内应力，对铸铁件、铸钢件、焊接结构件须进行人工时效处理。对批量不大的生产，人工时效处理可安排在粗加工之后进行。对大型毛坯和易变形、精度要求高的箱体，在机械加工后可安排第二次时效处理。

4）箱体类零件的一般加工工艺路线

中小批量生产：铸造毛坯→时效→油漆→划线→粗、精加工基准面→粗、精加工各平面→粗、半精加工各主要孔→精加工各主要孔→粗、精加工各次要孔→加工各螺孔、紧固孔、油孔等→去毛刺→清铣→检验。

大批量生产：毛坯铸造→时效→油漆→粗、半精加工基准面→粗、半精加工各平面→精加工精基准→粗、半精加工各主要孔→精加工各主要孔→粗、半精加工各次要孔（螺纹、紧固孔、油孔等）→精加工各平面→去毛刺→清铣→检验。

2. 箱体零件的加工工艺分析

箱体零件的加工主要是平面和孔的加工。平面加工相对容易，故支撑孔本身加工及孔与孔之间、孔与面之间位置精度保证是加工的重点。现以图 7-51 所示车床主轴箱体为例，进行箱体零件加工工艺过程的分析。

1）车床箱体工艺方案

按照生产类型的不同，车床箱体工艺过程可以分成两种不同的工艺方案，分别如表 7-20 和表 7-21 所示。

表 7 - 20　中小批量生产某车床主轴箱的工艺方案

序号	工序内容	定位基准	序号	工序内容	定位基准
1	铸造		8	精加工顶面 R	底面 M
2	时效		9	精加工底面 M	顶面 R
3	漆底漆		10	粗、半精加工各纵向孔	底面 M
4	划线		11	精加工各纵向孔	底面 M
5	粗、半精加工顶面 R	按划线找正，支撑底面 M	12	粗、半精加工各横向孔	底面 M
			13	精加工主轴孔	底面 M
6	粗、半精加工底面 M 及侧面	支撑顶面 R 并校正主轴孔的中心线	14	加工螺孔及紧固孔	
			15	清洗	
7	粗、半精加工两端面	底面 M	16	检验	

表 7 - 21　大批大量生产某车床主轴箱的工艺方案

序号	工序内容	定位基准	序号	工序内容	定位基准
1	铸造		9	精镗各纵向孔	顶面 R 及两工艺孔
2	时效		10	半精、精镗主轴三孔	顶面 R 及两工艺孔
3	漆底漆		11	加工各横向孔	顶面 R 及两工艺孔
4	铣顶面 R	Ⅵ轴和 Ⅰ 轴铸孔	12	钻、锪、攻螺纹各平面上的孔	
5	钻、扩、铰顶面两定位工艺孔，加工固定螺孔	顶面 R、Ⅵ轴孔及内壁一端	13	滚压主轴支撑孔	顶面 R 及两工艺孔
			14	磨底面、侧面及端面	
6	铣底面 M 及各平面	顶面 R 及两工艺孔	15	钳工去毛刺	
7	磨顶面 R	底面及侧面	16	清洗	
8	粗镗各纵向孔	顶面 R 及两工艺孔	17	检验	

2) 车床箱体工艺过程分析

(1) 精基准的选择。常见的方案有如图 7 - 52、图 7 - 53 所示两种。图 7 - 52 所示方案以箱体地面作为统一基准。这种方案保证了基准重合，同时在加工各支撑孔时，观察和衡量，以及安装和调整刀具也较方便。但为了增加箱体中间壁孔加工时的镗杆刚度而设立的中间安置导向支撑装置，刚度差，安装误差大且装卸不变。这种定位方案只适用于中小批量的生产。

图 7 - 53 所示方案采用主轴箱顶面及两定位销孔作为统一基准。这种方案在加工时箱体口朝下，中间导向支撑架可以紧固在夹具座体上。但由于基准不重合，需进行工艺尺寸换算，且箱体开口朝下，观察、测量及调整刀具困难，需采用定径尺寸镗刀加工。这种方案适合大批大量生产。

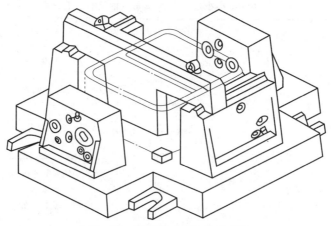

图 7 - 52　悬挂式中间导向支撑架

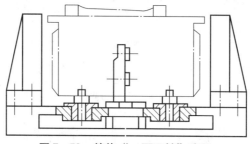

图 7 - 53　箱体"一面两销"定位

（2）粗基准的选择。加工精基准时定位用的粗基准，应能保证重要加工表面（主轴支撑孔）的加工余量均匀；应保证装入箱体中的轴、齿轮等零件与箱体内壁各表面间有足够的间隙，应保证加工后的外平面与不加工的内壁之间的壁厚均匀以及定位、夹紧牢固可靠。

为此，通常选择主轴孔和与主轴孔相距较远的一个轴孔（Ⅰ轴孔）作为粗基准。生产批量小时采用划线工序，生产批量较大时采用夹具，生产率高。

（3）粗、精分开，先粗后精。因箱体结构复杂，刚度低，主要表面的加工要求高，为减小或消除粗加工时产生的切削力、夹紧力和切削热对加工精度的影响，一般应尽可能把粗、精加工分开，并分别在不同的机床上进行。至于要求不高的平面和孔，则可以在同一工序完成粗、精加工，以提高工效。

（4）"先面后孔"。从表 7 - 20、和表 7 - 21 可以看出，平面加工总是先于平面上孔的加工。除了作为精基准的平面必须是最先加工外，其他平面的加工则可以改善孔的加工条件，减少钻孔时钻头偏斜，扩、铰、镗时刀具崩刃等。

（5）箱体的时效处理。箱体毛坯比较复杂，壁厚不均，铸造应力较大。为了消除内应力，减少变形，保证箱体的尺寸稳定性，对于普通精度的箱体，毛坯铸造完后要安排一次人工时效。对于高精度的箱体或结构特别复杂的箱体，在粗加工后再安排一次人工时效处理，以消除粗加工中产生的残余应力。对于特别精密的箱体零件，在机械加工阶段尚需安排较长时间的自然时效处理。

（6）加工方法的选择。箱体加工主要是平面和孔的加工。平面加工时，粗、半精加工采用刨削或铣削。批量大，多采用铣削；精加工批量小时，采用精刨（少量手工刮研），批量大时，采用磨削。孔加工时，常以精铰和精镗分别作为直径较小孔和直径较大孔精加工方法。

7.9.3　齿轮的加工工艺

1. 概述

1）齿轮的功用与结构特点

齿轮是各类机械中广泛应用的重要零件，其功用是按规定的速比传递运动和动力。

齿轮结构由于使用要求不同而具有不同的形状，但从工艺角度可将其看成由齿圈和轮体两部分组成。按照齿圈上轮齿的分布形式，齿轮可分为直尺、斜尺和人字齿轮等；按照轮体的结构形式特点，齿轮可大致分为盘形齿轮、套筒齿轮、轴齿轮、内齿轮、扇形齿轮和齿条等。其中以盘形齿轮的应用最为广泛。

2）圆柱齿轮的技术要求

国家标准 GB/T 10095.1—2008、GB/T 10095.2—2008 将齿轮同侧齿面偏差规定了 0～12 共 13 个精度等级，其中 0 级最高，12 级最低；将齿轮径向综合偏差规定了 4～12 共 9 个精度等级，其中 4 级最高，12 级最低；对于齿轮径向跳动，推荐了 0～12 共 13 个精度等级，其中 0 级最高，12 级最低。齿轮传动精度包括四个方面，即传动的准确性（运动精度）、传动的平稳性、载荷分布的均匀性（接触精度）以及适当的侧隙。齿坯加工要求按照齿轮的精度等级确定。

3）齿轮的材料与毛坯

（1）齿轮材料。齿轮材料根据齿轮的工作条件和失效形式确定。中碳结构钢（如 45 钢）进行调制或表面淬火，常用于低速、轻载或中载的普通精度齿轮。中碳合金结构钢（如 40Cr）进行调制或表面淬火，适用于制造速度较高、载荷较大、精度较高的齿轮。渗碳钢（如 20Cr、20CrMnTi 等）经渗碳后淬火，齿面硬度可达 58～63 HRC，而心部又有较好的韧性，既耐磨又能承受冲击载荷。这种材料适于制作高速、中载或具有冲击载荷的齿轮。氮化钢（如 38CrMoAl）经氮化处理后，比渗碳淬火齿轮具有更高的耐磨性与耐蚀性。由于变形小，可以不磨齿，常用于制作高速传动的齿轮。铸铁及其他非金属材料（如胶木与尼龙等）的强度低，容易加工，适于制造轻载荷的传动齿轮。

（2）齿轮毛坯。齿轮毛坯的制造形式取决于齿轮的材料、结构形状、尺寸大小、使用条件及生产类型等因素。齿轮毛坯形式有轧钢件、锻件和铸件。一般尺寸较小、结构简单而且对强度要求不高的钢制齿轮可采用轧制棒料作毛坯。强度、耐磨性和耐冲性要求较高的齿轮多采用锻钢件，生产批量小或尺寸大的齿轮采用自由锻造，批量较大的中、小齿轮采用模锻。尺寸较大且结构复杂的齿轮，常采用锻造毛坯。小尺寸且结构复杂的齿轮常采用精密锻造或压铸方法制造毛坯。

4）齿轮加工工艺路线

根据齿轮的结构、精度等级及生产批量的不同，其工艺路线有所不同，但基本工艺路线大致相同，即备料→毛坯制造→毛坯热处理→齿坯加工→齿形加工→齿部淬火→精基准修正→齿形加工→终检。渗氮钢齿轮淬火前做渗氮处理。

2. 齿轮零件加工工艺分析

1）齿轮加工工艺过程

图 7-54 所示为某高精度齿轮的零件图。材料为 40Cr，齿部高频淬火 52 HRC，小批量生产。该齿轮的加工工艺过程见表 7-22。

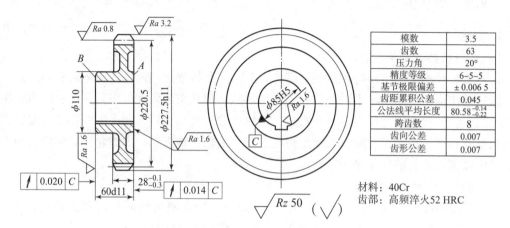

模数	3.5
齿数	63
压力角	20°
精度等级	6-5-5
基节极限偏差	±0.006 5
齿距累积公差	0.045
公法线平均长度	80.58$_{-0.22}^{-0.14}$
跨齿数	8
齿向公差	0.007
齿形公差	0.007

材料：40Cr
齿部：高频淬火 52 HRC

图 7-54　某高精度齿轮的零件图

表 7-22　高精度齿轮加工工艺过程

序号	工序内容	定位基准
1	毛坯锻造	
2	正火	
3	粗车各部分，留加工余量 1.5～2 mm	外圆及端面
4	精车各部分，内孔至 ϕ84.8H7，总长留加工余量 0.2 mm，其余至尺寸	外圆及端面
5	检验	
6	滚齿（齿厚留磨削余量 0.10～0.15 mm）	内孔及 A 面
7	全角	内孔及 A 面
8	钳工去毛刺	
9	齿部高频淬火，硬度 52 HRC	
10	插键槽	内孔（找正用）及 A 面
11	磨内孔至 ϕ85H5	分度圆和 A 面
12	靠磨大端 A 面	内孔
13	平面磨 B 面至总长尺寸	A 面
14	磨齿	内孔及 A 面
15	总检入库	

2）齿轮加工工艺过程分析

（1）定位基准选择。齿型加工时，定位基准的选择主要遵循基准重合和基准统一原则。为了保证齿形的加工质量，应选择齿轮的装配基准和测量基准作为定位基准，而且尽可能在整个加工过程中保持基准的统一。对于带孔齿轮，一般选择内孔和一个端面定位，基准端面相对内孔的端面圆跳动应符合规定要求。

（2）齿形加工方法选择。齿形的加工是整个齿轮加工的核心和关键，齿形加工按原理分为成形法和展成法两大类。最常见齿形加工方法如表 7－23 所示。

表 7－23　常见齿形加工方法和使用范围

齿形加工方法		刀具	机床	加工精度和适用范围
成形法	铣齿	模数铣刀	铣床	9 级以下齿轮，生产率较低
	拉齿	齿轮拉刀	拉床	5～7 级齿轮，生产率高，拉刀为专用，制造困难，价格昂贵，大批量生产情况下使用，宜于内齿加工
展成法	滚齿	齿轮滚刀	滚齿机	6～10 级齿轮，最高 4 级，生产率高，通用性好，常加工直齿、斜齿外圆柱齿轮及蜗轮
	插齿	插齿刀	插齿机	7～9 级齿轮，最高 6 级，生产率高，通用性好，常加工内外齿轮、扇形齿轮、齿条
	剃齿	剃齿刀	剃齿机	5～7 级齿轮，生产率高，用于齿轮滚、插加工后，淬火前的精加工
	冷挤齿	挤齿	挤齿机	6～8 级齿轮，生产率高，成本低，多用于齿轮淬火前的精加工，以代替剃齿
	珩齿	珩磨轮	珩齿机剃齿机	6～7 级齿轮，多用于剃齿和高频淬火后齿形的精加工
	磨齿	砂轮	磨齿机	3～7 级齿轮，生产率较低，成本较高，多用于齿形淬硬后的精密加工

7.10　计算机辅助工艺规划（CAPP）

7.10.1　计算机辅助工艺规划（CAPP）概述

计算机辅助工艺规划（Computer Aided Process Planning，CAPP）也被译为计算机辅助工艺过程设计。国际生产工程研究会（CIRP）提出了计算机辅助规划（CAP）、计算机自动工艺过程设计（CAPP）等名称，CAPP 一词强调了工艺过程自动设计。

由于计算机集成制造系统（CIMS）的出现，计算机辅助工艺规划上与计算机辅助设计（CAD）相接，下与计算机辅助制造（CAM）相连，是连接设计与制造之间的桥梁，设计信息只能通过工艺设计才能生成制造信息，设计只能通过工艺设计才能与制造实现功能和信息的集成。

计算机辅助工艺规划（CAPP）是通过向计算机输入被加工零件的原始数据、加工条件和加工要求，由计算机自动地进行编码，编程直至最后输出经过优化的工艺规程卡片的过程。在集成化 CAD/CAPP/CAM 系统中，由于设计时在公共数据库中所建立的产品模型不仅仅包含了几何数据，也记录了有关工艺需要的数据，以供计算机辅助工艺规划利用。计算机辅助工艺规划的设计结果也存回公共数据库中供 CAM 的数控编程。集成化的作用不仅仅在于节省了人工传递信息和数据，更有利于产品生产的整体考虑。从公共数据库中，设计工程师可以获得并考察他所设计产品的加工信息，制造工程师可以从中清楚地知道产品的设计需求。全面地考察这些信息，可以使产品生产获得更大的效益。

　　计算机辅助工艺规划（CAPP）利用计算机来进行零件加工工艺过程的制订，把毛坯加工成工程图纸上所要求的零件，这一过程称为计算机辅助工艺规划。它是通过向计算机输入被加工零件的几何信息（形状、尺寸等）和工艺信息（材料、热处理、批量等），由计算机自动输出零件的工艺路线和工序内容等工艺文件的过程。

7.10.2　CAPP 系统

1. CAPP 系统基本构成

　　CAPP 系统的构成，视 CAPP 系统的工作原理、产品对象、规模大小不同而有较大的差异，如图 7-55 所示。CAPP 系统基本的构成包括：

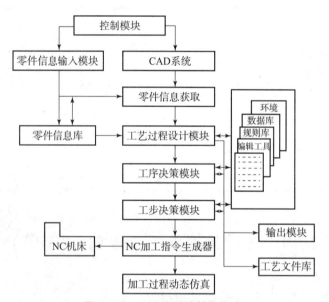

图 7-55　CAPP 系统基本构成

　　（1）控制模块。控制模块的主要任务是协调各模块的运行，是人机交互的窗口，实现人机之间的信息交流，控制零件信息的获取方式。

　　（2）零件信息输入模块。当零件信息不能从 CAD 系统直接获取时，用此模块实现零件信息的输入。

　　（3）工艺过程设计模块。工艺过程设计模块进行加工工艺流程的决策，产生工艺过程卡，供加工及生产管理部门使用。

　　（4）工序决策模块。工序决策模块的主要任务是生成工序卡，对工序间尺寸进行计算，生成工序图。

（5）工步决策模块。工步决策模块对工步内容进行设计，确定切削用量，提供形成 NC 加工控制指令所需的刀位文件。

（6）NC 加工指令生成器。NC 加工指令生成器依据工步决策模块所提供的刀位文件，调用 NC 指令代码系统，产生 NC 加工控制指令。

（7）输出模块。输出模块可输出工艺流程卡、工序卡、工步卡、工序图及其他文档，输出亦可从现有工艺文件库中调出各类工艺文件，利用编辑工具对现有工艺文件进行修改得到所需的工艺文件。

（8）加工过程动态仿真。加工过程动态仿真对所产生的加工过程进行模拟，检查工艺的正确性。

2. CAPP 系统的主要类型和特点

CAPP 系统按工作原理划分主要有三种类型：派生式 CAPP 系统、创成式 CAPP 系统、综合式 CAPP 系统。

1）派生式 CAPP 系统

派生式 CAPP 系统是利用成组技术的原理，在一个零件族中根据相似性设计出一个典型样件，建立一个标准典型工艺文件，存入工艺文件库中，如图 7 – 56 所示。当要制定一个零件的工艺过程时，可将零件图形输入计算机，由计算机根据零件的成组分类编码识别出属于哪一类零件族，调出相应零件族的典型工艺。根据具体的设计要求，可以进行修改，最后形成适合于该零件的工艺规程，这种类型的工作步骤如下：

图 7 – 56　派生式 CAPP 系统示意图

① 选择合适的编码系统，完成对所需设计零件的描述和输入。

② 检索及判断设计零件是否属于某零件族，属于则调出典型工艺，否则返回。

③ 对标准工艺增加或删除，编辑零件的工艺规程，记录结果存储和输出。

派生式系统必须有样板文件，因此它的适用范围局限性很大。它只能针对某些具有相似性的零件产生工艺文件。在一个企业中这种零件可能只是一部分，那么其他零件的工艺文件派生式系统就无法解决。

2）创成式 CAPP 系统

创成式 CAPP 系统是由计算机软件系统根据加工能力和工艺数据等信息及各种工艺决策逻辑，自动设计出零件的工艺规程，人的任务仅在于监督计算机工作，在计算机决策过程中做一些简单问题的解决，对中间结果进行判断和评估，如图 7 – 57 所示。这种类型的工作步骤如下：

① 确定零件的建模方式和系统读取零件信息的方式。

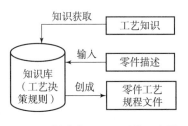

图 7 – 57　创成式 CAPP 系统示意图

② 工艺分析和工艺知识的信息输入。

③ 选择合适的工艺决策和建立工艺加工数据库。

④ 系统主控模块和人机接口的设计。

⑤ 工艺文件的存储和输出。

由于制定工艺规程时的影响因素较多且复杂，目前创成式系统还只能部分决策逻辑，不能实现完全自动化的创成式系统。

3）综合式 CAPP 系统

综合式 CAPP 系统是将派生式与创成式结合起来，对新零件的工艺进行设计时，先通过计算机来检索所属零件族的标准工艺，再根据零件的具体情况，对标准工艺进行增加和删除，而工步设计则采用自动决策产生，将派生式和创成式互相结合，各取每种方法的优点，如图 7-58 所示。

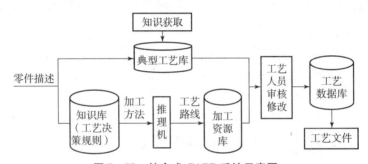

图 7-58　综合式 CAPP 系统示意图

综合运用派生式与创成式等工艺设计模式不是简单地叠加，而是有机地融合、渗透。用户是工艺设计的主体，要充分发挥人的智能优势，在系统应用过程中基于系统知识的支持，有效地辅助工艺人员，更好地发挥 CAPP 系统的效率。其目的是综合派生式和创成式两者的优势，以避免派生式系统的局限性和创成式系统的高难度。

3. CAPP 的内容与步骤

CAPP 的内容主要有：毛坯的选择及毛坯图的生成；定位基准与夹紧方案的选择；加工方法的选择；加工顺序的安排；通用机床、刀具、夹具、量具等工艺装备的选择；工艺参数的计算；专用机床、刀具、夹具、量具等工艺装备设计方案的提出；工艺文件的输出。

CAPP 的步骤：

（1）输入产品图纸信息；

（2）拟定工艺路线和工序内容；

（3）确定加工设备和工艺装备；

（4）计算工艺参数；

（5）输出工艺文件。

7.10.3　CAPP 开发中的关键技术

1. 零件的分类编码方法

在建立零件分类编码系统时，首先要检查分析每个零件的设计和制造特征，而零件的这些特征也只有借助于编码来识别。一般情况下，零件的特征越多，描述这些特征的编码也越复杂。零件分类编码系统可以分为三种类型：

① 以零件设计特征为基础的编码系统；

② 以零件制造特征为基础的编码系统；

③ 以零件的设计和制造特征为基础的编码系统

第一种类型用于检索和促进设计标准化。第二种类型用于计算机辅助工艺规程编制、刀具设计以及其他与产品有关的工程内容。第三种类型则兼而有之。在开发 CAPP 系统时要按产品的类型选择相应的零件分类编码方法。

2. 工艺设计技术

（1）基于 GT 的相似工艺自动检索。

采用相似工艺检索技术，不仅可大大减少工艺人员的工作强度和对有经验工艺人员的依赖，而且会提高产品工艺的继承性和重用性，促进工艺的标准化。而在综合式设计模式下，相似工艺的自动检索是基于实例的相似工艺自动检索。成组技术、基于实例的技术、模糊逻辑等是实现基于 GT 的相似工艺自动检索的基础。

（2）基于 GT 的参数化工艺设计。

工艺的标准化、规范化为参数化工艺设计奠定了基础，对于系列化产品以及大规模定制生产模式，参数化工艺设计是一种快捷有效的工艺设计模式。通过总结归纳典型工艺，确定工艺的关键参数，建立参数化典型工艺数据库，实现基于零部件工艺参数的检索设计。

（3）模块、单元化工艺设计。

它是参数化工艺设计方式的进一步发展。其核心思想是制造工艺是由一系列规范化的操作根据一定规则组成的，而这些规范化操作的选用取决于零部件工艺参数、工艺要求及其相互关系。规范化操作可以是一个工序、一个工步、多个工序的组合、多个工步的组合等。在建立好规范化操作数据库的基础上，利用参数化设计技术、专家系统技术，实现模块/单元化工艺设计。

（4）基于信息模型驱动的工艺关联设计。

通过系统分析工艺信息结构、内在联系、工艺信息集成需求，建立工艺信息模型，并对工艺属性进行约束，建立属性之间的内在关系，建立系列化工艺关联设计功能，如自动计算、约束选取、工艺资源信息选取、工艺资源数据库动态连接查询等，促进工艺信息的规范化、标准化，提高工艺信息的一致性、完整性。

3. 工艺管理技术

工艺管理分为三个方面：工艺信息管理；工艺文档管理；工艺审批流程管理。工艺信息管理取决于工艺信息处理模式。采用基于结构化信息处理模式，由于数据库的应用和数据的结构化，工艺文档的输出、工艺信息统计汇总、报表、信息共享与集成非常快捷，数据准确性高。工艺文档管理与工艺审批流程管理等功能，基本采用类似于 PDM 的思想。其中工艺审批流程管理采用了工作流技术，综合了计算机科学和管理科学中诸多研究领域的原理、方法和技术，在工艺领域进行工作流管理的研究、开发和应用，可实现产品开发过程和信息的集成统一，更加有效地对工艺信息和资源进行管理和控制，为企业实现并行工程、无纸工艺和生产奠定基础，具有广阔的应用前景。

把工艺数据管理纳入 CAPP 的范围是近年来 CAPP 技术发展的结果。传统 CAPP 技术只是针对单个零件的工艺自动生成，对工艺数据管理的要求不高，一般采用文件形式保存工艺数据。随着基于集成环境面向产品的 CAPP 技术的提出，CAPP 系统需要在网络环境中处理大量工艺数据，传统的基于文件保存工艺数据的方式不能有效地管理工艺数据，这要求对 CAPP 工艺数据管理技术深入研究。CAPP 工艺数据管理的目的是保证产品工艺数据的有效性、完整性、一致性，实现工艺数据共享，实现 CAPP 与 CIMS 其他子系统有效的集成。

7.10.4 CAPP 的发展趋势

从工艺设计的本身角度看，随着人工智能、神经网络、虚拟现实等技术的进一步发展，人们对设计过程必然有更深的认识，对设计思维的描述必将得到新的境界。CAPP 将使工艺设计朝着智能化、多元化、系统化、实用化的方向发展。从整个制造业的发展趋势看，并行工程、智能制造、敏捷制造、虚拟制造、精益生产等制造模式代表了现代产品制造模式的发展方向，随着技术的进一步发展，产品制造模式在信息化的基础上，必将朝着柔性化、敏捷化、网络化、智能化的方向发展。以下是 CAPP 技术的几个重要的发展方向：

（1）CIMS 环境下的 CAPP 技术；

CIMS 是对 CAD、CAPP 和 CAM 的集成，产品数据管理和产品交换标准是实现 CIMS 的关键技术。基于特征的、支持统一产品信息模型（PDESHGES/STEP）的 CAPP 系统是目前的重要研究方向。CIM 制造技术对 CAPP 系统提出了一些新的要求，表现在 CAPP 系统要能够与其他环节自动交换信息，实现信息集成，包括自动获取 CAD 系统产生的产品数据信息，自动提供加上制造等环节所需要的各种信息。这些要求迫使 CAPP 系统必须不断完善其内部功能，扩展新的功能模块，如零件特征自动识别模块等，形成了面向信息集成的集成化 CAPP 系统和技术。

（2）并行工程环境下的 CAPP 技术；

并行工程（CE）环境下的 CAPP 系统不仅是信息集成的中枢，同时也是各子系统间功能协调的纽带。CAPP 必须面向设计、面向制造、面向产品进行设计。它既能接收来自 CAD 的设计信息，并对设计结果进行可制造性评价，同时对不合理的设计提出修改建议，它还能提供给 CAM 工艺信息，并接收 CAM 反馈回来的信息，进行工艺设计、数控编程及加工动态仿真。其核心是在设计阶段就考虑到产品生命周期中的所有因素，对各个环节功能进行协调，缩短产品开发与制造周期。

并行设计的 CAPP 必须在产品的设计阶段进行可制造性分析。并行设计中 CAD 与 CAPP 之间的双向信息交互通讯具有动态随机性。在产品设计的任何时候，CAPP 随时对 CAD 的设计合理性作出评价，并将改进意见反馈给 CAD，即时改进当前状态下的设计。

（3）联盟制造环境下的 CAPP 技术；

为了迅速响应市场的变化，敏捷制造模式出现了，Intemet 和 WEB 技术的发展使敏捷制造成为可能。联盟制造是敏捷制造的最高形式。在联盟制造环境下，快速重组技术是一个关键的技术问题。因此，此环境下的 CAPP 系统应具备适应动态变化的能力。各个设计与制造单元所使用的标准执行的功能不同，要求 CAPP 系统能做到协调作用。因而在开发时要考虑到变化与柔性对 CAPP 系统体系结构和功能模型的影响，所开发的系统应具有充分的灵活性、开放性、重构性和兼容性。工艺过程设计标准化和通用信息接口成为开发柔性 CAPP 系统的技术难点和研究热点。

（4）基于分布型人工智能技术的分布型 CAPP 专机系统；

为了适应敏捷制造模式的要求，一些学者提出了利用分布式人工智能的 Agent 技术及计算机网络技术构成分布式的相互协同的 CAPP 系统的思想。虽然这方面的研究工作才刚刚开始，但开放性、动态性和分布性将成为今后 CAPP 系统体系结构的重要特征。

（5）人工智能与专家系统的综合应用　制造业将进入智能制造的时代，智能化是制造业发展的总趋势，智能化 CAPP 是 CAPP 技术发展的本质特征和必然趋势。过去研究最多的是各种各样的 CAPP 专家系统。近年来神经网络、模糊理论、实例推理和遗传算法等人工智能技术在 CAPP 中得到广泛应用，为 CAPP 系统的进一步智能化提供了理论基础。

本 章 小 结

机械加工工艺过程由工序、安装、工位、工步及走刀等组成，不同生产类型对工艺规程的要求是不同的，工艺过程卡和工序卡是其中最常见的工艺文件。制定工艺规程时，应审核零件的技术要求和结构工艺性，合理选择毛坯，正确拟定工艺路线及进行工序设计。可以采取一定的工艺措施提高生产效率，也可以采用成组技术，发挥规模优势，降低成本。随着技术进步，应更多地考虑借助计算机及相关软件进行 CAPP 设计。

通过本章学习，掌握机械加工工艺规程设计的基本方法，并能运用到实践中去。

复习思考题

7-1　试述机械加工工艺规程的作用及制定工艺规程的内容、步骤。

7-2　零件毛坯的常见形式有哪些？各应用于什么场合？

7-3　试指出图 7-59 所示零件结构工艺性方面存在的问题，并提出改进意见。

7-4　什么是粗基准？选择粗、精基准应遵循什么原则？

7-5　试选择图 7-60 所示零件加工时的粗、精基准（标有去除符号的为加工面，其余为非加工面），并简要说明理由。

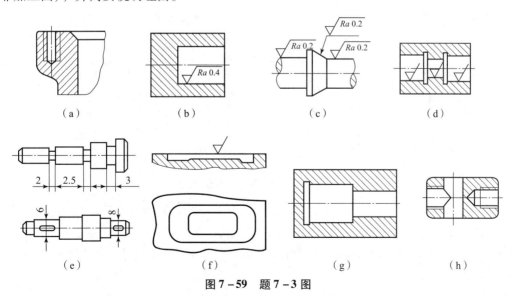

图 7-59　题 7-3 图

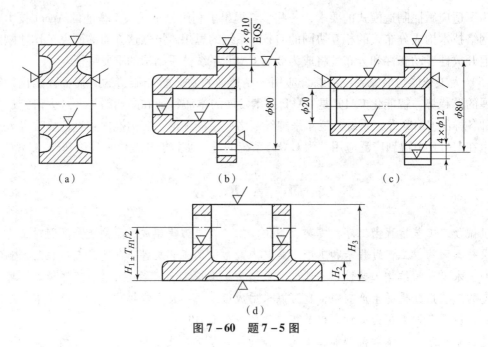

图 7 - 60 题 7 - 5 图

7 - 6 什么是加工经济精度？如何选择零件表面的加工方法？

7 - 7 工序顺序安排应遵循哪些原则？如何安排热处理工序？

7 - 8 加工阶段划分的意义及各阶段的主要作用是什么？

7 - 9 在图 7 - 61 所示尺寸链中（图中 A_0、B_0、C_0、D_0 是封闭环），试判别各组成环的性质（是增环还是减环）？

7 - 10 在 CA6140 车床上粗车、半精车一套筒的外圆，材料为 45 钢（调质），σ_b = 681 MPa，200 ~ 230 HBW，毛坯尺寸 $d_\mathrm{w} \times l_\mathrm{w} = \phi80$ mm $\times 350$ mm。车削后尺寸 $d = \phi 75_{-0.046}^{0}$ mm，表面粗糙度均为 $Ra = 3.2$ mm，加工长度为 300 mm。试确定刀具类型、材料、结构、几何参数及切削用量。

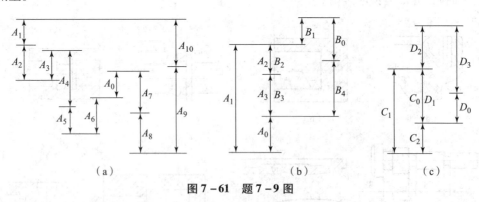

图 7 - 61 题 7 - 9 图

7 - 11 图 7 - 62（a）所示为一轴套零件图，图 7 - 62（b）所示为车削工序简图，图 7 - 62（c）为钻孔工序三种不同定位方案的工序简图，均需保证图 7 - 62（a）所规定的位置尺寸 (10 ± 0.1) mm 要求，试分别计算工序尺寸 A_1、A_2、A_3 有关的轴向尺寸（为表达方便，图中省去其他尺寸）。

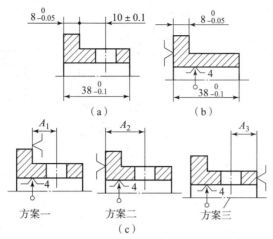

图 7-62　题 7-11 图

7-12　图 7-63 所示工件，成批生产时以端面 B 定位加工 A 面，保证尺寸 $10_{0}^{+0.20}$ mm，试标注铣此缺口时的工序尺寸及公差。

7-13　图 7-64 所示零件的部分工艺过程为：以端面 B 及外圆定位粗车端面 A，留精车余量 0.4 mm，镗内孔至 C 面。然后以尺寸 $60_{-0.05}^{0}$ mm 定距装刀精车 A 面。孔的深度要求为（22±0.10）mm。试标出粗车端面 A 及镗内孔深度的工序尺寸 L_1、L_2 及其公差。

7-14　加工图 7-65（a）所示零件的轴向尺寸 $50_{-0.10}^{0}$ mm、$25_{-0.30}^{0}$ mm 及 $5_{0}^{+0.40}$ mm，其有关工序如图 7-65（b）、（c）所示，试求工序尺寸 A_1、A_2、A_3 及其偏差。

7-15　成批生产图 7-66 所示零件，试拟定其工艺路线，并指出各工序的定位基准。

7-16　CAPP 关键技术有哪些？其发展方向是什么？

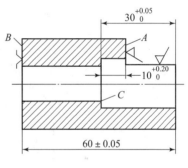

图 7-63　题 7-12 图

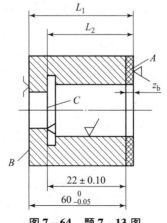

图 7-64　题 7-13 图

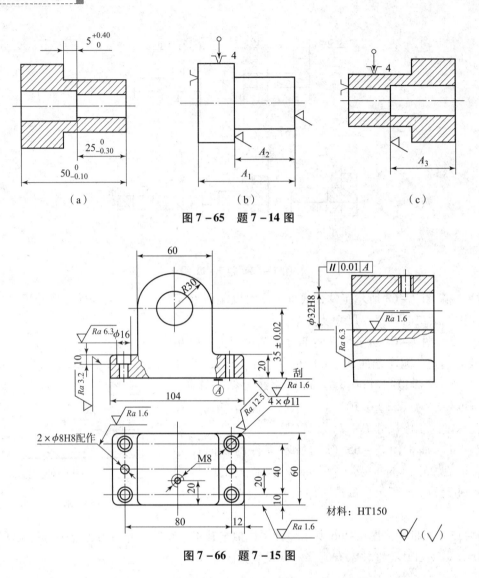

图 7-65　题 7-14 图

图 7-66　题 7-15 图

第8章 机器装配工艺设计

装配是机械制造的最后环节，产品的质量（从产品设计、零件制造到产品装配）最终通过装配得到保证和检验。因此，装配是决定产品质量的关键环节。研究制定合理的装配工艺，采用有效的保证装配精度的装配方法，对进一步提高产品质量有着十分重要的意义。

8.1 概　　述

8.1.1 装配的基本概念

任何机械产品都是由许多零件和部件组成的。根据规定的技术要求将零件或部件进行配合和连接，使之成为半成品或成品的工艺过程称为装配。装配是机械制造中的最后一个阶段，它包括装配、调整、检验、试验等工作。机械产品的质量最终是通过装配保证的，装配质量在很大程度上决定机械产品的最终质量。

为保证有效地进行装配工作，通常将机器划分为若干能进行独立装配的装配单元。零件是组成机器的最小单元，如果在一个基准零件上装上一个或若干个零件，则构成套件，套件是最小的装配单元，为此而进行的装配称为套装。组件是在一个基准件上装上若干零件和套件构成的，如车床的主轴组件以主轴为基准件，装上若干齿轮、套、垫、轴承等零件。为组件装配的工作称为组装。部件是在一个基准件上装上若干组件、套件和零件，为此而进行的装配工作称为部装。车床主轴箱装配属于部装，部装时箱体作为基准零件，在一个基准件上，装上若干部件、组件、套件和零件构成机器。这种将零件和部件装配成最终产品的过程，称为总装。

在装配工艺规程中，常用装配单元系统图表示零、部件的装配流程和零、部件间相互装配关系。在装配工艺系统图上，每一个单元用一个长方形框表示，标明零件、套件、组件和部件的名称、编号及数量，图8-1、图8-2、图8-3分别给出了组装、部装和总装的装配单元系统图。在装配单元系统图上，装配工作由基准件开始沿水平线自左向右进行，一般将零件画在上方，套件、组件、部件画在下方，其排列次序就是装配工作的先后次序。

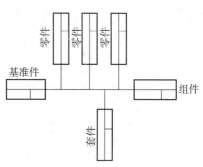

图8-1　组装装配单元系统图

在装配单元系统图上加注所需的工艺说明，如焊接、配钻、配刮、冷压、热压和检验等，就形成装配工艺系统图。装配工艺系统图比较清楚而全面地反映了装配单元的划分、装配顺序和装配工艺方法。它是制定装配工艺规程的主要文件，也是划分装配工序的依据。

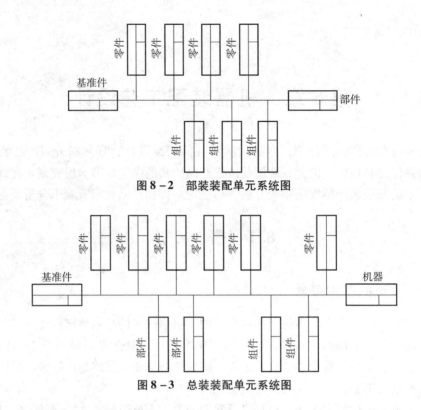

图 8－2　部装装配单元系统图

图 8－3　总装装配单元系统图

8.1.2　装配的组织形式

　　装配的组织形式按产品在装配过程中是否移动分为移动式和固定式两种，而移动式按节拍是否变化又有强迫节奏和自由节奏之分，如图 8－4 所示。

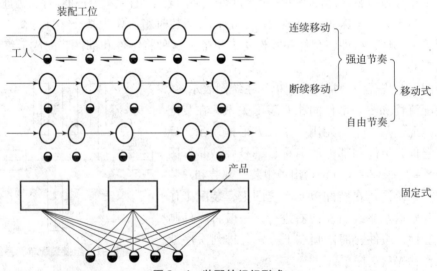

图 8－4　装配的组织形式

　　移动式装配即装配基准件沿装配路线移动，在各装配地点完成其中一部分装配工作。强迫节奏的节拍是固定的，各工位的装配工作必须在规定的时间内完成。装配中如出现装配不上或不能在节奏时间内完成装配工作等问题，则立即将装配对象调至线外处理，以保证流水线的流畅，避免产生堵塞。连续移动装配时，装配线连续缓慢地移动，工人在装配时随装配线走动，一个工位的装配工作完毕后工人立即返回原地。断续移动装配时，装配线在工人进行装配时不动，到规定时间，装配线带着被装配的对象移动到下一工位，工人在原地不走动。自由节奏的节拍是不固定的，移动比较灵活，具有柔性，适合多品种装配。移动式装配流水线多用于大批量生产，产品可大可小，较多地用于仪器仪表等设备装配，汽车拖拉机等大产品也可采用。

固定式装配即产品固定在一个工作地点进行装配。多用于单件小批生产或重型产品的成批生产。固定式装配也可以组织流水生产作业，由若干工人按装配顺序分工装配，多用于成批生产结构比较复杂、工序数多的产品，如机床、汽轮机的装配。

8.1.3　机器结构的装配工艺性

机器结构的装配工艺性指机器结构能保证在装配过程中使相互连接的零部件不用或少用修配和机械加工，用较少的劳动量，花费较少的时间，按产品的设计要求顺利装配起来。机器结构的装配工艺性对机器的装配过程有较大的影响，在一定程度上决定了装配过程周期的长短、耗费劳动量的大小、成本的高低，以及机器使用质量的优劣。机器结构的装配工艺性可以从以下几个方面进行评价。

1. 机器结构应能划分成几个独立的装配单元

机器结构划分成独立的装配单元，可以实现：

（1）组织平行的装配作业，缩短装配周期或组织厂际协作生产；

（2）相关部件预先调整和试车，保证总装质量；

（3）利于产品的改进和更新；

（4）利于机器的维护、修理和运输。如图8-5（a）所示结构齿轮顶圆直径大于箱体轴承孔孔径，轴上零件须依此逐一装到箱体中去；图8-5（b）所示齿轮直径小于轴承孔直径，轴上零件可以先组装成组件后，一次装入箱体，这样简化了装配过程，缩短了装配周期。

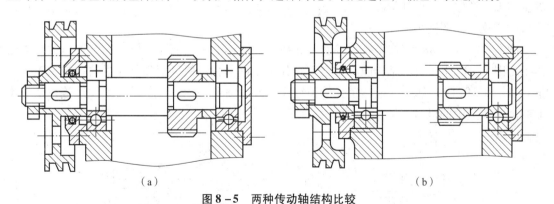

（a）　　　　　　　　　　　　　　　　（b）

图8-5　两种传动轴结构比较

2. 尽量减少装配时的修配和机械加工

机器装配过程中的修配或加工，大多由手工操作，不仅对工人技术要求高，而且影响装配效率和质量。因此，应尽量避免或减少修配工作量。图8-6（a）结构采用山形导轨定位，装配时，基准面修刮工作量很大，采用图8-6（b）平导轨定位结构后，修刮量明显减少。在设计时，采用调整法代替修配法可以从根本上减少修配工作量。图8-7（b）所示结构采用调整法替代图8−7（a）修配法，满足压板与床身导轨的合理间隙。

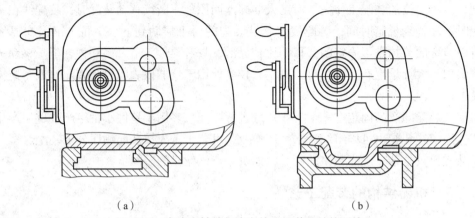

（a）   （b）

图8−6   车床主轴箱与床身的不同装配结构形式

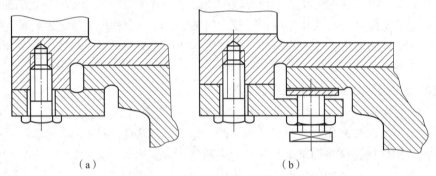

（a）   （b）

图8−7   车床溜板箱后压板的两种结构

　　机器装配时要尽量减少机械加工，否则不仅影响装配工作的连续性，延长装配周期，而且在装配车间增加了机械加工设备。这些设备既占面积，又易引起装配工作的杂乱。此外，机械加工所产生的切屑如清除不净，残留在装配的机器中，极易增加机器的磨损，甚至产生严重的事故而损坏整个机器。

　　图8−8（a）所示结构需要在轴套装配后，在箱体上配钻油孔，使装配产生机械加工工作量。图8−8（b）所示结构改在轴套上预先加工好油孔，便可消除装配时的机械加工工作量。将图8−9（a）活塞上配钻销孔的销钉连接改为图8−9（b）所示的螺纹连接，从根本上取消了装配中的机械加工。

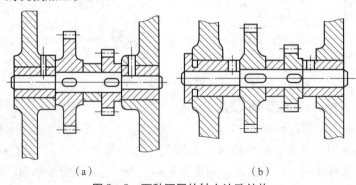

（a）   （b）

图8−8   两种不同的轴上油孔结构

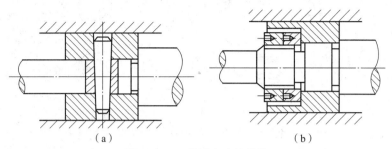

图 8 - 9　两种活塞连接结构

3. 机器结构应便于装配和拆卸

机器的结构设计应使装配工作简单、方便。其重要的一点是组件的几个表面不应该同时装入基准零件（如箱体零件）的配合孔中，而应该先后依次进行装配。

如图 8 - 10（a）所示，轴上的两个轴承同时装入箱体零件的配合孔中，既不好观察，导向性又不好，使装配工作十分困难。如改成图 8 - 10（b）的结构形式，轴上右轴承先行装入，当轴承装入孔中 3～5 mm 后，左轴承才开始装入孔中。同时，齿轮外径、右端轴承外径比箱体左端孔径小一些，才能保证整个组件从箱体一端顺利装入。

此外，机器设计时，还应注意一些零件的局部结构问题，如必须留出足够的装、拆空间（扳手空间等），装配时零件安装的稳定性、拆卸的方便性等。

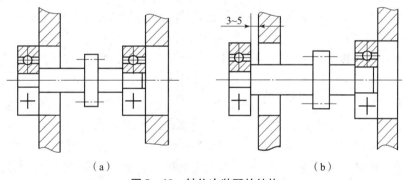

图 8 - 10　轴依次装配的结构

4. 机器结构应符合自动化装配的要求

自动化装配可以节省大量的人力，保证产品的装配质量，但同时对零件结构提出了严格的要求，主要集中在零件自动供料、自动传送和自动装配三个方面。

如图 8 - 11（a）、（b）、（d）所示零件在自动供料、输送时，会产生缠结现象，难以分离。可以设计成封闭的结构加以改进。图 8 - 11（c）所示为避免套接的常见方法。如图 8 - 12所示，将难以识别的特征用较易识别的特征来标识，使之易于识别。图 8 - 12（a）所示的零件将内部特征用外部特征来标识，图 8 - 12（b）、（c）所示的零件用较易识别的缺口及削边来识别。

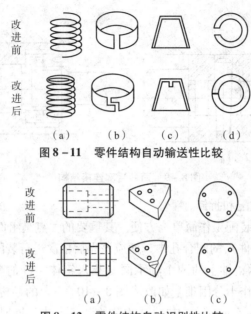

图 8 – 11　零件结构自动输送性比较

图 8 – 12　零件结构自动识别性比较

8.1.4　装配精度与保证装配精度的方法

1. 装配精度

装配精度是产品设计时根据使用性能要求规定的、装配时必须保证的质量指标。产品的装配精度所包括的内容可根据机械的工作性能来确定，一般包括：

（1）相互位置精度。相互位置精度是指产品中相关零部件间的距离精度和相互位置精度。如机床主轴箱装配时，相关轴中心距尺寸精度和同轴度、平行度、垂直度等。

（2）相对运动精度。相对运动精度是产品中有相对运动的零部件之间在运动方向和相对运动速度上的精度。运动方向的精度常表现为部件间相对运动的平行度和垂直度。如机床溜板在导轨上的移动精度；溜板移动轨迹对主轴中心线的平行度。相对运动速度的精度即传动精度，如滚齿机滚刀主轴与工作台的相对运动精度，它将直接影响滚齿机的加工精度。

（3）相互配合精度。相互配合精度包括配合表面间的配合质量和接触质量。配合质量是指零件配合表面之间达到规定的配合间隙或过盈的程度，它影响配合的性质。接触质量是指两配合或连接表面间达到规定的接触面积的大小和接触点分布的情况，它影响接触刚度，也影响配合质量。

不难看出，各装配精度间有密切的关系，相互位置精度是相对运动精度的基础，相互配合精度对相对位置精度和相对运动精度的实现有较大的影响。

2. 装配精度与零件精度的关系

机械产品由众多零部件组成，显然装配精度首先取决于相关零部件精度，尤其是关键零部件的精度。如图 8 – 13 所示的车床主轴中心线与尾座套筒中心线的等高度 A_0，主要取决于主轴箱、尾座及底板对应的 A_1、A_2 及 A_3 的尺寸精度。

其次，装配精度的保证还取决于装配方法。如图 8 – 13 所示的等高度 A_0 的精度要求是很高的，如果靠控制尺寸 A_1、A_2 及 A_3 的精度来达到 A_0 的精度是很不经济的。实际生产中常按经济精度来制造相关零部件尺寸 A_1、A_2 及 A_3，装配时则采用修配底板 3 的工艺措施保证等高度 A_0 的精度。装配中采用不同的工艺措施，会形成各种不同的装配方法。不同的装配方法，装配精度与零件精度具有不同的关系，装配尺寸链是定量分析这一关系的有效手段。

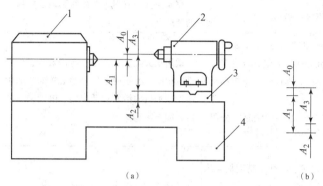

图 8 – 13　卧式车床主轴中心线与尾座套筒中心线等高示意图

（a）车床结构示意图；（b）装配尺寸链图

1—主轴箱；2—尾座；3—底板；4—床身

3. 保证装配精度的方法

从保证机械产品精度的角度出发，常用的机械装配方法有互换装配法、分组装配法、修配装配法及调整装配法。

互换装配法可分为完全互换装配法和大数互换装配法。完全互换装配法指在全部产品中，所有零件无须挑选或改变其大小或位置，装配后即能达到装配精度要求的装配方法。绝大多数产品装配后能达到装配精度要求，少数产品存在出现不合格的可能性的装配方法称为大数互换装配法。分组装配法是先将组成环的公差相对于互换装配法所要求之值放大若干倍，使其能经济地加工出来，然后各组成环按其实际尺寸大小分成若干组，并按对应组进行互换装配，从而满足装配精度要求。修配装配法是将各组成环的公差相对于互换装配法所求之值增大，使其能按该生产条件下较经济的公差加工，装配时将尺寸链中某一预先选定的环去除部分材料，以满足装配精度要求。调整装配法是在除调整环外均以加工经济精度制造的基础上，通过调节调整环的尺寸及相对位置的方法达到装配精度要求。各种装配方法的特点及适用范围如表 8 – 1 所示。

装配方法的具体选择应根据机器的使用性能、结构特点和装配精度要求，以及生产批量、现有生产技术条件等因素综合考虑。装配尺寸链各环尺寸及公差需通过尺寸链的分析计算确定。

表 8 – 1　常用的装配方法及其适用范围

装配方法	工艺特点	适用范围	注意事项
完全互换法	1. 装配操作简单，质量稳定 2. 便于组织流水作业 3. 有利于维修工作 4. 对零件的加工精度要求较高	适合零件数较少、批量大、可用经济加工精度时；或零件数较多、批量较小而装配精度不高时，如汽车、拖拉机、中小型柴油机和缝纫机的部件的装配，应用较广	一般情况下优先考虑

装配方法	工艺特点	适用范围	注意事项
大数互换法	零件加工公差较完全互换法放宽，仍具有完全互换法1~3项特点，但有极少数超差产品	适用于零件数多、批量大、装配精度要求较高的机器结构。 完全互换法适用于产品的其他一些部件的装配	注意检查，不合格的零件须退修或更换为能补偿偏差的零件
分组法	1. 各零件的加工公差按装配精度要求的允差放大数倍；也可零件加工公差不变，而以选配来提高配合精度。 2. 增加了对零件的测量、分组以及储存、运输工作	适用于大批量生产中，零件数少、装配精度很高，又不便采用调整装置时，如中小型柴油机的活塞和活塞销、滚动轴承的内外圈与滚动体	一般以分成2~4组为宜。 对零件的组织管理工作要求严格
调整法	1. 零件可按经济加工精度加工，仍有高的装配精度，但在一定程度上依赖工人技术水平。 2. 采用定尺寸调整件时，操作较方便，可在流水作业中应用。 3. 增加调整件或机构，易影响配合副的刚性	适用于零件较多、装配精度高而又不宜用分组装配时；易于保持或恢复调整精度。 可用于多种装配场合，如滚动轴承调整间隙的隔圈、锥齿轮调整啮合间隙的垫片、机床导轨的镶条等	选用定尺寸调整件（如不同规格的垫片、套筒）或可调件，利用其斜面、锥面、螺纹等，可改变零件之间的相互位置； 采用可调件应考虑有防松措施
修配法	1. 依靠工人的技术水平，可获得很高的精度，但增加了装配过程中的手工修配或机械加工。 2. 在复杂、精密的部装或总装后，作为整体配对，进行一次精加工，消除其累积误差	一般用于单件小批生产、装配精度高、不便于组织流水作业的场合，如主轴箱底用加工或刮研除去一层金属，更换加大尺寸的新件，平面磨床工作台进行"自磨"。 特殊情况下也可用于大批生产，如喷油泵精密偶件的自动配磨或配研	一般应选用易于拆装且修配面较小的零件为修配件； 应尽可能利用精密加工方法代替手工操作

8.2 装配尺寸链的应用与计算

8.2.1 装配尺寸链

装配尺寸链是以某项装配精度指标（或装配要求）作为封闭环，查找所有与该项精度指标（或装配要求）有关零件的尺寸（或位置要求）作为组成环而形成的尺寸链。

装配尺寸链与工艺尺寸链有所不同。工艺尺寸链中所有尺寸都分布在同一个零件上，主要解决零件加工精度问题；而装配尺寸链中每一个尺寸都分布在不同零件上，每个零件的尺寸是一个组成环，有时两个零件之间的间隙等也构成组成环，装配尺寸链主要解决装配精度问题。装配尺寸链和工艺尺寸链都是尺寸链，有共同的形式和计算方法。

装配尺寸链可以按各环的几何特征和所处空间位置分为直线尺寸链（图8-14）、角度尺寸链（图8-15）、平面尺寸链（图8-16）及空间尺寸链。平面尺寸链可分解成直线尺寸链求解。

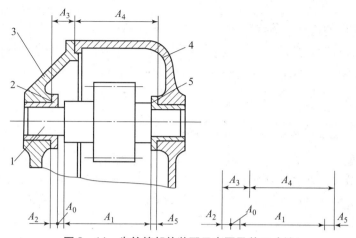

图 8－14　齿轮箱部件装配示意图及其尺寸链

1—齿轮轴；2，5—滑动轴承；3—左箱体；4—右箱体

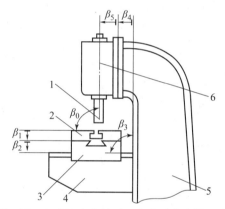

图 8－15　立式铣床主轴对工作台垂直度的尺寸链

1—主轴；2—工作台；3—床鞍；4—升降台；5—床身；6—立铣头

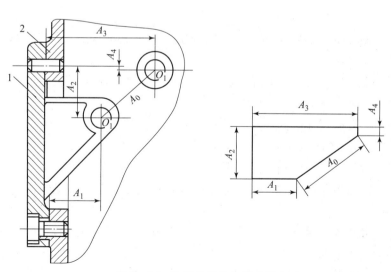

图 8－16　齿轮传动支架尺寸链

1—盖板；2—支架

正确建立装配尺寸链，是进行尺寸链分析、计算的前提。首先应在装配图上找出封闭环（封闭环代表装配后的精度或技术要求），然后以封闭环两端的零件为起点，沿装配精度要求的位置方向，以装配基准面为联系线索，分别查明装配关系中影响装配精度的那些有关零件，直到找到同一基准零件或同一基准表面为止。所有零件上连接两个装配基准面间的尺寸和位置关系，构成组成环。建立尺寸链时，应遵循封闭及环数最少原则。

8.2.2 装配尺寸链计算方法及应用

在确定了装配尺寸链后，就可以进行具体的分析计算工作。装配尺寸链的计算公式与工艺尺寸链相同，分极值法和概率法两种。装配尺寸链的计算同样分正计算和反计算。正计算指已知与装配精度有关的各零部件的基本尺寸及其偏差，求解装配精度（封闭环）的基本尺寸及其偏差的过程。而反计算即已知装配精度（封闭环）的基本尺寸及其偏差，求解与该项装配精度有关的各零、部件（组成环）的基本尺寸及其偏差。因此，正计算用于对已设计的图样的校验，反计算用于设计过程中确定各零部件的尺寸及加工精度。

装配尺寸链的具体计算方法与所采取的装配方法密切相关，同一项装配精度，采用不同的装配方法，其装配尺寸链的计算方法也不相同。以下对各装配方法的具体解法进行说明。

1. 互换装配法

1）完全互换装配法

采用完全互换装配法时，装配尺寸链采用极值法计算公式计算。在进行装配尺寸链反计算时，已知封闭环（装配精度）的公差 TA_0，则 m 个组成环的公差 TA_i 可按"等公差"原则（$TA_1 = TA_2 = \cdots = TA_m$）先确定它们的平均极值公差 T_{avA}：

$$T_{avA} = \frac{TA_0}{\sum_{i=1}^{m} |\xi_i|} \qquad (8-1)$$

对于直线，尺寸链 $|\xi_i| = 1$，则

$$T_{avA} = \frac{TA_0}{m} \qquad (8-2)$$

然后根据各组成环尺寸大小和加工的难易程度，对各组成环的公差进行适当的调整。在调整时可参照下列原则：

（1）组成环是标准件尺寸（如轴承或弹性挡圈厚度等）时，其公差值及其分布在相应标准中已有规定，应为确定值。

（2）组成环是几个尺寸链的公共环时，其公差值及其分布由其中要求最严格的尺寸链先行确定，对其余尺寸链则应成为确定值。

（3）尺寸相近、加工方法相同的组成环，其公差值相等。

（4）难加工或难测量的组成环，其公差可取较大数值；容易加工或测量的组成环，其公差取较小数值。

在确定各组成环极限偏差时，一般按"入体原则"标注，入体方向不明的长度尺寸，其极限偏差按"对称偏差"标注。

显然，组成环按上述原则确定公差并取标准值时，必须选择其中一环作为协调环，按极值法相关公式确定其公差和分布，以保证装配精度要求。标准件或公共环自然不能作为协调

环，协调环的制造难度应与其他组成环加工的难度基本相当。

2）大数互换装配法（概率法）

大数互换装配法相对于完全互换装配法，可以增加组成环公差，降低加工成本，但可能会出现少量不合格品。大数互换装配法采用概率法计算公式，反计算方法与完全互换装配法相同。

对于正态分布的直线尺寸链，各组成环平均统计公差为

$$T_{\mathrm{avqA}} = \frac{TA_0}{\sqrt{m}} \tag{8-3}$$

【例 8-1】　如图 8-17（a）所示的齿轮与轴组件装配，齿轮空套在轴上，要求齿轮与挡圈的轴向间隙为 0.1~0.35 mm。已知各相关零件的基本尺寸为：$A_1 = 30$ mm，$A_2 = 5$ mm，$A_3 = 43$ mm，$A_4 = 3_{-0.05}^{\ 0}$ mm（标准件），$A_5 = 5$ mm。试用完全互换装配法确定各组成环的偏差。

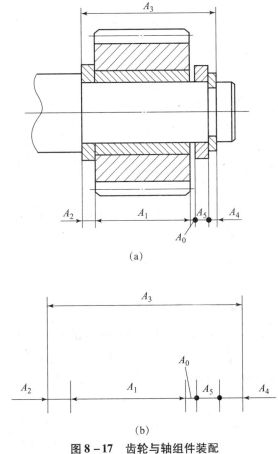

(a)

(b)

图 8-17　齿轮与轴组件装配

解　（1）画装配尺寸链图如图 8-17（b）所示，校验各环基本尺寸。依题意，轴向间隙为 0.1~0.35 mm，则封闭环 $A_0 = 0_{+0.10}^{+0.35}$ mm，封闭环公差 $TA_0 = 0.25$ mm。A_3 为增环，A_1、A_2、A_4、A_5 为减环，$\xi_3 = +1$，$\xi_1 = \xi_2 = \xi_4 = \xi_5 = -1$，装配尺寸链如图 8-17（b）所示，

则 $A_0 = \sum_{i}^{m} \xi_i A_i = A_3 - (A_1 + A_2 + A_4 + A_5) = 43 - (30 + 5 + 3 + 5) = 0$

由计算可知,各组成环基本尺寸无误。

(2) 确定各组成环公差。计算各组成环的平均极值公差 T_{avA}。

$$T_{avA} = T_0/m = 0.25/5 = 0.05 \text{ (mm)}$$

以平均公差为基础,根据各组成环的尺寸、零件加工难易程度,确定各组成环公差。A_4 为标准件,$A_4 = 3_{-0.05}^{0}$ mm,$T_4 = 0.05$ mm,A_5 为一垫片,易于加工测量,故选 A_5 为协调环。其余组成环公差为:$T_1 = 0.06$ mm,$T_2 = 0.04$ mm,$T_3 = 0.07$ mm,公差等级约为 IT9,则 $T_5 = T_0 - (T_1 + T_2 + T_3 + T_4) = 0.25 - (0.06 + 0.04 + 0.07 + 0.05) = 0.03 \text{ (mm)}$

(3) 确定各组成环的极限偏差。除协调环外各组成环按"入体原则"标注为

$$A_1 = 30_{-0.06}^{0} \text{ mm}, \quad A_2 = 5_{-0.04}^{0} \text{ mm}, \quad A_3 = 43_{0}^{+0.07} \text{ mm}$$

协调环的偏差为

$$EI_5 = ES_3 - ES_0 - (EI_1 + EI_2 + EI_4) = 0.07 - 0.35 - (-0.06 - 0.04 - 0.05) = -0.13 \text{ (mm)}$$
$$ES_5 = EI_5 + T_5 = -0.13 + 0.03 = -0.10 \text{ (mm)}$$

所以,协调环 $A_5 = 5_{-0.13}^{-0.10}$ mm。

【例 8-2】 如果例 8-1 改用大数互换法装配,其他条件不变,试确定各组成环的偏差。

解 (1) 画装配尺寸链图,校验各环基本尺寸与例 8-1 相同。

(2) 确定各组成环公差。假定该产品大批量生产,工艺稳定,则各组成环尺寸正态分布,各组成环平均统计公差为

$$T_{avqA} = \frac{T_0}{\sqrt{m}} = \frac{0.25}{\sqrt{5}} \approx 0.11 \text{ (mm)}$$

A_3 为包容(孔槽)尺寸,较其他零件难加工。现选 A_3 为协调环,则应以平均统计公差为基础,参考各零件尺寸和加工难度,从严选取各组成环公差。

$T_1 = 0.14$ mm,$T_2 = T_5 = 0.08$ mm,其公差等级为 IT11。$A_4 = 3_{-0.05}^{0}$ mm(标准件),$T_4 = 0.05$ mm,则

$$T_3 = \sqrt{T_0^2 - (T_1^2 + T_2^2 + T_4^2 + T_5^2)}$$
$$= \sqrt{0.25^2 - (0.14^2 + 0.08^2 + 0.05^2 + 0.08^2)} = 0.16 \text{ (mm)} \text{ (只舍不进)}$$

(3) 确定组成环的偏差。除协调环外各组成环按"入体原则"标注为

$$A_1 = 30_{-0.14}^{0} \text{ mm}, \quad A_2 = 5_{-0.08}^{0} \text{ mm}, \quad A_5 = 5_{-0.08}^{0} \text{ mm}$$

可得

$$A_{3M} = A_{0M} + (A_{1M} + A_{2M} + A_{4M} + A_{5M})$$
$$= 0.225 + (30 - 0.07) + (5 - 0.04) + (3 - 0.025) + (5 - 0.04)$$
$$= 43.05 \text{ (mm)}$$

所以,$A_3 = 43.05 \pm 0.08 = 43_{-0.03}^{+0.13}$ (mm)。

2. 分组装配法

当封闭环精度要求很高时,如果采用互换装配法,则组成环公差非常小,使加工十分困难且不经济。分组装配法是通过放大组成环公差,及对应零件组分别进行装配,来满足零件

加工及装配精度要求。因此，运用这一方法的关键在于保证分组后各对应组的配合性质和配合精度仍能满足原装配精度的要求，所以必须满足如下条件：

（1）为保证装配后的配合性质和配合精度不变，配合件的公差范围应相等；公差应同方向增加；增大的倍数应等于以后的分组数。满足这些条件后，可以把同一零件的各组看成公差相等、偏差相同、基本尺寸等差（相差一个原有公差）的零件组。因而，分组后相配零件相对于原配合零件只是基本尺寸同步增加或减少，配合性质及精度保持不变。

（2）为保证零件分组后对应零件组数量匹配，应使配合件的尺寸分布为相同的对称分布（如正态分布）。如果分布曲线不相同或为不对称分布曲线，将产生各组相配零件数量不等，造成一些零件的积压浪费。为反映零件的尺寸分布，零件批量应足够大。

（3）配合件的表面粗糙度、相互位置精度和形状精度保持不变，否则，分组装配后的配合性质和精度将受到影响。

（4）分组数不宜过多，零件的公差只要放大到经济加工精度即可，否则，会增加零件测量、分类、保管工作量。

【例 8 - 3】　图 8 - 18（a）所示为某一汽车发动机活塞销 1 与活塞上销孔的装配关系，销子和孔的基本尺寸为 $\phi28$ mm，在冷态装配时要求有 0.002 5 ~ 0.007 5 mm 的过盈量。试用分组装配法确定活塞销及销孔的公差及偏差。

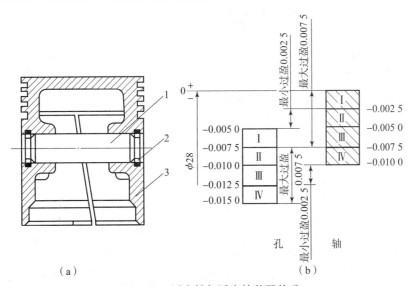

图 8 - 18　活塞销与活塞的装配关系

解　（1）根据题意，装配精度（过盈量）的公差 $T_0 = 0.0075 - 0.0025 = 0.0050$（mm）。若按完全互换装配法，将 T_0 均等分配给活塞销及销孔，则尺寸分别为活塞销 $d = \phi28_{-0.0025}^{0}$ mm 和销孔 $D = \phi28_{-0.0075}^{-0.0050}$ mm，精度等级相当于 IT2 级，显然，制造很困难，也不经济。

（2）采用分组装配法，将原公差同方向放大 4 倍，销、孔尺寸分别为 $d = \phi28_{-0.010}^{0}$ mm，$D = \phi28_{-0.015}^{-0.005}$ mm，精度等级相当于 IT5 ~ IT6 级，制造较容易，也比较经济；按实际加工尺寸分成 4 组，分别用不同的颜色标记。装配时相同颜色标记的活塞销和销孔相配。具体分组情况见表 8 - 2。

表 8 - 2　活塞销与活塞销孔直径分组　　　　　　　　　　　　　　mm

级别	标志颜色	活塞销直径 $d = \phi 28^{\ 0}_{-0.010}$	活塞销孔直径 $D = \phi 28^{-0.005}_{-0.015}$	配合情况	
				最小过盈	最大过盈
I	红	$\phi 28^{\ 0}_{-0.0025}$	$\phi 28^{-0.0050}_{-0.0075}$		
II	白	$\phi 28^{-0.0025}_{-0.0050}$	$\phi 28^{-0.0075}_{-0.0100}$	0.0025	0.0075
III	黄	$\phi 28^{-0.0050}_{-0.0075}$	$\phi 28^{-0.0100}_{-0.0125}$		
IV	绿	$\phi 28^{-0.0075}_{-0.0010}$	$\phi 28^{-0.0125}_{-0.0150}$		

3. 修配装配法

采用修配装配法装配时，各组成环公差按经济加工精度确定，通过修配预先选取的某一组成环（修配环），来补偿其他组成环的累积误差以保证装配精度。修配环应选取拆卸方便，易于修配的零件，显然不能取作为公共环的零件。

采用修配装配时，由于组成环公差放大后，各组成环公差之和超出了装配精度要求，超出部分通过修配补偿，因此，最大修配量即为此超出部分。在尺寸链解算时的主要问题是：在保证修配量足够且最小的原则下，计算修配环的尺寸。

修配环被修配时对封闭环的影响有两种情况：一种是使封闭环尺寸变大；另一种是使封闭环尺寸变小。因此，用修配法解装配尺寸链时，可根据这两种情况进行计算。

如果修配环修配时，封闭环尺寸变大，则应使组成环公差放大后得到的封闭环实际尺寸的最大极限尺寸 $A_{0\max}^{*}$ 不大于规定的封闭环的最大极限尺寸 $A_{0\max}$；如果修配环修配时，封闭环尺寸变小，则应使组成环公差放大后得到的封闭环实际尺寸的最小极限尺寸 $A_{0\min}^{*}$ 不大于规定的封闭环的最小极限尺寸 $A_{0\min}$，否则，无法进行修配。

为保证修配环被修配的表面有良好的接触刚度，保证配合质量，应确保最小的修配量 $K_{\min}$。一般取最小修磨量 $K_{\min} = 0.05 \sim 0.10$ mm，取最小刮研量 $K_{\min} = 0.10 \sim 0.20$ mm。如果最大修配量过大，则应适当调整组成环的公差。

下面以修配环修配时，封闭环尺寸变大情形为例说明采用修配装配法装配时尺寸链的计算步骤和方法。

【**例 8 - 4**】 图 8 - 19 所示的齿轮与轴组件装配，已知：$A_1 = 30$ mm，$A_2 = 5$ mm，$A_3 = 43$ mm，$A_4 = 3^{\ 0}_{-0.05}$ mm（标准件），$A_5 = 5$ mm。装配后齿轮与挡圈的轴向间隙为 0.1 ~ 0.35 mm。现采用修配装配法，试确定修配环尺寸并验算修配量。

解　（1）选择修配环。组成环 A_5 为一垫片，修配方便，故选 A_5 为修配环。

（2）确定组成环公差及偏差。按加工经济精度确定各组成环公差，并按"入体原则"标注确定极限偏差，得：$A_1 = 30^{\ 0}_{-0.20}$ mm，$A_2 = 5^{\ 0}_{-0.10}$ mm，$A_3 = 43^{+0.20}_{0}$ mm，$A_4 = 3^{\ 0}_{-0.05}$ mm（根据题意），并设 $A_5 = 5^{\ 0}_{-0.10}$ mm，各零件公差约为 IT11，可以经济加工。

（3）计算组成环放大后封闭环尺寸 A_0^{*}。

$$
\begin{aligned}
A_{0\max}^{*} &= A_{3\max} - (A_{1\min} + A_{2\min} + A_{4\min} + A_{5\min}) \\
&= (43 + 0.20) - (30 - 0.20) - (5 - 0.10) - (3 - 0.05) - (5 - 0.10) \\
&= 0.65 (\text{mm})
\end{aligned}
$$

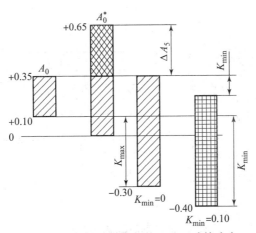

图 8 – 19　修配法装配与修配环尺寸的确定

$$A_{0min}^{*} = A_{3min} - (A_{1max} + A_{2max} + A_{4max} + A_{5max})$$
$$= 43 - (30 + 5 + 3 + 5) = 0$$

由题可知：$A_0 = 0_{+0.10}^{+0.35}$ mm，$T_0 = 0.25$ mm，显然 A_0^{*} 与 A_0 不符，需要通过修配 A_5 来达到规定的装配精度。

（4）确定修配环尺寸 A_5。如图 8 – 19 所示，从 A_0 与 A_0^{*} 比较可知，若装配后轴向间隙超出 +0.35 mm，则无法通过修配 A_5 达到装配精度要求。由尺寸链关系可知，适当增加 A_5 基本尺寸，可以使 A_0^{*} 公差带位置下移，即增加 A_5 的修配量。但增大 A_5 的基本尺寸，装配过程中的修配量相应增大。为使最大修配量不致过大，如果取最小修配量 $K_{min} = 0$，则修配环 A_5 的基本尺寸增加量 ΔA_5 为

$$\Delta A_5 = 0.65 - 0.35 = 0.30 (\text{mm})$$

故修配环 A_5 的尺寸为 $A_5 = (5 + 0.30)_{-0.10}^{0} = 5_{+0.20}^{+0.30}$ （mm）。

（5）验算修配量。图 8 – 19 右侧公差带为修配环按 $A_5 = 5_{+0.20}^{+0.30}$ mm 制造时，轴向间隙变化范围。从图 8 – 19 可知，最大修配量 $K_{max} = 0.10 + 0.30 = 0.40$ （mm），$K_{min} = 0$。修配量合理。

如果考虑最小修配量，$K_{min} = 0.10$ mm，则由尺寸关系可知，修配环基本尺寸及最大修配量各增加 0.10 mm，即 $A_5 = 5.1_{+0.20}^{+0.30}$ mm $= 5_{+0.30}^{+0.40}$ mm，$K_{max} = 0.50$ mm。

4. 调整装配法

采用调整装配法装配时，各组成环零件公差按经济精度的原则来确定，通过改变调整环零件（调整件）的相对位置或选用合适的调整件，补偿由于各组成环公差扩大后所产生的累积误差，以达到装配精度要求的目的。

最常见的调整方法有可动调整法、固定调整法、误差抵消调整法三种。

1）可动调整法

图 8 – 20 （a）所示结构是靠拧螺钉来调整轴承外环相对于内环的位置，从而使流动体与内环、外环间具有适当间隙的。螺钉调到位后，用螺母背紧。图 8 – 20 （b）所示结构为车床刀架横向进给机构中丝杠螺母副间隙调整机构，丝杠螺母间隙过大时，可拧动调节螺钉，调节楔块的上下位置，使左、右螺母分别靠紧丝杠的两个螺旋面，以减小丝杠与左、右螺母之间的间隙。

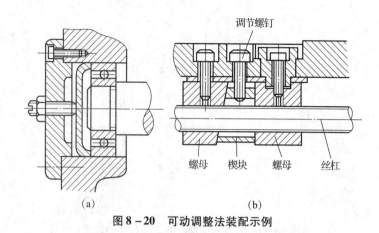

图 8 - 20　可动调整法装配示例

2）固定调整法

在装配时，选择某一零件为调整件，根据各组成环形成累积误差的大小来更换不同尺寸的调整件，以保证装配精度要求。常用的调整件有轴套、垫片、垫圈等。

采用固定调整法时，计算装配尺寸链的关键是确定调整环的组数和各组的尺寸。

（1）确定调整环的组数。首先，确定补偿量 F。采用固定调整装配法时，由于放大组成环公差，装配后的实际封闭环的公差 TA_0^* 必然超出设计要求的公差 T_0，其超差量需用调整环补偿，该补偿量 F 等于超差量，即

$$F = TA_0^* - T_0 \tag{8 - 4}$$

其次，要确定每一组调整环的补偿能力 S。若忽略调整环的制造公差 TA_k，则调整环的补偿能力 S 就等于封闭环公差要求值 T_0；若考虑补偿环的公差 TA_k，则调整环的补偿能力为

$$S = T_0 - TA_k \tag{8 - 5}$$

当第一组调整环无法满足补偿要求时，就需用相邻一组的调整环来补偿。所以，相邻组别调整环基本尺寸之差也应等于补偿能力 S，以保证补偿作用的连续进行。因此，分组数 Z 可表示为

$$Z = \frac{F}{S} + 1 \tag{8 - 6}$$

计算得到分组数 Z 后，要圆整至邻近的较大整数。

（2）计算各组调整环的尺寸。由于各组调整环的基本尺寸之差等于补偿能力 S，所以只要先求出某一组调整环的尺寸，就可推算出其他各组调整环的尺寸。比较方便的办法是先求出调整环的中间尺寸，再求其他各组的尺寸。

调整环的中间尺寸可先由各环中间偏差的关系式，求出调整环的中间偏差后再求得。

当调整环的组数 Z 为奇数时，求出的中间尺寸就是调整环中间一组尺寸的平均值。其余各组尺寸的平均值相应增加或减小各组之间的尺寸差 S 即可。

当调整环的组数 Z 为偶数时，求出的中间尺寸是调整环的对称中心，再根据各组之间的尺寸差 S 安排各组尺寸。

调整环的极限偏差也按"入体原则"标注。

下面通过实例，说明采用固定调整装配法时，尺寸链的计算步骤和方法。

【例 8 - 5】 图 8 - 17 所示的齿轮与轴组件装配，已知：$A_1 = 30$ mm，$A_2 = 5$ mm，$A_3 = 43$ mm，$A_4 = 3_{-0.05}^{\ 0}$ mm（标准件），$A_5 = 5$ mm。装配后齿轮与挡圈的轴向间隙为 0.1 ~ 0.35 mm。现采用固定调整装配法装配，试确定各组成环的尺寸偏差，并求调整件的分组数及尺寸系列。

解 （1）画装配尺寸链、校核各组成环基本尺寸，与例 8 - 1 相同。

（2）选择调整件：A_5 为一垫圈，加工比较容易、装卸方便，故选择 A_5 为调整件。

（3）确定各组成环的公差和偏差。按加工经济精度确定各组成环公差，并按"入体原则"标注确定极限偏差，得：$A_1 = 30_{-0.20}^{\ 0}$ mm，$A_2 = 5_{-0.10}^{\ 0}$ mm，$A_3 = 43_{0}^{+0.20}$ mm，$A_4 = 3_{-0.05}^{\ 0}$ mm（根据题意），并取 $T_5 = 0.10$ mm，各零件公差约为 IT11，可以经济加工。

计算各环的中间偏差：

$$\Delta A_0 = +0.225 \text{ mm}, \quad \Delta A_1 = -0.10 \text{ mm}, \quad \Delta A_2 = -0.05 \text{ mm},$$
$$\Delta A_3 = +0.10 \text{ mm}, \quad \Delta A_4 = -0.025 \text{ mm}$$

（4）计算补偿量 F 和调整环的补偿能力 S。

$$F = TA_0^* - T_0 = (T_1 + T_2 + T_3 + T_4 + T_5) - T_0$$
$$= (0.20 + 0.10 + 0.20 + 0.05 + 0.10) - 0.25 = 0.40(\text{mm})$$
$$S = T_0 - TA_k = T_0 - T_5 = 0.25 - 0.10 = 0.15 \ (\text{mm})$$

（5）确定调整环级数 Z。

$$Z = F/S + 1 = 0.40/0.15 + 1 = 3.66 \approx 4$$

（6）计算调整环的中间偏差和中间尺寸。

$$\Delta A_5 = \Delta A_3 - \Delta A_0 - (\Delta A_1 + \Delta A_2 + \Delta A_4)$$
$$= 0.10 - 0.225 - (-0.10 - 0.05 - 0.025) = 0.05(\text{mm})$$
$$A_{5M} = 5 + 0.05 = 5.05(\text{mm})$$

（7）确定各组调整环的尺寸。因调整环的组数为偶数，故求得的 A_{5M} 就是调整环的对称中心，各组尺寸差 $S = 0.15$ mm。各组尺寸的平均值分别为 （5.05 + 0.15 + 0.15/2） mm，（5.05 + 0.15/2） mm，（5.05 - 0.15/2） mm 及 （5.05 - 0.15 - 0.15/2） mm，各组公差为 ± 0.05 mm。因此，$A_5 = 5_{-0.225}^{-0.125}$，$5_{+0.075}^{+0.025}$，$5_{+0.075}^{+0.175}$，$5_{+0.225}^{+0.325}$ mm。

3）误差抵消调整法

在机器装配中，通过调整被装零件的相对位置，使加工误差相互抵消，可以提高装配精度，这种装配方法称为误差抵消调整法。这一方法在机床装配中应用较多。例如，在车床主轴装配中通过调整前后轴承的径跳方向来控制主轴的径向跳动；在滚齿机工作台分度蜗轮装配中，采用调整蜗轮和轴承的偏心方向来抵消误差，以提高分度蜗轮的工作精度。

8.3 装配工艺规程制定

装配工艺规程是指导装配生产的主要技术文件，制定装配工艺规程是生产技术准备工作的主要内容之一。装配工艺规程对保证装配质量、提高装配效率、缩短装配周期、减轻工人劳动强度、缩小装配占地面积、降低生产成本等都有重要的影响。当前，大批大量生产的企业大多有装配工艺规程，而单件小批生产的企业制定的装配工艺规程比较简单，甚至没有装配工艺规程。

8.3.1　装配工艺规程制定的原则

（1）保证产品装配质量，力求提高质量，以延长产品的使用寿命。

（2）合理安排装配顺序和工序，尽量减少钳工手工劳动量，缩短装配周期，提高装配效率。

（3）尽量减少装配占地面积，提高单位面积的生产率。

（4）尽量减少装配工作所占的成本。

8.3.2　装配工艺规程制定的原始资料

在制定装配工艺规程前，应收集准备相关的原始资料，以便开展这一工作。主要原始资料有以下几个方面：

（1）产品装配图及验收技术条件。产品的装配图应包括总装配图和部件装配图，并能清晰地表示出：

① 零、部件的相互连接情况及其联系尺寸；

② 装配精度和其他技术要求；

③ 零件明细表等。为了在装配时对某些零件补充机械加工和核算装配尺寸链，有时还需要某些零件图。

验收的技术条件应包括验收的内容和方法。

（2）产品的生产纲领。生产纲领决定了产品的生产类型。生产类型不同，致使装配的组织形式、装配方法、工艺过程、设备及工艺装备专业化或通用化水平、手工操作量的比例、对工人技术水平的要求和工艺文件格式等均有很大不同。

大批大量生产应尽量选择专用的装配设备和工具，采用流水线作业方式。现代装配生产中大量使用机器人，组成自动装配线。成批、单件小批生产，则大多采用固定装配方式，通用设备多，手工操作比重大。

（3）生产条件。在制定装配工艺规程时，要考虑工厂现有的生产和技术条件，如装配车间的生产面积、装配工具和装配设备、装配工人的技术水平等，使所制定的装配工艺能够切合实际，符合生产要求，这是十分重要的。对于新建厂，要注意调查研究，设计出符合生产实际的装配工艺。

8.3.3　装配工艺文件

零件机械装配工艺规程确定后，应按相关标准（JB/T 9165.2—1998）将有关内容填入各种不同的卡片，以便贯彻执行。这些卡片总称为装配工艺文件。装配工艺文件主要有装配单元系统图、装配工艺过程卡片（表 8 - 3）、装配工序卡片（表 8 - 4）、检验卡片（表 8 - 5）等。

表 8-3　装配工艺过程卡片

（厂名全称）	机械工艺过程卡片		产品型号		零件图号				
			产品名称		零件名称		共　页		第　页
工序号	工序名称	工序内容			装配部门	设备工艺装备	辅助材料	工时定额/min	
描图									
描校									
底图号									
装订号									
						设计（日期）	审核（日期）	标准化（日期）	会签（日期）
标记	处数	更改文件号	签字	日期	标记	处数	更改文件号	签字	日期

表 8-4　装配工序卡片

（厂名全称）	机械工序卡片		产品型号		零件图号			
			产品名称		零件名称		共　页	第　页
工序号		工序名称		车间	工段		设备	工序工时
	工序号	工步内容				工艺装备	辅助材料	工时定额(min)
描图								
描校								
底图号								
装订号								
						设计（日期）	审核（日期）	标准化（日期）	会签（日期）
标记	处数	更改文件号	签字	日期	标记	处数	更改文件号	签字	日期

表 8 – 5　检验卡片

	（厂名全称）	检验卡片		产品型号		零件图号				
				产品名称		零件名称			共　页	第　页
	工序号	工序名称	车间	检验项目	技术要求	检测手段	检验方案	检验操作要求		
		简图								
描图										
描校										
底图号										
装订号										
				设计（日期）	审核（日期）	标准化（日期）	会签（日期）			
	标记	处数	更改文件号	签字	日期	标记	处数	更改文件号	签字	日期

8.3.4　装配工艺规程制定的步骤

根据上述原则和原始资料，可按下列步骤制定装配工艺规程。

1. 熟悉和审查产品的装配图

审核产品图样的完整性、正确性；分析产品的结构工艺性；审核产品装配的技术要求和验收标准，分析与计算产品装配尺寸链。

2. 确定装配方法与组织形式

装配方法和组织形式主要取决于产品的结构特点（包括重量、尺寸和复杂程度），生产纲领和现有生产条件。装配方法通常在设计阶段即应确定，并优先采用完全互换法。

3. 划分装配单元，确定装配顺序

将产品划分为套件、组件及部件等装配单元是制定装配工艺规程中最重要的一个步骤，这对大批大量生产结构复杂的产品尤为重要。无论哪一级装配单元，都要选定某一零件或比它低一级的装配单元作为装配基准件。装配基准件通常应是产品的基体或主干零、部件。基准件应有较大的体积和重量，有足够的支撑面，以满足陆续装入零、部件时的作业要求和稳定要求。例如：床身零件是床身组件的装配基准零件；床身组件是床身部件的装配基准组件；床身部件是机床产品的装配基准部件。

划分装配单元、确定装配基准零件以后，即可安排装配顺序，并以装配系统图的形式表示出来。安排装配顺序的原则一般是"先难后易、先内后外、先下后上，先重大后轻小，预处理工序在前"。

图 8－21 所示为卧式车床床身装配简图，图 8－22 所示为床身部件装配工艺系统图。

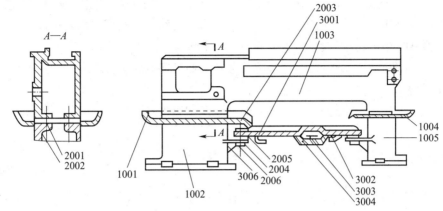

图 8－21 卧式车床床身装配简图

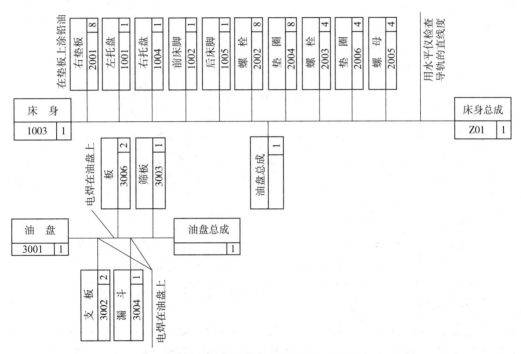

图 8－22 床身部件装配工艺系统图

4. 划分装配工序

装配顺序确定后，就可将装配工艺过程划分为若干工序，其主要工作如下：

（1）确定工序集中与分散的程度。

（2）划分装配工序，确定工序内容。

（3）确定各工序所需的设备和工具，如需专用夹具与设备，则应拟定设计任务书。

（4）制定各工序装配操作规范，如过盈配合的压入力、变温装配的装配温度以及紧固件的力矩等。

（5）制定各工序装配质量要求与检测方法。

（6）确定工序时间定额，平衡各工序节拍。

5. 编制装配工艺文件

单件小批生产时，通常只绘制装配系统图，装配时，按产品装配图及装配系统图工作。成批生产时，通常还制定部件、总装的装配工艺卡，写明工序次序、简要工序内容、设备名称、工夹具名称与编号、工人技术等级和时间定额等项。

在大批大量生产中，不仅要制定装配工艺卡，而且要制定装配工序卡提示，以直接指导工人进行产品装配。

此外，还应按产品图样要求，制定装配检验及试验卡片。

本 章 小 结

装配是按规定的技术要求将零、部件进行配合连接的工艺过程，合理的产品结构有助于装配的连接和组织实施。互换装配、分组装配、修配装配和调整装配是保证装配精度的常用工艺方法，应根据不同情况合理选择及完成相应尺寸链计算。大批量生产情况下，应制定严格的装配工艺规程，规程的制定按相应的原则和步骤进行。

通过本章学习，掌握保证装配精度的常用工艺方法，并学会装配工艺规程的设计。

复习思考题

8-1 何谓装配？如何区分装配过程中的套装、组装、部装和总装？

8-2 机械结构的装配工艺性包括哪些主要内容？试举例说明。

8-3 装配精度一般包括哪些内容？装配精度与零件的加工精度有何区别？试举例说明。

8-4 试述装配工艺规程制定的主要内容及其步骤。

8-5 如何建立装配尺寸链？装配尺寸链封闭环与工艺尺寸链的封闭环有何区别？

8-6 保证装配精度的方法有哪几种？各适用于什么装配场合？

※ 以下各计算题若无特殊说明，各参与装配的零件加工尺寸均为正态分布，且分布中心与公差带中心重合。

8-7 现有一轴、孔配合，配合间隙要求为 $0.04 \sim 0.26$ mm，已知轴的尺寸为 $\phi 50_{-0.10}^{\ 0}$ mm，孔的尺寸为 $\phi 50_{0}^{+0.20}$ mm。若用完全互换法进行装配，能否保证精度要求？用大数互换法装配能否保证装配精度要求？

8-8 图 8-14 所示的齿轮箱部件，根据使用要求，齿轮轴肩与轴承端面间的轴向间隙应在 $1 \sim 1.75$ mm 范围内。若已知各零件的基本尺寸为 $A_1 = 140$ mm，$A_2 = 5$ mm，$A_3 = 50$ mm，$A_4 = 101$ mm，$A_5 = 5$ mm，试用完全互换法和大数互换法分别确定这些尺寸的公差及偏差。

8-9 减速机中某轴上零件的尺寸为 $A_1 = 40$ mm，$A_2 = 36$ mm，$A_3 = 4$ mm。要求装配后的轴向间隙为 $0.10 \sim 0.15$ mm，结构如图 8-23 所示。试用安全互换法和大数互换法分别确定这些尺寸的公差及偏差。

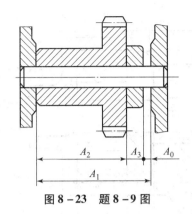

图 8 - 23 题 8 - 9 图

8 - 10 某轴与孔的设计配合 $\phi 10H6/h6$，为降低加工成本，两零件按 IT9 级制造。现采用分组装配法，试计算：

（1）分组数和每一组的极限偏差；

（2）若加工 1 000 套，每一组孔与轴的零件数各为多少？

8 - 11 图 8 - 24 所示为车床溜板与床身导轨装配图，为保证溜板在床身导轨上准确移动，要求装配后配合间隙为 0.1 ~ 0.3 mm。试用修配法确定有关零件尺寸的公差及偏差。

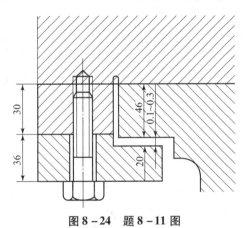

图 8 - 24 题 8 - 11 图

8 - 12 图 8 - 25 所示为双联转子泵（摆线齿轮）的轴向装配关系简图。装配时要求在冷态下的装配间隙 $A_0 = 0.05 \sim 0.15$ mm。各组成环基本尺寸为：$A_1 = 41$ mm，$A_2 = A_4 = 17$ mm，$A_3 = 7$ mm。

（1）采用完全互换法和大数互换法装配时，试分别确定各组成环尺寸公差及极限偏差。

（2）采用修配法装配时，A_2、A_4 按 IT9 级精度制造，A_1 按 IT10 级精度制造，选 A_3 为修配环。试确定修配环的尺寸及偏差，并计算可能出现的最大修配量。

（3）采用调整法装配时，A_1、A_2、A_4 均按上述精度制造，选 A_3 为固定调整环，取 $TA_3 = 0.02$ mm，试计算垫片尺寸系列。

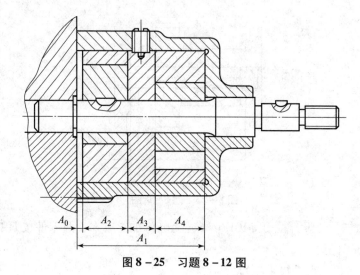

图 8 – 25　习题 8 – 12 图

第 9 章　先进制造技术

9.1　概　　述

先进制造技术是 20 世纪 80 年代末国际上提出的一个综合性、交叉性前沿学科，是制造技术和信息技术以及其他现代高科技技术相结合而产生的一个完整的技术群，并被公认为面向 21 世纪促进国家经济增长和增强国家经济实力的重要技术手段。

9.1.1　先进制造技术的定义

目前，对于先进制造技术尚无明确的、一致公认的定义，不过通过多年的实践和对其特征的分析，可以认为，先进制造技术是制造业不断吸收机电一体化技术、信息技术和现代管理技术的成果，并将其综合运用于产品设计、加工、检测、管理、销售、使用、服务乃至回收的制造全过程，以实现优质、高效、低耗、清洁、灵活生产，提高对动态多变的市场的适应能力和竞争能力的制造技术的总称。对上述定义的理解：

① 先进制造技术的目标是提高制造业对市场的适应能力和竞争能力；

② 先进制造技术的核心是信息技术、现代管理技术与制造技术的有机结合；

③ 先进制造技术特别强调信息技术、现代管理技术在整个制造过程中的综合应用。

9.1.2　先进制造技术的特点

先进制造技术的先进性主要体现在以下几个方面。

1. 先进制造技术是一项综合性技术

先进制造技术不是一门单独的学科或具体的技术，它是利用系统工程的思想和方法，将机械、电子、信息、材料、管理技术融为一体的新型交叉学科，并贯穿到从市场分析、产品设计、加工制造、生产管理、市场营销、维修服务直至产品报废回收的整个生命周期中，特别强调计算机技术、信息技术和现代管理技术在制造业中的综合应用，因此被为人们称为"制造工程"。

2. 先进制造技术是一项实用性很强的新技术

每一项先进制造技术都是针对某一具体的制造业的需求发展起来的，先进制造技术追求的是技术的实际效果，以高效益为中心，提高企业的竞争能力。

3. 先进制造技术是动态发展的技术

每一项先进制造技术都是适应企业的具体情况而产生的，企业的生产是动态发展的，所以先进制造技术也不是一成不变的，为了适应企业动态的生产，先进制造技术不断吸收和利用各种高新技术成果，并将其渗透到制造系统的各个部分和制造的整个过程中，使其不断发展。

4. 先进制造技术是面向 21 世纪的全球竞争的技术

信息技术的飞速发展使全球的每个企业都处在国际化的市场竞争中，企业必须提高对市场的快速反应速度，保留传统的制造技术中有效的要素，吸收并充分利用一切高新技术。先进制造技术与管理相结合，产生了一系列先进制造模式，使企业在全球国际化市场竞争中立于不败之地。

5. 先进制造技术是绿色的环保技术

先进制造技术强调技术先进性的同时，更强调绿色环保技术，重视产品的回收和再利用，突出能源的利用率并坚持可持续发展的战略。

9.1.3　先进制造技术的发展趋势

随着电子、信息技术的快速发展，先进制造技术正朝着精密化、柔性化、集成化、网络化、虚拟化、智能化和绿色环保化发展，表现出如下发展趋势：

（1）精密化。精密化是指产品、零件的加工精度要求越来越高，加工精度正向纳米级精度发展，如果没有先进制造技术，是很难达到的。

（2）柔性化。制造自动化系统的柔性要求越来越大，要求能够快速实现制造系统的重组，模块化产品的设计可以极大地提高制造系统的柔性，并可以根据需要快速实现制造系统的重组。

（3）集成化。集成化是指技术的集成、管理的集成、技术与管理的集成三个方面。技术的集成是指先进制造技术是机电一体化技术，包括检测传感技术、信息处理技术、自动控制技术、伺服传动技术、精密机械技术和系统总体技术的集成。管理技术集成是指生产信息、过程的集成。

（4）网络化。网络化是指先进制造技术采用计算机集成制造系统，通过采用局域网，以实现企业内部的信息传输与信息集成。Internet 和 Intranet 的出现，使企业之间的信息传输与信息集成以及异地制造成为可能，电子商务目前已经得到实际应用，网络化制造正在成为制造自动化技术的研究热点。

（5）虚拟化。虚拟制造是以系统建模技术和计算机仿真技术为基础的。虚拟制造将现实制造环境及制造过程，通过系统模型映射到计算机及相关技术所支持的虚拟环境中，在虚拟环境中模拟现实制造环境及制造过程，从而完成产品的设计、制造、预测和评价的过程，由此缩短产品的生产周期，提高产品质量，降低成本，并能快速响应市场变化的能力。

（6）智能化。智能化是指用于制造的设备具有人机一体化、自律能力、自组织与超柔性、学习能力与自我维护能力，并且具有类人思维能力等特点。这种设备是智能化机器和人类专家系统的统一体，具有高度柔性与集成的特点，借助计算机模拟人类专家的智能活动进行分析、判断、推理、构思和决策。

（7）绿色环保。绿色环保是指在保证产品的功能、质量、成本的前提下，综合考虑环境影响和资源利用效率的一种现代制造模式。人类的制造活动要与环境做到和谐统一，不但要保护自然环境，也要保护社会环境、生产环境，还要保护生产者的身心健康。

9.2　现代生产制造模式

9.2.1　成组技术

1. 定义

随着市场需求的多样性和个性化，多品种、中小批量的生产在各类机器生产中所占的比例越来越大，怎样能把大批量生产的先进工艺和高效设备以及生产方式用于中、小批量的生产中，成了机械制造业备受关注的研究课题。20 世纪 80 年代以后，社会上出现了成组技术并且很快被人们所接受。

成组技术是一门生产技术科学，研究和发掘生产活动中有关事物的相似性，充分利用它把相似的问题分类成组，寻求解决这一组问题的相对统一的最优方案，以取得期望的经济效果。定义为：成组技术将多种零件按其相似性分类成组，并以这些零件组为基础组织生产，实现多品种、中小批量生产的产品设计、制造工艺和生产管理的合理化。由此可见，机械制造中的成组技术的基本原理是将零件按其相似性分类成组，使同一类零件分散的小批量生产，汇合成较大批量的成组生产，从而使多品种、中小批量生产可以获得接近大批量生产的经济效果。

如图 9 - 1（a）所示的相似件从结构上同为回转体，且都有孔，属轴套类零件，加工时都可以采用车削、磨削和螺纹加工。图 9 - 1（b）中的相似件属于平面上有孔的零件，可采用车、铣、钻、磨的加工方法。

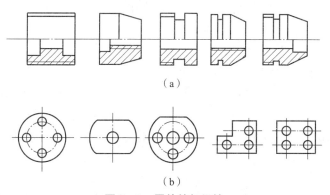

（a）

（b）

图 9 - 1　零件的相似性

2. 实施成组技术的客观基础

在机械制造中实施成组技术有其客观基础，主要表现在：

（1）机械零件之间存在着相似性，这种相似性主要表现在零件结构特征（零件形状、形状要素及其布置、尺寸、精度等）相似性，零件材料特征（零件材质、毛坯、热处理等）相似性和零件制造工艺（加工方法、加工过程、加工设备等）相似性三个方面，前两者是零件固有的，因此又称为"一次相似性"，后者取决于前两者，因此又称为"二次相似性"。

（2）机械产品中零件出现频率有明显的规律性和稳定性，机械产品中 20% ~ 25% 的零件属于简单件，如螺钉、螺母、销、键等，这类零件的结构简单，再用性高，一般已经标准化和形成大批量生产，故又称标准件。机械产品中 70% 的零件属于中等复杂程度零件，如轴、齿轮、盖板、法兰盘等，这类零件数量较大，彼此之间存在显著的相似性，故又称相似件。正是由于机械产品中大多数零件是相似件，成组技术才得以实现。

3. 成组技术在机械制造业中的作用

实施成组技术有如下优点：

（1）减少设备数量和种类，降低成本。

采用成组技术，可以减少工艺装备数量，由于结构有相似性的同类产品可以归为一组在一台设备上加工，所以大大减少了设备数量。

（2）减少设计工作量，缩短生产周期。

由于新产品的很多零部件可以沿用原有的图纸，这部分的零件和工艺规程不必重新设计，采用重组技术，可以稍作调整就可以归入相应的组中，可以减少设计工作量，从而缩短生产周期。

（3）提高设计的标准化与合理化。

采用成组技术，编制标准零件的分类编码系统，设计零件时，先把要设计的零件结构形状和尺寸大小转化为相应的分类代码，然后按照这些代码查阅成组零件图册，对将要设计的零件稍作修改，就可以设计出新产品，从而减少设计工作量。

（4）有利于生产的计算机管理。

采用成组技术改变了企业工艺分散、杂乱无章的状况，减少了不必要的重复设计和工艺上的多样化生产单元，给企业生产管理带来了方便，有利于企业提高生产效率，稳定产品质量，便于实现生产的计算机管理。所以成组技术是计算机辅助设计（CAD）、计算机辅助工艺规程设计（CAPP）、计算机辅助制造（CAM）和柔性制造系统（FMS）等方面的技术基础。

4. 成组技术的零件分类和编码

成组技术是按照零件的相似性进行分类成组的，为便于分析零件的相似性，首先对零件的相似特征进行描述和识别。采用编码的方法对零件的相似性特征进行描述和识别，而零件分类编码系统就是用字符（数字、字母或符号）对零件有关特征进行描述和识别的一套特定的规则和依据。

1）零件的分类

零件的分类是按照选定的属性（或特征）区分处理对象，并将具有某种同属性（或特征）的对象集中在一起的过程。分类标志是事物进行分类的依据，被选作分类标志的常常是被分类事物所固有的特点和属性。由分类系统按照分类标志对事物进行分类。

2）零件的编码

对于每个零件的分类结果用代码进行表达。代码是表示事物（或概念）的一个或一组特定字符。编码是给事物（或概念）赋予代码的过程。

零件分类中的代码可选用阿拉伯数字（0，1，2，…，9）、英文字母（A，B，C，…，Z），也可以将数字和字母混合。零件可以用代码来描述和表达各分类环节上的分类标志所描述的零件的特征和属性，将各代码按照需要进行某种规律组合就构成了零件的编码。每种零件的编码不一定是唯一的，相似的零件可以拥有相同或相近的编码，这样就可以划分相似的零件组。零件的编码是按照一定的规则进行的，这就构成了一个编码系统。

目前，世界上已经有 77 种通用的分类编码系统，其中较为著名的有德国的 OPITZ 系统、瑞士的 SULZER 系统、荷兰的 MICLASS 系统、日本的 KK 系统、中国的 JLBM—1 系统等。其中 Opitz 编码系统是提出最早，影响较大的，如图 9 - 2 所示。该系统由九位码组成，前 5位码用来描述零件的形状特征，称为主码或形状码；后四位称为辅码，分别描述零件的尺寸、材料、毛坯和精度特征。

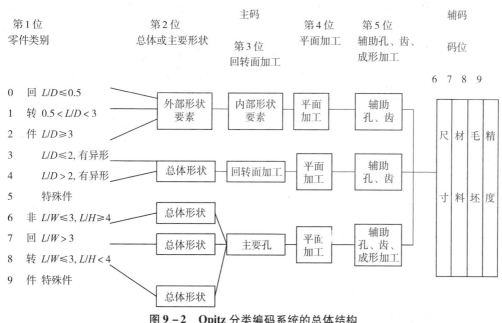

图 9 - 2   Opitz 分类编码系统的总体结构

3）划分零件组的方法

对于不同的生产活动领域，划分零件组的概念完全不同，在产品设计领域，应按零件结构的相似性特征划分零件组；在加工领域，应按零件工艺相似特征划分零件组；在生产管理领域，应按零件工艺相似特征及零件投产时间特征划分零件组；对于机床调整，则应按零件的调整特征划分零件组。

划分方法为：

（1）经验法。根据工艺人员的个人经验，采用人工方法划分零件组。这种方法不但效率低，分组优劣完全取决于工艺人员的经验，难以取得最优结果。

（2）分类编码法。根据零件成组编码划分零件组。此方法关键是建立适当的码域矩阵。码域矩阵与零件组一一对应，凡零件的编码落在某一相同的码域矩阵内，这些零件便可划分为同一零件组。

（3）生产流程分析法。直接按零件的加工工艺过程及所用设备对零件进行分组，将工艺过程相似的零件分在同一个零件组内。其优点是可以保证同一零件组内的零件工艺相似性，并可在划分零件组的同时形成机床组。这种生产形式是成组技术在加工中应用的最典型形式，可以在车间的一定生产面积上配置一组机床和一组工人，用以完成一组或几组在工艺上相似的零件的全部工艺过程。

9.2.2 计算机集成制造系统（CIMS）

1. CIM 与 CIMS 定义

欧共体 CIM – OSA 课题委员会对 CIM 的定义具有一定的权威性，即 CIM 是信息技术和生产技术的综合应用，旨在提高制造型企业的生产率和相应能力。企业所有功能、信息、组织管理等方面都是集成起来的整体的各个部分，彼此紧密连接，单一的生产活动都应在企业整个框架下统一考虑。其二是整个生产过程实质上是一个数据的采集、传递和加工处理的过程，最终的产品可看作数据的物质表现。

计算机集成制造系统（CIMS）是基于 CIM 思想而组成的系统，是 CIM 的具体体现，如果说 CIM 是一种制造哲理，是一种思想，CIMS 则是 CIM 制造哲理的具体体现，是一种工程技术系统。CIMS 是将现代管理技术、制造技术、信息技术、自动化技术、系统工程技术的应用集于一体的系统工程。它综合并发展了与企业生产各环节有关的计算机辅助技术，即计算机辅助经营决策与生产管理（MIS、OA、MRPⅡ），计算机辅助分析和设计技术（CAD、CAE、CAPP、CAM），计算机辅助制造技术（CNC、DNC、FMC、FMS），计算机辅助信息技术（网络、数据库），计算机辅助质量管理与控制等。

CIMS 的核心在于集成，在于企业内的人、生产经营和技术这三者之间的信息集成，以便在信息集成的基础上使企业组成统一的整体，保证企业内的工作流程、物质和信息流畅通无阻。

2. CIMS 的基本组成

CIMS 一般可以划分为四个功能系统和两个支撑系统，即管理信息系统、工程设计自动化系统、制造自动化系统、质量保证系统，以及计算机网络支撑系统和数据库支撑系统。

（1）管理信息系统：包括预测、经营决策、各级生产计划、生产技术准备、销售、供应、财务、成本、设备、人力资源的管理信息功能。

（2）工程设计自动化系统：通过计算机来辅助产品设计、制造准备以及产品测试，即CAD/CAPP/CAM 阶段。

（3）制造自动化系统：是 CIMS 信息流和物流的结合点，是 CIMS 最终产生经济效益的聚集地，由数控机床、加工中心、清洗机、测量机、运输小车、立体仓库、多级分布式控制计算机等设备及相应的支持软件组成，根据产品工程技术信息、车间层加工指令，完成对零件毛坯的作业调度及制造。

（4）质量保证系统：包括质量决策、质量检测、产品数据的采集、质量评价、生产加工过程中的质量控制与跟踪功能。该系统保证从产品设计、产品制造、产品检测到售后服务全过程的质量。

（5）计算机网络支撑系统：即企业外部的广域网、内部的局域网及支持 CIMS 各子系统的开放型网络通信系统，采用标准协议可以实现异机互联、异构局域网和多种网络的互联。

该系统满足不同子系统对网络服务提出的不同需求，支持资源共享、分布处理、分布数据库和适时控制。

（6）数据库支撑系统：支持 CIMS 各子系统的数据共享和信息集成，覆盖了企业全部数据信息，在逻辑上是统一的，在物理上是分布式的数据库管理系统。

3. CIMS 的体系结构

在对传统的制造管理系统功能需求进行深入分析的基础上，美国国家标准技术研究院（AMRF）提出了共分五层的 CIMS 控制体系结构（图 9 – 3），即工厂层、车间层、单元层、工作站层和设备层。每一层又可进一步分解为模块或子层，并都由数据驱动。

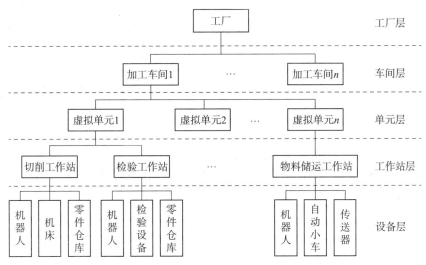

图 9 – 3　AMRF/CIMS 分级控制体系结构

1）工厂层控制系统

工厂层控制系统为 CMS 的最高一级控制，进行生产管理，履行"工厂"或"总公司"的职能。它的规划时间范围（指任何按制层完成任务的时间长度）可以从几个月到几年。该层按主要功能又可分为三个模块——生产管理模块、信息管理模块和制造工程模块。

（1）生产管理模块。生产管理模块跟踪主要项目，制订长期生产计划，明确生产资源需求，确定所需的追加投资，计算出剩余生产能力，汇总质量性能数据，根据生产计划数据确定交给下一级的生产指令。

（2）信息管理模块。信息管理模块通过用户—数据接口实现必要的行政或经营的管理功能，如成本估算、库存估计、用户订单处理、采购、人事管理以及工资单处理等。

（3）制造工程模块。制造工程模块的功能一般都是通过用户 – 数据接口，在人的干预下实现的。该模块包括两个子模块——CAD 子模块和工艺过程设计子模块。CAD 子模块用于设计几何尺寸规格和提出部件、零件、刀具和夹具的材料表；工艺过程设计子模块则用于编制每个零件从原材料到成品的全部工艺过程。

2）车间层控制系统

车间层控制系统负责协调车间的生产和辅助性工作，以及完成上述工作的资源配置。其规划时间范围从几周到几个月。它一般有以下两个主要模块：

（1）任务管理模块。任务管理模块负责安排生产能力计划，对订单进行分批，把任务及资源分配给各单元，跟踪订单直到完成，跟踪设备利用情况，安排所有切削刀具、夹具、机器人、机床及物料运输设备的预防性维修，以及其他辅助性工作。

（2）资源分配模块。资源分配模块负责分配单元层控制系统，进行各项目具体加工时所需的工作站、储存区、托盘、刀具及材料等。它还根据"按需分配"原则，把一些工作站分配给特定的"虚拟"单元，动态地改变其组织结构。

3）单元层控制系统

单元层控制系统负责相似零件分批通过工作站的顺序和管理（如物料储运、检验）及其他有关辅助工作。它的规划时间范围可从几个小时到几周。具体的工作内容是完成任务分解，资源需求分析，向车间层控制系统报告作业进展和系统状态，决定分批零件的动态加工路线，安排工作站的工序，给工作站分配任务以及监控任务的进展情况。

4）工作站层控制系统

工作站层控制系统负责和协调车间中一个设备小组的活动。它的规划时间范围可从几分钟到几小时。一个典型的加工工作站由一台机器人、一台机床、一个物料储存器和一台控制计算机组成。

5）设备层控制系统

设备层控制系统是机器人、各种加工机床、测量仪器、小车、传送装置等各种设备的控制器。采用这种控制是为了加工过程中的改善修正、质量检测等方面的自动计量和自动在线检测、监控。该层控制系统向上与工作站控制系统接口连接，向下与厂家供应的各单元设备控制器连接。设备控制器的功能是把工作站控制器命令转换成可操作的、有次序的简单任务，并通过各种传感器监控这些任务的执行。

4. CIMS 的实施与经济效益

CIMS 系统是企业经营过程、人的作用发挥和新技术的应用三方面集成的产物。因此，CIMS 的实施要点也要从这几方面来考虑。

首先，要改造原有的经营模式、体制和组织，以适应市场竞争的需要。因为 CIMS 是多技术支持条件下的一种新的经营模式。

其次，在企业经营模式、体制和组织的改造过程中，对于人的因素要给予充分的重视，并妥善处理。因为人作为企业的第一资源，其知识水平、技能和观念等具有极大的能动性。

最后，CIMS 的实施是一个复杂的系统工程，整个实施过程必须有正确的方法论指导和规范化的实施步骤，以减少盲目性和不必要的疏漏。

9.2.3　并行工程

20 世纪 80 年代末，一些发达国家出现了一种并行的工作方式，以缩短从产品概念设计到正式投产的生产准备时间，将其称为并行工程。

并行工程的定义是：并行工程是对产品及其相关过程（包括制造过程和支持过程）进行并行的、一体化设计的工作模式。这种工作力图使开发者从一开始就考虑到产品整个生命周期中的所有因素，包括质量、成本、进度和用户要求等。

1. 并行工程的特点

（1）并行特性。把时间上有先后顺序的活动转变为同时考虑和尽可能同时处理和并行处理。

（2）整体特性。虽然设计方法和设计过程是并行的，但是整个设计活动是一个整体的，各个活动单元存在内在联系，把产品开发的各个活动作为一个集成的过程进行管理和控制，以达到整体最优的目的。

（3）协同性。特别强调人们的群体协同作用，包括产品寿命周期（设计、工艺、制造、质量、销售、服务等）有关的部门所有人员要进行协同工作，采用各种技术和方法进行集成。

（4）约束特性。在设计变量（如几何参数、性能指标、产品中各零部件）之间的关系上，考虑产品设计的几何、工艺及工程实施上各种相互关系的约束和联系。

2. 并行工程的效益

实施并行工程可以获得明显的经济效益。据统计，实施并行工程可以使新产品开发周期缩短 40%～60%，早期生产中工程变更次数减少一半以上，产品报废及反复工作减少 75%，产品制造成本降低 30%～40%。

3. 并行工程的实施

1）组织方面

实施并行工程的主要组织形式是"产品开发组"。产品开发组是专门为某一产品而组织的，具有明确的目标和职责。产品开发组通常由不同专业的人员组成，这些人员可能涉及与产品全生命周期相关的各个部门，如设计、工艺、计划、检验、评价、销售、服务等。产品开发组的每个成员必须清楚地了解目标及各自的任务，一边协调工作，充分交换信息，及早发现和解决设计中的错误、矛盾和冲突，持续改善产品及其相关过程。

2）实施方面

实施并行工程的设施方面主要指必须具备的由计算机、网络、数据库等组成的通信基础设施，一边为开发组成员间的交流、写作提供必要的手段。

3）设计方面

（1）概念设计。所谓概念设计，是指制定对整个产品的看法和说明，即明确用户、设计、制造等方面对产品的要求，这是设计的第一步。其中尤为重要的是正确搜集用户要求。据统计，20% 的产品设计变更是由于对用户要求理解不正确或不充分而造成的，而变更设计将付出昂贵的代价。概念设计要求在对产品进行说明的同时，还需给出限制条件，如工业标准、材料、公差、环境要求，甚至包括社会和伦理方面的因素，这些都是在设计中必须考虑的。

（2）产品及相关过程设计的沟通在产品设计过程中必须同时考虑下游的制造过程与支持过程，必须同时对产品的质量、成本、可制造性、可测试性、可支持性等进行并行、一体化的设计。上、下游之间必须有反馈，构成不断改进的回路。

（3）产品开发的优化应不断改进产品及其开发过程。作为改进的第一步，是获取所有与产品开发有关的信息，以利用这些信息去改进下次设计。例如，研究产品缺陷是如何发生的，为何在设计中未被发现，找出问题所在，提出解决方法，便可形成一个知识模块，将其存入数据库，以供下次设计借鉴。目前已有一些软件工具，可帮助设计者基于已有的设计去仿真、验证新的设计。

9.2.4　准时制生产技术（JIT）

准时生产方式是起源于日本丰田汽车公司的一种生产管理方法，它的基本思想可用现在已广为流传的一句话来概括，即"只在需要的时候，按需要的量生产所需的产品"，这也就是 Just-in-Time（JIT）一词所要表达的本来含义。这种生产方式的核心是追求一种无库存的生产系统，或使库存达到最小的生产系统。准时生产方式在最初引起人们的注意时曾被称为"丰田生产方式"，后来随着这种生产方式被人们越来越广泛地研究和应用，特别是引起西方国家的广泛注意以后，人们开始把它称为 JIT 生产方式。

1. JIT 的基本原理

JIT 的实质是通过生产优化设计、紧凑安排工作中心、集成管理系统和人的参与等环节消除各种资源的浪费。JIT 要求准时地提供生产或采购的产品，要求准时地生产和交货以满足销售要求，以每日或每小时为时间尺度准时地装配组件成产品，准时地将加工工件进行组件装配，准时地采购原材料并投入零件加工部分，最大限度地减少在制品和库存量，满足用户多样化需求，适应多品种、小批量、大规模生产方式。

JIT 是从下游工段到上游工段按质量、数量要求挑选所需零件，车间生产是根据用户需要拉着向前推进，故称为拉式（pull）生产，从而可防止产品的大量积压，避免浪费下游工段工人的劳动和时间。推式生产则属于生产动力型生产方式。以装配为例，JIT 的及时生产方法（JITP）是这样进行的：同一条装配线可以装配许多相似的产品，系统用两种方式把零件提供给装配线。

第一种方式，把低值、大用量的零件作为边线存货，保持其最大/最小的基本数量；

第二种方式，其他零件由看板箱全套提供，按用空箱子取代由仓库传输来的满箱子的看板原理进行运作。

装配进度处理软件可给出看板箱中自动装满的货物清单。在整个过程中，由于看板箱上贴有条形码，因而很容易执行监控。装配完毕后，认读条形码，计算机便将所用全部零件从库存中减去，并将完成的产品数量加以累计。这种工作方式称为后序处理或拉式处理。当零件不够用时，则给出一份短缺件清单并显示最近地点的零件位置，或显示在何处订的货。在此基础上人们能够监控并解决供货问题，改变装配进度，提高系统的柔性和服务水平。

上述装配进度处理软件实际上是一个高速 MRP 系统，它持续地重复计算现行计划所需的零部件和原材料，并能够对任何变化迅速做出响应。

2. JIT 生产方式的目标和实施手段

1）JIT 生产方式的目标

JIT 生产方式的最终目标即企业的经营目的为获取最大利润。为了实现这个最终目的，"降低成本"就成为基本目标。JIT 生产方式力图通过"彻底消除浪费"来达到这一目标。

2）JIT 生产方式的基本手段

为了达到降低成本这一基本目标，JIT 生产方式的基本手段也可以概括为下述三个方面：

（1）适时适量生产。即"在需要的时候，按需要的量生产所需的产品"。对于企业来说，各种产品的产量必须能够灵活地适应市场需要量的变化。否则的话，生产过剩会引起人员、设备、库存费用等一系列的浪费。而避免浪费就是要适时适量生产，只在市场需要的时候生产市场需要的产品。

（2）弹性配置作业人数。在劳动费用越来越高的今天，降低劳动费用是降低成本的一个重要方面。达到这一目的的方法是"少人化"。所谓少人化，是指根据生产量的变动，弹性地增减各生产线的作业人数，以及尽量用较少的人力完成较多的生产。这种"少人化"技术一反历来的生产系统中的"定员制"，是一种全新人员配置方法。实施独特的设备布置，以整顿削减人员，为了适应这种变更，作业人员必须是具有多种技能的"多面手"。

（3）质量保证。要提高质量，就得花人力、物力来加以保证。但在 JIT 生产方式中，却一反这一常识，通过将质量管理贯穿于每一工序之中来实现提高质量与降低成本的一致性，具体方法是"自动化"。这里所讲的自动化，是指融入生产组织中的两种机制：第一，使设备或生产线能够自动检测不良产品，一旦发现异常，不良产品可以自动停止设备运行的机制。第二，生产一线的设备操作工人发现产品或设备的问题时，有权自行停止生产的管理机制。依靠这样的机制，不良产品一出现马上就会被发现，防止了不良的重复出现或累积出现，从而避免了由此可能造成的大量浪费。

9.2.5 敏捷制造技术

敏捷制造由美国通用汽车公司（GM）等和里海大学的雅柯卡研究所联合研究，于 1988 年首次提出，1990 年面向社会公开以后立即受到世界各国的重视，1992 年美国将这种全新的制造模式作为 21 世纪制造企业的战略。

敏捷制造是指企业在不断变化和不可预测的竞争环境中，快速响应市场和赢得市场竞争的一种能力，是企业实现敏捷生产经营的一种制造和生产模式。敏捷制造包括：

（1）需求响应的快捷性，即指快速响应市场需求的能力。

（2）制造资源的集成性，不仅指企业内部的资源共享与信息集成，还指友好企业之间的资源共享和信息集成。

（3）组织形式的动态性，若干企业为了实现一个市场机会，随任务的产生而产生，随任务的结束而结束，组织形式是动态的，如"虚拟企业"等。

敏捷制造的工作原理是借助于计算机网络和信息集成基础结构，构造由多个企业参加的"虚拟制造"环境，以竞争合作为原则，在虚拟制造环境下动态选择合作伙伴，组成面向任务的虚拟公司，进行快速和最佳化生产。当任务完成后，虚拟企业自行解散。

9.2.6 智能制造技术（IMS）

1. 智能制造的含义

所谓智能制造技术（IMS），是一种由智能机器人和人类专家共同组成的人机一体化智能系统，它在制造过程中能进行智能活动，如分析、推理、判断、构思和决策等。智能制造技术指在制造工业的各个环节以一种高度柔性与高度集成的方式，通过计算机模拟人类专家的智能活动，并对人类专家的制造智能进行收集、存储、完善、共享、继承和发展，旨在通过人与智能机器的合作共事，去扩大、延伸和部分地取代人类专家在制造过程中的脑力劳动。

智能制造系统的研究计划是 1989 年由日本东京大学 Yoshikawa 教授倡导，由日本工业和国际贸易部发起组织的一个国际合作研究计划，旨在建立一个由日本、美国和西欧共同参加的智能制造系统研究中心。该计划已于 1990 年开始实施，其研究主要集中在以下五个方面：

（1）IMS 结构系统化、标准化的原理和方法；

（2）IMS 信息的通信网络；

（3）用于 IMS 的最佳智能生产和控制设备；

（4）IMS 的社会、环境和人的因素；

（5）提高 IMS 设备质量及性能的新材料应用与研究。

智能制造系统和智能制造技术是 21 世纪的先进制造技术，其整个制造过程从订单签订直到研究开发、设计、制造、发货以及管理都是由自主设备组成的自主生产线来完成的。其目标是实现一种能融合过去被孤立的观点（市场适应性、经济性、人的重要性、适应自然和社会环境的能力、开发性和兼容能力）的生产系统。智能制造系统是一个复杂的大系统，包括的内容很多，但其研究进展和实际应用将主要取决于人工智能技术的进展。

2. 智能制造系统的特征

（1）自律能力。IMS 中的各种设备和各个环节的自律能力，是指搜集与理解环境信息和自身的信息，并进行分析判断和规划自身行为的能力。具备自律能力的基础一方面是拥有高超的信息技术，包括对信息的获取与理解；另一方面是有一个强有力的知识库和基于知识的模型。具有自律能力的设备叫作智能机器，它表现出一定程度的独立性、自主性和个性，而且智能机器之间可以按照投标、协商、表决等类似人际关系的方式进行协调运作与竞争。

（2）人机一体化。IMS 不是"人工智能"系统，而是人机一体化智能系统。人是核心，人机一体化，是追求人工智能与人的智能、智能机器与人类专家的有效结合，使它（他）们在不同的层次上各显其能，各尽其责，相互配合，相得益彰。人和机器的关系不是简单的一种操作者与被操作者之间的关系，而是一定程度上的平等共事、相互"理解"和相互表现出一种类似协作的关系。为了实现智能制造，为了提高智能制造的水平，关键在于提高人的智能，而不是取消人类的智能。

（3）灵境（Virtual Reality）技术。灵镜技术也译作仿真技术、虚拟现实或虚拟制造技术。所虚拟的制造过程是通过多媒体技术和人的感官与人脑中的构想过程相沟通，相比较，成为人机结合的新一代智能界面，它是人机结合操作实际智能过程的基础，是 IMS 中的新一代的人机界面技术，是实现高水平的人机一体化的关键技术之一。

（4）自组织能力与超柔性。IMS 中各种设备或组成单元能够按照工作任务的需要，自行集成一种最合适的结构，并按照最优的方式运行，任务完成以后，该结构自行解散，并准备在执行下一个任务中结成新的结构，即具有一种自组织能力。超柔性不仅表现在运行方式上，更表现在其结构形式上。智能制造的发展，必将把集成制造技术推向高级阶段，即智能集成阶段。

（5）学习能力与自我优化能力。智能在工作过程中不断学习，不断充实其知识库，其工作性能随时间推移而趋优，具有开放式的知识结构，能不断地从工作经历中优化自身的工作能力，这是 IMS 的显著特点。

（6）自我修改能力和强大的适应性。作为一个复杂系统，IMS 自身具有容错冗余，故障自我诊断、自我排除、自我修复的功能，在动荡的需求环境中，IMS 具有适应变革、忍受冲击的坚韧性、鲁棒性与适应性。

3. 智能制造研究的范围

（1）智能设计。特别是概念设计和工艺设计需要大量人类专家的创造、判断和决策，将人工智能，特别是专家系统技术引入设计领域就变得格外迫切。目前，在概念设计领域和 CAPP 领域应用专家系统技术均取得一些进展，但与实际应用还有很大距离。

（2）智能机器人。制造系统中的机器人可分为两类：一类为固定位置不动的机械手，完成焊接、装配、上下料等工作；另一类为可以自由移动的运动机器人，这类机器人在智能方面的要求更高一些。智能机器人应具有下列"智能"特性：视觉功能、听觉功能、触觉功能、语音能力、理解能力等。

（3）智能调度。在多品种、小批量生产模式占优势的今天，生产调度任务繁重，难度也大，必须开发智能调度管理系统。

（4）智能办公系统。智能办公系统应具有良好的用户界面，能够根据人的意志自动完成一定的工作。

（5）智能诊断。系统能够自动检测本身的运行状态，如发现故障正在或已经形成，则自动查找原因，并进行消除故障的作业，以保证系统始终运行在最佳状态下。

（6）智能控制。能够根据外界环境的变化，自动调整自身的参数，使系统迅速适应外界环境。

总之，人工智能在制造系统中有着广阔的应用前景，应大力加强这方面的研究。由于整个制造系统的智能化实现起来难度很大，目前应从单元技术做起，一步一步向智能制造系统方向迈进。

9.2.7　绿色制造技术

随着科技的发展，企业的生产规模不断扩大，随之而来的是工业废物大量增加和资源的巨大消耗，环境污染已成为威胁人类生存的全球性问题，在这种背景下出现了绿色制造（或称清洁制造）概念。它与一般环保技术的主要区别在于要求将加工过程中产生的废物减到最少，而且使其不污染环境和可再利用，使污染尽量消灭在生产过程之中，以达到末端的排放量最小的目的。

清洁生产技术也是智能制造中的一个重要研究内容，特别强调企业对社会的正效应，产生了称作绿色产品或生态产品的工业产品，并出现了工业生态学这一新兴学科。

有人预言，21 世纪的制造业应是环保型的清洁化制造业，制造业的产品应是所谓的"绿色商品"。到 21 世纪，谁掌握了绿色制造技术，谁的产品符合"绿色商品"的标准，谁的产品就有竞争力，就能在激烈的市场竞争中站稳脚跟，就能够赢得市场竞争。在这种背景下，人们开始重视绿色制造技术和"绿色商品"的开发和研究。

1. 绿色制造的含义

绿色制造的真正含义体现在两个方面：一是指在生产过程中采用各种高新技术，使生产过程中消耗的各种资源（能源、材料等）尽可能少，同时生产过程对环境的污染尽可能少，这就是绿色加工；二是，对用于制造产品的原材料进行慎重的选择，使产品本身可回收再利用，不污染环境，这就是绿色商品。

绿色制造战略的目标是提高人类生活水准，实现系统物质流的内部循环，使系统的嫡保持不变，减少系统排出的废弃物和减少系统的增嫡，并尽可能通过转化太阳能获得负嫡。绿色制造的理论基础是社会生态学。

2. 绿色制造的体系结构及内容

绿色制造研究的内容包括宜人性、节省资源、延长产品的使用周期、可回收性和清洁性等。其体系结构可用图 9-4 来表示。

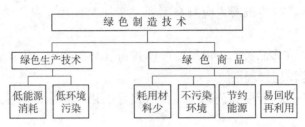

图 9 - 4　绿色制造的体系结构

　　绿色生产技术主要研究减少制造过程中的污染等问题。伴随着能量的转换和损失，制造过程总会对生产环境造成各种污染，如何减少这些污染，是摆在我们面前的重要任务。绿色生产包括减少制造过程中的废料，减少有毒，有害物质（废水、废气等），降低噪声和振动，给操作者提供一个安全舒适的工作环境等。绿色生产技术包括降低制造过程中的能量消耗、降低制造过程中的原材料消耗、降低制造过程中的其他消耗等三个方面。

　　（1）降低制造过程中的能量消耗。制造过程中要消耗大量的能源，消耗掉的能源除部分转化成有用功以外，大部分能量都转化为其他形式的能量而白白浪费掉。仅从机械加工中的能量利用率来看，普通机床直接用于切削的能量只占总耗能量的30%左右，这意味着有70%左右的能量被"无效"地浪费掉了。损失掉的能量又可能转化成振动和噪声的形式，不仅降低了机械的可靠性，还会导致机床的损坏，振动和噪声又会污染环境，给操作者和周围的人造成不同程度的损害。因此，节能型生产是绿色制造的一个重要方面。节能型生产的主要方式是尽量减少制造过程中的"无效"能量消耗。如减少摩擦副的摩擦系数，提高传动系统的传动效率，减少设备的"空载"运转，尽量使设备处于满负荷运转，采用能耗低的生产工艺，采用绝热技术防止热能白白流失掉，采用生产机械的节能化设计，对制造过程中的产品进行节能设计，保持环境设备（照明、空调等）的高效运行，对流失掉的能量进行回收利用，能量利用的优化调度，采用适度自动化而不是全面自动化技术。

　　（2）降低制造过程中的原材料消耗。一般情况下，产品使用的原材料越多，制造过程中消耗的能量也越大，产品在运转过程中消耗的能量也就越多。另外，使用的原材料越多，消耗的有限资源也越多，库存和运输的难度也就越大。因此，应尽量减少原材料的消耗。节省原材料可以从产品设计和生产工艺过程设计两方面着手。在产品设计方面，可以通过减少零件的数目，减轻零件的质量，采用节材的原理机构，采用有限元法和优化设计技术进行零件节材的设计，提高毛坯的精度，采用合理的毛坯形状等。在生产工艺过程设计方面，可以采取优化下料技术和无切削加工技术，优化下料是在材料切割过程中采用优化技术合理安排切割形状，提高切割精度，产生尽可能少的"下脚料"。这是提高材料利用率的有效途径。采用少切削或无切削生产工艺中的精冲、精镀、精铸、粉末冶金等近似成形或完全成形技术，可以大大提高材料的利用率，减少或省去切削加工过程，同时节省了能源和设备，是很有前途的工艺方法。

　　（3）降低制造过程中的其他消耗。除了原材料和能量消耗外，还可以采取措施节省其他方面的物质消耗，如减少刀具的消耗，减少润滑油和清洗液、防锈油、油漆、包装材料和冷却液的消耗和浪费，减少废品率等。概括起来，节省原材料和能量消耗可以采取多种技术，需要综合治理，全面考虑，既要有适当的技术，又要有完善、合理的管理体制。

3. 绿色商品

绿色商品具有以下特点：在使用过程中节省能源，在商品的生产和使用过程中节省资源，在使用过程中对环境的污染少，便于使用后的回收和再利用。

1）节省能源

有些商品在使用过程中会消耗掉大量的能源，对于这种类型的产品，进行节能性设计是十分重要的。例如汽车，在使用中消耗的主要是汽油这种宝贵的资源，所以，日本和某些西方国家十分注重汽车的节能设计。尤其是日本，日本汽车能顺利打入欧美市场，跟日本汽车的能源消耗少很有关系。著名的计算机公司 IBM 的"绿色电脑"的主要特征之一就是节电。节能设计可以从减小运动物体的质量、减少摩擦、提高能量转换效率（发动机的燃烧率，电动机的电 - 机转换效率）几个方面着手。采用节能控制（如设备不使用时自动处于"休眠状态"），采用节能的原理结构，在不增加操作者劳动强度的条件下采用手动机构，减少不必要的能力储备（如不选用过大的电动机）等。

2）节省资源

绿色商品应是节省资源的产品，即完成同样的功能，产品消耗的资源要少。例如，设备运转过程中防止泄漏就是节省资源的一条途径；采用便宜的代用品，也可以起到节省资源的作用。机械加工中采用装夹式不重磨刀具代替焊接式刀具，可以大量节省刀柄材料，减少废品率。采用均衡寿命设计，采用镶装可换结构，提高产品的利用率、可靠性和使用寿命等措施都可达到节省资源的目的。

3）减少污染

减少污染包括减少对外部环境的污染和对操作者的危害两项内容，可参考上面的内容。

4）用后回收和再利用

一个产品寿命周期的最后环节是报废处理，随着社会物质的极大丰富和产品生命周期的不断缩短，报废的产品越来越多，报废后产品的处理问题就显得越来越突出。因此，要求研制生产报废后便于回收和再利用的产品的呼声越来越高。报废产品的回收再利用不仅减轻了环境污染，同时给节省资源提供了一条可行的途径。产品报废后的回收和再利用应从产品的设计来着手，例如，可以采取以下措施：

（1）选择便于回收重用的材料。

（2）采用模块化结构设计，便于更换报废的模块。

（3）采用便于更换的镶装结构。

（4）采用易于拆卸的结构等。

总的来说，绿色制造是一门涉及多学科的新技术，它的实现需要设计人员更新传统观念，在产品设计过程中时时考虑节省原材料、节约能源、保护环境等问题，还要与管理部门、工艺部门、制造部门通力合作，这样才能设计出环保型产品，才能实现环保型制造过程。目前，有关绿色制造的研究刚刚开始，需要投入大量的人力和物力，才能在这一新领域取得突破，在大学也应加强对学生进行环保意识的教育。

4. 绿色制造的模式

综合绿色制造的有关概念和内容，笔者提出一种绿色制造实施的运行模式，如图 9 - 5 所示。绿色制造运行模式由三大部分组成，一是绿色设计部分，包括产品设计、材料选择直至产品回收处理方案设计；二是产品生命周期全过程，从原材料进入、制造加工过程直至产品寿命终结；三是产品生命周期的外延部分及相关环境。

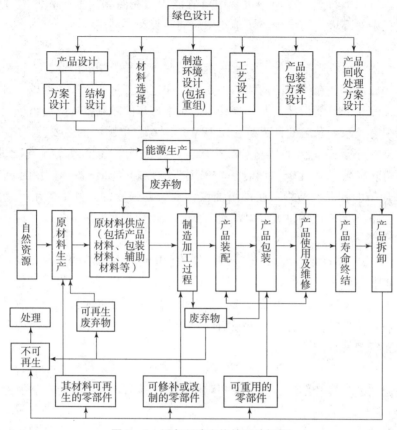

图 9-5　绿色制造实施的系统框图

高度发展的工业生产给人类社会带来了高度的物质文明，同样也给人类的生存环境造成了很大的破坏。环境问题已经是人类发展必须重视的大问题。各国提出"绿色制造""洁净生产"，最根本的是制造"绿色产品"。

绿色产品设计是指在充分考虑产品的功能、质量、开发周期和成本的同时，优化各有关设计要素，使产品从设计、制造、包装、运输、使用到报废处理的整个生命周期中，对环境的影响最小，资源利用率最高。绿色产品设计考虑的内容很广泛，包括产品材料的选择应是无毒、无污染、易回收、可重用、易降解的；产品制造过程应该充分考虑对环境的保护。产品的包装也应充分考虑资源丰富的包装材料，以及包装材料的回收利用及其对环境的影响等。

9.2.8　清洁化制造技术

清洁化制造技术主要包括 3 个方面的内容：减少制造过程中的资源消耗，避免或减少制造过程对环境的不利影响以及报废产品的再生与利用。相应地发展了 3 个方面的制造技术，即节省资源的制造技术、环保型制造技术和再制造技术。

1. 节省资源的制造技术

节省资源的制造技术包括：减少制造过程中的能源消耗、减少原材料消耗和减少制造过程中的其他消耗。

1）减少制造过程中的能源消耗

制造过程中要消耗能量，消耗掉的能量一部分转化为有用功之外，大部分能量都转化为其他能量而浪费掉。例如，普通机床用于切削的能量仅占总消耗能量的30%，其余70%的能量则消耗于摩擦、发热、振动、噪声等，这些不仅损失了能量，而且会影响加工精度，降低机床寿命，并使环境污染，恶化劳动条件。

减少制造过程中能量消耗的措施如下：

（1）提高设备的传动效率，减少摩擦与磨损。例如，采用电主轴，消除主轴传动链造成的能量损失；采用滚珠丝杠和滚动导轨代替普通丝杠和滑动导轨，以减小运动副的摩擦等。

（2）合理安排加工工艺，合理选择加工设备，优化切削用量，使设备处于满负荷和高效运行状态。

（3）改进产品和工艺过程设计，采用先进成形方法，减少制造过程中的能量消耗。

（4）采用适度自动化技术，而非全盘自动化。

2）减少原材料消耗

产品制造过程中使用原材料越多，消耗的有限资源数量越多，不但会加大运输与库存工作量，而且会增加制造过程中的能量消耗。

减少制造过程中原材料消耗的主要措施如下：

（1）科学进行材料规划，尽量避免使用稀有、贵重、有毒、有害材料，积极推行废弃材料的回收与再生。

（2）合理设计毛坯，采用先进的毛坯制造方法（如精密铸造、精密锻造、粉末冶金等），尽量减小毛坯余量。

（3）优化排料，尽可能减少"下脚料"。

（4）采用无切削加工技术。例如，采用冷挤压花键代替花键铣削；采用冷轧螺杆代替螺杆车削（或铣削）；采用挤孔代替拉孔等。在可行的条件下，还应考虑采用快速原型制造技术制造零件，避免传统的"去除加工"所带来的材料损耗。

3）减少制造过程中的其他消耗

制造过程中除能源消耗、原材料消耗外，其他物料消耗（如刀具消耗、液压油消耗、润滑油消耗、冷却液消耗、涂油和包装材料消耗等）也不容忽视。

（1）刀具消耗。减少刀具消耗的主要措施包括：选择合理的刀具材料（如选择耐磨性好的刀具材料或选用涂层刀具）；选择合理的切削用量；采用不重磨刀具；选择适当的刀具角度，确定合理的刀具耐用度等。

（2）液压与润滑油消耗。主要措施是改进液压与润滑系统保证不渗漏，采用良好的过滤与清洁装置，延长用油的使用周期。其次，用气压代替液压、用脂润滑代替油润滑。

（3）冷却液消耗。减少冷却液消耗的措施包括：采用干式切削，不使用冷却液；选择性能良好的高效冷却液；采用高效冷却方法（如砂轮内冷却、射流冷却等）；加工空间密闭，防止冷却液流失；选用良好的过滤与清洁装置，延长冷却液的使用周期等。

2. 环保型制造技术

环保型制造技术指在制造过程中能最大限度地减小环境污染，创造安全、舒适的工作环境，包括：减少废料的产生；废料的有序排放；减少有毒、有害物质的产生；有毒、有害物质的适当处理；减小噪声与振动；温度调节与空气净化；对废料的回收与再利用等。

1）杜绝或减少有毒、有害物质的产生

在制造过程中，伴随着能量的转换与损失，可能会产生一些有毒、有害物质。例如，在进行电化学加工时，一些有毒、有害的气体和液体可能会随之产生。这样不仅会腐蚀设备，严重的会造成环境污染。又如，在进行机械加工时，若冷却液使用和处理不当，也会产生毒性物质，造成环境污染。杜绝或减少有毒、有害物质的最好方法是采用预防性原则，即将对污水、废气的"事后处理"转变为"事先预防"，采用各种有效方法避免有毒、有害物质的产生。仅对机械加工中的冷却而言，目前已发展了多种新的加工工艺，如：① 采用水蒸气冷却；② 采用液级冷却；③ 采用空气冷却；④ 采用干式切削。干式切削由于完全不需要冷却液，从而可以从根本上避免因使用冷却液带来的种种不良后果。显然，干式切削是一种环保型制造技术，具有极大的发展前途。

2）减小粉尘污染与噪声污染

粉尘污染与噪声污染是毛坯制造车间和机械加工车间最常见的污染，必须加以严格控制，主要措施如下：

（1）选用先进的制造工艺及设备。例如，采用金属型铸造替代砂型铸造，可显著减少有害气体的产生及粉尘污染；采用压力机锻压代替锻锤锻压，可使锻压噪声大幅度下降等。

（2）优化机械结构设计，采用低噪声材料，最大限度降低设备工作噪声。

（3）选择合适的工艺参数。在机械加工中，选择合理的切削用量可以有效地防止切削振动与切削噪声。

（4）采用封闭结构。对制造设备采用封闭式结构，可以有效地防止粉尘扩散和噪声传播。

例如，采用全封闭的机床进行机械加工，可以有效减小机加工车间的噪声污染。

3）工作环境设计

工作环境设计属于人机工程学的研究范畴，它研究如何给劳动者提供一个安全、舒适、宜人的工作环境。安全是指将工作场地的声、热、振动、粉尘及有毒气体限制在人体能够承受的安全限度内，以保证劳动者的身心健康和高效率工作。安全也包括各种必要的保护措施，以防止工作设备在工作过程中对操作者可能造成的损害。舒适、宜人的工作环境包括：作业空间足够宽大；作业面布置井然有序；工作场地温度与湿度适中，空气清新，没有明显的振动与噪声；各控制机构（操作手柄、开关等）位置合理，容易接触；座椅设计符合人机工程学原理；工作环境照明良好，色彩协调等。

3. 再制造技术

再制造的含义是指产品报废后，对其进行拆卸和清洗，对其中的某些零部件采用表面或其他加工技术进行翻新和再装配，使零部件的形状、尺寸和性能得到恢复和再利用。采用再制造技术可以充分地利用资源，有效地节省能源，减小退役产品对环境的负面影响，并能实现企业经济效益与社会效益的协调一致。再制造技术是一项对产品全寿命周期进行统筹规划的系统工程，其主要研究内容包括：产品的概念描述、再制造策略研究、再制造环境分析、产品失效分析与寿命评估（包括智能测试与诊断）、回收与拆卸方法、再制造设计、质量保证与控制、再制造成本分析、再制造综合评价、相关软件工具开发等。由于再制造技术符合环境保护和可持续发展的战略，受到各国普遍重视，并已在许多领域付诸实施。

9.3　现代生产管理技术

9.3.1　物料需求计划（MRP）和制造资源计划（MRP Ⅱ）

1. 生产计划

生产计划通常划分为四个层次，即综合生产计划、主控进度计划、物料需求计划和能力计划。

1）综合生产计划

综合生产计划的任务是根据市场需求和企业资源能力，确定企业年度生产产品的品种与产量。

综合生产计划的典型模型如下：

企业有 m 种资源，用于生产 n 种产品，其中第 j 种产品的年产量为 X_j，若 a_{ij} 表示生产一件第 i 种产品所需的第 j 种资源的数量，G_j 表示生产一件第 j 种产品所获得的利润，b_i 表示第 i 种资源可用的数量。确定最佳产品品种的组合和最佳年产量的方法如下。

目标函数（以企业获得最大利润 z 为优化目标）为

$$z = \sum_{j=1}^{n} G_j X_j \rightarrow \max \tag{9-1}$$

约束条件为

$$\left. \begin{array}{l} \sum_{j=1}^{n} a_{ij} X_j \leqslant b_i (i = 1, 2, \cdots, m) \\ X_j \geqslant 0 (j = 1, 2, \cdots, m) \end{array} \right\} \tag{9-2}$$

2）主控进度计划

主控进度计划是最终产品的进度计划，是根据综合生产计划、市场需求和企业资源能力而确定的。也可以采用数学规划的方法制订主控进度计划。

3）物料需求计划

将最终产品的进度计划转化为零部件的进度计划和物料需求的计划，是原材料（包括外购件）的订货计划。

4）能力计划

确定满足物料需求计划所需的人力、设备及其他资源。

2. 生产过程控制

生产过程控制是在生产计划和生产实施这两个职能之间进行调整，通过对生产过程的实时监控，使生产计划的各项指标得到落实，以保证生产系统的总体效率与效益。生产过程控制的内容涉及生产过程中的人、机、物等各方面，包括生产进度控制、在制品控制、库存控制、生产成本控制、生产质量控制、生产率控制和设备控制等。通过控制确定生产资源是否能满足生产计划需要，如不能满足，则需通过调整资源或变更计划使资源与计划达到匹配。

3. 物料需求计划（MRP）、制造资源计划（MRP Ⅱ）和企业资源计划（ERP）

制造资源计划是从物料需求计划发展而来的。

1）物料需求计划（MRP）

MRP 的基本功能原理是将主控进度计划（最终产品的进度计划）转化为零部件的进度计划和原材料（包括外购件）的订货计划。最初的 MRP 系统是一个开放系统，该系统由主生产计划（MPS）子系统、物料清单（BOM）维护子系统、库存管理（IM）子系统与物料需求计划（MRP）编制子系统四部分组成。

开环 MRP 系统只是提出了物料需求计划，而没有考虑生产能力的约束条件，使物料生产在进度安排上缺乏可行性与可靠性。20 世纪 70 年代，人们提出了在限制生产能力条件安排生产的概念和方法，同时增加了生产能力需求计划和车间作业控制两个子系统，实现了生产任务与生产能力的统一计划与管理，形成闭环 MRP 系统。

2）制造资源计划（MRPⅡ）

制造资源计划是在 MRP 基础上扩展财务管理（含成本管理）的功能而形成的适应企业的综合信息化系统。从闭环 MRP 到 MRPⅡ转变是一个重大改进，就在于实现了财务系统与生产系统的同步与集成，也就是资金流和物流的集成。闭环 MRP 的运行过程主要是物流的过程（也有部分信息流），但不能反映伴随生产运作过程的资金流过程，而现实中的生产运作过程必然是物流伴随着资金流，资金的运作会影响生产的运作。MRPⅡ的提出弥补了闭环 MRP 的不足，它以生产计划为主线，集成了企业的经营计划、生产计划、车间作业计划、销售、物资供应、库存及成本管理等重要信息，具有模拟物料需求、提出物料短缺警告、模拟生产能力、发出能力不足警告等功能，对于制造企业的各种资源进行统一计划和控制，称为企业物流、资金流、信息流并使之畅通的动态反馈系统。MRPⅡ是一个闭环控制系统，它能够不断地跟踪外部、内部环境变化，从而提高了企业动态应变能力，实现了物流、资金流和信息流的统一，可以帮助企业处理制造业中最复杂的产、供、销之间的平衡问题。同时在快速处理数量与时间的联动关系，对于缩短采购时间、降低库存资金、准时订货，降低生产成本，提高企业应变能力和经济效益等方面起着十分重要的作用。

3）企业资源计划（ERP）

20 世纪 80 年代后期，市场需求的时间效应日益突出，企业能否满足顾客的需求不仅与企业自身有关而与相应产业链的效率有关。作为一个企业的综合信息系统，ERP 软件系统包括的主要功能有生产计划与控制、成本计划与控制、财务管理、采购管理、销售管理、客户关系管理、库存管理、质量管理、人力资源管理、设备管理、基础数据管理、供应链管理、系统配置与重构等。ERP 的功能特点如下：

（1）ERP 扩充了企业经营管理功能。在原有的 MRPⅡ功能基础上，ERP 增加了质量管理、分销管理、人力资源管理等管理功能。

（2）ERP 扩展了企业经营管理范围。ERP 面向供应链管理，强调对供应链上的各个环节进行管理，并且提高了整个供应链面对客户需求的反映速度。

（3）ERP 支持混合的制造环境。不仅支持各种离散制造环境，而且支持流程型制造环境，支持多种典型生产方式混合的环境。例如支持 MRPⅡ与 JIT 的混合生产管理模式。

（4）ERP 具有综合分析和决策支持功能。例如：项目决策、兼并收购决策，投资决策等。提供对质量、客户满意度、绩效等关键指标的实时综合分析能力。

（5）ERP 较多地考虑人作为资源因素在生产活动中的主导作用，同时也考虑了人员培训、成本等因素，使人、机有效地结合，使成本核算更加合理。

（6）ERP 采用最新的计算机技术，如 C/S 分布式结构、面向对象技术、电子数据交换、图形用户界面、多数据库集成、电子商务平台等，因而能更好地支持企业内部各部门之间的集成以及企业与企业之间的集成。

9.3.2　全面质量管理（TQC）

1. TQC 的目标及功能

TQC 的目标及功能主要是：收集用户需求，并将这些需求转化为具体的设计方案；建立监控系统，以确保最大限度地满足用户需求。为实现上述目标与功能，TQC 特别强调以下观点。

（1）用户第一的观点。企业的一切活动均以使用户完全满意为首要目标和评价标准。用户包括企业外部用户，也包括企业内部用户，即下道工序是上道工序的用户，生产车间是职能部门的用户等，决不将问题留给用户。

（2）全员参与的观点。即把保证质量作为企业的基本指导思想，将质量责任落实到全体职工，人人为保证和提高质量而努力。

（3）全过程控制观点。对产品质量的管理不限于制造过程，而是扩展到市场研究、产品开发、生产准备、采购、制造、检验、销售和售后服务全过程。

（4）综合应用的观点。即综合应用各种有效的质量控制方法，并与企业的实际情况相结合，以达到最佳效果。

（5）预防为主的观点。即在设计和制造过程中严格把好质量关，将各种质量隐患消除在产品出厂之前。

（6）定量分析的观点。以数据说明问题，将质量控制建立在定量分析的基础上，使控制工作便于操作和评估。

（7）以工作质量为重点的观点。因为产品与服务的质量取决于工作质量，因而质量控制的重点应放在对工作质量的控制上。

2. TQC 的主要方面

TQC 要求利用一切可以利用的质量控制工具和方法，对产品质量和工作质量进行全面有效的控制。其主要方面如下：

1）设计标准化

设计标准化是保证设计质量的重要方面。设计标准化与成组技术密切相连，其主要工作包括：

（1）建立产品及零部件分类编码系统。

（2）建立设计方案库（包括对产品及零部件进行编码和划分标准化等级），建立连接设计方案和分类编码系统的数据库。

（3）建立用户接口。

2）田口法

田口将质量控制系统分为离线质量控制和在线质量控制两部分。离线质量控制是指产品设计和过程设计，产品设计是产品加工制造前的质量控制活动，过程设计则是产品出厂前的质量控制活动。在线质量控制与产品的制造和使用有关，其主要功能是利用过程设计所确定的技术和方法，使制造的产品符合设计要求。在时间上，离线质量控制先于在线质量控制，其框图如图 9 - 6 所示。

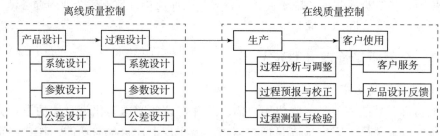

图 9 - 6　离线质量控制与在线质量控制

3）质量功能扩展图

质量功能扩展的核心是将用户需求转变为技术需求（用户需求优先级最高），并进一步将这些需求有机地布置到企业各个部门的作业目标上。QFD 的主要方法是建立用户需求与工程特性之间的关系矩阵或质量屋（图 9 - 7）。质量屋由以下几个广义矩阵组成：

图 9 - 7　质量屋

（1）WHAYS 矩阵，表示需要什么；

（2）HOWS 矩阵，表示针对需要如何去做；

（3）相关关系矩阵，表示 WHATS 与 HOWS 的相关关系；

（4）HOWS 关系矩阵，表示 HOWS 矩阵内各项之间的相关关系；

（5）成本评价矩阵，表示 HOWS 的成本评价；

（6）可行性评价矩阵，表示 HOWS 的司行性评价。

利用 QFD 进行产品开发一般分为 4 个阶段，即产品规划、结构设计、工艺规划和作业计划阶段，如图 9 - 8 所示。

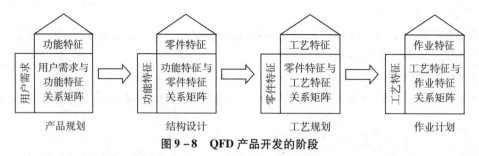

图 9 - 8　QFD 产品开发的阶段

质量功能扩展的另一个要点是重视关键生产控制点的控制，以确保用户需求得到满足。

4）过程控制计划（PCP）

过程控制计划（PCP）与统计过程控制（SPC）密切相关，其主要目标是使所有过程输出处于统计控制状态，其主要工作包括设计流程图、工序控制计划表、产品质量指标与操作关系特征矩阵等。

5）价值工程（VE）

在价值工程中，价值被定义为功能与成本的比值，即

$$V = \frac{F}{C} \tag{9-3}$$

式中　V——价值；

　　　F——功能的评价值；

　　　C——成本（包括制造成本和使用成本）。

9.3.3　管理信息系统

1. 概述

当计算机的应用突破科学技算的范畴进入管理领域的时候，管理信息系统（Manage Information System，MIS）随之产生。管理信息系统是对各种管理信息进行收集、传输、加工、存储和使用的人机系统，它以计算机为手段，以信息为对象，通过需求驱动，对原始信息的加工、变换等计算机程序行为，产生或衍生出具有明确管理目的的各种管理信息，从而指导、影响或直接作用于各类管理人员的管理行为。由于计算机信息处理的巨量性、准确性和瞬捷性，人们乐于采用计算机作为管理的辅助手段，以提高管理的效率和水平，这种需求促进了管理信息系统的发展。一方面，从计算机应用的角度来看，管理信息系统从早期的部分管理人员使用的单机方式，逐渐发展为更多管理人员使用的、具有信息共享特点的网络形态；另一方面，从设计管理的领域来看，管理信息系统也从早期的、用于简单的事务管理逐渐发展成为包含办公自动化（OA）和决策支持系统（DSS）在内的多维信息系统，在管理中作用越来越大，涉及面越来越宽，管理人员对于管理信息系统的依赖越来越大。

什么是现代信息管理系统？它与传统的管理信息系统有什么差别？从字面上看，现代管理信息系统采用的是现代的设计思想、技术和手段，实现或辅助现代的管理；从内涵上看，现代管理信息系统是以 Intranet（企业内部网）作为信息基础设施构架，以信息广泛共享（同构信息和异构信息）为目标，以数据仓库（Data House）为数据组织和处理的形式，强调数据挖掘（Data Mining）和多维数据分析，提供内（Intranet）和外（Internet）部的信息撷取的方法和途径，追求管理信息系统与管理的融合。一般地，现代管理信息系统所依附的网络是纵横连接的，局域网（Local Area Network，LAN）部分是宽带的，其应用模式是一种高效的网络中心计算模式（Web 模式或 Web 机制），系统具有良好的可伸缩性（Scalability）。而传统的管理信息系统是一种基于单机或局域网的封闭系统，数据组织单一，信息共享弱，数据挖掘缺乏方法和手段，数据源严重不足，系统可伸缩性差，难以适应变化的管理需求。现代管理信息系统以信息技术为核心，以信息广度、深度共享为基础，以 Internet 利用为手段，以数据仓库和数据挖掘为重点，迎合了现代企业管理的迫切需求，具有广阔的应用和推广前景。

2. 信息基础设施

现代管理信息系统依附于信息基础设施（Information Infrastructure），信息基础设施是实现现代信息系统的关键，随着信息高速公路的兴起，其构架方式发生了根本的变化，从构架思想、方式和技术构架并假设现代信息基础设施，成了制约现代管理信息系统成功的重要因素。现代管理信息系统是构架在信息基础设施之上的应用系统，其所依赖的信息基础设施的好坏，在很大程度上决定着其上的应用系统效果。

一般信息基础设施是一个多平台的异构（Heterogeneous）网络系统，其规划设计称为建设现代管理信息系统的重要内容。

必须遵循如下的网络构架基本指导思想：把握国际计算机网络发展之大势，详察国内计算机网络建设之国情，围绕行业计算机网络（信息系统）建设之部署，站在集成、开放、安全技术战略之高度，了解计算机网络建设之需求，运用 Internet 之技术，从纵横两个层面构架管理网络的总体框架，在总框架下进行概念设计和详细设计，力保系统技术上的先进性、应用上的实用性和实施上的可操作性。

为此应确立如下网络设计的基本原则：实用性和先进性原则；整体规划、分步实施原则；开放性原则；可伸缩性原则；安全可靠原则。

3. 系统特色

系统特色集中体现在构筑一个基础、三个平台。

（1）一个基础是指企业内部网（Intranet），这是现代管理信息系统的信息基础设施。这一信息基础设施是综合数字、语言和图像通信能力的，能够与外部世界连接的新一代企业内部网络，是对传统 MIS 网络的重大变革，须按照上述指导思想和原则构筑。从具体技术构成上看，现代管理信息系统信息基础设施包含以下几项技术：TCP/IP 网络通信技术、路由技术、防火墙（Firewall）技术、网络管理技术、远程访问（RAS）技术、交换式局域网（Switched LAN）技术、虚拟局域网（VLAN）技术和结构化布线技术。

信息基础设施提供基础和高级网络服务，根据不同需求，可以利用网络提供的基础和高级服务实现不同目的的应用功能。

基础网络服务包括：TCP/IP（传输控制/网际协议）、DSN（域名服务系统）、NFS（网络文件系统）、RPC（远程过程调用）。

高级网络服务包括：

① SMTP/MIME/POP3。SMTP/MIME（电子邮件协议），SMTP 只支持文本，MIME 支持二进制。POP3 收邮方式，不必登录服务器，通过 POP 直接接收邮件。

② HTTP/SHTTP 超文本传输协议。

③ FTP 文件传输协议。

④ CGI 通用网关接口。

⑤ DES/RSA 两种数据加密算法。

⑥ SQL/ODBC 结构化查询语言/开放数据库连接。

（2）所谓三个平台，是指信息资源管理平台、事物处理平台和办公应用平台。信息资源管理平台是将内部、外部各种信息部件组装成不同信息产品的"装备工厂"；事物处理平台是传统 MIS 基层（包括 DSS）的"保留节目"，是内部信息部件的"制造工厂"；办公应用平台是传统办公自动化（OA）和 MIS 上层在新技术下的结合，是信息产品的"销售公司"。

4. 系统应用结构

从应用结构上看，这种应用具有 3 个层次：

（1）基础层次是信息基础设施部分，通常称为网络平台，这一层次的特点是内部的纵向广泛信息共享，其支撑是广域网平台。

（2）中间层次是基于 TCP/IP 网络通信协议的网络服务和提供各种应用功能的应用软件。网络服务包括基础和高级网络服务两类，这两类网络服务可以满足不同层次的通信应用需求；应用软件是核心部分，用于开展系统的业务、办公、辅助决策等应用。

（3）上层亦即外层，是面向用户的层次。

9.4 先进制造工艺技术

9.4.1 精密与超精密加工技术

1. 精密加工与超精密加工的概念

精密加工是指在一定的发展时期，加工精度和表面质量达到较高程度的加工工艺。超精密加工则指在一定的发展时期，加工精度和表面质量达到最高程度的加工工艺。20 世纪末，精密加工的误差范围达到 $0.1 \sim 1~\mu m$，表面粗糙度 $Ra < 0.1~\mu m$，通常称为亚微米加工。超精密加工的误差可以控制在小于 $0.1~\mu m$ 的范围内，表面粗糙度 $Ra < 0.01~\mu m$，已经发展到纳米级加工的水平。

精密与超精密加工技术涉及许多基础学科（如物理、化学、力学、电磁学、光学等）和多种新兴技术（如材料科学、计算机技术、自动控制技术、精密测量技术、现代管理技术等），精密与超精密加工技术与这些学科和技术之间是互相带动和促进的发展关系。表9－1 列出了几种典型精密零件的加工精度。

表 9－1　几种典型精密零件的加工精度

零件	加工精度/μm	表面粗糙度 Ra/μm
激光光学零件	形状误差 0.1	0.01 ~ 0.05
多面镜	平面度误差 0.04	<0.02
磁头	平面度误差 0.04	<0.02
磁盘	波度 0.01 ~ 0.02	<0.02
雷达导波管	平面度、垂直度误差 <0.1	<0.02
卫星仪表轴	圆柱度误差 <0.01	<0.002
天体望远镜	形状误差 <0.03	<0.01

2. 精密与超精密加工的特点

与一般的加工方法相比，精密与超精密加工具有如下特点：

（1）"进化"和"蜕化"加工原则。一般加工时，"工作母机"（机床）的精度总是比加工零件的精度高，这一规律称为"蜕化"原则，对于精密加工和超精密加工，由于被加工零件的精度要求较高，用高精度的"母机"有时甚至已不可能，这时可利用精度低于工件精度要求的机床设备，借助工艺手段和特殊工具，直接加工出精度高于"母机"的工件，这是直接式的"进化"加工，通常适用于单件、小批量生产。另外用较低精度的机床和工具，制造出加工精度比"母机"精度更高的机床和工具（即第二代"母机"和工具），用第二代"母机"加工高精度工件，这是间接式"进化"加工，两者统称为"进化"加工，或称创造性加工。

（2）微量切削原理。与传统的切削原理不同，在精密与超精密加工中，背吃刀量一般小于晶粒大小，切削在晶粒内进行，要克服分子与原子之间的结合力，才能形成微量或超微量切屑。因此对刀具刃磨、砂轮修整和机床均有较高要求。

（3）形成综合制造工艺系统。在精密与超精密加工中，要达到加工要求，需综合考虑加工方法、加工设备与工具、加工工件结构与材料、测试手段、工作环境等多种因素，难度较大。因此精密加工与超精密加工是一个系统工程，不仅复杂，而且难度大。

（4）与自动化联系密切。在精密加工与超精密加工中，大多采用计算机控制、适应控制、在线检测与误差补偿技术，以减少人为因素的影响，保证加工质量。

（5）特种加工方法和复合加工方法的应用越来越多。由于传统切削与磨削方法存在加工精度的极限，所以要进行精密与超精密加工要用到特种加工和复合加工方法，如精密加工、激光加工、电子束加工、离子束加工等。

（6）加工检测一体化。精密与超精密加工时，加工和检测联系十分紧密，有时采用在线检测和在位检测（工件加工完毕后不卸下，在机床上直接检测），甚至进行在线检测和误差补偿，来提高精度。

3. 超精密加工刀具的要求

为实现精密与超精密加工，刀具应具有如下性能：

（1）具有高温强度、硬度和弹性模量，保证刀具具有一定的寿命。

（2）刃口能磨得很锋利，刃口半径很小，可以实现超薄切削。

（3）刀刃无缺陷，无缺口，无崩刃现象。

（4）与工件材料的抗黏结性好，化学亲和性小，摩擦系数小等。

4. 精密与超精密加工方法

根据加工过程中加工对象材料重量的增减，精密与超精密加工方法可分为去除加工（加工过程中工件重量减少）、结合加工（加工过程中工件重量增加）和变形加工（加工过程中工件重量基本不变）三大类，如表 9 – 2 所示。

表 9 – 2　精密与超精密加工方法

分类	加工机理		加工方法示例
去除加工	电物理加工		电火花加工（电火花成形、电火花线切割）
	电化学加工		电解加工、蚀刻、化学机械抛光
	力学加工		切削、磨削、研磨、抛光、超声加工、喷射加工
	热蒸发（扩散、溶解）		电子束加工、激光加工
结合加工	附着加工	化学 电化学 热熔化	化学镀、化学气相沉积 电镀、电铸 真空蒸镀、融化镀
	注入加工	化学 电化学 热熔化 物理	氧化、氮化、活性化学反应 阳极氧化 掺杂、渗碳、烧结、晶体生长 离子注入、离子束外延
	结合加工	热物理 化学	激光焊接、快速成型 化学黏结

分类	加工机理	加工方法示例
变形加工	热流动	精密锻造、电子束流动加工、激光流动加工
	黏滞流动	精密铸造、压铸、注塑
	分子定向	液晶定向

5. 典型的精密与超精密加工方法

1) 金刚石超精密切削

金刚石超精密切削属微量切削，切削在晶粒内进行，要求切削力大于原子、分子之间的结合力，剪切应力应高于 1 300 MPa；金刚石刀具具有很高的高温强度和高温硬度，其硬度可达 6 000~10 000 HV，而 TiC 仅为 3 000 HV，WC 为 2 400 HV；金刚石材料本身质地细密，刀刃可以磨得很锋利，且切削刃没有缺口、崩刃等现象，可加工出粗糙度值很小的表面；金刚石超精密切削的切削速度很高，工件变形很小，表面高温不会波及工件内层，所以可以获得很高的加工精度。

用于金刚石超精密切削的加工设备，要求具有高精度、高刚度、良好的稳定性、抗振性和数控功能。

金刚石刀具通常在铸铁研磨盘上进行研磨，研磨时应使金刚石的晶体方向与主切削刃平行，并使刃口圆角半径尽可能小。理论上金刚石刀具刃口圆角半径可达 1 nm，实际上可达 2~10 nm。

金刚石超精密加工主要用于切削铜、铝及其合金。切削铁金属时，由于碳元素的亲和作用会使金刚石刀具产生"碳化磨损"，从而影响刀具寿命。另外使用金刚石刀具还可以加工各种红外光学材料（如锗、硅、ZnS 和 ZnSe），以及有机玻璃和各种塑料。典型的加工有光学系统反射镜、射电望远镜的主镜面、大型投影电视屏幕、照相机的塑料镜片、树脂隐形眼镜镜片等。

2) 精密与超精密磨削

在超精密磨削中，所使用的砂轮的材料多为金刚石、立方氮化硼磨料，因其硬度极高，一般称为超硬磨料砂轮，主要用来加工难加工材料，如各种高硬度、高脆性材料，如硬质合金、陶瓷、玻璃、半导体材料等。超硬材料的共同特点是：可加工各种高硬度、高脆性新材料；磨削能力强，耐磨性好、耐用度高，易于控制加工尺寸；磨削力小，磨削温度低，加工表面质量好；磨削效率高，加工成本低。

（1）超硬砂轮通常采用如下几种结合剂形式：

① 树脂结合剂。树脂结合剂砂轮能够保持良好的锋利性，可加工出较好的工件表面，但耐磨性差，磨粒的保持力小。

② 金属结合剂。金属结合剂砂轮有很好的耐磨性，磨粒保持力大，形状保持性好，磨削性能好，但自锐性差，砂轮修整困难。常用的结合剂材料有青铜、电镀青铜和铸铁纤维等。

③ 陶瓷结合剂。它是以硅酸钠为主要成分的玻璃质结合剂，具有化学稳定性高、耐热、耐酸碱等特点，但脆性较大。

超硬砂轮磨削时，比较突出的问题是砂轮的修整问题。砂轮的修整过程分为整形和修锐两个阶段。整形是使砂轮达到一定几何形状要求；修锐是去除磨粒间的结合剂，使磨粒突出结合剂一定高度，形成足够的切削刃和容屑空间。

（2）根据不同的结合剂材料，超硬砂轮修整的方法不同。具体方法有：

① 车削法。用单点、聚晶金刚石笔修整，修整精度和效率较高，但砂轮切削能力低。

② 磨削法。用碳化硅砂轮修整，修整质量好，效率高，是目前广泛采用的方法。

③ 电加工法。电解加工法有电解修锐法、电火花修整法，用于金属结合剂砂轮修整，效果较好，其中电解修锐法的效果比较突出，已广泛用于金刚石微粉砂轮的修锐。

3）精密与超精密砂带磨削

砂带磨削是在砂带的带基上（带基材料多采用聚碳酸酯薄膜）黏结细微砂粒（称为"植砂"）构成的。砂带在一定工作压力下与工件接触并做相对运动，从而进行磨削或抛光。

砂带磨削具有如下特点：

（1）砂带本身具有弹性，砂带与工件柔性接触，磨粒载荷小且均匀，具有抛光作用，同时还能减振，又称为"弹性磨削"。工件受力小，发热少，因而可获得好的加工表面质量，Ra 值可达 0.02 μm。

（2）静电植砂制作的砂带，磨粒有方向性，尖端向上，摩擦生热少，磨屑不易堵塞砂带，有效地减少了工件变形和表面烧伤。

（3）强力砂带磨削，砂带不需修整，磨削比（切除工件重量与砂带磨耗重量之比）较高，又称"高效磨削"。

（4）设备及砂带制作简单，砂带易于批量生产，使用方便，价格低廉。

（5）可用于内、外表面及成形表面加工，适用性广。

4）游离磨料加工

（1）弹性发射加工。弹性发射加工是靠抛光轮高速回转，夹带磨料微粒，造成磨料的"弹性发射"进行加工的，抛光轮通常由聚氨基甲酸酯制成，抛光液由颗粒为 0.01～0.1 μm 的磨料与润滑剂混合而成。

（2）液体动力抛光。在抛光工具上开锯齿槽，抛光时靠楔形挤压和抛光液的反弹，增加微切削作用。

（3）机械化学抛光。机械化学抛光利用活性抛光液和磨粒与工件表面产生固相反应，形成软粒子，使其便于加工。其加工过程是机械和化学作用，称为增压活化。

6. 精密与超精密加工设备

精密与超精密加工设备应具有高精度、高刚度、高加工稳定性和高度自动化要求，这些要求都取决于机床主轴部件，床身导轨以及驱动部件等关键部件的质量高低。

1）主轴部件

精密主轴部件要求达到极高的回转精度，精度范围为 0.02～0.1 μm，一般采用液体静压轴承和空气静压轴承，并且采用球面支撑结构的空气静压轴承，因为球面轴承具有自动定心、装配方便、加工精度高等特点。主轴还要有相应的刚度，抵抗受力变形。要有温度控制或温度补偿装置，减少主轴的热变形。一般主轴驱动采用皮带卸载驱动和磁性联轴节驱动。

2）床身和精密导轨

床身是机床的基础部件，应具有抗振衰减能力强、热膨胀系数低、尺寸稳定性好等特点。超精密机床的床身一般采用人造花岗岩。人造花岗岩是由花岗岩碎粒用树脂黏结而成，具有尺寸稳定性好、热膨胀系数低、阻尼比大，硬度高、耐磨、不生锈等特点。超精密机床的导轨也可采用液体静压导轨、气浮导轨和空气静压导轨等形式，它们具有极高的直线运动精度，运动平稳、无爬行、摩擦系数低等特点。

7. 微量进给装置

微量进给装置可以实现超薄切削、高精度尺寸加工和实现在线误差补偿等。目前，微量进给装置的分辨率已达到 $0.001 \sim 0.01\ \mu m$。微量进给装置有机械或液压传动、弹性变形、热变形、流体膜变、磁致伸缩、压电陶瓷等多种形式。

对微量进给的要求是：

（1）运动部分必须具有低摩擦和高稳定性，以便实现很高的重复定位精度。

（2）微量进给与粗给运动要分开，以提高微量进给位移的精度、分辨率和稳定性。

（3）末级传动元件必须有很高的刚度，即装夹刀具处必须是高刚度的。

（4）应能实现微量进给的自动控制，动态性好。

（5）工艺性要好，制造容易，操作简单。

8. 超精密加工环境要求

（1）恒温要求　温度保持在 ±（0.01℃ ~ 1℃）。其基本实现方法是采用大、小恒温间，必要时还需加局部恒温（恒温罩、恒温油喷淋等）

（2）恒湿要求　一般相对湿度在 35% ~ 45%，波动不大于 ±10% ~ ±1%。基本实现方法是采用空气调节系统。

（3）净化要求　通常洁净度达 10 000 ~ 100 级（100 级系指每立方英尺空气中所含大于 $0.5\ \mu m$ 尘埃个数不超过 100）。其基本实现方法是采用空气过滤器，送入洁净空气。

（4）隔振要求　精密与超精密加工时，要求严格消除内部振动干扰，隔绝外部振动干扰。其基本实现方法是采用隔振地基、隔振垫层、空气弹簧隔振器。

9. 超精密加工的在线检测及计量装置

普通加工设备，通过提高制造精度、保证加工环境的稳定性等方法直接减少加工误差，在超精密加工设备中，多采用误差补偿技术，对加工误差进行在线检测、实时建模与动态分析预报，再根据预报数据对误差源进行补偿，从而减少加工误差。采用误差预防技术来提高加工精度的费用比采用误差补偿技术的费用高很多，所以误差补偿技术是超精密加工的主导方向。发达国家进行小距离测量，主要设备有电容式、电感式、光纤测微仪等。更小距离测量仪还有扫描隧道显微镜、扫描电子显微镜、原子力显微镜等，这些仪器可以进行纳米级测量。

9.4.2　微细加工与纳米技术

微细加工通常指 1 mm 以下微细尺寸零件的加工，其加工误差为 $0.1 \sim 10\ \mu m$。超微细加工通常指 1 μm 以下超微细尺寸零件的加工，其加工误差为 $0.01 \sim 0.1\ \mu m$。具体加工技术：利用 X 射线光刻、电铸的 LIGA 和利用紫外光刻的准 LIGA 加工技术；微结构特种精密加工技术，包括微电火花加工、能束加工、立体光刻成形加工；特殊材料特别是功能材料微结构的加工技术；多种加工方法的结合；微系统的集成技术；微细加工新工艺探索等。

科学技术正在向微小领域发展，由毫米级、微米级继而涉足纳米级，人们把这个领域的技术称为微米/纳米技术（Micro&Nano – Technology）。当前，微纳米技术使人类在改造自然方面进入一个新的层次，即以微米层次深入到原子、分子级的纳米层次。它是一种新兴的高技术，发展十分迅猛，并由此开创了纳米电子、纳米材料、纳米生物、纳米机械、纳米制造、纳米测量等新的高技术群。微纳米技术在信息、材料、生物、医疗等方面，导致人类认识和改造世界的能力取得重大突破。

从微纳米技术研究的技术途径可将其分为两种：一种是分子、原子组装技术的办法，即把具有特定理化性质的功能分子、原子，借助分子、原子内的作用力，精细地组成纳米尺度的分子线、膜和其他结构，再由纳米结构与功能单元进而集成为微米系统，这种方法称为由小到大的方法（bottom–up）；另一种是用刻蚀等微纳加工方法将特大的材料割小，或将现有的系统采用大规模集成电路中应用的制造技术实现系统微型化，这种方法亦称为由大到小的方法（top–down）。从目前的技术基础分析，top–down 的方法可能是我们主要应用的方法。

微纳加工技术包含超精机械加工、IC 工艺、化学腐蚀、能量束加工等诸多方法。对于简单的面、线轮廓的加工，可以采用单点金刚石和 CBN 切削、磨削、抛光等技术来实现，如激光陀螺的平面反射镜和平面度误差要求小于 30 mm，表面粗糙度 Ra 值小于 1 nm 等。而对于稍稍复杂一点的结构，用机械加工的方法是不可能的，特别是制造复合结构，当今较为成熟的技术仍是 IC 工艺硅加工技术，如美国研制出直径仅为 60～120 μm 的硅微型静电马达等。另外，建立在深层同步辐射光刻、电镀、铸塑技术基础的 LIGA 技术，在制作具有很大纵横比的复杂微结构方面取得重大进展，并日趋成熟，其横向尺寸可小到 0.5 μm，加工精度达到 0.1 μm。同时，能量束加工如离子束加工、分子束加工、激光束加工以及电化学加工、精密电火花加工等，在微细加工甚至纳米加工领域发挥着越来越重要的作用。

9.4.3　超高速加工技术

超高速加工技术是指采用超硬材料的刀具与磨具，可靠地实现高速运动，极大地提高材料切除率，并保证加工精度和加工质量的现代制造技术，其切削速度比常规高 10 倍左右。

德国切削物理学家萨洛蒙博士于 1931 年提出的切削理论认为：一定的工件材料对应有一个临界切削速度，在该切削速度下，其切削温度最高，图 9–9 所示的萨洛蒙曲线，在常规切削速度范围 A 区，切削温度随着切削速度的增大而提高，在切削速度达到临界切削速度后，随着切削速度的增大切削温度反而下降。这就是说，如果切削速度能够超越不能切削的 B 区，达到 C 区进行切削，则有可能用现有的刀具进行高速切削，从而可大大减少切削工时，不但提高生产效率而且机床的温升可以得到降低。表 9–3 列出了不同加工工艺、加工材料超高速加工切削速度范围。

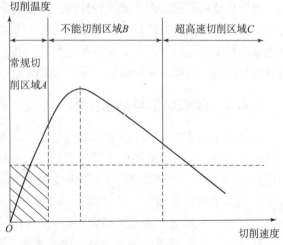

图 9–9　萨洛蒙曲线

表 9 - 3　不同加工工艺、加工材料超高速加工切削速度范围

加工工艺	切削速度范围/（m·min⁻¹）	加工材料	切削速度范围/（m·min⁻¹）
车削	700 ~ 7 000	铝合金	2 000 ~ 7 500
铣削	300 ~ 6 000	铜合金	900 ~ 5 000
钻削	200 ~ 1 100	钢	600 ~ 3 000
磨削	5 000 ~ 10 000	铸钢	800 ~ 3 000
拉削	30 ~ 75	耐热合金	>500
铰削	20 ~ 500	钛合金	150 ~ 1 000
锯削	50 ~ 500	纤维增强塑料	2 000 ~ 9 000

在保证加工精度和加工质量的前提下，将通常的切削速度加工时间减少 90%，同时将加工费用减少 50%，这样的高速切削才是有意义的。

在超高速加工技术中，必须采用超硬材料工具，目前刀具材料已从碳素钢和合金工具钢，经高速钢、硬质合金钢、陶瓷材料，发展到人造金刚石及聚晶金刚石、立方氮化硼及聚晶立方氮化硼，切削速度已由以前的 12 m/min 提高到 1 200 m/min 以上。磨削速度已达 250 m/s。在超高速切削机床主轴采用内装式电动机主轴系统，最高转速可达 20 000 r/min。快速进给速度可达 40 ~ 60 m/min。工作进可达 30 m/min 以上，定位精度可达 20 ~ 25 μm。采用直线电动机进给系统，定位精度可达 0.05 ~ 0.5 μm，快速进给速度可达 160 m/min，主轴转速可达 36 000 ~ 40 000 r/min。

超高速磨削用砂轮具有强度高、抗冲击强度高、耐热性好、微破碎性好、杂质含量低等优点。砂轮可以使用 Al_2O_3、SiC、CBN 和金刚石磨料。超高速磨削主要采用大功率超高速电主轴，高速电主轴惯性扭矩小，振动噪声小，高速性能好，可缩短加、减速时间。高速主轴采用的轴承有滚动轴承、气浮轴承、液体静压轴承和磁悬浮轴承等几种形式。

9.4.4　快速成型技术

20 世纪 80 年代末产生了快速成形技术，它是给予数字化的新型成形技术，不需要机械加工设备即可快速制造形状极其复杂的工件。快速成形技术是依据三维 CAD 模型数据，CT（Computerized Tomography，计算机断层摄影术）和 MRI 扫描数据和由三维实物数字化系统创建的数据把所得数据分成一系列二维平面，又按相同序列沉积或固化出物体实体。

1. 快速成型技术的工作原理

快速成型技术的工作原理是：在计算机控制下，依据计算机上构成的产品三维设计模型，对其进行分层切片，得到各层截面轮廓，按加工零件各分层截面的轮廓形状对成形材料有选择地扫描，从而形成一个层片，当一层扫描完成后，再进行第二层扫描，新成形的一层牢固地黏在前一层上……如此重复直到整个零件迭加成三维实体。

2. 快速成型制造的特点

与传统的机械加工方法相比，快速成型制造有如下特点：

（1）由 CAD 模型直接驱动。可快速成快型任意复杂的三维几何实体，不受传统机械加工方法中刀具无法达到某些型面的限制。

（2）采用"分层制造"方法，通过分层，将三维成形问题变成简单的二维平面成型，彻底摆脱了传统的"去除"方法的束缚，采用了全新的"增长"方法，将复杂的三维加工分解为简单的二维加工的组合。

（3）成形设备为计算机控制的通用机床，无须专用工、模具。不需要传统的刀具或工装等生产准备工作，任意复杂的零件的加工只需在一台设备上完成，其加工效率亦远胜于数控加工。

（4）成形过程无须人工干预或很少人工干预。曲面制造过程中，CAD 数据的转化（分层）可百分百地全自动完成，而不像在切削加工中需要高级工程人员复杂的人工辅助劳动才能转化为完全的工艺数控代码。可以缩短新产品的开发和制造周期。

（5）属非接触式加工，没有刀具、夹具的磨损和切削力所产生的影响。加工过程中没有振动、噪声和切削废料，节省原材料。

3. 快速成型的工艺与设备

快速成型系统可分为两大类：基于激光或其他光源的成形技术，如光固化成形、叠层实体制造、选择性激光烧结、形状沉积制造等；基于喷射的成形技术，如熔融沉积造型、三维印刷等。快速成型工艺都是基于离散－叠加原理而实现的，首先建立三维 CAD 模型，然后对其切片分层（一般为 z 向），得到离散的许多平面，把这些平面的数据信息传给形成系统的工作部件，控制成型材料有规律地、精确地、迅速地层层堆积起来，形成三维原型，经后处理便成零件。

目前快速成型技术在"分层制造"思想的基础上已出现几十种工艺，并且新的工艺还在不断涌现。

（1）使能技术为激光的快速成形工艺。

① SL（Stereolithography）工艺：即光造型或三维光刻，是最早出现的一种快速成形工艺。它采用紫外激光一点点照射光固化液态树脂使之固化的方法成形原型。该工艺由美国 3D Systems 公司首先商业化开发成功。

② SGC（Solid Ground Curing）工艺：即实体磨削固化，采用掩膜版技术使一层光固化树脂整体一次成形。其与 SL 设备相比提高了原型制造速度。该工艺由以色列的 Cubital 公司开发成功并推出商品机器。

③ LOM（Laminated Object Manufacturing）工艺：即分层实体制造，采用激光切割箔材，箔材之间靠热熔胶在热压辊的压力和传热作用下熔化并实现黏接，层层叠加制造原型。该工艺首先由美国 Helisys 公司商业化开发成功。

④ 间接 SLS（Selective Laser Sintering）工艺：即间接选择性激光烧结，采用激光逐点照射粉末材料，使包覆于粉末材料外的固体黏合剂熔融而实现材料的连接，该工艺首先由美国 DTM 公司商品化开发成功。

⑤直接 SLS 工艺：即直接选择性激光烧结，采用激光逐点照射粉末材料，使粉末材料熔融而实现材料的连接。

⑥激光工程化净成形技术（Laser Engineering Net Shaping）：此技术由美国 Sandia National Lab 提出，其方法是使用聚焦的 Nd. YAG 激光在金属基体上熔化一个局部区域，同时喷嘴

将金属粉末喷射到熔融焊池里。金属粉末是从一个固定于机械顶部的料仓内送到喷嘴的，成形仓内充满了氩气以阻止熔融金属氧化。

（2）使能技术为微滴的快速成型工艺。

① 3DP（Three Dimensional Printing）工艺：即三维印刷，采用逐点喷洒黏合剂来黏接粉末材料的方法制造原型。该工艺由美国 MIT 研究成功，由 Z. Coop 等公司将其商品化。

② PCM（Patternless Casting Manufacturing）工艺：即无木模铸造，采用逐点喷洒黏合剂和固化剂的方法来实现铸造砂粒间的黏接。该工艺由清华大学提出并开发成功。

③ FDM（Fused Deposition Modeling）工艺：即熔融堆积成形，采用丝状热塑性成形材料，连续地送入喷头后在其中加热熔融并挤出喷嘴，逐步堆积原型。该工艺首先由美国 Stratasys 公司开发成功。

④ BPM（Ballistic Particle Manufacturing）工艺：即弹道粒子制造，采用具有五轴自由度的喷头喷射熔融材料的方法制造原型。该工艺首先由美国 Perception systems 公司开发并商品化。

⑤3D Plotting（Three Dimensional Plotting）：即三维绘图工艺，采用类似喷墨打印的方法喷射熔融材料来堆积原型。该工艺由美国 Sanders Prototype 公司开发并商品化。

⑥MJS（Multiple Jet Solidification）工艺：即多相喷射固化，采用活塞挤压熔融材料使其连续地挤出喷嘴的方法来堆积原型。由德国 Institute for Manufacturing Engineering and Automation（IPA）和 Institute for Applied Materials Research 共向开发。

⑦CC（Contour Craft）工艺：即轮廓成形工艺，采用堆积轮廓和浇铸熔融材料相结合的方法来成形原型。在堆积轮廓时采用了简单的模具，形成原型的层片为准三维。该工艺由美国 University of Southern California 开发。

（3）使能技术为激光微滴技术的快速成型工艺。这是目前最新出现的一种工艺，它结合了激光技术和微滴技术的优点，从而产生了新的特征。其代表是以色列的 Object Geometries 工艺。不同于 SLA 的是，它将喷射成型和光固化成型的优点结合在了一起。其基本过程是：1 536 个喷墨喷嘴阵列沿着 x 方向在成形盘上方扫描，有选择地沉积 Object 所用的树脂，当喷头喷射树脂时，每一层都通过装配在喷头里的紫外灯曝光固化，因此相当于增加了材料输出单元和激光单元。这种结合使成形效率大为提高。

4. 快速成型技术的应用

快速成形技术已经广泛应用于家电、汽车、航天、船舶、工业设计、医疗、艺术、建筑等领域。

1）快速模具制造

无须任何专用工装和夹具，直接根据原型将复杂的工具和型腔制造出来。由于快速成型件具有较好的机械强度和稳定性且能承受一定的高温（约 200 ℃），因此可直接用作某些模具，如砂型铸造木模的替代模、低熔点合金铸造模、试制用注塑模以及熔模铸造的蜡模的替代模。

2）设计模具制造

这是快速成型技术应用最广的领域，工程人员未采用快速成形技术时，在产品开发过程中，需要多个产品模型作为测试之用，而采用快速成形技术后，设计师只需在三维 CAD 图上做出修改，使技术能及时制造出样品，并对其性能做进一步测试，迅速修改设计中的不足，从而加快产品开发速度，减少不必要的损失。

3）建筑模型

利用快速成形技术制作的建筑模型，可以帮助建筑师设计评价和最终方案的确定，可以做各个方面的测试，如光线测试、可承受风力测试等。有了快速成型技术，不论它们的设计有多复杂，都可以很快被制造出来。

本 章 小 结

本章主要介绍了有代表性的先进制造生产模式和先进制造技术，并阐述了几种现代生产管理技术。先进制造生产模式包括成组技术、计算机集成制造系统（CIMS）、并行工程、准时制生产技术（JIT）和看板管理、敏捷制造技术、智能制造技术（IMS）、绿色制造。先进制造技术中介绍了精密与超精密加工技术、微细加工与纳米技术、超高速加工技术、快速成形技术的定义和特点。另外还对有代表性的三种先进管理技术［物料需求计划（MRP）和制造资源计划（MRPⅡ）、全面质量管理TQC、管理信息系统］进行了阐述。

通过本章学习，初步掌握各先进制造技术的主要特点，为以后学习和工作奠定一定的基础。

复习思考题

8-1　先进制造技术的定义是什么？

8-2　先进制造模式有哪些？各自的特点是什么？

8-3　精密与超精密加工的概念是什么？特点有哪些？

8-4　什么叫超高速加工？超高速加工适用范围是什么？

8-5　什么叫快速成型？快速成型的特点及应用范围是什么？

8-6　什么是绿色制造？

8-7　先进管理模式有哪几种？物料需求计划（MRP）和制造资源计划（MRPⅡ）的特点分别有哪些？

参 考 文 献

[1] 张树森. 机械制造工程学 [M]. 沈阳：东北大学出版社，2001.

[2] 李向东，郭彩萍. 机械制造技术基础 [M]. 北京：中国电力出版社，2009.

[3] 孟令启，郑艳萍，李延民. 机械制造工程学 [M]. 郑州：郑州大学出版社，2007.

[4] 王先逵. 机械制造工艺学 [M]. 北京：机械工业出版社，2002.

[5] 卢秉恒. 机械制造技术基础 [M]. 北京：机械工业出版社，1999.

[6] 曾志新，刘旺玉. 机械制造技术基础 [M]. 北京：高等教育出版社，2011.

[7] 黄健求. 机械制造技术基础 [M]. 北京：机械工业出版社，2006.

[8] 袁哲俊. 金属切削刀具 [M]. 上海：上海科学技术出版社，1990.

[9] 乐兑谦. 金属切削刀具 [M]. 北京：机械工业出版社，1984.

[10] 周泽华. 金属切削原理 [M]. 第 2 版. 上海：上海科学技术出版社，1993.

[11] 尹成湖. 机械制造技术基础 [M]. 北京：高等教育出版社，2008.

[12] 范孝良. 机械制造技术基础 [M]. 北京：电子工业出版社，2008.

[13] 徐鸿本. 机床夹具设计手册 [M]. 沈阳：辽宁科学技术出版社，2004.

[14] 李凯岭，宋强. 机械制造技术基础 [M]. 济南：山东科学技术出版社，2009.

[15] 蔡光起. 机械制造技术基础 [M]. 沈阳：东北大学出版社，2002.

[16] 侯书林，朱海. 机械制造基础（下）——机械加工工艺基础 [M]. 北京：中国林业出版社，2006.

[17] 张鹏，孙有亮. 机械制造技术基础 [M]. 北京：北京大学出版社，2009.

[18] 华楚生. 机械制造技术基础 [M]. 第 2 版. 重庆：重庆大学出版社，2003.

[19] 熊良山. 机械制造技术基础 [M]. 第 2 版. 武汉：华中科技大学出版社，2012.

[20] 张世昌. 先进制造技术 [M]. 天津：天津大学出版社，2004.

[21] 武良臣，李勇，郑友益. 先进制造技术 [M]. 徐州：中国矿业大学出版社，2001.

[22] 关慧贞，冯辛安. 机械制造装备设计 [M]. 第 3 版. 北京：机械工业出版社，2010.

[23] 李言. 机械制造技术基础 [M]. 北京：电子工业出版社，2011.

[24] 刘保华，乔爱科. CAPP 系统类型及关键技术研究 [J]. 机械设计与制造，2009（8）.